■ IPv4 のヘッダフォーマット（本文 176 ページ）

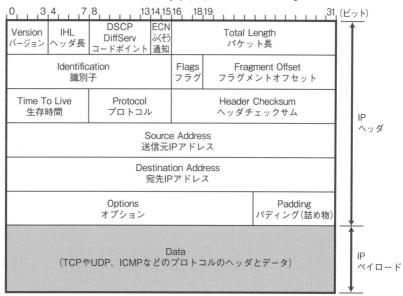

■ IPv6 のヘッダフォーマット（本文 182 ページ）

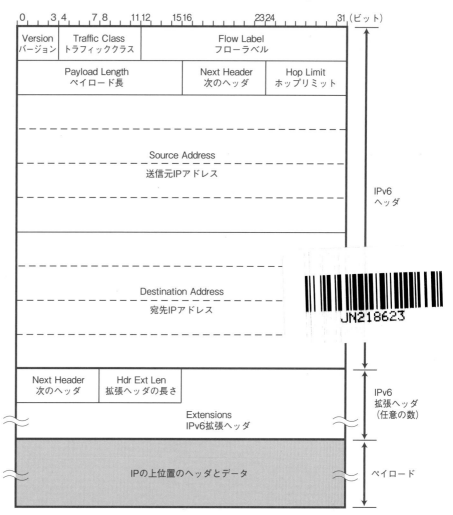

マスタリング TCP/IP

入門編 第6版

井上直也・村山公保・竹下隆史
荒井 透・苅田幸雄 共著

Ohmsha

本書を発行するにあたって、内容に誤りのないようできる限りの注意を払いましたが、本書の内容を適用した結果生じたこと、また、適用できなかった結果について、著者、出版社とも一切の責任を負いませんのでご了承ください。

本書は、「著作権法」によって、著作権等の権利が保護されている著作物です。本書の複製権・翻訳権・上映権・譲渡権・公衆送信権（送信可能化権を含む）は著作権者が保有しています。本書の全部または一部につき、無断で転載、複写複製、電子的装置への入力等をされると、著作権等の権利侵害となる場合があります。また、代行業者等の第三者によるスキャンやデジタル化は、たとえ個人や家庭内での利用であっても著作権法上認められておりませんので、ご注意ください。

本書の無断複写は、著作権法上の制限事項を除き、禁じられています。本書の複写複製を希望される場合は、そのつど事前に下記へ連絡して許諾を得てください。

出版者著作権管理機構
（電話 03-5244-5088, FAX 03-5244-5089, e-mail：info@jcopy.or.jp）

JCOPY ＜出版者著作権管理機構 委託出版物＞

序文

情報通信社会といった言葉をよく耳にします。日本国内であれば、どこでも、スマートフォンなどの情報端末を利用することにより、いろいろな情報をやり取りすることができます。このような通信を実現する環境をネットワークと呼んでいます。このネットワークで現在もっとも多く利用されている通信手段（プロトコル）がTCP/IPです。

TCP/IP登場以前のネットワークは、限られたコンピュータ間で限られた情報の交換を行う手法として開発されたものが中心でした。接続可能な機器は限定され、使用方法の制限も多く、今のネットワークと比べて使い勝手のよいものではありませんでした。そうした背景もあり、もっと自由に多くの機器を簡単に接続することを目的としてTCP/IPが開発されました。

今ではコンピュータに限らず、車やカメラ、家電製品などもTCP/IPで接続可能になりました。コンピュータシステムの仮想化やクラウドといった仕組みも、すべてTCP/IPを中核としたネットワーク技術を利用しています。IoT（Internet of Things）の普及など、いまやTCP/IPによるネットワークは、さまざまな機器の制御や情報伝達に利用され、重要な社会基盤へと進化を遂げています。

しかし、ネットワークの発展、普及に伴って、多くの課題も出現しています。利用者の急増や利用方法の多様化に対応し、大量の情報を瞬時かつ効率的に処理するためには、複雑な構造のネットワークが必要になります。さらに、そのネットワークの上で緻密な経路制御や帯域制御を行う必要もあります。こうした課題に対しては、市場の要求を反映した適切なネットワーク設備の更新、複雑なネットワークを簡易にかつ安定して運用していくための運用ツールの開発、ネットワーク技術への理解と適切な利用が求められています。

利用面での課題もあります。現在のネットワークでは、意図的か否かにかかわらず、誤った操作や行動がほかのネットワーク利用者に大きな影響を与える事例が発生しています。窃盗や詐欺を目的としたサイトの出現、故意によるデータ改ざん、情報漏洩など、意図的な犯罪も発生しています。かつては限られたユーザーにより、いわば性善説の発想で運用されてきたネットワークですが、怪しいメールは開かない、怪しいサイトは閲覧しない、怪しいアプリケーションは利用しないなど、ネットワークを利用する人のモラル向上が求められています。

提供面での課題は、常に最新のセキュリティ対策を実施することや、障害を未然に防ぐこと、仮に障害が発生しても利用者に影響を及ぼさない、もしくは影響を最小限に留める対策や犯罪の防止および追跡が求められています。

これらの課題に対応した上で、安心かつ安全なネットワークを構築、維持運営していくには、TCP/IPを理解することが必要不可欠です。本書は、そのTCP/IPの基礎技術を理解することを目標にしています。

2019年10月

著者しるす

第6版改訂にあたって

　本書は、1994年6月発行の「マスタリングTCP/IP入門編」、1998年5月発行の「マスタリングTCP/IP入門編 第2版」、2002年2月発行の「マスタリングTCP/IP入門編 第3版」、2007年2月発行の「マスタリングTCP/IP入門編 第4版」、2012年2月発行の「マスタリングTCP/IP入門編 第5版」の、改訂第6版となります。

　この本の初版が発行された1994年は、コンピュータネットワークやインターネット、TCP/IPもそれほど一般的ではありませんでした。その後の普及期には、「制限なく便利につなぐにはどうすればよいのか」ということが優先されてきました。しかし、コンピュータネットワーク、インターネットが広く普及した今では、その重要性が増すとともに、「単につなぐ」から「安全につなぐ」、「安全に使う」ことが強く求められるようになってきています。

　コンピュータネットワーク、インターネットはいまだ完成したものではなく、いろいろな新しいニーズとサービスが生まれてきています。今後もますます多様化、複雑化しながら発展を続けていくでしょう。コンピュータネットワーク、インターネットを支えるTCP/IPも同様です。利用者のニーズに対応した新しい技術が絶えず生み出されていくはずです。

　そこで、前書の方針や方向性はそのままとし、社会基盤となったインターネットとそれに伴う社会状況の変化に合わせ、第6版として内容を新しくすることといたしました。

目　次

第1章　　ネットワーク基礎知識　　　　1

1.1	**コンピュータネットワーク登場の背景**	**2**
1.1.1	コンピュータの普及と多様化	2
1.1.2	スタンドアロンからネットワーク利用へ	2
1.1.3	コンピュータ通信から情報通信環境へ	4
1.1.4	コンピュータネットワークの役割	4

1.2	**コンピュータとネットワーク発展の7つの段階**	**5**
1.2.1	バッチ処理（Batch Processing）	5
1.2.2	タイムシェアリングシステム（TSS）	6
1.2.3	コンピュータ間通信	7
1.2.4	コンピュータネットワークの登場	8
1.2.5	インターネットの普及	9
1.2.6	インターネット技術中心の時代へ	10
1.2.7	「単につなぐ」時代から「安全につなぐ」時代へ	12
1.2.8	人からモノへ、モノからコトへ	13
1.2.9	すべての鍵を握るTCP/IP	13

1.3	**プロトコルとは**	**14**
1.3.1	プロトコルがいっぱい！	14
1.3.2	プロトコルが必要な理由	15
1.3.3	プロトコルを会話で考えると	16
1.3.4	コンピュータでのプロトコル	17
1.3.5	パケット交換でのプロトコル	18

1.4	**プロトコルは誰が決める？**	**19**
1.4.1	コンピュータ通信の登場から標準化へ	19
1.4.2	プロトコルの標準化	20

1.5	**プロトコルの階層化とOSI参照モデル**	**21**
1.5.1	プロトコルの階層化	21
1.5.2	会話で階層化を考えると	22
1.5.3	OSI参照モデル	23
1.5.4	OSI参照モデルの各層の役割	25

| 1.6 | **OSI参照モデルによる通信処理の例** | **27** |
| 1.6.1 | 7階層の通信 | 27 |

	1.6.2	セッション層以上での処理	28
	1.6.3	トランスポート層以下での処理	31

1.7 通信方式の種類 **35**

1.7.1	コネクション型とコネクションレス型	35
1.7.2	回線交換からパケット交換へ	37
1.7.3	通信相手の数による通信方式の分類	39

1.8 アドレスとは **41**

1.8.1	アドレスの唯一性	41
1.8.2	アドレスの階層性	42

1.9 ネットワークの構成要素 **44**

1.9.1	通信媒体とデータリンク	45
1.9.2	ネットワークインタフェース	46
1.9.3	リピーター	47
1.9.4	ブリッジ／レイヤ 2 スイッチ	48
1.9.5	ルーター／レイヤ 3 スイッチ	50
1.9.6	レイヤ 4-7 スイッチ	51
1.9.7	ゲートウェイ	52

1.10 現在のネットワークの姿 **54**

1.10.1	実際のネットワークの構成	54
1.10.2	インターネット接続サービスを利用した通信	56
1.10.3	携帯端末による通信	56
1.10.4	情報発信者側にとってのネットワーク	58
1.10.5	仮想化とクラウド	59
1.10.6	クラウドの構造と利用	60

第 2 章　TCP/IP 基礎知識　**61**

2.1 TCP/IP 登場の背景とその歴史 **62**

2.1.1	軍事技術の応用から	62
2.1.2	ARPANET の誕生	63
2.1.3	TCP/IP の誕生	64
2.1.4	UNIX の普及とインターネットの拡大	64
2.1.5	商用インターネットサービスの開始	65

2.2 TCP/IP の標準化 **65**

2.2.1	TCP/IP という語は何を指す？	66
2.2.2	TCP/IP 標準化の精神	66
2.2.3	TCP/IP の仕様書 RFC	67
2.2.4	TCP/IP の標準化の流れ	69
2.2.5	RFC の入手方法	71

2.3	**インターネットの基礎知識**		**72**
	2.3.1	インターネットとは	72
	2.3.2	インターネットと TCP/IP の関係	72
	2.3.3	インターネットの構造	73
	2.3.4	ISP と地域ネット	73
2.4	**TCP/IP の階層モデル**		**74**
	2.4.1	TCP/IP と OSI 参照モデル	75
	2.4.2	ハードウェア（物理層）	75
	2.4.3	ネットワークインタフェース層（データリンク層）	76
	2.4.4	インターネット層（ネットワーク層）	76
	2.4.5	トランスポート層	77
	2.4.6	アプリケーション層（セッション層以上の上位層）	78
2.5	**TCP/IP の階層モデルと通信例**		**83**
	2.5.1	パケットヘッダ	83
	2.5.2	パケットの送信処理	84
	2.5.3	データリンクを流れるパケットの様子	87
	2.5.4	パケットの受信処理	88

第 3 章　データリンク　　　91

3.1	**データリンクの役割**		**92**
3.2	**データリンクの技術**		**94**
	3.2.1	MAC アドレス	94
	3.2.2	媒体共有型のネットワーク	96
	3.2.3	媒体非共有型のネットワーク	100
	3.2.4	MAC アドレスによる転送	102
	3.2.5	ループを検出するための技術	103
	3.2.6	VLAN（Virtual LAN）	105
3.3	**イーサネット（Ethernet）**		**106**
	3.3.1	イーサネットの接続形態	107
	3.3.2	イーサネットにはいろいろな種類がある	108
	3.3.3	イーサネットの歴史	109
	3.3.4	イーサネットのフレームフォーマット	111
3.4	**無線通信**		**114**
	3.4.1	無線通信の種類	115
	3.4.2	IEEE802.11	115
	3.4.3	IEEE802.11b、IEEE802.11g	117
	3.4.4	IEEE802.11a	117
	3.4.5	IEEE802.11n	118

	3.4.6	IEEE802.11ac	118
	3.4.7	IEEE802.11ax（Wi-Fi 6）	118
	3.4.8	無線 LAN を使用する場合の留意点	119
	3.4.9	WiMAX	120
	3.4.10	Bluetooth	120
	3.4.11	ZigBee	121
	3.4.12	LPWA（Low Power, Wide Area）	121

3.5 PPP（Point-to-Point Protocol） ········ 122

	3.5.1	PPP とは	122
	3.5.2	LCP と NCP	122
	3.5.3	PPP のフレームフォーマット	123
	3.5.4	PPPoE（PPP over Ethernet）	124

3.6 その他のデータリンク ········ 125

	3.6.1	ATM（Asynchronous Transfer Mode）	125
	3.6.2	POS（Packet over SDH/SONET）	128
	3.6.3	ファイバーチャネル（Fiber Channel）	128
	3.6.4	iSCSI	128
	3.6.5	InfiniBand	129
	3.6.6	IEEE1394	129
	3.6.7	HDMI	129
	3.6.8	DOCSIS	129
	3.6.9	高速 PLC（高速電力線搬送通信）	129

3.7 公衆アクセス網 ········ 130

	3.7.1	アナログ電話回線	130
	3.7.2	モバイル通信サービス	131
	3.7.3	ADSL	131
	3.7.4	FTTH（Fiber To The Home）	132
	3.7.5	ケーブルテレビ	133
	3.7.6	専用回線（専用線）	134
	3.7.7	VPN（Virtual Private Network）	134
	3.7.8	公衆無線 LAN	135
	3.7.9	その他の公衆通信サービス（X.25、フレームリレー、ISDN）	136

第 4 章　IP（Internet Protocol）　137

4.1 IP はインターネット層のプロトコル ········ 138

	4.1.1	IP は OSI 参照モデルの第 3 層に相当	138
	4.1.2	ネットワーク層とデータリンク層の関係	139

4.2	**IP の基礎知識**	**140**
4.2.1	IP アドレスはネットワーク層のアドレス	140
4.2.2	経路制御（ルーティング）	141
4.2.3	データリンクの抽象化	144
4.2.4	IP はコネクションレス型	145

4.3	**IP アドレスの基礎知識**	**147**
4.3.1	IP アドレスとは	147
4.3.2	IP アドレスはネットワーク部とホスト部から構成される	148
4.3.3	IP アドレスのクラス	150
4.3.4	ブロードキャストアドレス	151
4.3.5	IP マルチキャスト	153
4.3.6	サブネットマスク	155
4.3.7	CIDR と VLSM	157
4.3.8	グローバルアドレスとプライベートアドレス	159
4.3.9	グローバル IP アドレスは誰が決める	160

4.4	**経路制御（ルーティング）**	**163**
4.4.1	IP アドレスと経路制御（ルーティング）	163
4.4.2	経路制御表の集約	165

4.5	**IP の分割処理と再構築処理**	**167**
4.5.1	データリンクによって MTU は違う	167
4.5.2	IP データグラムの分割処理と再構築処理	167
4.5.3	経路 MTU 探索（Path MTU Discovery）	169

4.6	**IPv6（IP version 6）**	**171**
4.6.1	IPv6 が必要な理由	171
4.6.2	IPv6 の特徴	171
4.6.3	IPv6 での IP アドレスの表記方法	172
4.6.4	IPv6 アドレスのアーキテクチャ	173
4.6.5	グローバルユニキャストアドレス	174
4.6.6	リンクローカルユニキャストアドレス	174
4.6.7	ユニークローカルアドレス	175
4.6.8	IPv6 での分割処理	175

4.7	**IPv4 ヘッダ**	**176**

4.8	**IPv6 のヘッダフォーマット**	**181**
4.8.1	IPv6 拡張ヘッダ	184

第 5 章　IP に関連する技術　　185

5.1　IP だけでは通信できない ……………………………………… 186

5.2　DNS（Domain Name System） …………………………… 186
- 5.2.1　IP アドレスを覚えるのはたいへん …………………………… 187
- 5.2.2　DNS の登場 ……………………………………………………… 187
- 5.2.3　ドメイン名の構造 ……………………………………………… 188
- 5.2.4　DNS による問い合わせ ………………………………………… 191
- 5.2.5　DNS はインターネットに広がる分散データベース ………… 192

5.3　ARP（Address Resolution Protocol） …………………… 193
- 5.3.1　ARP の概要 ……………………………………………………… 193
- 5.3.2　ARP の仕組み …………………………………………………… 193
- 5.3.3　IP アドレスと MAC アドレスは両方とも必要？ …………… 195
- 5.3.4　RARP（Reverse Address Resolution Protocol）………… 197
- 5.3.5　Gratuitous ARP（GARP）…………………………………… 197
- 5.3.6　代理 ARP（Proxy ARP）……………………………………… 198

5.4　ICMP（Internet Control Message Protocol） ………… 198
- 5.4.1　IP を補助する ICMP …………………………………………… 198
- 5.4.2　主な ICMP メッセージ ………………………………………… 200
- 5.4.3　ICMPv6 …………………………………………………………… 203

5.5　DHCP（Dynamic Host Configuration Protocol） …… 206
- 5.5.1　プラグ&プレイを可能にする DHCP ………………………… 206
- 5.5.2　DHCP の仕組み ………………………………………………… 207
- 5.5.3　DHCP リレーエージェント …………………………………… 208

5.6　NAT（Network Address Translator） …………………… 209
- 5.6.1　NAT とは ………………………………………………………… 209
- 5.6.2　NAT の仕組み …………………………………………………… 210
- 5.6.3　NAT64/DNS64 ………………………………………………… 211
- 5.6.4　CGN（Carrier Grade NAT）………………………………… 212
- 5.6.5　NAT の問題点 …………………………………………………… 214
- 5.6.6　NAT の問題点の解決と NAT 越え …………………………… 214

5.7　IP トンネリング ……………………………………………… 215

5.8　その他の IP 関連技術 ………………………………………… 216
- 5.8.1　VRRP（Virtual Router Redundancy Protocol）………… 216
- 5.8.2　IP マルチキャスト関連技術 …………………………………… 218
- 5.8.3　IP エニーキャスト ……………………………………………… 220
- 5.8.4　通信品質の制御 ………………………………………………… 221

| | | 目次 | xi |

5.8.5	明示的なふくそう通知	223
5.8.6	Mobile IP	224

第6章 TCP と UDP 227

6.1 トランスポート層の役割 228
6.1.1	トランスポート層とは	228
6.1.2	通信の処理	229
6.1.3	2つのトランスポートプロトコル TCP と UDP	230
6.1.4	TCP と UDP の使い分け	231

6.2 ポート番号 232
6.2.1	ポート番号とは	232
6.2.2	ポート番号によるアプリケーションの識別	232
6.2.3	IP アドレスとポート番号とプロトコル番号による通信の識別	233
6.2.4	ポート番号の決め方	234
6.2.5	ポート番号とプロトコル	235

6.3 UDP（User Datagram Protocol） 238
6.3.1	UDP の目的と特徴	238

6.4 TCP（Transmission Control Protocol） 239
6.4.1	TCP の目的と特徴	239
6.4.2	シーケンス番号と確認応答で信頼性を提供	240
6.4.3	再送タイムアウトの決定	244
6.4.4	コネクション管理	245
6.4.5	TCP はセグメント単位でデータを送信	246
6.4.6	ウィンドウ制御で速度向上	246
6.4.7	ウィンドウ制御と再送制御	249
6.4.8	フロー制御（流量制御）	250
6.4.9	ふくそう制御（ネットワークの混雑解消）	251
6.4.10	ネットワークの利用効率を高める仕組み	254
6.4.11	TCP を利用するアプリケーション	256

6.5 その他のトランスポートプロトコル 257
6.5.1	QUIC（Quick UDP Internet Connections）	257
6.5.2	SCTP（Stream Control Transmission Protocol）	258
6.5.3	DCCP（Datagram Congestion Control Protocol）	259
6.5.4	UDP-Lite（Lightweight User Datagram Protocol）	260

6.6 UDP ヘッダのフォーマット 260

6.7 TCP ヘッダのフォーマット 262

第7章　ルーティングプロトコル（経路制御プロトコル）　269

7.1　経路制御（ルーティング）とは　270
- 7.1.1　IP アドレスと経路制御　270
- 7.1.2　スタティックルーティングとダイナミックルーティング　270
- 7.1.3　ダイナミックルーティングの基礎　272

7.2　経路を制御する範囲　272
- 7.2.1　インターネットにはさまざまな組織が接続されている　272
- 7.2.2　自律システムとルーティングプロトコル　272
- 7.2.3　EGP と IGP　274

7.3　経路制御アルゴリズム　274
- 7.3.1　距離ベクトル型（Distance-Vector）　274
- 7.3.2　リンク状態型（Link-State）　275
- 7.3.3　主なルーティングプロトコル　276

7.4　RIP（Routing Information Protocol）　276
- 7.4.1　経路制御情報をブロードキャストする　276
- 7.4.2　距離ベクトルにより経路を決定　277
- 7.4.3　サブネットマスクを利用した場合の RIP の処理　278
- 7.4.4　RIP で経路が変更されるときの処理　279
- 7.4.5　RIP2　282

7.5　OSPF（Open Shortest Path First）　282
- 7.5.1　OSPF はリンク状態型のルーティングプロトコル　283
- 7.5.2　OSPF の基礎知識　284
- 7.5.3　OSPF の動作の概要　285
- 7.5.4　階層化されたエリアに分けてきめ細かく管理　286

7.6　BGP（Border Gateway Protocol）　288
- 7.6.1　BGP と AS 番号　288
- 7.6.2　BGP は経路ベクトル　290

7.7　MPLS（Multi-Protocol Label Switching）　291
- 7.7.1　MPLS ネットワークの動作　292
- 7.7.2　MPLS の利点　294

第8章　アプリケーションプロトコル　295

8.1　アプリケーションプロトコルの概要　296

8.2　遠隔ログイン（TELNET と SSH）　297
- 8.2.1　TELNET　298
- 8.2.2　SSH　300

| 8.3 | ファイル転送（FTP） | 301 |

8.4	電子メール（E-Mail）	305
8.4.1	電子メールの仕組み	305
8.4.2	メールアドレス	307
8.4.3	MIME（Multipurpose Internet Mail Extensions）	307
8.4.4	SMTP（Simple Mail Transfer Protocol）	309
8.4.5	POP（Post Office Protocol）	312
8.4.6	IMAP（Internet Message Access Protocol）	314

8.5	WWW（World Wide Web）	314
8.5.1	インターネットブームの火付け役	314
8.5.2	WWW の基本概念	315
8.5.3	URI（Uniform Resource Identifier）	315
8.5.4	HTML（HyperText Markup Language）	317
8.5.5	HTTP（HyperText Transfer Protocol）	319
8.5.6	Web アプリケーション	323

8.6	ネットワーク管理（SNMP）	325
8.6.1	SNMP（Simple Network Management Protocol）	325
8.6.2	MIB（Management Information Base）	327
8.6.3	RMON（Remote Monitoring MIB）	328
8.6.4	SNMP を利用したアプリケーションの例	329

8.7	その他のアプリケーションプロトコル	329
8.7.1	マルチメディア通信を実現する技術（H.323、SIP、RTP）	329
8.7.2	P2P（Peer To Peer）	333
8.7.3	LDAP（Lightweight Directory Access Protocol）	334
8.7.4	NTP（Network Time Protocol）	336
8.7.5	制御システムのプロトコル	337

第 9 章　セキュリティ　339

9.1	セキュリティの重要性	340
9.1.1	TCP/IP とセキュリティ	340
9.1.2	サイバーセキュリティ	340

9.2	セキュリティの構成要素	342
9.2.1	ファイアウォール	342
9.2.2	IDS/IPS（侵入検知システム / 侵入防止システム）	343
9.2.3	アンチウイルス／パーソナルファイアウォール	345
9.2.4	コンテンツセキュリティ（E-mail、Web）	346

xiv　目次

9.3	**暗号化技術の基礎**	**346**
	9.3.1　共通鍵暗号方式と公開鍵暗号方式	347
	9.3.2　認証技術	348

9.4	**セキュリティのためのプロトコル**	**350**
	9.4.1　IPsec と VPN	350
	9.4.2　TLS/SSL と HTTPS	353
	9.4.3　IEEE802.1X	354

付録　　　　　　　　　　　　　　　　　　　　　　　　357

付.1	**インターネット上の便利な情報**	**358**
	付.1.1　海外	358
	付.1.2　国内	359

付.2	**旧来の IP アドレス群（クラス A、B、C）についての基礎知識**	**360**
	付.2.1　クラス A	360
	付.2.2　クラス B	361
	付.2.3　クラス C	362

付.3	**物理層**	**363**
	付.3.1　物理層についての基礎知識	363
	付.3.2　0 と 1 の符号化	364

付.4	**コンピュータを結ぶ通信媒体についての基礎知識**	**365**
	付.4.1　同軸ケーブル	365
	付.4.2　ツイストペアケーブル（より対線）	366
	付.4.3　光ファイバーケーブル	368
	付.4.4　無線	369

付.5	**現在あまり使われなくなったデータリンク**	**371**
	付.5.1　FDDI（Fiber Distributed Data Interface）	371
	付.5.2　Token Ring	371
	付.5.3　100VG-AnyLAN	372
	付.5.4　HIPPI	372

| **索引** | | **373** |

Chapter

1

第1章
ネットワーク基礎知識

この章では、TCP/IP を理解するために必要な基礎知識をまとめました。コンピュータとネットワークの発展の歴史や標準化、OSI 参照モデル、ネットワークを理解するのに欠かせない概念、ネットワークを構成する機器について説明します。

7 アプリケーション層	**＜アプリケーション層＞** TELNET、SSH、HTTP、SMTP、POP、 SSL/TLS、FTP、MIME、HTML、 SNMP、MIB、SIP、...
6 プレゼンテーション層	
5 セッション層	
4 トランスポート層	**＜トランスポート層＞** TCP、UDP、UDP-Lite、SCTP、DCCP
3 ネットワーク層	**＜ネットワーク層＞** ARP、IPv4、IPv6、ICMP、IPsec
2 データリンク層	イーサネット、無線LAN、PPP、... （ツイストペアケーブル、無線、光ファイバー、...）
1 物理層	

1.1 コンピュータネットワーク登場の背景

1.1.1 コンピュータの普及と多様化

コンピュータは、私たちの社会や生活にとって、計り知れないほどの影響を及ぼしています。「20世紀最大の発明はコンピュータであった」といわれるほど、コンピュータはさまざまなところで活躍しています。オフィスや工場、学校、教育機関や研究所に当たり前のようにコンピュータが導入され、自宅にパソコンがあることも、普通のことになりました。ノートPCやタブレット型のコンピュータ、携帯端末▼を持ち歩く人も増えています。また、一見コンピュータとは思えないような、家電製品、音楽プレイヤー、オフィス機器、自動車などにコンピュータが組み込まれることも一般的になってきています。私たちは特に意識することなく当たり前のようにコンピュータと接するようになってきました。そして、そのコンピュータの多くが、ネットワークを介して通信する機能を持つようになりました。

コンピュータは誕生してから今日まで、さまざまな進化や発展を遂げてきました。大型汎用コンピュータ▼、スーパーコンピュータ▼、ミニコンピュータ▼、パソコン▼、ワークステーション、ラップトップコンピュータ（ノートPC）、そしてスマートフォンと、多種多様なコンピュータが誕生しました。年々、性能は向上していますが、価格は下がり、大きさもどんどん小さくなっています。

1.1.2 スタンドアロンからネットワーク利用へ

以前は、コンピュータは単体で使われていました。その利用形態をスタンドアロン▼と呼びます。

▼携帯端末
モバイル環境の端末、携帯電話、スマートフォン、タブレットなどを指す。モバイル端末ともいう。

▼大型汎用コンピュータ
汎用機、メインフレームとも呼ばれる大型のコンピュータ。ホストコンピュータと呼ばれることもある。なお、TCP/IPの世界では、IPアドレスが設定されたコンピュータは、ノートPCやタブレットであっても「ホスト」と呼ぶので、混同しないように注意が必要。

▼スーパーコンピュータ
計算能力が非常に高いコンピュータ。複雑な科学技術計算などに用いられる。

▼ミニコンピュータ
大型汎用コンピュータよりも「ミニ」サイズのコンピュータのこと。実際にはタンスほどの大きさがある。

▼パソコン
Personal Computer（パーソナルコンピュータ）の略で、PCと略されることもある。

▼スタンドアロン（Stand Alone）
コンピュータをネットワークに接続せず、単独で使用する状態をいう。

図1.1
スタンドアロンでのコンピュータの利用

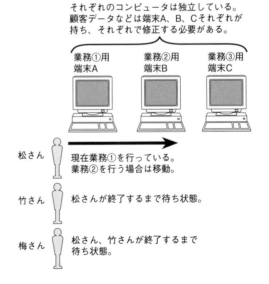

図1.2
ネットワークでのコンピュータの利用

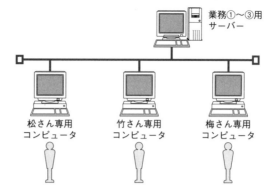

各自が自分一人でそれぞれのコンピュータを利用でき、業務①、②、③を自由に切り替える。また共通利用するデータは、サーバーで一元管理することができる。

▼LAN（Local Area Network）
「ラン」と発音する。フロア内や、1つの建物の中、キャンパスの中など、比較的狭い地域の中でのネットワーク。

▼WAN（Wide Area Network）
「ワン」と発音する。地理的に離れた広範囲に及ぶネットワーク。WANよりも狭い都市レベルのネットワークをMAN（Metropolitan Area Network）と呼ぶ場合もある。

しかし、コンピュータが進化するにつれ、スタンドアロンの状態で1台のコンピュータをそれぞれ独立して使うのではなく、複数のコンピュータを互いに接続して使うコンピュータネットワークが考え出されました。複数のコンピュータを互いに接続すると、個々のコンピュータに格納されている情報を複数のコンピュータの間で共有したり、遠くのコンピュータへ瞬時に情報を送ったりすることができます。

コンピュータネットワークは、ネットワークの規模によって、LAN▼やWAN▼などに分類されることがあります。

図1.3
LAN

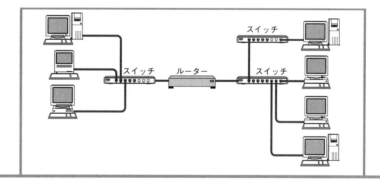

1つの建物や大学のキャンパスなど、限られた狭い地域でのネットワーク。

図1.4
WAN

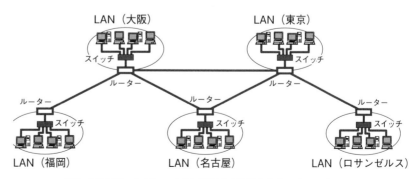

離れた地域のコンピュータやLAN同士を接続したネットワーク。

1.1.3 コンピュータ通信から情報通信環境へ

初期のコンピュータネットワークは、管理者が指定した特定のコンピュータ同士を接続したものでした。つまり、同じ会社や研究所が所有するコンピュータ同士を接続したり、取引関係のある特定の企業が所有するコンピュータ同士を接続したりという、私的（プライベート）なネットワークでした。

これらの私的なネットワークを相互に接続することが活発になり、公共（パブリック）ネットワークとしてインターネットが利用されるようになると、ネットワークの利用環境に劇的な変化が訪れました。

インターネットに接続すると、会社や組織内のコンピュータに限らず、インターネットに接続しているどのコンピュータとも通信できるようになります。インターネットは、それまでに利用されてきた電話や郵便、FAXなどの通信手段を補い、さらにそれを越えるものとして、多くの人々に受け入れられていきました。

このようにして、インターネットという世界規模のコンピュータネットワークが構築され、普及し、さまざまな情報通信端末が接続できるようになり、現在の統合的な情報通信環境が実現されました。

1.1.4 コンピュータネットワークの役割

コンピュータネットワークは人間の神経のような役割を果たします。身体のありとあらゆる情報が神経を伝わって脳に伝えられるのと同じように、世界中の情報がネットワークを伝わってあなたのコンピュータまで運ばれて来ます。

インターネットの爆発的な普及によって、情報通信ネットワークはとても身近な存在になりました。サークルや学校の同窓生の間でメーリングリスト▼やホームページ、電子掲示板などを作って、打ち合わせや連絡事項の伝達をしたり、ブログ▼やチャット、インスタントメッセージ、SNS▼などで情報交換を行ったりすることも増えてきています。

今後、ネットワークがさらに進化すれば、まるで私たちの周りの空気のように、ネットワークの存在までも意識されなくなるときが来るでしょう。

情報通信ネットワークはとても身近な存在になりつつあります。しかし、少し前まではネットワークどころかコンピュータさえも一般の人々が手軽に利用できるものではありませんでした。

▼メーリングリスト
（Mailing List）
電子メールを利用した回覧板のようなもの。メーリングリスト宛に電子メールを送ると、登録されているメンバー全員にそのメールが届けられる。

▼ブログ（blog, weblog）
ユーザーが日記感覚で簡単に更新できるテキスト中心のホームページ、またそのサービス。

▼SNS（Social Networking Service）
関心ごとや活動、日常の発言、作品などを通じて、ネットワーク上で個人や団体のつながりを形成したりサポートしたりするための仕組み。

1.2 コンピュータとネットワーク発展の7つの段階

コンピュータやネットワークは、現在までにどのように発展してきたのでしょうか？ 本書のテーマである TCP/IP を考えるとき、コンピュータとネットワークの発展を抜きにして考えることはできません。これらの発展の歴史と現状を知れば、TCP/IP の重要性が分かってくるでしょう。

ここでは、コンピュータの発達とネットワークのかかわりの歴史を簡単に紹介します。コンピュータの利用形態の変遷を、コンピュータが世の中で広く使われ始めた 1950 年代から現在まで、大きく 7 つに分類しています。

1.2.1 バッチ処理（Batch Processing）

多くの人々にコンピュータが利用されるようになるためには、バッチ処理形式のコンピュータが登場する必要がありました。バッチ処理というのは、処理するプログラムやデータなどを、まとめて一括で処理する方式です。プログラムやデータをカードやテープに記録しておき、それを順番にコンピュータに読み込ませて一括処理する形態になっていました。

このころのコンピュータはとても高価で巨大なものであったため、一般のオフィスに導入するのは不可能でした。コンピュータはコンピュータの管理や運用を専門に行う計算機センターにあるのが普通で、ユーザーがプログラムの作成やデータの処理を行いたい場合は、プログラムやデータを打ち込んだカードやテープを持って計算機センターまで行かなければなりませんでした。

図 1.5
バッチ処理

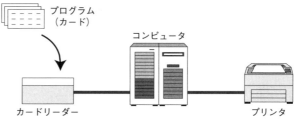

カードに記述されたプログラムは、カードリーダーから入力される。
コンピュータが処理し、数時間後にプリンタから結果が出力される。

そのころのコンピュータの操作はとても複雑でした。誰もが気楽にコンピュータを扱えるわけではなく、プログラムを実行するときには専門のオペレータに依頼する形態がとられていました。処理結果が出力されるまでに時間がかかる場合や、利用者が多くてすぐにプログラムを実行できないときは、後日、計算機センターまで結果を取りに行く必要がありました。

バッチ処理の時代のコンピュータは大規模な計算や処理をするための機械であり、便利な道具という感じではなく、誰もが手軽に扱えるものではありませんでした。

1.2.2　タイムシェアリングシステム（TSS）

バッチ処理形式の次に登場したのが、1960年代に現れたタイムシェアリングシステム（TSS▼）です。TSSは、1台のコンピュータに複数の端末▼を接続し、複数のユーザーが同時にコンピュータを利用できるようにしたシステムです。このころのコンピュータは非常に高価だったので、ユーザー一人が1台のコンピュータを専有して利用することはとても考えられませんでした。しかし、TSSの登場によって、仮想的に、一人の人が1台のコンピュータを専有して利用することが可能になったのです。各端末の利用者が「まるで自分一人がコンピュータを専有している」ように感じられるのがTSSの特徴です。

▼TSS
Time Sharing System

▼端末
キーボードとディスプレイを備えた入出力装置。初期のころは、タイプライターが利用された。

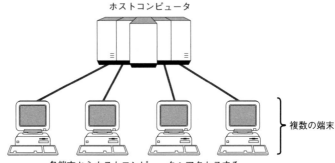

図 1.6
タイムシェアリングシステム（TSS）

TSSの登場により、コンピュータの使い勝手は格段に向上しました。特に重要なのは、インタラクティブ（対話的）な操作▼が可能になったことです。このようにしてコンピュータは少しずつ人間にやさしいものになっていきました。

さらに、コンピュータと対話的にプログラミングができるBASIC▼というプログラミング言語が開発されました。それまで利用されていたCOBOLやFORTRANなどの言語は、バッチ処理を前提にしていました。BASICはTSSを意識した初心者用の言語で、より多くの人にプログラミングを学習してもらうために開発されました。

TSSの登場によって、ユーザーが直接コンピュータを操作できるような環境の整備が進みました。TSSでは、コンピュータと端末の間は、通信回線でスター型▼に接続されました。このとき、「ネットワーク（通信）」と「コンピュータ」の結びつきが始まりました。また、小型のミニコンピュータも登場し、オフィスや工場などに少しずつコンピュータが導入されていきました。

▼人間が指示を与えるたびにコンピュータが処理をして結果が返るという、現代のコンピュータでは普通の操作方法のこと。TSS以前にはそのような操作は不可能だった。

▼BASIC（Beginner's All purpose Symbolic Instruction Code）
1965年に、米国のダートマス大学のケメニーとクルツによって発表されたプログラミング言語。「ベーシック」と呼ばれる。もともとはTSS環境で初心者に利用されることを想定して開発された言語。分かりやすさが受け、初期のパソコンには標準搭載されていた。

▼スター型
星型。＊の中心にコンピュータがあり、線で結ばれた周りに端末が配置される形態。

1.2.3 コンピュータ間通信

図 1.7
コンピュータ間通信

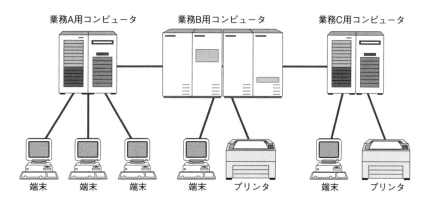

　TSSではコンピュータと端末が回線で結ばれただけで、コンピュータとコンピュータが接続されたわけではありません。

　1970年代になると、コンピュータの性能が飛躍的に向上すると同時に小型化が進み、価格も急激に安くなりました。その結果、研究機関だけでなく一般の企業にもコンピュータが導入されるようになってきました。企業内の事務処理などにコンピュータを使いたいというニーズが高まっていったのです。そしてコンピュータで効率よく事務処理を行うために、コンピュータとコンピュータの間で通信を行う技術が生み出されました。

　それまでは、コンピュータから別のコンピュータにデータを移したいときは、磁気テープやフロッピーディスクなどの外部記録媒体▼にデータをいったん保存して、それを物理的に輸送しなければなりませんでした。しかし、コンピュータ間の通信を可能にする技術が登場すると、コンピュータ間を通信回線で接続するだけでデータを瞬時にやり取りできるようになりました。これにより、データ転送にかかる時間や手間が一気に少なくなったのです。

　コンピュータ間通信の登場により、コンピュータの利便性はかなり高まりました。1台のコンピュータで一括して処理を行う必要がなくなり、複数のコンピュータで分散して処理し、結果をまとめることもできるようになりました。

　そして、今まで会社の中に1台しかなかったコンピュータが、部署や営業所単位で導入されるようになりました。部署内のデータは部署内で処理し、最終的な結果を通信回線を通して本部に送るといった運用ができるようになったのです。

　利用者の目的や規模に合わせた柔軟なシステムの構築や運用ができるようになり、それまでよりもコンピュータは身近なものになっていきました。

▼外部記録媒体
情報を記録してコンピュータから着脱できるもの。かつては磁気テープやフロッピーディスクだったが、現在ではCD/DVDメディアやUSBメモリなどの電子的な媒体が使われることが多い。

1.2.4 コンピュータネットワークの登場

図 1.8
コンピュータネットワーク（1980年代）

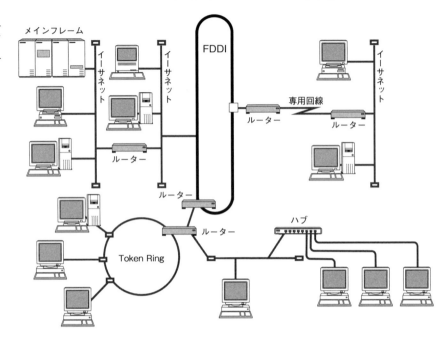

　1970年代の初期にはパケット交換技術によるコンピュータネットワークの実験が開始され、異なるメーカーのコンピュータ同士でも相互通信を可能にする技術が研究されるようになりました。そして1980年代になると、いろいろな種類のコンピュータを相互に接続できるコンピュータネットワークが登場しました。スーパーコンピュータやメインフレームなどの大型のコンピュータから小型のパソコンまで、多種多様なコンピュータがネットワークによって結ばれるようになりました。

　コンピュータの発展と普及はネットワークをより身近なものにしていきました。特にウィンドウシステム▼の登場は、ユーザーにとってネットワークをさらに便利なものにしてくれました。ウィンドウシステムを使えば、たくさんのプログラムを同時に実行してそれを切り替えながら作業をすることができます。たとえば、机の上のワークステーションで文書を作成しながらメインフレームにログインしてプログラムを実行し、データベースサーバーから必要なデータをダウンロードし、電子メールで遠く離れた人とメッセージのやり取りをする、といった作業を同時に行うことが可能になりました。ウィンドウシステムとネットワークが結びついたことにより、私たちは自分の机の前に居ながらにしてコンピュータネットワークの中を縦横無尽に走り回り、あちこちに散在するコンピュータ資源を活用できるようになりました。

▼ウィンドウシステム
　（Window System）
コンピュータの画面上で複数の窓（ウィンドウ）を開くことのできるシステムで、UNIXマシンでよく利用されるX Window SystemやMicrosoftのWindows、AppleのmacOSは、その代表。複数のプログラムなどをウィンドウごとに割り付け、次々と切り替えて実行できる。

図 1.9
ウィンドウシステムの登場とコンピュータネットワーク

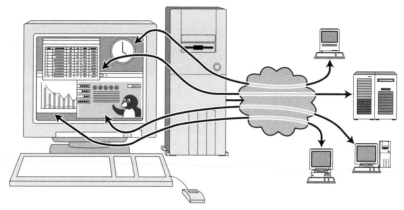

ウィンドウシステムの登場により、1台のコンピュータ上でたくさんのネットワーク資源を同時に利用できるようになった。

1.2.5 インターネットの普及

1990年代はじめには、情報処理に力を注ぐ企業や大学にて一人に1台ずつコンピュータが割り当てられ、ユーザーがコンピュータを専有して使用できる環境になってきました。また、ダウンサイジング、マルチベンダ▼接続（異機種間接続）という言葉が流行しました。ダウンサイジング、マルチベンダ接続の流れは、メーカーが異なるコンピュータを相互に接続し、安価にシステムを構築しようというものでした。この異機種の機器を接続するために使われたのがインターネットの通信技術でした▼。

同じ時期、電子メール（E-Mail）の利用と、そしてWWW（World Wide Web）による情報発信のブームが起こり、企業や一般家庭にインターネットが普及し始めました。

この流れを受けて各コンピュータメーカーは、自社製品を相互に接続し通信を行っていた、各社独自のネットワーク技術をインターネット技術に対応させるようになりました。また大企業だけでなく、一般家庭やSOHO▼向けのネットワーク接続サービスや各種のネットワーク製品が登場するようになりました。

▼マルチベンダ（Multi Vendor）
ベンダは機器メーカーやソフトウェアメーカーを指す単語。単一のメーカーの機器・ソフトウェアでネットワークを構成するのがシングルベンダ。マルチベンダは、いろいろなメーカーの機器やソフトウェアを組み合わせ、ネットワークを構成する場合を指す。

▼1990年当時、パソコンをつなぐLANシステムとしてはNovell社のNetWareが普及していた。しかし、メインフレーム、ミニコンピュータ、UNIXワークステーション、パソコンなどのすべてのコンピュータをつなぐ技術としては、TCP/IPが注目を集めた。

▼SOHO（Small Office/Home Office）
「ソーホー」と発音する。小さなオフィスや家庭を事務所にしている事業者の意味。

■ダウンサイジング（Downsizing）

1990年代前半、パソコンやUNIXワークステーションの性能は、それまでのメインフレームと変わらないくらいの能力を持つようになりました。また、パソコンやUNIXワークステーションのネットワーク機能も向上し、これらの安価なコンピュータでネットワークを簡単に構築できるようになりました。その結果、大型のメインフレームで行われていた企業の基幹業務をパソコンやUNIXワークステーションで構築したシステムへ置き換える動きが活発化しました。このような動きはダウンサイジングと呼ばれました。

現在では、インターネット、E-Mail、Web、ホームページという言葉が、日常会話の中で当たり前のように使われるほど、社会の中に情報通信ネットワーク、インターネットは浸透しています。パソコンも以前は単独（スタンドアロン）で使う個人の道具でしたが、現在では主にインターネットにアクセスする道具として使う人が多くなっています。そして、ネットワークを通じて世界中のコンピュータが結ばれ、距離や国境を意識することなく世界中の人とコミュニケーションがとれるようになりました。

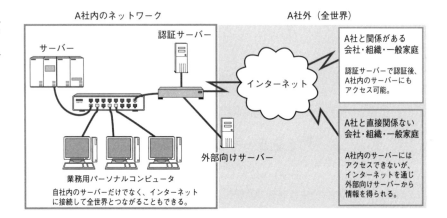

図 1.10
企業も一般家庭もインターネットに接続する

1.2.6　インターネット技術中心の時代へ

　インターネットの普及と発展は通信のあらゆる分野に影響を与えました。
　インターネットは、別々に発展してきた多くの技術をすべてインターネットに取り込む方向に進んでいます。従来の通信を支えてきたネットワークは電話網でしたが、インターネットの急激な発達によりその立場が逆転しました。汎用の通信基盤として電話網の代わりにインターネットの技術でもある IP 網が用意され、その上で電話やテレビ放送、コンピュータ通信、インターネットが構築されています。ネットワークにつながる機器も、いわゆる「コンピュータ」だけではなく携帯端末や家電製品、ゲーム機などに広がりました。

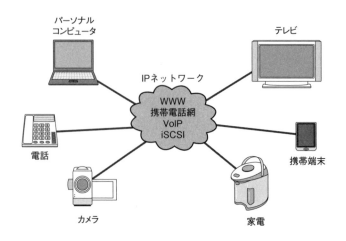

図 1.11
IP による通信・放送の統一

また、インターネットとの接続を前提としない制御システムの分野でもIPが使われています。たとえば火力発電所のボイラー制御、工場のロボット制御、オフィスビルの空調・照明制御、上下水道局のポンプ・弁制御、鉄道の列車位置情報取得・信号制御などの制御システムでは、従来は専用のプロトコルが使われていました。しかし、インターネット技術の発展と普及により、現在では多くの施設や設備でIPが利用されています。セキュリティの問題もあり、外部とは接続しない閉域網▼として制御系システムのネットワークが構築されましたが、現在ではインターネットへ接続することが増えています。工場などでは効果的なサプライチェーンマネジメント▼を実現するために、インターネットなどを介して取引先との間で需要や在庫量の情報を共有する動きが増えています。また、鉄道の路線によっては列車の位置情報などをスマートフォンで知ることができますが、これは列車の運行管理システムの情報をインターネットに流すことで実現されています。

このように、今後はありとあらゆるものがインターネットにつながるようになるでしょう。

▼閉域網はクローズドネットワーク（closed network）とも呼ばれる。

▼サプライチェーンマネジメント
取引先との間で需要や在庫量の情報を共有して、効率のよい物流を目指すこと。商品を作成するときには複数の工場で製造された部品を組み合わせることが多い。このとき、特定の部品が足りなくなると製品が生産不能になって損失が発生してしまう。こういった問題を防ぐために導入される。

▼詳しくは8.7.5項を参照。

■ IT、ICT、OT

ITはInformation Technologyの略称です。「情報技術」と訳され、コンピュータを中心にした技術全般を指します。ITはネットワークとともに使われることが一般的なので、それを強調するためにICTという言葉が使われることがあります。ICTはInformation and Communication Technologyの略で、「情報通信技術」と訳されます。

OTはOperational Technologyの略で、制御技術や運用技術という意味です。発電所や工場などで使われている制御システムの意味で使われます▼。OTはITとは別の発展をしてきたものですが、現在ではITでもOTでもインターネット技術であるTCP/IPが重要な役割を果たすようになってきています。

1.2.7 「単につなぐ」時代から「安全につなぐ」時代へ

インターネットは、全世界の人々がコンピュータを介し国境を越えて自由につながる唯一のネットワークへと進化を遂げました。インターネットを介した情報の検索、コミュニケーション、情報共有、報道、機器制御などによって、20 年前には考えられなかったような利便性の高い情報環境が私たちの前に広がっています。いまやインターネットは、社会のインフラとして必須のものになっています。

しかし利便性が増すとともに、別な側面も現れてきています。コンピュータウイルスによる被害、企業情報や個人情報の漏洩、ネットワークを介した詐欺事件など、インターネットを利用することによって巻き込まれるトラブルが増えています。現実の世界では危険な場所に足を踏み入れなければ被害に遭わなかったのに、インターネットに接続していることで、オフィスや家庭に居ながらにしてこのような被害に遭う可能性があります。また、機器のトラブルなどでインターネットを利用できないことが企業や個人の活動に大きな損失を与えるようになったという側面も見すごせません。

インターネットの普及期には、インターネットにつなぐこと、それもできる限り制限なく自由につなぐことを目指していました。しかし現在では、「単につなぐ」ということを越えて、「安全につなぐ」ことが強く求められています。

企業や公共団体などでのインターネット接続では、通信の仕組みを理解し、接続後の運用などを検討して十分な自己防衛を行い、安全で健全な通信手段として維持していくことが不可欠な時代になってきています。

表 1.1
コンピュータ利用形態の変遷

年代	内容
1950 年代	バッチ処理の時代
1960 年代	タイムシェアリングシステムの時代
1970 年代	コンピュータ間通信の時代
1980 年代	コンピュータネットワークの時代
1990 年代	インターネットの普及の時代
2000 年代	インターネット技術中心の時代
2010 年代	いつでもどこでも何にでも TCP/IP ネットワークの時代
2020 年代	いろいろな仕組みがネットワークでつながる時代

1.2.8　人からモノへ、モノからコトへ

　コンピュータネットワークの目的は、コンピュータとコンピュータを結んで、より便利なコンピューティング環境を構築することでした。コンピュータネットワークの目的をひと言で説明すると、「生産性の向上」にあるといえます。こう考えると、バッチ処理からコンピュータネットワークまで発展した経緯がなんとなくうなずけると思います。しかし、今では、この目的が少しずつ変わってきています。

　インターネットの登場により、遠く離れた世界中の人へ向けて情報を発信したり、それに対する意見をもらったりと、お互いにリアルタイムなコミュニケーションができるようになりました。いずれも、インターネットが登場する以前にはできなかったことです。また、離れた場所から自宅のエアコンや電気、お風呂などを制御することも可能になりました。車に搭載されたコンピュータから得られる多彩な情報をインターネット経由で管理し、点検の必要性を検討したり交通情報へ活用したりといったことも進んでいます。

　これらの手法は、今まで情報通信とあまり関係を持たなかった産業へも進出しています。たとえば、病院や製造工場、農場などが積極的にインターネット技術を利用し、情報を収集して対処するコトを進めています。これまではインターネット技術を中心として発展してきましたが、今後はインターネットの利活用がさらに進み、いろいろなモノへ接続され、そこから得られた情報をもとに、新たなコトを創造する仕組みが増えていきます。このような仕組みは、IoT（Internet of Things）と呼ばれています。製造工場に導入する場合は IIoT（Industrial IoT）、もしくは Industry 4.0 と呼ばれます。

　このように私たちの日常生活や、学校教育、研究活動、企業活動などに大きな変化を起こすことから、インターネット技術は、第 4 次産業革命ともいわれています。

1.2.9　すべての鍵を握る TCP/IP

　これまで紹介してきたように、インターネットは別々に発達してきたさまざまな通信技術を組み合わせたものです。そして、そのような組み合わせを実現するだけの応用力を持つ技術が TCP/IP です。では、その TCP/IP はどのような仕組みで動いているのでしょうか。

　TCP/IP とは通信プロトコルの総称です。そこで次節では、TCP/IP の仕組みを学ぶ前に、まず「プロトコル」についてきちんと理解していきましょう。

1.3 / プロトコルとは

1.3.1 プロトコルがいっぱい！

コンピュータネットワークや情報通信の世界では、「プロトコル」という言葉がよく使われます。代表的なプロトコルは、インターネットでも利用されているIP、TCP、HTTPなどです。それ以外にも、LANでよく使われていたIPXやSPX▼といったプロトコルもあります。

さまざまなプロトコルを体系的にまとめたものを「ネットワークアーキテクチャ」ということがあります。「TCP/IP」も、IP、TCP、HTTPなどのプロトコルの集合体です。現在は多くの機器でTCP/IPが利用できますが、Novell社のIPX/SPX、現Apple社のコンピュータで使われていたAppleTalk、IBM社が開発し大規模ネットワークなどで利用されているSNA▼、旧DEC社▼が開発したDECnetなど、TCP/IP以外のネットワークアーキテクチャを利用した機器や環境もあります。

▼IPX/SPX（Internetwork Packet Exchange / Sequenced Packet Exchange）
Novell社が開発販売するNetWareシステムのプロトコル。

▼Systems Network Architecture

▼DEC（Digital Equipment Corporation）
1998年までにさまざまな企業に買収・合併された。

表1.2
さまざまなネットワークアーキテクチャと、そのプロトコル

ネットワークアーキテクチャ	プロトコル	主な用途
TCP/IP	IP, ICMP, TCP, UDP, HTTP, TELNET, SNMP, SMTP ...	インターネット、LAN
IPX/SPX（NetWare）	IPX, SPX, NPC ...	パソコンLAN
AppleTalk	DDP, RTMP, AEP, ATP, ZIP ...	現Apple社製品のLANで使われていた
DECnet	DPR, NSP, SCP ...	旧DEC社のミニコンピュータなどで使われていた
OSI	FTAM, MOTIS, VT, CMIS/CMIP, CLNP, CONP ...	―
XNS▼	IDP, SPP, PEP ...	Xerox社ネットワークで主に使われていた

▼Xerox Network Services

1.3.2 プロトコルが必要な理由

ふだん、私たちが電子メールを出すときや、ホームページから情報を収集するときには、プロトコルについて意識することはありません。アプリケーションプログラムの使い方さえ知っていれば、ネットワークを利用できるからです。プロトコルを知らないからといって、問題になることはそれほどありません。しかし、ネットワークを利用してコミュニケーションをとるためには、プロトコルがとても重要なものになります。

プロトコルを簡単に説明すると、コンピュータとコンピュータがネットワークを利用して通信するために決められた「約束ごと」という意味になります。メーカーや CPU や OS が違うコンピュータ同士でも、同じプロトコルを使えば互いに通信することができます。逆に、同じプロトコルを使用しなければ通信することはできません。プロトコルにはいくつもの種類があり、それぞれ仕様が明確に決められています。コンピュータ同士が互いに通信するためには、両者が同じプロトコルを理解し、処理できなければなりません。

■ CPU と OS

CPU（Central Processing Unit）は「中央演算装置」と訳されます。実際にプログラムを実行するコンピュータの心臓部にあたります。この CPU の能力がコンピュータの能力の大部分を決定するため、コンピュータの歴史は CPU の歴史であるともいえます。

現在よく使われている CPU 製品は、Intel Core や Intel Atom、ARM Cortex などです。

OS（Operating System）は「基本ソフトウェア」などと訳されることもあります。コンピュータの CPU やメモリの管理、周辺機器や実行プログラムの管理を行うプログラム（ソフトウェア）を集めたものです。本書で説明する TCP や IP のプロトコル処理も、多くの場合は OS に組み込まれています。

現在のパソコンで利用されている代表的な OS には、UNIX や Windows、macOS、Linux などがあります。

コンピュータが実行できる命令は、CPU や OS ごとに異なるため、ある CPU や OS 向けのプログラムが別の CPU や OS でそのまま実行できるとは限りません。コンピュータで扱うデータの形式も、通常は CPU や OS の種類によって異なります。異なる CPU や OS のコンピュータ間で通信できるのは、お互いが共通のプロトコルを理解し、それを使ってやり取りしているからです。

なお、コンピュータの CPU は、通常は同時に 1 つの命令しか実行できません。そこで、デバイスドライバを含む OS が複数のプログラムを短い時間で切り替えながら CPU に処理させます。これをマルチタスクといいます。同一 OS でマルチコア CPU や複数の CPU を利用する場合、および 1.2.2 項の TSS も、この機能を使って実現したものです。

1.3.3 プロトコルを会話で考えると

ここに、日本語しか話すことのできないAさんと、英語しか話すことのできないBさん、英語と日本語の両方を話すことができるCさんがいたとします。このAさんとBさんが会話したらどうなるでしょう？ また、AさんとCさんが会話をした場合はどうでしょう？ このとき、

- 日本語や英語を「プロトコル」
- 言語によってコミュニケーションをすることを「通信」
- 話の内容を「データ」

と考えてみましょう。AさんとBさんが会話しようとしても、Aさんは日本語、Bさんは英語なので、双方とも相手の話している言葉が理解できません。その結果、AさんとBさんは、自分が伝えたい話の内容を相手に理解してもらうことができず、コミュニケーションが成立しません。この例では、AさんとBさんが話す言語のプロトコルが異なるため、相互にデータ（話の内容）を伝えることができないのです▼。

▼2人の間に通訳がいればコミュニケーションは成立する。ネットワークの場合には、1.9.7項のゲートウェイが通訳になる。

次に、AさんとCさんの場合はどうでしょう。この場合は、両方とも「日本語」のプロトコルを使えば、互いに相手の言葉を理解できます。AさんとCさんが同じプロトコルを使うため、伝えたいデータ（話の内容）を相手に伝え、理解してもらうことができ、その結果、通信（コミュニケーション）が成立します。

こう考えると、プロトコルの意味がなんとなく分かってくると思います。ここでは単純に、人間同士が面と向かって会話をするという例で説明しましたが、コンピュータとコンピュータがネットワークを介して通信する場合も、ほとんど同じと考えてよいのです▼。

▼このように私たちが日常生活で当たり前のように行っていることにも、プロトコルという概念を当てはめて考えることができる。

図 1.12
プロトコルを会話で考えると

言語のプロトコルが異なるのでコミュニケーション不成立。

言語のプロトコルが一致してコミュニケーション成立。

1.3.4 コンピュータでのプロトコル

　人間は、知能、応用力、理解力を持っているので、ある程度ルールから外れていても、意思の疎通をはかることができます。また、とっさにルールを変更したり、ルールを拡張したりすることもできます。

　しかし、コンピュータによる通信の場合はそうはいきません。コンピュータは人間のような知能、応用力、理解力を持っていません。それこそ、コネクタの形状のような物理的なレベルから、アプリケーションの種類のようなソフトウェアのレベルまで、さまざまな部分で明確な約束ごとを決めて、それを守るようにしなければ正しく通信することはできません。そして、双方のコンピュータに、通信に必要な最低限の機能がすべてプログラミングされていなければなりません。前例のAさん、Bさん、Cさんをコンピュータに置き換えると、プロトコルを明確に定義して、そのプロトコルを守るようにソフトウェアやハードウェアを動作させなければならないということになります。

　私たちはふだん、特に何も意識せずに言葉を発しますが、それでも多くの場合は、相手にあまり誤解を与えずに話の内容を伝えることができます。また、たとえ途中の言葉を聞き逃しても、会話の前後などから意味を推測して、相手の言いたいことを理解することができます。しかし、コンピュータの場合はそうはいきません。プログラムやハードウェアを作成するときには、途中で障害が発生した場合にどう処理するかなど、通信中に起こりうるさまざまな問題をあらかじめ想定しておかなければなりません。そして実際に障害が発生した場合には、通信するコンピュータ同士が互いに適切な処理をするように機器やプログラムを作成しなければならないのです。

　このように、コンピュータ通信では、コンピュータ同士で約束ごとをきめ細かく決めて、それを守ることがたいせつです。この約束ごとが「プロトコル」です。

図 1.13

コンピュータ通信のプロトコル

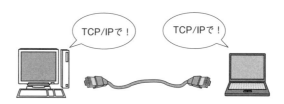

コンピュータ同士での約束ごと（プロトコル）をきめ細かく決め、それを守ることで通信が成立。

1.3.5 パケット交換でのプロトコル

パケット交換とは、大きなデータをパケット（Packet）と呼ばれる単位に分割して送信する方法です。パケットという単語を辞書で調べると「小包」と書かれています。まさに、大きなデータを小包に小分けして相手に届けているのです。

図 1.14
パケット通信

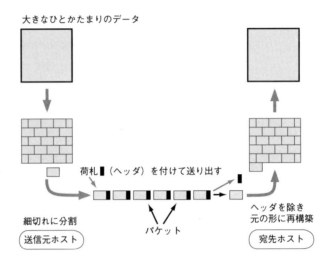

小包で物品を送るときには、差出人の住所と送り先の住所を書き込んだ荷札を貼って、郵便局などに持っていきます。コンピュータ通信の場合も同じで、データを分割した1つのパケットを作り、そこに送信元コンピュータと宛先コンピュータのアドレスを書き込んで、通信回線に送り込みます。自分のアドレスや宛先のアドレス、データの番号が書き込まれる部分を、パケットのヘッダと呼びます。

また、大きなデータをいくつかのパケットに分けた場合には、元のデータのどの部分だったのかを示す番号も書き込まれます。受け取った側はこの番号を調べることで、小分けされたデータから元のデータを組み上げることができます。

通信プロトコルでは、ヘッダに書き込まれる情報や、その情報をどのように処理するかを定めています。通信するそれぞれのコンピュータは、プロトコルに従って、ヘッダを作成したり、ヘッダの内部を解読して処理を行ったりします。正しく通信するためには、パケットの送信側と受信側でヘッダの内容についての定義や解釈が同じになっている必要があります。

では、通信プロトコルはいったい誰が決めるのでしょう？　いろいろなメーカーのコンピュータが互いに通信できるように、通信プロトコルの仕様を決めて、世界中で利用される標準を作っている機関があるのです。次節では、プロトコルの標準化について説明します。

1.4 プロトコルは誰が決める？

1.4.1 コンピュータ通信の登場から標準化へ

コンピュータ通信が始まった当初は、体系化や標準化が重要とは考えられていませんでした。各コンピュータメーカーは、それぞれ独自にネットワーク製品を作り、コンピュータ通信を実現していました。プロトコルの機能を体系付けたり、階層化することも、特に強く意識されてはいませんでした。

1974年、IBM社は自社のコンピュータ通信技術を体系化したネットワークアーキテクチャ、SNA▼を発表しました。その後、各コンピュータメーカーは、それぞれの会社独自のネットワークアーキテクチャを発表し、プロトコル群の体系化を行いました。しかし、各社独自のネットワークアーキテクチャ、プロトコルには互換性がなく、異なるメーカーの製品を物理的に接続しても、正しく通信することはできませんでした。

これは、利用者にとってとても不便なことでした。最初にコンピュータネットワークを導入したら、いつまでも同じメーカーの製品を買い続けなければならなかったからです。メーカーが消滅したり、その製品がサポートされなくなったりしたら、すべての機器を入れ替えなければなりません。また、違う部署で別のメーカーの製品を導入していた場合、それぞれの部署のネットワークを互いに接続しても、プロトコルが違うために通信できない場合が多かったのです。このような柔軟性のないネットワークは、拡張性に乏しく利用者にとって使いにくいものでした。

▼SNA
Systems Network Architecture

図1.15
プロトコルの方言と共通語

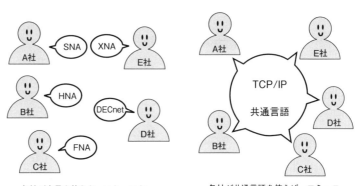

各社が方言を使うと、コミュニケーションは成立しない。

各社が共通言語を使えば、コミュニケーションができるようになる。

しかし、コンピュータの重要性が増し、多くの企業でコンピュータネットワークが導入されていくと、メーカーが違っても互いに通信できるような互換性が重要であると認識されるようになりました。これが、ネットワークのオープン化、マルチベンダ化です。異なるメーカーのコンピュータ間でも自由に通信できる環境が強く望まれたのです。

▮1.4.2　プロトコルの標準化

このような問題を解決するため、ISO▼（国際標準化機構）は、国際標準として OSI▼ と呼ばれる通信体系を標準化しました。現在 OSI の定めるプロトコルは普及していませんが、OSI プロトコルを設計する際の指針として提唱された OSI 参照モデルはネットワークプロトコルを考えるときによく引き合いに出されます。

本書で説明する TCP/IP は ISO の国際標準ではありません。TCP/IP は、IETF▼ で提案や標準化作業が行われているプロトコルです。大学などの研究機関やコンピュータ業界が中心となって標準化が推進され、発展してきました。TCP/IP はインターネット上の標準であり、デファクトスタンダード▼ として世界中でもっとも広く使われている通信プロトコルです。インターネットで利用される機器やソフトウェアは、IETF によって標準化された TCP/IP に準拠しています。

プロトコルが標準化されてすべての機器がこれに準拠すれば、コンピュータのハードウェアや OS の違いを意識することなくネットワークに接続されたコンピュータと通信できるようになります。標準化によって、コンピュータネットワークは便利なものになったのです。

▼ISO
International Organization for Standardization。国際標準化機構。

▼OSI
Open Systems Interconnection。開放型システム間相互接続。

▼IETF
Internet Engineering Task Force

▼デファクトスタンダード
De facto Standard。国家機関や国際機関のような公的機関による標準ではないが、事実上の標準、業界標準を意味する。

■標準化

標準化とは、異なるメーカーの製品同士でも互換性を持って利用できるような規格を作り上げることです。

「標準」はコンピュータ通信以外にも、鉛筆やトイレットペーパー、電源コンセント、オーディオ、ブルーレイディスクなど日常生活で数多く見られます。これらの製品の大きさや形がメーカーによって違っていたら、とても困ります。

標準化を行う組織は大きく分けて、国際レベルの機関、国家レベルの機関、民間レベルの任意団体の 3 種類があります。国際的な組織には ISO や ITU-T▼ などが、国家レベルの機関には日本の JIS を制定している JISC や米国の ANSI▼ があります。任意団体にはインターネットプロトコルの標準化をしている IETF などがあります。

現実の世界では、技術的には優れていても、開発した企業が仕様を公開しなかったため一般にはあまり普及せず、使われなくなってしまった技術がたくさんあります。その中には、企業が独占することなく仕様を公開して業界の標準にしていれば、よいものが使われ続けていただろうと残念に思われるものもあります。

標準化は、世の中に大きな影響を与える非常に重要な作業だといえます。

▼ITU-T
International Telecommunication Union Telecommunication Standardization Sector。通信関連の国際規格を作成している委員会。ITU（International Telecommunication Union：国際電気通信連合）の付属機関。旧国際電信電話諮問委員会（CCITT：International Telegraph and Telephone Consultative Committee）。

▼ANSI
American National Standards Institute。米国規格協会。米国国内の標準化機関。

1.5 プロトコルの階層化と OSI 参照モデル

1.5.1 プロトコルの階層化

ISO は OSI プロトコルを標準化する前に、ネットワークアーキテクチャに関する議論を十分に行いました。そして、通信プロトコルを設計するときの指標として、OSI 参照モデルを提唱しました。これは、通信に必要な機能を 7 つの階層に分け、機能を分割することで、複雑になりがちなネットワークプロトコルを単純化するためのモデルです。

各階層は、下位層から特定のサービスを受け、上位層に特定のサービスを提供します。上位層と下位層の間でサービスのやり取りをするときの約束ごとを「インタフェース」と呼び、通信相手の同じ階層とやり取りをするときの約束ごとを「プロトコル」と呼びます。

このプロトコルの階層化は、ソフトウェアを開発するときのモジュール化▼に似ています。OSI 参照モデルの場合には、理想的には第 1 層から第 7 層までの 7 つのモジュールを作ってそれぞれをつなぎ合わせれば、通信が可能になります。階層化をすると各階層を独立なものとして扱うことができる利点があります。システムのある階層を変更しても、その影響がシステム全体に波及しないため、拡張性や、柔軟性に富んだシステムを構築できます。また、通信の機能分割が行われるため、それぞれの階層のプロトコルの実装が容易になり、それに伴って責任の分界点も明確になるという利点があります。

欠点は、モジュール化を進めすぎてしまうと、処理が重くなったり、各モジュールで似たような処理をしなければならなくなることがある点です。

▼モジュール化
ある機能を実行するかたまりをモジュールと呼び、それを開発時の部品として利用すること。

図 1.16
プロトコルの階層構造

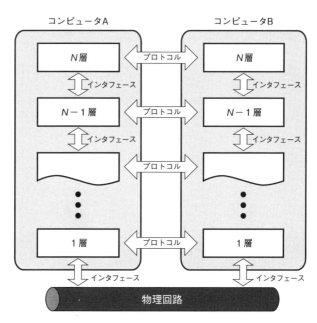

1.5.2 会話で階層化を考えると

プロトコルの階層化について、AさんとCさんの会話を例にして簡単に説明しましょう。ここでは、言語層と通信装置層の2つの階層で考えることにします。

まず、電話を使って会話をする場合を考えます。図1.17の上の図ではAさんとCさんが電話という通信装置層を利用して日本語の言語プロトコルで話をしています。この状況についてもう少し深く考えてみましょう。

AさんとCさんが日本語で直接会話しているように見えますが、実は、AさんもCさんも、電話機のスピーカーから聞こえる音声を聞き、マイクに向かってしゃべっていることに注意してください。電話機を知らない人がその光景を見たらどう思うでしょう。その人にはAさんとCさんが受話器と話をしているように見えるでしょう。

人がしゃべる言語プロトコルは、音波として受話器のマイクに入り、通信装置層で電気信号の波に変換されます。そして、相手の電話機まで伝わり、通信装置層で音波に変換されます。つまりAさんとCさんは、電話機との間で、音波によって言語を伝達するというインタフェースを利用しているということです。

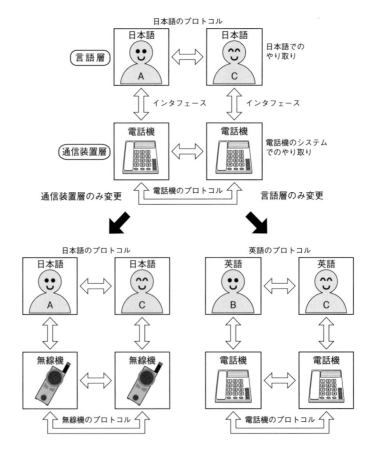

図1.17
言語層と通信装置層の2階層モデル

ふだんは電話を使って直接人と話をしているように感じるかもしれませんが、細かく分析して考えると、電話機が間に介在しているという事情が無視できなくなります。もし、A さんの電話機から伝えられた電気信号が、C さんの電話機でまったく同じ周波数の音波に変換されなかったとしたらどうなるでしょう。これは、A さんの電話機と C さんの電話機のプロトコルが異なることを意味しています。C さんには、A さんではない別の人がしゃべっているように感じられるかもしれません。周波数がずれすぎていると、C さんには日本語として聞き取れないかもしれません。

言語層は同じで、通信装置層を変更したらどうなるか考えてみましょう。たとえば電話を無線機に変えてみます。通信装置層で無線機を使うことになると、2 つの層の間のインタフェースとして無線機の使い方を習得する必要があります。しかし、言語層のプロトコルとしては依然として日本語を使っているので、電話のときとまったく同じように会話ができます。

では、通信装置層は電話機を使って、言語層を英語に変えたらどうなるでしょう。当然ですが電話機は日本語でも英語でも使えるので、日本語のときと同じように通信することができます。

当たり前のことのように思われるかもしれませんが、プロトコルの階層化が便利で意味のあることが理解できると思います。このような理由から、ネットワークのプロトコルは階層化されているのです。

1.5.3　OSI 参照モデル

前の項ではプロトコルについて簡単な 2 階層のモデルを使って説明しました。しかし、パケット通信のプロトコルは、これよりもかなり複雑です。これを整理して分かりやすくするためのモデルが 7 階層の OSI 参照モデルです。

図 1.18
OSI 参照モデルとプロトコルの意味

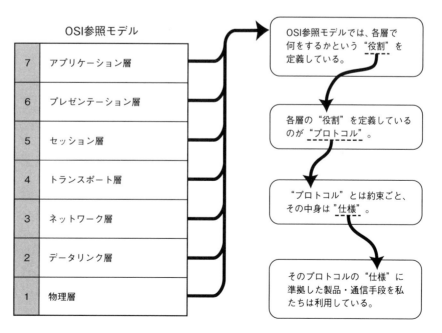

OSI 参照モデルは通信に必要な機能をうまくまとめています。また、ネットワークエンジニアがプロトコルに関する議論をするときに、この OSI 参照モデルの階層をもとにして話をすることがあります。コンピュータネットワークを学ぶ人にとって、OSI 参照モデルは最初に学ばなければならない登竜門といえるでしょう。

なお、OSI 参照モデルはあくまでも「モデル」であり、各層のおおまかな役割を決めているだけで、プロトコルやインタフェースの詳細を決めるものではありません。プロトコルの設計や勉強をするときの「ガイドライン」なのです。詳細を知りたい場合は、個々のプロトコルの仕様書を読む必要があります。

多くの通信プロトコルは、この OSI 参照モデルの 7 階層のどれかの層に当てはめて考えることができます。OSI 参照モデルに当てはめることで、通信機能全体の中におけるそのプロトコルの位置付けやおおまかな役割を知ることができます。

プロトコルの細かい仕様についてはそれぞれの仕様書を読まなければなりませんが、おおよその役割はこの階層モデルのどの層にあたるかで見当をつけることができます。各プロトコルの詳細を勉強する前に OSI 参照モデルを勉強する理由はこんなところにあります。

■ OSI プロトコルと OSI 参照モデル

この章で解説しているのは OSI 参照モデルですが、OSI プロトコルという言葉を耳にすることもあると思います。OSI プロトコルは、異なるコンピュータ間での通信を実現するため、ISO や ITU-T によって標準化が進められていたネットワークアーキテクチャです。

OSI では、通信の機能を 7 つの階層に分類しています。これが OSI 参照モデルです。OSI ではこの OSI 参照モデルに基づき、各階層のプロトコルと階層間のインタフェースについての標準を定めています。これが OSI プロトコルで、これらに準拠した製品が OSI 製品、準拠した通信が OSI 通信といえます。「OSI 参照モデル」と「OSI プロトコル」という言葉が意味することは違うので注意してください。

本書では、この OSI 参照モデルの機能分類に、TCP/IP の機能を当てはめる形で話を進めます。実際の TCP/IP の階層モデルは OSI とは若干異なりますが、OSI 参照モデルを利用することで理解を深めることができます。

▚ 1.5.4 OSI 参照モデルの各層の役割

この項では、OSI 参照モデルの各層の役割を簡単に説明します。OSI 参照モデルの各層の役割を一覧表にしたものを図 1.19 に示します。

図 1.19
OSI 参照モデル各層の役割

	層	機 能	各層の機能イメージ
7	アプリケーション層	特定のアプリケーションに特化したプロトコル。	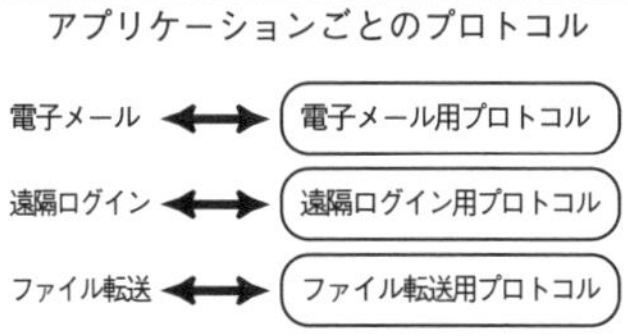 アプリケーションごとのプロトコル 電子メール ⟷ 電子メール用プロトコル 遠隔ログイン ⟷ 遠隔ログイン用プロトコル ファイル転送 ⟷ ファイル転送用プロトコル
6	プレゼンテーション層	機器固有のデータフォーマットと、ネットワーク共通のデータフォーマットの交換。	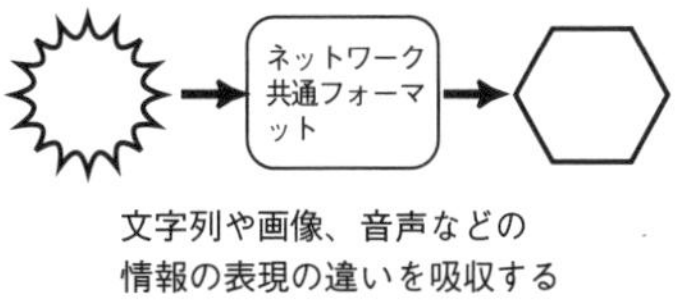 ネットワーク共通フォーマット 文字列や画像、音声などの情報の表現の違いを吸収する
5	セッション層	通信の管理。コネクション（データが流れる論理的な通信路）の確立/切断。トランスポート層以下の層の管理。	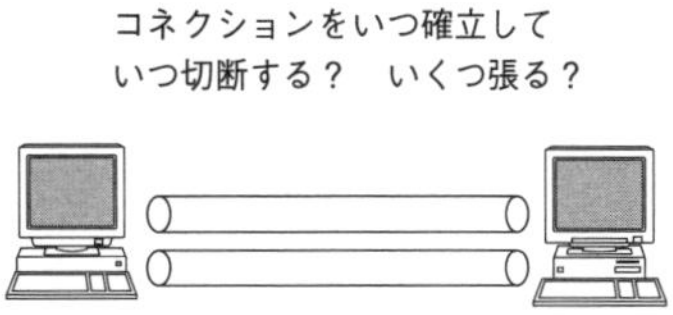 コネクションをいつ確立していつ切断する？　いくつ張る？
4	トランスポート層	両端ノード▼間のデータ転送の管理。データ転送の信頼性を提供する（データを確実に相手に届ける役目）。	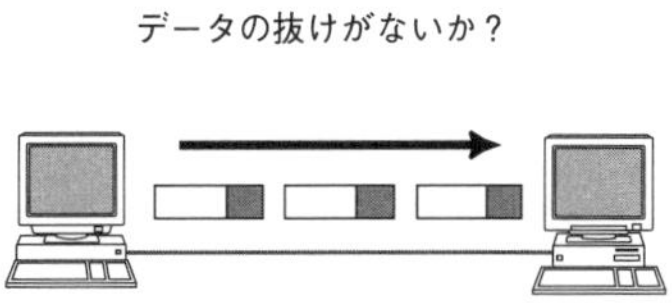 データの抜けがないか？
3	ネットワーク層	アドレスの管理と経路の選択。	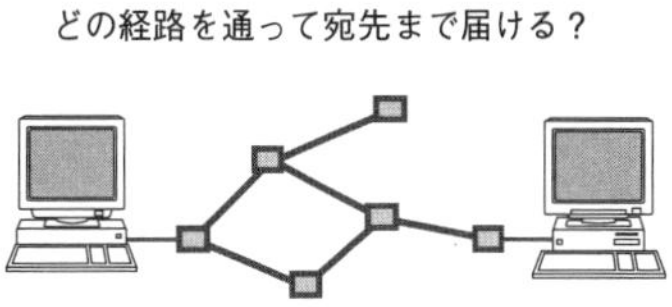 どの経路を通って宛先まで届ける？
2	データリンク層	直接接続された機器間でのデータフレームの識別と転送。	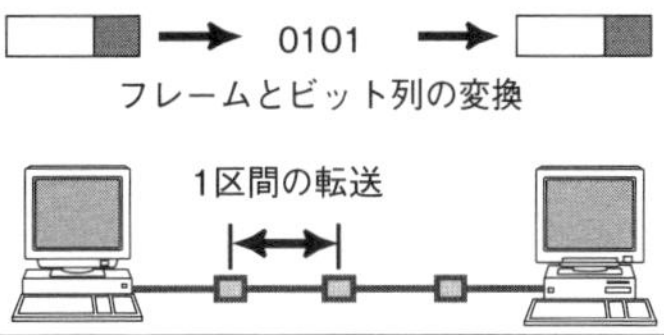 0101 フレームとビット列の変換 1区間の転送
1	物理層	"0" と "1" を電圧の高低や光の点滅に変換する。コネクタやケーブルの形状の規定。	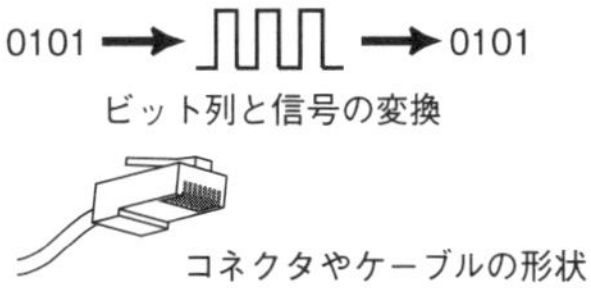 0101 → JUUL → 0101 ビット列と信号の変換 コネクタやケーブルの形状

▼ノード（Node）
ネットワーク接続されている終端のコンピュータなどの機器を示す。

■ アプリケーション層

利用されるアプリケーションの中で通信に関係する部分を定めています。ファイル転送や電子メール、遠隔ログイン（仮想端末）などを実現するためのプロトコルがあります。

■ プレゼンテーション層

アプリケーションが扱う情報を通信に適したデータ形式にしたり、また下位層から来たデータを上位層が処理できるデータ形式にしたりと、データ形式に関する責任を持ちます。

具体的には、機器固有のデータ表現形式（データフォーマット）などをネットワーク共通のデータ形式に変換する役割になります。同じビット列でも、機器が変われば違う意味に解釈される可能性があります。それらの整合をとる役割を持ちます。

■ セッション層

コネクション（データの流れる論理的な通信路）の確立や切断、転送するデータの切れ目の設定など、データ転送に関する管理を行います。

■ トランスポート層

宛先のアプリケーションにデータを確実に届ける役目があります。通信を行う両端のノードだけで処理され、途中のルーターでは処理されません。

■ ネットワーク層

宛先までデータを届ける役割を持ちます。宛先は複数のネットワークがルーターでつながった先にある場合もあります。そのためのアドレス体系決めや、どの経路を使うかなどの経路選択の役割を持ちます。

■ データリンク層

物理層で直接接続されたノード間、たとえば1つのイーサネットに接続された2つのノード間での通信を可能にします。

0と1の数字の列を意味のあるかたまり（フレーム）に分けて、相手に伝えます（フレームの生成と受信）。

■ 物理層

ビットの列（0と1の数字の列）を電圧の高低や光の点滅に変換したり、逆に、電圧の高低や光の点滅をビットの列に変換したりします。

1.6 OSI参照モデルによる通信処理の例

▼ホスト（Host）
ここでのホストは、ネットワークに接続されたコンピュータという意味。OSIの用語では通信を行うコンピュータのことをノードと呼ぶ。しかし、TCP/IPの用語ではホストと呼ばれる。本書はTCP/IPの本なので、通信を行うコンピュータのことを主に「ホスト」と呼ぶ。139ページのコラムも参照。

具体的な通信の例で、7階層の機能を説明しましょう。ホスト▼Aを使うAさんが、ホストBを使うBさんにSNSでメッセージを送る場合を考えてみます。

なお、厳密にはOSIやインターネットのSNSは、ここで示すような仕組みにはなっていません。OSI参照モデルを分かりやすく説明するための例だと思ってください。

1.6.1 7階層の通信

OSIの7階層モデルでは、どのように通信をモデル化しているのでしょうか。

考え方は、図1.17（22ページ）で紹介した言語と電話機の2階層モデルと同じです。送信側では7層、6層と順番に上の層から下の層へデータが伝えられ、受信側では1層、2層と順番に上の層へデータが伝えられます。それぞれの階層では、上位層から渡されたデータに自分の階層のプロトコル処理に必要な情報を「ヘッダ」という形で付けます。受信側では、受信したデータを処理して「ヘッダ」と上位層への「データ」に分離します。そして、データを上位層に渡します。こうやって、送信したデータが元のデータに復元されるのです。

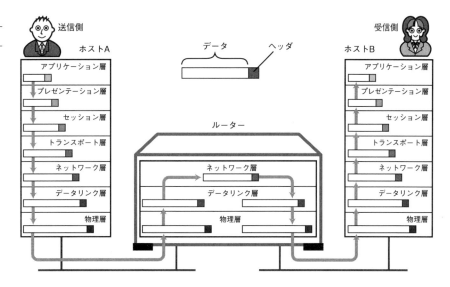

図1.20
通信と7階層

1.6.2　セッション層以上での処理

　AさんがBさんに向かって、『おはようございます』という文章を送る場合、どのような処理が行われるのでしょうか？ 上位層から順番に見ていくことにしましょう。

図 1.21
メッセージの通信例

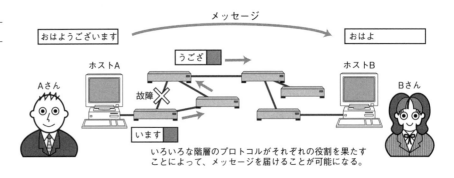

■ アプリケーション層

図 1.22
アプリケーション層の仕事

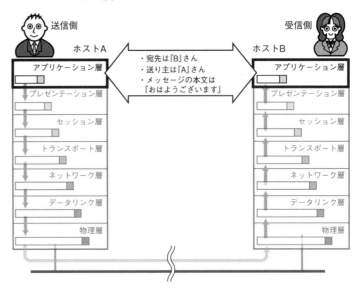

　AさんはホストA上でメッセージソフトを動かし、新規のメッセージを作成します。そして、宛先を『B』さんにして、キーボードから『おはようございます』と入力します。

　メッセージソフトの機能を細かく分類すると、通信にかかわる部分とそうでない部分に分けられます。たとえば『おはようございます』のようなデータを入力する部分は通信に関係のない部分です。その文章をホストBに送信する部分は通信に関係しています。この「文章を入力した後にデータを送信する部分」がアプリケーション層に相当します。

　ユーザーが文章を入力し終わり「送信」ボタンをマウスでクリックすると、アプリケーションプロトコルの処理が始まります。たとえば『おはようござい

ます』がメッセージの本文であるという情報や、宛先は『B』さんであるという
情報を表すヘッダ（タグ）が付けられます。そのヘッダを付けられたデータが、
ホストBでメッセージの受信処理をするアプリケーションに届けられます。ホ
ストBのアプリケーションは、ホストAのアプリケーションから送信された情
報を分析します。そして、ヘッダとデータを解析し、必要に応じてメッセージ
をハードディスクや不揮発性メモリ▼に保存します。もし、ホストBが何らかの
理由でメッセージを受信できない場合は、エラーメッセージを返します。この
ようなアプリケーション固有のエラー処理も、アプリケーション層の役割です。

　ホストAのアプリケーション層は、ホストBのアプリケーション層と通信し
て、メッセージを格納するという最終的な処理まで行います。

■ プレゼンテーション層

> **▼不揮発性メモリ**
> 電源を切っても記憶した
> データが消えない記憶装置。
> フラッシュメモリとも呼ば
> れる。また、これらの技術
> を利用し、ハードディスク
> のように取り扱えるように
> したものを、SSD（Solid
> State Disk）と呼ぶ。

> **図1.23**
> プレゼンテーション層の
> 仕事

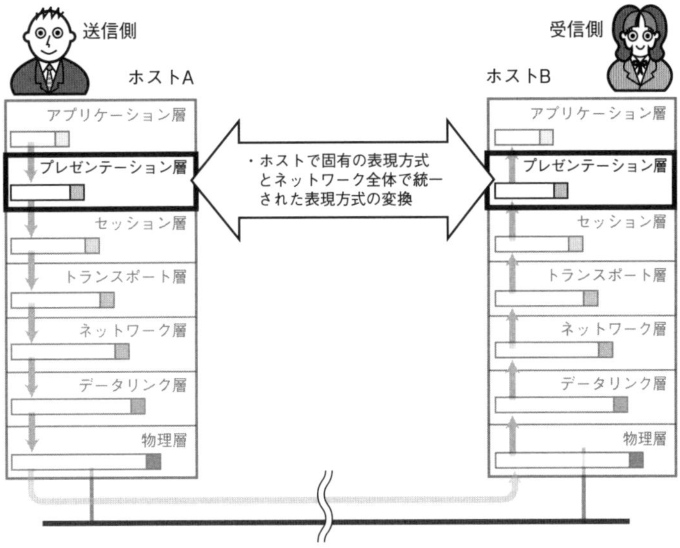

プレゼンテーションとは、「表示」や「提示」という意味で、データの表現形
式を意味します。コンピュータシステムの種類によってデータの表現形式は異
なります▼。また、使用するソフトウェアが違うとデータの表現形式が異なる場
合があります。たとえば、Microsoft Word などの文書作成ソフトで作成した文
書ファイルは、「そのメーカーの特定のバージョンの文書作成ソフトでしか読め
ない」ということがあります。

　同じことがメッセージで起きたらどうなるでしょう？ AさんとBさんが使っ
ているメッセージソフトがまったく同じならば問題なくメッセージを読めます
が、そうでない場合には読めなくなってしまいます。これは非常に不便なこと
です▼。

　この問題を解決するにはいくつかの方法がありますが、その1つがプレゼン
テーション層を利用する方法です。送信するデータを「コンピュータ固有の表
現形式」から「ネットワーク全体で共通の表現方式」に変換して送信します。
それを受信したホストは、「コンピュータ固有の表現形式」に変換してからその
後の処理を行うことになります。

> **▼有名なのが、コンピュー
> タ内部でデータをメモリ上
> に配置する方式の違い。ビッ
> グエンディアン方式とリ
> トルエンディアン方式が代
> 表的。**

> **▼現在ではパソコン以外
> にスマートフォンなどさま
> ざまなデバイス（装置）が
> ネットを介して通信するの
> で、相互にデータを読める
> ことは一層たいせつになっ
> ている。**

このようにデータを共通な表現形式に変換してからやり取りすることにより、異機種間でもデータの表現形式の整合性をとることができます。これがプレゼンテーション層の役割です。プレゼンテーション層は、「ネットワーク全体で統一された表現方式」と、「コンピュータやソフトウェアに適した表現形式」を相互に変換する階層といえます。

この例の場合は、『おはようございます』という文字を、決められた符号化方式によって「ネットワーク全体で統一された表現方式」に変換します。単純に文字列といってもいろいろと複雑で、日本語だけでも EUC-JP、Shift_JIS、ISO-2022-JP、UTF-8、UTF-16 などといった、数多くの符号化方式があります。この符号化がきちんとできていないと、せっかくメッセージが相手に届いても、「文字化けして読めない」ということになってしまいます▼。

プレゼンテーション層でも、プレゼンテーション層間でデータの符号化方式を識別するためにヘッダが付けられます。そして、実際にデータを転送する処理はセッション層以下に任せます。

▼実際に「文字化けして読めない」メッセージを受け取ったり、送ったりするケースも多い。これはプレゼンテーション層の設定がうまくいっていないからといえる。

■ セッション層

図 1.24

セッション層の仕事

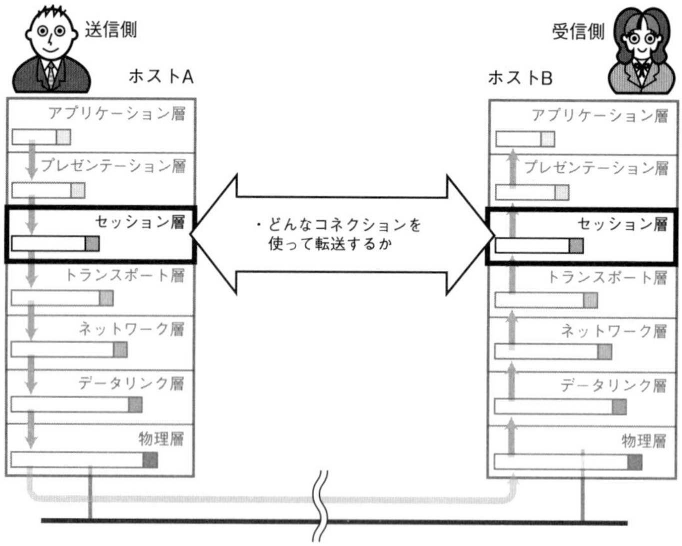

次に、両方のホストのセッション層間で、どのようにデータを送れば効率よくやり取りできるか、データの送信方法をどうするか、といった打ち合わせが行われます。

たとえば、A さんが B さん宛のメッセージを 5 通作成したとします。それを送信するにはいろいろな手順が考えられます。たとえば、1 つのメッセージを送信するごとにコネクション▼を確立したり切断したりする方法が考えられます。もう 1 つは、1 つのコネクションを利用して 5 つのメッセージを順番に送信する方法が考えられます。さらに、コネクションを同時に 5 つ確立して 5 つのメッセージを並行して送信する方法も考えられます。これを判断して制御するのがセッション層の役割です。

セッション層でも、アプリケーション層やプレゼンテーション層のように、

▼コネクション（Connection）通信経路のこと。

何らかのタグやヘッダが付けられて、下位層へデータが渡されます。そのタグやヘッダには、データをどのような手順で伝えるかが書かれているのです。

1.6.3 トランスポート層以下での処理

これまでのところで、アプリケーション層によって書き込まれたデータが、プレゼンテーション層で符号化され、セッション層で交わした手順を利用してデータが送信されるところまで説明しました。しかし、セッション層はコネクションを確立するタイミングやデータを転送するタイミングの管理をしているだけで、実際にデータを転送する機能は持ちません。セッション層よりも下位の層が、実際にネットワークを使ってデータの送信処理を行う縁の下の力持ち的な存在といえます。

■ トランスポート層

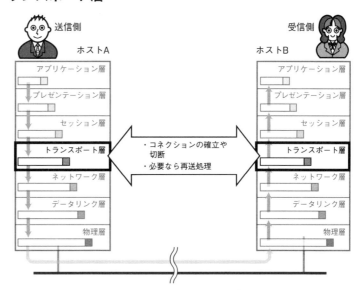

図 1.25
トランスポート層の仕事

ホスト A は、ホスト B への通信路を確保し、データを送信する準備をします。これを「コネクションの確立」といいます。この通信路を使って、ホスト A からホスト B 内のメッセージを処理するプログラムまでデータを届けることが可能となります。また、通信が終わったら、確立したコネクションを切断する必要もあります。

このように、コネクションの確立や切断の処理を行い▼、ホスト間の論理的な通信手段を作るのがトランスポート層の役割です。また、データを確実に相手に届けるために、通信するコンピュータ間で、データがきちんと届いたかどうかの確認をしたり、届かなかったデータを再送したりします。

▼コネクションの確立や切断をいつ行うかを決めるのは、セッション層の役割。

たとえば、『おはようございます』というデータを、ホスト A がホスト B に送ったとします。ところが、何らかの原因でデータが壊れてしまったり、ネットワークに異常が発生して一部のデータが相手まで届かなかったりする可能性があります。ここでは、ホスト B には『おはよ』までしか届かなかったとします。すると、

ホスト B は『おはよ』まで受け取ったが、それ以降は受け取っていないということをホスト A に伝えます。それを知ったホスト A は『うございます』をもう一度送り、届いたかどうかを確認します。

これは、人と会話をしているときに「えっ、今なんて言ったの？」と聞き返すのと同じことです。コンピュータのプロトコルだからといって、日常生活から想像できないような特殊で難しいことばかりしているわけではなく、基本的な仕組みは人間の日常生活と同じようになっていることが多いのです。

このようなやり取りによって、データ転送の信頼性を保証するのがトランスポート層の役割です。信頼性を保証するために、送り出すデータを識別する印などの情報を含むヘッダがデータに付けられます。そして実際にデータを相手まで届ける処理はネットワーク層に任せることになります。

■ ネットワーク層

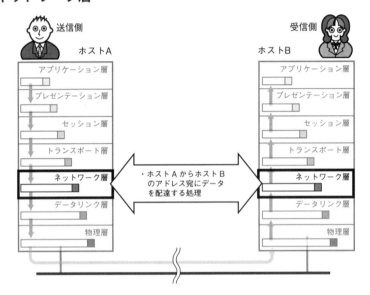

図 1.26
ネットワーク層の仕事

ネットワーク層の役割は、ネットワークとネットワークが接続された環境で、送信ホストから受信ホストまでデータを配達することです。図 1.27 の例のように、間にさまざまなデータリンクがあってもホスト A からホスト B へデータが送信されるのは、このネットワーク層のおかげといえます。

図 1.27
ネットワーク層とデータリンク層の役割分担

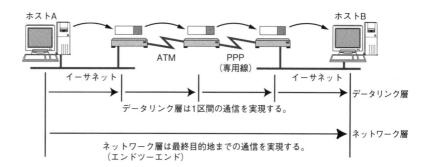

▼アドレスについては1.8節も参照。

実際にデータを送信するためには、宛先の住所、つまりアドレスが必要です▼。このアドレスは、通信を行う全世界のネットワークで一意に決まる番号が使われます。電話番号のようなものだと考えてかまいません。このアドレスが決まれば、たくさんあるコンピュータの中の、どのコンピュータにデータを送ったらよいかが決まるのです。そのアドレスをもとにして、ネットワーク層でパケットの配送処理が行われます。このアドレスと、ネットワーク層のパケット配送処理によって、地球の裏側までパケットを送ることが可能になります。このネットワーク層では、ネットワーク層の上位層から渡されたデータに、アドレス情報などが付けられてデータリンク層へ送られます。

■トランスポート層とネットワーク層の関係

ネットワークアーキテクチャによっては、ネットワーク層でデータの到達性を保証しない場合があります。たとえばTCP/IPのネットワーク層に相当するIPでは、データが相手のホストに届けられるという保証はありません。途中でデータが消失したり、順番が入れ替わったり、あるいは2つ以上に増えたりする可能性があるからです。このような信頼性のないネットワーク層の場合、「正しくデータを届ける処理」はトランスポート層に任されています。TCP/IPでは、ネットワーク層とトランスポート層が一緒に働くことによって世界中にパケットを届けることができ、しかも信頼性のある通信を提供することが可能になっているのです。

階層ごとに役割をきちんと分ければ、プロトコルの仕様が決めやすくなり、また、実際にプロトコルを実装▼する作業も楽になります。

▼プロトコルの実装
プロトコルをプログラミングして、コンピュータ上で動くようにすること。

■ データリンク層、物理層

図 1.28
データリンク層と物理層の仕事

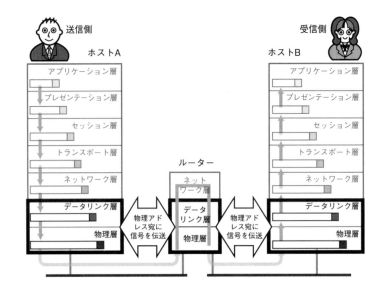

　通信は実際には物理的な通信媒体を使って行われます。データリンク層は、通信媒体で直接接続された機器同士でデータのやり取りをできるようにする役割を持ちます。

　物理層では、データの 0 や 1 を電圧や光のパルスに変換して物理的な通信媒体に流し込みます。直接接続された機器間でもアドレスが利用されることがあります。これは、MAC▼アドレスまたは、物理アドレス、ハードウェアアドレスと呼ばれます。このアドレスは、同じ通信媒体に接続された機器を識別するためのアドレスです。この MAC アドレスの情報を含むヘッダが、ネットワーク層から渡されたデータに付けられて、実際のネットワークへ流されます。

　ネットワーク層もデータリンク層も、アドレスに基づいて宛先までデータを届けるという点は同じですが、ネットワーク層は最終目的地までのデータ配達を担い、データリンク層は 1 区間のデータ配達を担います。詳しくは 4.1.2 項で説明します。

▼MAC（Media Access Control）
媒体アクセス制御。MAC アドレスは「マックアドレス」と発音する。

■ ホスト B 側の処理

　受け取り側のホスト B は、逆の動作を行って上位層にデータを渡していきます。B さんは最終的に、ホスト B の上でメッセージソフトを使い、A さんからの『おはようございます』というメッセージを読むことができます。

　ここまで説明したように、通信ネットワークに必要な機能は階層化して考えることができます。そして、各層の役割を担うプロトコルとして、ヘッダなどのデータフォーマットと、ヘッダとデータを処理する手順が具体的に定義されているのです。

1.7 通信方式の種類

ネットワークや通信は、データの配送方法によって分類できます。分け方は1つだけではありません。ここでは、そのいくつかを紹介します。

1.7.1 コネクション型とコネクションレス型

ネットワークでのデータの配送は、大きくコネクション型とコネクションレス型という2つの種類に分けることができます▼。

▼コネクションレス型には、イーサネットやIP、UDPなどのプロトコルがあり、コネクション型には、ATM、フレームリレー、TCPなどのプロトコルがある。

図1.29
コネクション型とコネクションレス型

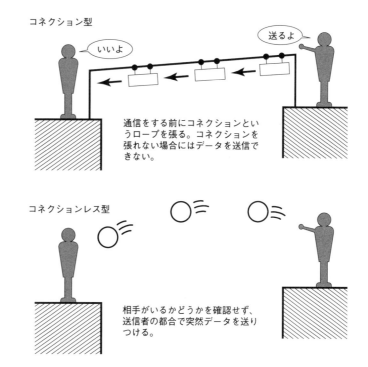

■ コネクション型

コネクション型では、データ▼の送信を開始する前に、送信ホストと受信ホストの間で回線の接続をします▼。

コネクション型は、電話の通信のように、相手の電話番号を入力して、相手が電話に出てから話をすることとほぼ同じです。そして話が終わったら電話を切ります。コネクション型の場合には、通信の前後にコネクションの確立と切断の処理を行う必要がありますが、相手が通信不可能な場合にはむだなデータを送らずにすみます。

▼コネクション型の場合には、送受信されるデータは必ずしもパケットにはならない。第6章で説明するTCPはコネクション型で送信され、データはパケットになるが、1.7.2項で説明する回線交換方式は、コネクション型でもデータはパケットの形式になっているとは限らない。

▼プロトコルの階層によってコネクションの意味が少し変わるが、データリンクの場合には物理的な通信回線の接続を意味する。トランスポートの場合には、論理的なコネクションを作って管理する。

■ コネクションレス型

　コネクションレス型は、コネクションの確立や切断処理がありません。送信したいコンピュータはいつでもデータ▼を送信することができます。逆に受け取る側は、いつ誰からデータを受信するか分かりません。ですから、コネクションレス型の場合には、データを受け取っていないかどうかを常に確認しなければなりません。

　これは、郵便の配達にたとえると簡単に理解できるでしょう。郵便局では、受取人の住所や、受取人が郵便物を受け取るかどうかは確認せずに、郵便物を宛先まで配達します。電話のように、かけたり切ったりする必要もなく、相手に届けたいものを発送するだけです。

　コネクションレス型では、通信相手がいるかどうかの確認は行われません。そのため、受信相手がいない場合や、相手に届かない場合にもデータを送信することができます。

▼コネクションレス型はパケット交換（1.7.2項参照）であることが多い。このため、このデータはパケットと考えてよい。

■コネクションとコネクションレス

　コネクション（コネ）という言葉には人脈という意味もあります。「付き合いもしくは友好があり、連絡を取り合う間柄」のような意味になると思いますが、コネクションレス型の場合には、このコネがない（レス）わけです。

　「行き先はボールに聞いてくれ！」というのは野球やゴルフなどで耳にする言葉ですが、これはまさにコネクションレス型通信の送信側の処理を言い表しています。「コネクションレスとは、何と不安な通信なのか」と疑問を持つ読者もいると思いますが、この方法はある種の機器にとってはとても有効な手段といえます。手続きや決められた動作を省略することで処理を単純化することが可能となり、低コストの製品の作成や、処理の負荷の軽減が可能になるためです。

　通信の内容に応じてコネクション型、コネクションレス型に向く通信があり、それぞれ使い分けられています。

1.7.2　回線交換からパケット交換へ

現在のネットワークでは2つの通信方法が利用されています。1つが回線交換で、もう1つがパケット交換です。回線交換は従来の電話で利用されてきた方式で歴史が長く、パケット交換は1960年代後半から必要性が認められ始めた比較的新しい通信方式です。本書のテーマになっているTCP/IPはパケット交換方式を採用しています。

回線交換では交換機がデータの中継処理を行います。コンピュータは交換機に接続され、交換機間は複数の通信回線で接続されます。通信をしたい場合には交換機を通して目的のコンピュータとの間に回線を設定します。回線を接続することをコネクションの確立といいます。一度コネクションを確立すると、コネクションが切断されるまで、その回線は占有利用されます。

2台のコンピュータを接続し通信を行っている回線であれば、その2台で相互に通信を行えればよいので、回線を占有しても問題にはなりません。しかし、回線に複数のコンピュータを接続し、相互にデータをやり取りしようと思うと、大きな問題が発生します。特定のコンピュータが送受信を行うことで回線を占有してしまうので、ほかのコンピュータは、その間に回線を利用してデータの送受信ができません。また、次の転送がいつ始まりいつ終わるのかも予想できません。交換機間の回線数よりも通信を希望するユーザーの数が多くなると、通信ができなくなってしまうのです。

そこで、回線に接続しているコンピュータが送信するデータを複数の小包に分け、転送の順番を待つ行列に並べる方法が考え出されました。これがパケット交換です。データをパケットとして細分化することで、各コンピュータが一斉にデータを送受信できるようになり、回線を効率的に利用できます。それぞれのパケットにヘッダがあり、そこに自分のアドレスと相手のアドレスが書き込まれているので、1つの回線を複数のユーザーで共有していても、それぞれのパケットをどこに運ばなければならないか、どのコンピュータ間の通信なのかを区別することができます。

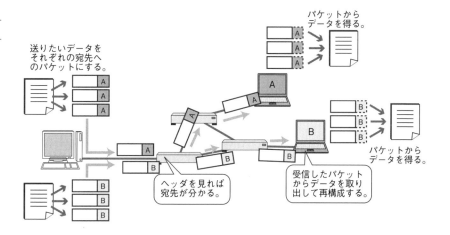

図 1.30　パケット交換

パケット交換では、パケット交換機（ルーター）によって通信回線が結ばれます。コンピュータからは、データがパケットとして送信され、それをルーターが受け取ります。ルーターの中にはバッファと呼ばれる記憶領域があり、流れてきたパケットはこのバッファにいったん格納されます。パケット交換は別名、蓄積交換とも呼ばれていました。これは、転送されるパケットがルーターのバッファに格納されてから転送されることに着目した呼び名です。

ルーターに入ってきたパケットは順番に待ち行列（キュー）を作りながらバッファに格納されます。そして、先に入ってきたパケットから順番に転送されていきます▼。

▼特定の宛先のパケットを優先して転送するといった制御を行う場合もある。

パケット交換の場合、コンピュータやルーター間には通常は回線が1つしかないため、この1つの回線を共有利用することになります。回線交換では通信するコンピュータ間の回線速度がすべて一定ですが、パケット交換では回線速度が異なっていたり、ネットワークの混雑度によってパケットの到着間隔が短くなったり長くなったりすることがあります。また、ルーターのバッファがいっぱいになり、あふれるほど大量のパケットが流れると、パケットが喪失して相手に届かなくなることがあります。

図 1.31
回線交換とパケット交換の特徴

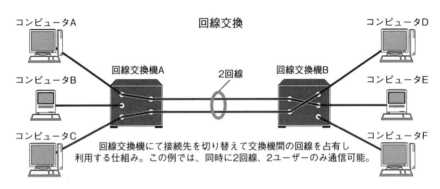

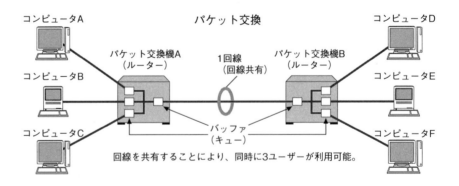

1.7.3 通信相手の数による通信方式の分類

通信対象となる相手の数とその後の動作によって通信を分類することができます。ブロードキャストやマルチキャストという言葉を耳にしたことがあるかもしれませんが、この分類による通信方式を指しています。

図 1.32
ユニキャスト、ブロードキャスト、マルチキャスト、エニーキャスト

ユニキャスト
1対1の通信

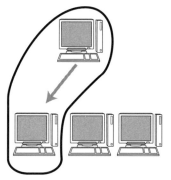

生徒と先生や、生徒同士での、1対1の会話と考えてもよい。

ブロードキャスト
すべてのコンピュータ
（同じデータリンク内に限られる）

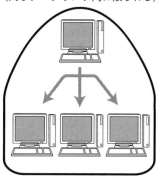

全校朝礼での校長先生のお話と考えてもよい。

マルチキャスト
特定のグループ内の通信

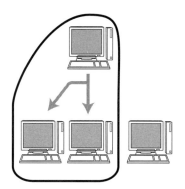

全校のうちで1年1組にだけ向けた案内や、各委員会に向けた案内だと考えてもよい。

エニーキャスト
特定のグループの、どれでもいいからいずれか1つ

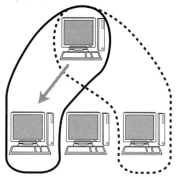

先生が1年1組の誰かに資料の配布を手伝ってほしいと呼びかけ、生徒のうち一人が行動すると考えてもよい。

■ ユニキャスト（Unicast）

「1」を意味する「Uni」と、「投げる」を意味する「Cast」の組み合わせであることから分かるように、1対1通信を指します。従来の電話は、ユニキャスト通信の代表です。

■ ブロードキャスト（Broadcast）

▼TCP/IPにおけるブロードキャスト通信については4.3.4項も参照。

「放送」の意味がある「Broadcast」では、1台のホストから、接続されるすべてのホストへ向けて情報を発信します。ブロードキャスト通信▼の代表は、不特定多数の相手に向かって一斉同報を行うテレビ放送です。

なお、テレビ放送を受信できるのが電波の届く範囲に限定されるように、コンピュータネットワークのブロードキャストも、通常は通信できる範囲が限定されます。ブロードキャストで通信できる範囲（ブロードキャストが届く範囲）のことを、ブロードキャストドメインと呼びます。

■ マルチキャスト（Multicast）

▼TCP/IPにおけるマルチキャスト通信については4.3.5項も参照。

マルチキャストは、ブロードキャストと同様に複数のホストへ通信を行いますが、通信先を特定のグループに限定しています。マルチキャスト通信▼の代表は、複数の人が別々の場所から参加するようなビデオ会議です。このようなビデオ会議では、1台のホストから特定多数の接続先を限定して指名し、同報通信を行います。もしビデオ会議をブロードキャスト通信で行うと、利用可能なビデオ会議ホストがすべて連動し、どこで誰がビデオ会議を視聴しているか把握できない事態になります。

■ エニーキャスト（Anycast）

▼TCP/IPにおけるエニーキャスト通信については5.8.3項も参照。

エニーキャストは、名称に含まれる「Any（どれでも）」が示すとおり、特定の複数台へ向けて「誰か一人が答えて！」という問いかけを行う仕組みです。マルチキャストのように、1台のホストから特定の複数のホストに向けて情報を発信する通信ですが、マルチキャストとは振る舞いが異なります。エニーキャスト通信▼では、特定の複数台のうちからネットワーク上で最適な条件を持つ対象が1つ選別され、その対象1つにだけ送られます。通常は、この選定された特定のホストからユニキャストで返信があり、以降の通信はそのホストとの間で行われます。

エニーキャストが実際のネットワークで使われている例としては、5.2節で説明するDNSのルートネームサーバーなどがあります。

1.8 アドレスとは

通信の主体、すなわち通信の送信元と受信先は、「アドレス」によって特定されます。電話の場合は電話番号がアドレスにあたります。手紙の場合は住所氏名がアドレスです。

コンピュータ通信では、プロトコルの各層で、異なるアドレスが使われています。TCP/IPでの通信を例にとると、MACアドレス（3.2.1項）、IPアドレス（4.2.1項）、ポート番号（6.2節）などが利用されています。さらに、それらより上の層では、電子メールアドレス（8.4.2項）などが使われています。

1.8.1 アドレスの唯一性

アドレスがアドレスとしての機能を果たすためにまず必要なのは、通信相手を特定できることです。1つのアドレスで表される対象は明確に特定される必要があり、同じアドレスで表されるものが複数存在してはなりません。これをアドレスの唯一性といいます。この唯一性があることを「ユニーク」といいます。

図 1.33
アドレスの唯一性

AさんはBさんに用件がある。
「Bさん」というアドレスを使って個人を特定できる。

AさんはどちらかのBさんに用件がある。しかしBさんが複数いると、
「Bさん」という名前で呼んだのでは、誰宛なのか判断できない（唯一性がない）。
よって「Bさん」はAさんが呼びかけるアドレスとしては不適切である。

同じアドレスで表されるものが複数存在してはいけない、と聞いて、「ユニキャストであれば相手のアドレスは1つだけど、ブロードキャストやマルチキャスト、エニーキャストに使うアドレスは複数の相手に同じアドレスが付くのでは？」という疑問を抱く人がいるかもしれません。これらは、複数の機器ではありますが、機器の集団を特定するアドレスであり、アドレスで表される対象は明確に特定されています。曖昧性はないので、やはりアドレスの唯一性は備わっているといえます。

▼飛行機の機内で急病人が出たときに「誰かお医者さんはいませんか！」と搭乗員が呼びかけるのも、このメッセージが誰か一人の医師に届けばよいという状況での呼びかけであるため、エニーキャストの一種といえる。

図1.34
マルチキャストやエニーキャストアドレスの唯一性

たとえば、先生が「1年1組のみなさん！」と呼びかけるのはマルチキャストですが、1年1組の生徒という明確な対象を指しているので、「1年1組」にはアドレスとして唯一性があります。

また、「1年1組の誰か資料を取りに来てください！」と呼びかけるのはエニーキャストですが、この場合の「1年1組の誰か（誰でもよいから一人）」にもアドレスとして唯一性があります▼。

先生は、1年1組の全員に用件がある。
「1年1組」は、そのためのアドレスとして適切（マルチキャストアドレス）。

先生は、1年1組の人であれば誰でも事足りる用件がある。
「1年1組の誰か一人」は、そのためのアドレスとして適切（エニーキャストアドレス）。

1.8.2　アドレスの階層性

アドレスの総数があまり多くない場合は、唯一性さえあれば通信相手を特定できます。しかしアドレスの総数が多くなると、そのアドレスをどうやって探すかが問題になります。そこで必要になるのが階層性です。電話番号には国番号と局番号があり、住所には国名、都道府県名、市区町村名などがあります。これが階層性です。階層性のおかげでアドレスを探しやすくなります。

図1.35
アドレスの階層性

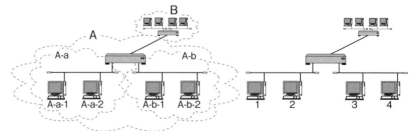

階層性のあるアドレスの例。
たとえば「A-b-1」の場所を知りたければ、そのアドレスを見て「A」→「A-b」→「A-b-1」とたどれる。
IPアドレスはこのようなアドレス。

階層性のないアドレスの例。
同じアドレスの機器はないが、アドレスに階層性がないために、個々のアドレスから場所やグループを特定することはできない。
MACアドレスはこのようなアドレス。

コンピュータ通信で用いるMACアドレス▼とIPアドレスは、両方とも唯一性はありますが、階層性はIPアドレスだけにあります。

MACアドレスは、ネットワークインタフェースカード▼ごとに製造者識別子と製造者内での製品番号、製品ごとの通番が付され、唯一性が担保されています▼。しかし、どのネットワークインタフェースカードが世界中のどこで使われるかを特定する手段はありません。MACアドレスの製造者識別子、製品番号、通番は、ある意味では階層性ともいえますが、アドレスを探すときの役には立たないため、MACアドレスに階層性があるとはいえません。最終的に実際の通信を担うのはMACアドレスですが、MACアドレスに階層性がないため、IPアドレスが必要になると考えることもできます。

一方、IPアドレスは、ネットワーク部とホスト部という2つの部分から構成されており、ホスト部が異なるIPアドレスでも、同じネットワーク部を持つものは必ず同じ組織やグループに接続されています。また、ネットワーク部は、組織、プロバイダ、地域などで集約可能になっており、アドレスを探しやすくなっています▼。すなわち、IPアドレスは階層性を持っているといえます。

ネットワークの途中にある通過点では、各パケットの宛先アドレスを見て、どのネットワークインタフェースから送り出すかを決めます。そのためにアドレスごとに送出インタフェースを記したテーブルを参照します。これはMACアドレスでもIPアドレスでも同じです。MACアドレスの場合は、このテーブルを転送表（フォワーディングテーブル）といいます。IPアドレスの場合は、このテーブルを経路制御表（ルーティングテーブル）といいます▼。転送表にはMACアドレスがそのまま書かれるのに対し、経路制御表に書かれるIPアドレスは集約されたネットワーク部▼です。

▼前記の「データリンク層、物理層」（34ページ）も参照。

▼コンピュータをネットワークに接続するときに使う部品。NIC（Network Interface Card）と呼ばれる。詳しくは1.9.2項を参照。

▼MACアドレスの唯一性の担保
MACアドレスは唯一でなければならないが、製造時の設定をソフトウェアで変更できる仕組みもある。詳細は95ページのコラムを参照。

▼IPアドレスの集約については4.4.2項を参照。

▼現在では転送表も経路制御表も、通過点ごとに手動で設定するのではなく、原則として自動的に生成されている。転送表は3.2.4項の自己学習によって自動生成され、経路制御表は第7章の経路制御プロトコルによって自動生成される。

▼正確には、ネットワーク部と、それを示すサブネットマスク。4.3.6項を参照。

図1.36
転送表と経路制御表によるパケット送出先の決定

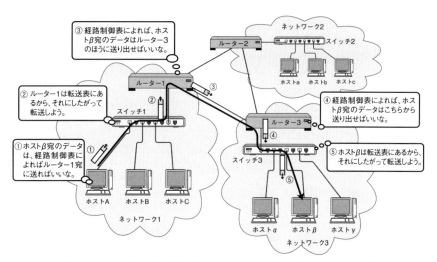

①ホストAは、自分の経路制御表を見て、ホストβ宛のデータはルーター1宛に送り出す。
②それを受け取ったスイッチ1は、自分の転送表を見て、ルーター1に転送する。
③それを受け取ったルーター1は、自分の経路制御表を見て、ルーター3宛に送り出す。
④それを受け取ったルーター3は、自分の経路制御表を見て、スイッチ3宛に送り出す。
⑤それを受け取ったスイッチ3は、自分の転送表を見て、ホストβに転送する。
＊実際の転送表や経路制御表からわかるのは、転送先に向けデータを送り出すためのインタフェースになる。

1.9 ネットワークの構成要素

　実際にネットワークを構築するときには、さまざまなケーブルや機器が必要になります。ここではコンピュータ同士を接続するためのハードウェアについて説明していきましょう。

図 1.37
ネットワークの構成要素

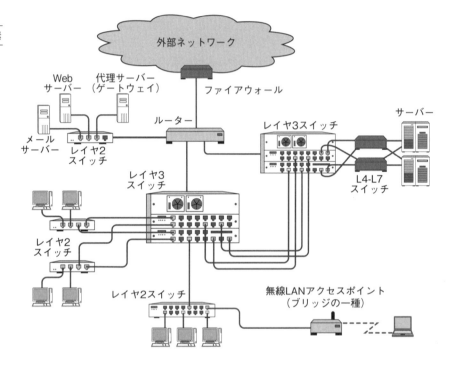

表 1.3
ネットワークを構成する機器とその役割

機器	役割	解説箇所
ネットワークインタフェース	コンピュータをネットワークに接続するための装置（Network Interface）	1.9.2 項（46ページ）
リピーター（Repeater）	ネットワークを物理層で延長する装置	1.9.3 項（47ページ）
ブリッジ（Bridge）／レイヤ2スイッチ	ネットワークをデータリンク層で延長する装置	1.9.4 項（48ページ）
ルーター（Router）／レイヤ3スイッチ	ネットワーク層によってパケットを転送する装置	1.9.5 項（50ページ）
レイヤ 4-7 スイッチ	トランスポート層より上の情報でトラフィックを処理する装置	1.9.6 項（51ページ）
ゲートウェイ（Gateway）	プロトコルの変換をする装置	1.9.7 項（52ページ）

▊1.9.1 通信媒体とデータリンク

コンピュータネットワークとは、コンピュータとコンピュータを接続することです。では、実際にはどのようにして接続するのでしょうか。

接続するケーブルとしては、ツイストペアケーブル（より対線）や、光ファイバーケーブル、同軸ケーブル、シリアルケーブルなどが利用されます。利用するデータリンク▼の種類によって、利用するケーブル類が違ってきます。媒体として電波やマイクロ波などの電磁波が利用される場合もあります。表1.4 に、さまざまなデータリンクとそれを接続する際に利用する通信媒体、および伝送速度の目安を示します。

▼データリンク（Datalink）
データリンクとは、直接接続された機器間で通信するためのプロトコルやネットワークを指す言葉。それに対応する通信媒体にもさまざまなものがある。詳しくは第3章を参照。

表1.4

さまざまなデータリンク

データリンク名	通信媒体	伝送速度	主な用途
イーサネット	同軸ケーブル	10Mbps	LAN
	ツイストペアケーブル	10Mbps 〜 10Gbps	LAN
	光ファイバーケーブル	10Mbps 〜 400Gbps	LAN
無線	電磁波	数 Mbps 〜	LAN 〜 WAN
ATM ※	ツイストペアケーブル 光ファイバーケーブル	25Mbps、155Mbps、622Mbps	LAN 〜 WAN
FDDI ※	光ファイバーケーブル ツイストペアケーブル	100Mbps	LAN 〜 MAN
フレームリレー※	ツイストペアケーブル 光ファイバーケーブル	64k 〜 1.5Mbps 程度	WAN
ISDN ※	ツイストペアケーブル 光ファイバーケーブル	64k 〜 1.5Mbps	WAN

※現在では、あまり利用されていません。

■伝送速度とスループット

データ通信をするとき、2つの機器間を流れるデータの物理的な速さを伝送速度といいます。単位は bps（Bits Per Second）で表されます。速さといっても、媒体中を流れる信号の速さは一定で、データリンクの伝送速度が違っても速くなったり遅くなったりすることはありません▼。伝送速度が大きくなった場合、データが流れる速さが速くなるのではなく、短い時間でより多くのデータを送ることができるようになります。

道路を例にすると、低速なデータリンクは車線の数が少ないため一度にたくさんの車が走れない道だといえます。これに対し、高速なデータリンクは車線の数が多く一度にたくさんの車が走れる道です。伝送速度は帯域（Bandwidth）とも呼ばれます。帯域が広いほど高速なネットワークを意味します。

また、実際にホスト間でやり取りされる転送速度をスループットと呼びます。単位は伝送速度（帯域）と同じ bps（Bits Per Second）で表されます。スループットはデータリンクの帯域だけではなく、ホストの CPU の能力やネットワークの混雑度、パケット中にデータが占める割合（ヘッダを含めず、データだけで計算する）なども考慮した実効転送速度を意味します。

▼光の速さや電流の流れる速さは一定なため。

46　第 1 章　ネットワーク基礎知識

■ネットワーク機器の相互接続

　ネットワークの相互接続を可能にするには、規格や業界標準といった一種の「法律」が必要になります。これはネットワークを構築する上でとても重要な点です。もし各メーカーの製品がメーカー固有の媒体やプロトコルを使っていたとしたら、ほかの部署やほかのネットワークと接続するときに困ったことが起こるかもしれません。これを避けるためにプロトコルや規格があり、それらを守ることがたいせつになってきます。守らなければ通信が行えなかったり、障害が発生しやすくなったりする可能性もあります。

　ただし、技術の過渡期には必ずといってよいほど「相性問題」が発生します。ATM、ギガビットイーサネット（Gigabit Ethernet）、無線 LAN など、新しい技術が登場して間もないころは、ほかのメーカーとの相互接続性にかなりの問題が発生していました。これは時間とともに少しずつ改善されていきますが、100%完全な相互接続性を実現するのはなかなか難しいことです。

　ネットワークを導入するときには、カタログスペックだけではなく相互接続性や実際に導入されて長時間運用された実績もたいせつです▼。運用実績の少ない新しい製品に飛びつくと、トラブルの連続で悩まされることもあります。

▼十分な実績を持った技術のことを「枯れた技術」と呼ぶことがある。皆からもてはやされる旬の時期を過ぎ、十分に実績を積んだ技術に対して使われる言葉。否定的な表現ではない。

▌1.9.2　ネットワークインタフェース

　最近のパソコンであれば、はじめから無線 LAN（Wi-Fi）のインタフェースを備えた機種が多いようですが、中には、USB ポートを介してネットワークを利用するように設計されている機種もあります。このように、コンピュータをネットワークに接続するには、ネットワークに接続するための専用のインタフェースが必要になります。このインタフェースを、ネットワークインタフェースと呼びます。以前のパソコンでは有線 LAN が主流で、外付けのオプションとしてインタフェースが用意されている場合が多く、NIC（Network Interface Card）やネットワークアダプタ、ネットワークカード、LAN カードと呼んでいました。実際に接続する際は、接続先のプロトコルに合ったハードウェアを選択しなければなりません。無線 LAN の場合も同様に接続先のプロトコルに合わせる必要がありますが、最新のプロトコルが過去のプロトコルにも対応していることが多いため、Wi-Fi 環境が整っていれば、多少の制約はあるものの、ネットワークインタフェースとして機能し通信が可能となります。

図 1.38
ネットワークインタフェース

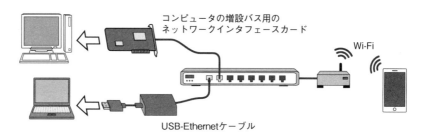

ネットワークインタフェースがはじめから内蔵（ビルトイン）されたコンピュータも多い。

1.9.3 リピーター

図 1.39
リピーター

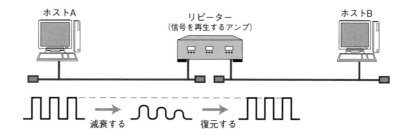

・リピーターは、減衰して変形した信号の波形を増幅・整形して流す装置。
・リピーターはネットワークを物理層で延長する。
・データリンクレベルでエラーが発生していても、そのままデータは流れる。
・速度を変換することはできない。

　リピーター（Repeater）は、OSI参照モデルの第1層の物理層でネットワークを延長する機器です。ケーブル上を流れてきた電気や光の信号を受信し、増幅や波形の整形などをしたのちに別の側へ再生します。

　通信媒体を変換できるリピーターも存在します。たとえば、同軸ケーブルと光ファイバーの間の信号を変換することができます。ただし、この場合も、通信路を流れている信号の0と1を単純に置き換えるだけで、エラーフレームはそのまま送信されます。また、電気信号を単に光信号に変換するだけなので、伝送速度の異なる媒体間を接続することはできません▼。

▼リピーターでは100Mbpsと10Mbpsのイーサネットを相互接続することはできない。速度交換が必要な場合にはブリッジ、またはルーターが必要になる。

　リピーターによるネットワークの延長では、リピーターの接続段数に制限がある場合があります。たとえば10Mbpsのイーサネットでは最大で4つのリピーターを多段接続できますが、100Mbpsのイーサネットでは最大で2つのリピーターしか接続できません。

　複数の線を収容できるリピーターもあり、リピーターハブと呼ばれます。このようなリピーターハブ▼は、それぞれのポートがリピーターになっているものと考えられます。

▼リピーターハブを単に「ハブ」と呼ぶこともあるが、現在ではハブといったら後述するスイッチングハブ（1.9.4項参照）を指すことが多い。

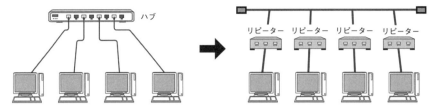

図1.40 ハブ型のリピーター

ハブはそれぞれのポートがリピーターになっているものと考えることができる。

1.9.4　ブリッジ／レイヤ2スイッチ

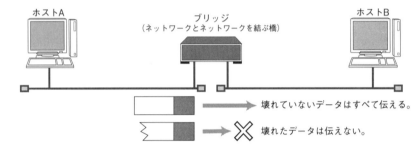

図1.41 ブリッジ

・ブリッジはフレームを理解してから隣のネットワークに流す。
・ブリッジの接続段数には制限はない。
・基本的には、同じ種類のネットワークしか接続できないが速度の違うネットワークを接続できるブリッジもある。

　ブリッジは、OSI参照モデルの第2層、データリンク層でネットワーク同士を接続する装置です。データリンクのフレーム▼を認識してブリッジ内部のメモリにいったん蓄積し、接続された相手側のセグメント▼に新たなフレームとして送出します。ブリッジは、フレームをいったん蓄積するため、10BASE-Tと100BASE-TXなどの伝送速度の異なるデータリンクを接続することができます。多段接続に関する制約はありません。

　データリンクのフレームには、フレームが正しく届いたかどうかをチェックするためのFCS▼と呼ばれるフィールドがあります。ブリッジはこのフィールドをチェックして、壊れたフレームをほかのセグメントへ送信しないようにする働きがあります。また、アドレスの学習機能とフィルタリング機能により、むだなトラフィック▼を流さないように制御します。

　ここでいうアドレスとは、MACアドレスやハードウェアアドレス、物理アドレス（フィジカルアドレス）、アダプタアドレスと呼ばれるもので、ネットワークに接続されるNICに付けられているアドレスのことです。図1.42のように、ホストAとホストBの間で通信が行われる場合には、ネットワークAだけにフレームが流れればすみます。

　多くのブリッジは、パケットを隣のセグメントに流すかどうかの判断を行う機能を実装しています。このようなブリッジはラーニングブリッジとも呼ばれます。一度そのブリッジを通過したフレームのMACアドレスは、一定時間ブリッジ内部のテーブルに登録（メモリに記憶）され、どのセグメントにどのMAC

▼フレーム（Frame）
パケットとほぼ同じ意味で使われるが、データリンク層ではフレームと表現するのが一般的。83ページのコラムを参照。

▼セグメント（Segment）
分割、区分といった意味だが、「ネットワーク」を指して使われる。93ページのコラムを参照。また、TCPでのデータを表す意味にも使われる。83ページのコラムを参照。

▼FCS（Frame Check Sequence）
CRC（Cyclic Redundancy Check）と呼ばれる方式によってフレームをチェックするために利用されるフィールド。ノイズなどにより通信途中でフレームが壊れていないかをチェックする。

▼トラフィック（Traffic）
ネットワーク上を流れるパケットやパケットの量を意味する。

アドレスを持つ機器が存在するかを判断する仕組みになっています。

このような機能はOSI参照モデルでは第2層（レイヤ）のデータリンク層に位置付けられる機能です。このため、レイヤ2スイッチ（L2スイッチ）と呼ばれることもあります。

図1.42
ラーニングブリッジによる学習例

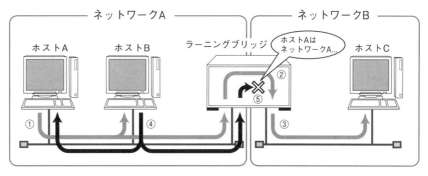

① ホストAからホストBへフレームを送信する。
② ブリッジはホストAがネットワークAにあると学習する。
③ ブリッジはホストBがどこに接続されているか知らないため、フレームをネットワークBに転送する。
④ ホストBからホストAへフレームを送信する。
⑤ ブリッジはホストAがネットワークAにあることを学習済みなので、ホストA宛のフレームをネットワークBに中継しない。さらにブリッジはホストBがネットワークAにあると学習する。

これ以降、ホストAとホストBの間の通信はネットワークAの中だけで行われる。

▼ブリッジの機能を持ったハブを「スイッチングハブ」と呼ぶ。「スイッチ」と呼ぶこともある。また、リピーターの機能しか持たないハブのことを「リピーターハブ」と呼ぶことがある。

イーサネットなどで利用されるスイッチングハブ（ハブ▼）は、現在ではほとんどがこのブリッジの一種です。スイッチングハブはケーブルを接続するポートがすべてブリッジになっているかのように機能します。

図1.43
スイッチングハブはブリッジの一種

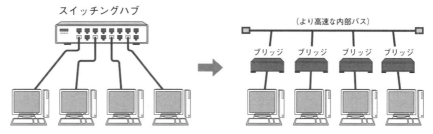

スイッチはそれぞれのポートがブリッジになっていると考えてよい。

1.9.5 ルーター／レイヤ3スイッチ

図 1.44
ルーター

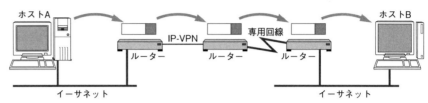

- ルーターは、ネットワークとネットワークを接続する装置。
- 宛先へのルートを決定してパケットを配送する。
- 基本的には、任意のデータリンク同士を接続することができる。

　ルーターは、OSI参照モデルの第3層、ネットワーク層の処理を行います。簡単に説明すると、ルーターとはネットワークとネットワークを接続して、パケットを中継する装置のことです。ブリッジは物理アドレス（MACアドレス）で処理を行いますが、ルーター／レイヤ3スイッチは、ネットワーク層のアドレスで処理を行います。TCP/IPでのネットワーク層のアドレスはIPアドレスになります。

　ルーターは異なるデータリンクを相互に接続できます。イーサネットとイーサネットを接続したり、イーサネットと無線LANを接続したりすることができます。家庭やオフィスでインターネットに接続する場合、回線業者が設置と確認に来たときに、小さな箱を設置し、電源を切らないようにお願いされるはずですが、それは、ブロードバンドルーターやCPE（Consumer Premises Equipment）と呼ばれるルーターの一種です。

　ルーターはネットワークの負荷を仕切る役割もします▼。さらに、セキュリティの機能を備えたものも存在します。

　このように、ネットワークとネットワークを接続する機器として、ルーターは非常に重要な役割を果たします。

▼ルーターでネットワークを接続するとルーターの部分でデータリンクが分断されるため、データリンクのブロードキャストパケットが伝わらなくなる。ブロードキャストについては1.7.3項を参照。

1.9.6 レイヤ4-7スイッチ

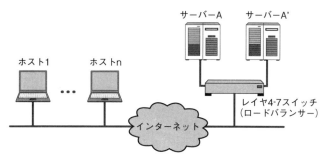

図1.45
レイヤ4-7スイッチ

ロードバランサーは、複数のサーバーに負荷を分散するレイヤ4-7スイッチの一種。

レイヤ4-7スイッチは、OSI参照モデルのトランスポート層からアプリケーション層の情報に基づいて配送処理を行います。TCP/IPの階層モデル▼で表現すると、TCPなどのトランスポート層と、その上のアプリケーション層において、送受信されている通信の内容を分析し、特定の処理を行います。

たとえば、たくさんの閲覧要求を受ける企業などのWebサイト▼では、1台のサーバーだけでは処理が追いつかないので、負荷分散のために複数のWebサーバーを設置している場合があります。しかし、そのWebサイトを閲覧する人がアクセスに使うURL▼は1つです。1つのURLで複数のサーバーに負荷を分散させているのです。この負荷分散を実現する方法の1つとして、Webサーバーの手前にロードバランサーというレイヤ4-7スイッチの一種を設置します▼。

ロードバランサーに仮想URLを設定し、利用者へWebサイトとして公開します。この仮想URLを利用者が閲覧すると、ロードバランサーは、複数存在する実際のサーバーへと振り分け、利用者と実際に情報を提供しているサーバーが継続的に利用できるようにセッションを管理します。

そのほかにも、通信が混雑した場合などは音声通話のような即応性が求められる通信を優先し、メールやデータ転送といった多少遅延しても問題ない通信を後回しに処理することがあります。このような処理を帯域制御と呼びますが、これもレイヤ4-7スイッチの機能の一部です。遠方の回線間でデータ転送を高速化する仕組み(WANアクセラレータ)、特定アプリケーションの高速化、インターネットを経由した外部からの不正なアクセス防止のためのファイアウォールなど、用途に応じてさまざまなレイヤ4-7スイッチが利用されています。

▼TCP/IPの階層モデルについては75ページを参照。

▼サイト（Site）
URL（8.5.3項参照）で指し示される、インターネットに接続されたサーバー（もしくはサーバー群）のこと。提供する情報の内容によって、ゲームサイト、ダウンロードサイト、Webサイトなどと呼ばれる。

▼URL
8.5.3項を参照。

▼ほかにも、DNS（5.2節参照）で回答するIPアドレスを問い合わせごとに入れ替える負荷分散の方法もある。これはDNSラウンドロビンと呼ばれている。

1.9.7 ゲートウェイ

図 1.46
ゲートウェイ

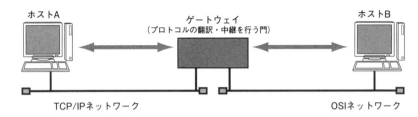

・ゲートウェイはプロトコルの変換や中継を行う。
・同一プロトコル間の中継をするものをアプリケーションゲートウェイと呼ぶ。

▼ルーターのことを慣例的に「ゲートウェイ」と表現することもあるが、本書ではOSI参照モデルのトランスポート層以上の階層でプロトコル変換を行うものを「ゲートウェイ」と呼ぶ。

ゲートウェイとは、OSI参照モデルのトランスポート層からアプリケーション層までの階層で、データを変換して中継する装置のことです▼。レイヤ4-7スイッチと同じく、トランスポート層以上の情報を見てパケットを処理しますが、ゲートウェイにはデータを中継するだけでなく、データを変換する役割があります。特に、互いに直接通信できない2つの異なるプロトコルの翻訳作業を行い、互いに通信できるようにするために、プレゼンテーション層やアプリケーション層を扱うゲートウェイがよく利用されています。ひと言でいうと、異なるプロトコルの翻訳を行い、中継する機能です。

分かりやすい例が、スマートフォンの翻訳アプリです。利用したことがある方も多いでしょう。スマートフォンに日本語で話しかけてボタンを押すと、英語など指定した言語に翻訳した音声を出力します。そして返信のボタンを押すと、先方の言葉を日本語に翻訳してくれます。これは、立派なゲートウェイの機能といえます。「言葉」という異なるプロトコルを翻訳し、相手へ伝える（中継する）機能を有しているからです。

コンピュータネットワークの世界では、さまざまなアプリケーション間をつなぐ役割やプロトコルを変換する仕組みなど、広い範囲でゲートウェイという言葉が使われています。

図 1.47
ゲートウェイのイメージ

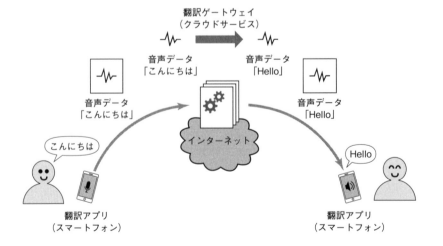

また、Webサービスを利用するときに、ネットワークトラフィックの軽減やセキュリティを意図して代理サーバー（Proxy Server：プロキシサーバー）を設定する場合があります。この代理サーバーもゲートウェイの一種で、アプリケーションゲートウェイ▼とも呼ばれます。この場合には、クライアントとサーバーは直接ネットワーク層では通信しません。トランスポート層からアプリケーション層の間の階層で、代理サーバーによりさまざまな制御が行われることになります。ファイアウォールにも、アプリケーションごとにゲートウェイを介して通信を行うことによって、より安全性を高めた製品があります。

▼代理サーバーを使用する場合には、クライアントがインターネットのサーバーと直接コネクションを確立するわけではない。クライアントは代理サーバーとコネクションを確立し、代理サーバーがインターネットのサーバーとコネクションを確立する。

図1.48
代理サーバー

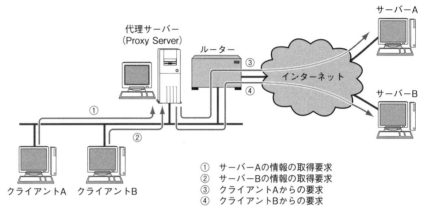

図1.49
各機器と該当する階層のまとめ

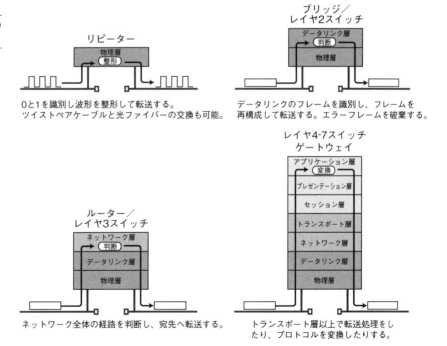

1.10 現在のネットワークの姿

前節までに学んだことを通して、実際に利用されているネットワークの姿を垣間見てみましょう。

1.10.1 実際のネットワークの構成

実際のコンピュータネットワークがどのような構成になっているのか、道路を例に説明します（図1.50）。

道路網で高速道路に相当するのが、「バックボーン」とか「コア」と呼ばれる部分です。この部分は、その名のとおり、ネットワークの中心的存在です。大量のデータを高速に送受信することを目的として構築されており、通常は高速なルーターでつながれています。

高速道路の出入口であるインターチェンジに相当する部分は、「エッジ」と呼ばれます。エッジでは多機能ルーター▼や高速なレイヤ3スイッチが利用されています。

高速道路のインターチェンジには国道や県道が接続され市街地にアクセスできますが、コンピュータネットワークでエッジへと接続されている部分を「アクセス」とか「アグリゲーション」と呼んでいます。この部分で内側のネットワークの情報が集約され、エッジを越えてやり取りする情報とネットワーク内に留まる情報を制御しています。ここではレイヤ2スイッチやレイヤ3スイッチが使われることが多いようです。

▼バックボーンへのトラフィック削減や負荷軽減を目的として、通常のルーティング処理に加え、情報の種類や優先順位により送受信を制御する機能や、特定の機器からデータを収集し加工した上で定期的に転送する機能などを備えている。

図1.50
ネットワークの全体像

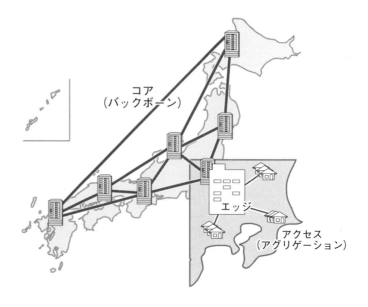

■ネットワークの物理構成と論理構成

　道路では、季節や時間帯によって渋滞や混雑が生じ、目的地への到着時間が遅れることがしばしばあります。ネットワークでも、同様の渋滞や混雑が起こることがあります。

　実際の道路の場合には、渋滞を解消するために、工事をして車線を拡張したりバイパスを建設したりしなければなりません。これはネットワークでいうと、通信ケーブルを増やすなど、物理層（物理構成）の拡張をすることに相当します。

　しかしネットワークにおける通信は、物理的な回線だけでなく、その上の層における論理的な回線で行われます（論理構成）。そのため、事前に準備しておけば、必要に応じて道路の幅を「仮想的に」広げたり、逆に制限したりすることが可能です。

　道路の幅を仮想的に広げるというのは、名古屋から東京へ自動車で移動する場合に、東名高速が渋滞していたら中央高速、あるいは北陸道と関越道にルートを変更して渋滞を回避することに似ています。「東名高速」のような具体的な道路ではなく、「名古屋から東京への高速道路」という論理的な道路で考えれば、東名高速を走っても、迂回して中央高速を走っても、同じ（仮想的な）道路を走っていることになります。現在のコンピュータネットワークは、高速な光通信と機器の高性能化による機器内での遅延減少のおかげで、日本国内であればどのルートを選んでも大きな遅延は発生しません。メールやファイル転送などの遅延を気にしない通信を選別して迂回させることも可能です▼。

▼とはいえ、海外などに出て国際間や国土の広い地域のネットワークを利用すると、利用時に回線事業者が選択するルートによって「遅い」と感じることもある。これは回線速度が遅く渋滞している、多段接続や長距離による遅延が発生しているなどが原因の場合がある。

図1.51
物理的な道路と仮想的な道路

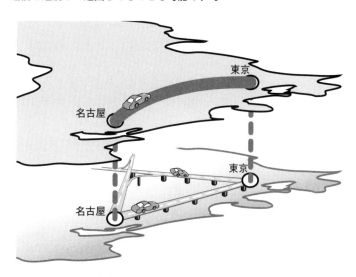

物理的な道路としては別々だが、
論理的な道路（仮想的な道路）として考えると一本の道路。

1.10.2　インターネット接続サービスを利用した通信

今度は、実際のネットワークでどのようにして通信が成立しているかを見てみましょう（図1.52）。

図1.52
インターネット接続サービス

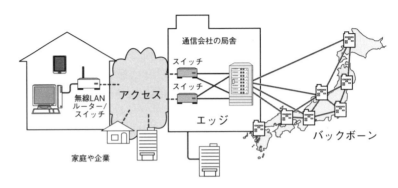

家庭や会社から外部のネットワークを利用するとき、ほとんどの場合はインターネット接続サービスを利用していると思います。最寄りのスイッチや無線LANルーターで集約された通信は、前述した「アクセス」に接続され▼、必要な場合はさらに「エッジ」や「バックボーン」を経て通信相手に接続されます。

▼会社の規模が大きく利用者が多い場合や、外部から多くのアクセスが発生する場合は、直接「エッジ」に接続される場合もある。

1.10.3　携帯端末による通信

携帯端末の電源を入れると、自動的に電波が発信され、最寄りの基地局と通信が行われます▼。基地局には、契約しているモバイルオペレータ（携帯電話提供会社）の携帯電話用アンテナが設置されています。この基地局が「アクセス」に相当します。

▼端末が移動している場合は自動的に基地局間で情報が交換され、引き継がれていく。これをローミングと呼ぶ。

携帯端末から接続先番号へ発信すると、その番号が登録されている基地局まで呼出信号が運ばれ、相手が接続を受け入れれば通信路が確立されます。

基地局に集められた情報が局舎（「エッジ」）に集約され、局舎間の基幹ネットワーク（「バックボーン」）に接続されているという構成は、前述したインターネット接続サービスと同じです。

図1.53
携帯電話による通信

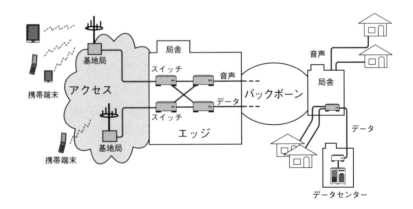

■ LTE と音声通話

少し前まで主に利用されていた第3世代や第3.5世代の携帯電話ネットワークは、最大でも64kbpsの速度で転送される音声通話や、少量のデータ通信を念頭に設計されたものでした。現在主に利用されているLTE▼は、第4世代携帯電話への橋渡しを担うものとして、3GPP▼が策定した携帯電話の通信規格です。条件により、最大で下り300Mbps、上り75Mbpsの高速な無線通信が可能です。

LTEの規格では、音声もIPパケットとして転送することになっているため▼、ネットワーク全体でTCP/IPへの対応が必要になります。しかしネットワーク全体の機器を一度に取り替えることは現実的ではないため、音声通話については従来と同じ携帯電話のネットワークで転送する仕組み（CSFB▼）も利用可能です。

これは道路の例で説明すると、自宅からつながる道路の道幅を太く改良した上で、市街地から幹線道路につながる道を2本整備し、それぞれを一般車（通話）と大型車（ビデオデータや通信量の膨大なアプリケーション）で使い分けることに相当します。これにより携帯端末でも、通話の音声は従来と同じ高品質で提供しつつ、自宅や会社と同等な帯域幅で違和感なくネットワーク環境を利用できるようになります。

提供されるサービスの多様化や接続する端末の高速化／高機能化に伴い、ネットワークの利用環境を進化させるLTEのような仕組みがいろいろと検討されています。

今後は、5G▼の規格に沿った通信方式の普及が始まります。この規格は、より多くの端末が速く、確実に接続できることを目的にしています。インターネットの発展が進むにつれ、インターネットが電話網を取り込みましたが、今後は携帯電話網とインターネット網が合体し、携帯端末に限らず、すべてのモノやコトが、必要に応じた回線速度や頻度に対応する形でインターネットを利用するようになります。そしてインターネットは、今までより一層重要な社会インフラとなっていきます。

■公衆無線 LAN と携帯端末における認証

自宅や会社の無線LANであれば、回線接続の場所が固定されており利用者も限定されていますが、公衆無線LANでは利用者を特定するために、契約している利用者かどうかを確認する認証の手続きを実施している場合があります。そこで「アクセス」に接続する前に、いったんその公衆無線LANを運営している組織のネットワークに接続し、そこで認証を行って確認が取れた端末のみを「アクセス」へ接続し直しています。いろいろな場所で利用できる無料の公衆無線LANでも、利用規約に同意し、メールアドレスを入力すると利用可能になることがありますが、これも同じ仕組みで動作しています。

携帯電話やスマートフォンといった携帯端末を利用する場合は、あらかじめどこかのモバイルオペレータと契約が必要です。よって、その端末情報から利用者を特定できるため、特別な認証は要求されません。

▼LTE（Long Term Evolution）

▼3GPP（Third Generation Partnership Project）
各国の標準化団体による第3世代携帯電話システムの検討プロジェクト。

▼現在でもほとんどの音声電話はデジタル化され、TCP/IPの技術を利用して転送されている。

▼CSFB（Circuit Switched FallBack）

▼5G（第5世代移動通信システム）
LTEは3.5G、LTE-Advanceは4Gとも呼ばれている。

1.10.4 情報発信者側にとってのネットワーク

ネットワークでの情報発信というと、かつては個人や企業が自分でサーバーを用意し、そこでWebサイト（ホームページ）を作成／公開することが主流でした。現在では、Facebook や Instagram、Twitter、YouTube などを利用した情報発信が主流となっています。これら SNS▼ などのサイトには、情報の収集と発信を滞りなく行うための仕組みが用意されています。

たとえば YouTube のような動画投稿サイトは、情報発信者（投稿者）に代わって動画を再配信してくれます。動画の投稿は世界中から行われ、動画投稿サイトはアップロードされるたくさんの動画を保存し、再配信しています。人気の動画には1日で何十万というアクセスがありますが、これらのサイトは世界中でこのような大量のトラフィックを瞬時に処理するため、たくさんのストレージ機器やサーバーを複数カ所の専用施設に設置し、高速なネットワークでつなぐことによって、より多くの要求に応えられるような仕組みが用意されています。これらの情報処理専用施設をデータセンターと呼んでいます。

▼SNS（Social Networking Service）
インターネット上で構築された、個人や家族、友人や会社などへ、コミュニケーションの場を提供するサービスのこと。

図1.54
データセンター

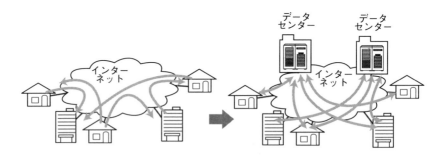

かつては個人や企業の管理するサーバーへアクセスしていたが、
データセンターを利用するサービスで情報発信をする場面が増えた。

データセンターは、巨大なサーバーとストレージ、そしてネットワークから構成されています。大規模なデータセンターは直接「バックボーン」へ接続されています。小規模なものでも「エッジ」に接続されている場合が多いようです。

データセンター内部では、レイヤ3スイッチや高速ルーターを利用したネットワークが構築されています。より遅延を少なくするため、高機能なレイヤ2スイッチの利用なども検討されています。

1.10.5 仮想化とクラウド

▼コンテンツ (Content)
もともとは「内容」や「中身」を意味する英単語だが、動画や文章、音楽、アプリケーションやゲームソフトなどを集約し、閲覧やダウンロード、アップロードなどができるように整備された情報の集合体の総称として使われている。

懸賞サイトやゲームサイト、コンテンツ▼のダウンロードサイトなどでは、利用される日時や時間帯にムラがあります。懸賞サイトを例にすると、そのサイトには応募期間中を除くと一切のアクセスがありません。応募期間中には、応募者の傾向により、日中のアクセスが多かったり休日のアクセスが多かったりします。また、応募期間中のアクセスをすべて正確に処理しなければ、クレームにつながります。

このように、提供する情報の種類や性質によって、実際に必要になるネットワーク資源は時々刻々と変わります。特にデータセンターのような、大量のサーバーを運営し情報提供を行っている環境では、サイトやコンテンツごとに固定的にネットワーク資源を割り当てるのは非効率です。

そこで登場したのが仮想化技術です。サーバー、ストレージ、ネットワークを物理的に増やしたり減らしたりするのではなく、ソフトウェアを使って論理的に、必要なときに必要な量を提供できるようにする仕組みです。要求の多いコンテンツに割く資源を増やす運用をすることで、確実に情報を提供できるようにします。

仮想化技術を利用し、利用者にとって必要な資源を自動的に提供する仕組みをクラウドと呼んでいます。また、仮想化されたシステム全体を必要に応じて自動的に制御する仕組みをオーケストレーション（Orchestration）と呼んでいます。クラウドにより、ネットワークの利用者がいつでもどこでも必要なだけ情報の収集と提供ができる仕組みが実現しました。クラウドが出現したことで、今まで機器を購入し自身で運用していた「所有」から、クラウドを必要なときに必要な分だけ利用する「利用」へと大きく変化しています。IoTのようにいろいろな機器をネットワークにつないで情報を収集する場合、24時間365日、さまざまなタイミングで、莫大な量の情報が集められます。これらのデータをクラウドで一時的に蓄積し、必要な演算処理をすることも増えてきました。また、クラウド上でいろいろなサービスも始まりました。前例のIoTに対しても、クラウド上で簡単に環境を構築できるような各種ツールをそろえたサービスや、複数のクラウドサービスの入出力を順序立てて定義し、1つのサービスのように振る舞うクラウドサービスがあります。

図 1.55
クラウドとオーケストレーション

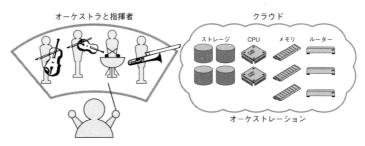

クラウドでは、さながらオーケストラの指揮者のような調整を自動的に行うことで、ストレージやCPUなどの資源を必要に応じて利用者に提供する。

1.10.6 クラウドの構造と利用

いろいろなクラウドサービスが普及してきました。これまではパソコンに Microsoft Office をインストールし、Outlook でメールや予定管理をしていた方も多いと思いますが、今では Office 365 というクラウドサービスの利用に変化しています。このようにクラウド上のアプリケーションを利用する形態を SaaS（Software as a Service）と呼びます。

いやいや、私はクラウド上で開発がしたいので、自分でアプリケーションを入れて、計算ができる環境だけがほしいという方もいます。このような提供形態を PaaS（Platform as a Service）と呼びます。

▼Hardware as a Service とも呼ぶ。

また、人によっては、自分で CPU の能力やメモリの量、ストレージの量、使い方などを決めたい方もいます。このような提供形態を IaaS（Infrastructure as a Service▼）と呼びます。いずれの場合も、サーバーやストレージ、ネットワークを仮想化し、各機器を要求に応じた構成に自動的にオーケストレーションを行い、利用者へスムーズに要求どおりの環境提供を実現しています。

こういった環境を実現する仕組みは、多くの技術や発想を駆使しています。その中で、SDx という言葉がよく使われます。クラウドを実現するためのネットワーク部分の場合は、最後の x がネットワークの N になり、SDN と呼ばれます。これは Software Defined Network の略であり、全体の制御システム（ソフト）からネットワークを制御する仕組みです。SDN を実現する方法としては、OpenFlow などの技術があります。また、L2 ネットワーク上を仮想化して制御する仕組みもいくつか登場しています。

一方で、利用面でも進歩が見られます。クラウドに対する総称として、今まで会社や個人で構築し利用・運用していたシステムをオンプレミス（on premises）と呼びます。このオンプレミスで実行していた環境をすべてクラウドへ移行する動きも盛んになってきました。

また、オンプレミスとクラウドを平行運用するハイブリッドクラウドや、複数のクラウドを同時に利用するマルチクラウドなどへの進化・変化も進んでいます。このように構造や接続形態は複雑な方向へと進んでいる反面、クラウド構造の単純化や開発環境の簡素化、スピードアップを目的としたコンテナと呼ばれる技術も盛んになってきました。

これらの技術は、日々進歩し、新たな利活用の方法として普及が進むでしょう。そしてそれは、すべてネットワーク上で展開され、利用・運用されています。

この章では、ネットワークの基礎知識と TCP/IP の関係を中心に説明しました。現代の日本では、インターネットの閲覧だけでなく、テレビや電話のような日常的な活動や各種クラウドサービスもすべて TCP/IP とそれに関連する技術で実現されています。次章以降では TCP/IP とその関連技術について説明していきます。本書で扱う範囲は初歩的な内容ですが、ネットワークに関連する技術者の基本となるものです。しっかりと概念を身につけてください。

Chapter
2

第2章
TCP/IP 基礎知識

TCP は Transmission Control Protocol、IP は Internet Protocol の 略 称 で す。
TCP/IP は、インターネット環境の通信を実現するためのプロトコルで、もっと
も有名なプロトコルといえるでしょう。この章では、この TCP/IP の誕生から現
在までの歴史、そしてプロトコルの概要について紹介します。

7 アプリケーション層
6 プレゼンテーション層
5 セッション層
4 トランスポート層
3 ネットワーク層
2 データリンク層
1 物理層

＜アプリケーション層＞ TELNET、SSH、HTTP、SMTP、POP、 SSL/TLS、FTP、MIME、HTML、 SNMP、MIB、SIP、...
＜トランスポート層＞ TCP、UDP、UDP-Lite、SCTP、DCCP
＜ネットワーク層＞ ARP、IPv4、IPv6、ICMP、IPsec
イーサネット、無線LAN、PPP、... (ツイストペアケーブル、無線、光ファイバー、...)

62　第2章　TCP/IP 基礎知識

2.1　TCP/IP 登場の背景とその歴史

　現在、コンピュータネットワークの世界では、TCP/IP がもっとも有名で、もっともよく使われているプロトコルです。では、TCP/IP はなぜこれほど普及したのでしょう? その理由として、Windows や macOS などのパソコンの OS が、TCP/IP を標準でサポートしたことをあげる人もいます。しかしそれは結果論で、TCP/IP が普及することになった理由とはいえません。コンピュータ業界をとりまく社会全体が TCP/IP をサポートする流れになり、メーカーがそれに合わせる形で各社が TCP/IP を組み込むようになったのです。現在では、TCP/IP をサポートしていない OS はほとんど販売されていません。

　では各コンピュータメーカーは、なぜ TCP/IP をサポートするようになったのでしょうか? その経緯を、インターネット発達の歴史から考えていくことにしましょう。

▼2.1.1　軍事技術の応用から

　1960 年代、大学や各研究所などで新しい通信技術の研究が行われるようになりました。その1つにアメリカ国防総省（DoD：The Department of Defense）が中心となり進められた研究開発がありました。

　DoD では、通信は軍事的に非常に重要なものだと考えていました。通信している途中にネットワークの一部が敵の攻撃によって破壊されても、迂回経路を通してデータが配送され、通信が停止しないようなネットワークが望まれたのです。図 2.1 のような中央集中的なネットワークでは、通信回線の交換局が攻撃されると通信不能になってしまいますが、図 2.2 のように迂回路がたくさんある分散型のネットワークであれば、攻撃を受けても迂回路がある限り通信を継続することができます▼。そのようなネットワークを実現するために、パケット通信の必要性が唱えられるようになりました。

▼分散型ネットワークは、1960 年米国の RAND 研究所のポール・バランによって提唱された。

　パケット通信に注目が集まったのは、軍事的な理由だけではありません。パケット通信を利用すれば、複数のユーザーで同時に1つの回線を共有することができます。その結果、回線の利用効率が向上し、回線コストを下げることができるというメリットがあります▼。

▼パケット交換による通信は、1965 年英国の NPL（英国立物理学研究所）のドナルド・ワッツ・デイヴィスによって提唱された。

　このようにして、1960 年代後半になるとさまざまな研究者がパケット交換技術、パケット通信に注目するようになりました。

図 2.1
障害に弱い中央集中的なネットワーク

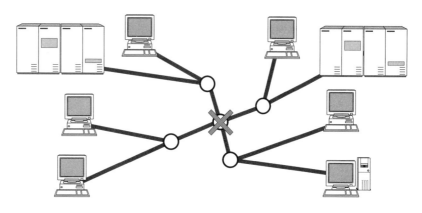

中心に障害が発生すると多くの通信に支障が出る。

図 2.2
障害に強いパケットネットワーク

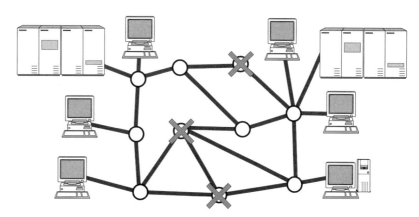

いくつかのサイトに障害が発生しても、迂回経路を通ってパケットが配送される。

2.1.2 ARPANET の誕生

　1969 年、パケット交換技術の実用性を試験するためのネットワークが構築されました。当初ネットワークは、アメリカ西海岸の大学と研究機関のうちの 4 つのノード▼を結んだものでした。このネットワークは、アメリカ国防総省が中心となって開発が行われたことや、技術が飛躍的に進歩していったことにより、一般のユーザーも取り込んだ当時としては非常に大規模なネットワークに発達していきました。

　これが ARPANET▼と呼ばれるネットワークで、インターネットの起源といわれています。わずか 3 年間で 4 つのノードから 34 のノードを接続する形に発展し、この実験は大成功をおさめました▼。そしてこの実験によって、パケットによるデータ通信手法が実用に耐えることが証明されたのです。

▼4 つのノード
・UCLA（カリフォルニア大学ロサンゼルス校）
・UCSB（カリフォルニア大学サンタバーバラ校）
・SRI（スタンフォード研究所）
・ユタ大学

▼ARPANET
Advanced Research Projects Agency Network。「アーパネット」と発音する。

▼この ARPANET における実験やプロトコルの開発には、DARPA（Defense Advanced Research Projects Agency：アメリカ国防総省高等研究計画局）と呼ばれている政府機関が資金援助していた。

2.1.3　TCP/IP の誕生

ARPANET の実験では、ただ単に大学と研究機関を結ぶ幹線でパケット交換を利用するだけでなく、相手先のコンピュータとの間で信頼性の高い通信手段を提供する総合的な通信プロトコルの実験も行われました。そして ARPANET 内の研究グループによって、1970 年代前半に TCP/IP が開発されました。その後 1982 年ごろまでかかって TCP/IP の仕様が決定され、1983 年には ARPANET で使う唯一のプロトコルになりました。

表 2.1
TCP/IP の発展

年	内容
1960 年代後半	DoD によって通信技術に関する研究開発が開始される。
1969 年	ARPANET の誕生。パケット交換技術の開発。
1972 年	ARPANET の成功。50 ノード以上にまで拡大。
1975 年	TCP/IP の誕生。
1982 年	TCP/IP の仕様決定。UNIX が提供され始める。この UNIX の中には TCP/IP が実装されていた。
1983 年	ARPANET の正式手順が TCP/IP に決定。
1989 年ごろ	LAN 上での TCP/IP 利用が急速に拡大。
1990 年ごろ	LAN、WAN を問わず、TCP/IP が使われる方向に発展。
1995 年ごろ	インターネットの商用化が進み、プロバイダが数多く設立される。
1996 年	次世代 IP の IPv6 の仕様が決定し、RFC に登録される（1998 年に修正される）。

2.1.4　UNIX の普及とインターネットの拡大

TCP/IP が登場した背景には、ARPANET が重要な役割を果たしました。しかし、それだけでは TCP/IP は限られた世界の中でしか使われず、一般にはあまり普及しなかったでしょう。TCP/IP がコンピュータネットワークの世界で広く普及した理由はどこにあったのでしょうか。

1980 年前後の大学や研究所などでは、コンピュータの OS（Operating System）として BSD UNIX▼が広く利用されていました。この OS の内部に TCP/IP が実装されたのです。1983 年には ARPANET の正式な接続手順として TCP/IP が採用されました。そして同じ年、旧 Sun Microsystems 社が、TCP/IP を実装した製品を一般ユーザー向けに提供し始めました。

▼BSD UNIX
米国カリフォルニア大学バークレー校で開発、無料配布された UNIX。

1980 年代は、LAN が発達するとともに、UNIX ワークステーションの普及が急速に進んだ時代でした。同時に、TCP/IP によるネットワークの構築が盛んに行われるようになりました。このような流れとともに、大学や企業の研究所などが、徐々に ARPANET やその後継の NSFnet に接続するようになっていきました。TCP/IP による世界的なネットワークを「インターネット」（The Internet）と呼ぶようになったのはこのころからです。

インターネットは、終端ノード間の UNIX マシン同士をつなげる形で大きく普及していきました。コンピュータネットワークの主流プロトコルといえる TCP/IP も、UNIX と密接な関係を持ちながらさらに発達し普及していきました。1980 年代半ばごろからは、企業などを中心に導入が進んでいた各コンピュータ

メーカー独自のプロトコルも、しだいに TCP/IP に対応するようになっていきました。

2.1.5 商用インターネットサービスの開始

当初は実験や研究目的でスタートしたインターネットですが、1990 年代になると、企業や一般家庭に対してインターネットへの接続を提供するサービスが普及し、広く利用されるようになりました。このようなサービスを提供する会社を ISP▼（インターネットサービスプロバイダ）と呼びます。同時にインターネットを利用した、オンラインゲームや SNS、動画配信などの商用サービスも始まりました。

それまでも、電話回線を利用したパソコン通信▼など、一般の人々の間にもコンピュータ通信に対する需要は高まっていました。しかし、パソコン通信は限られた会員同士でしかコミュニケーションができないことや、複数のパソコン通信に加入するとそれぞれ操作方法が異なることなど、不便な点がありました。

そこへ、インターネットを企業や一般家庭に接続し、かつ商用利用▼も許可する ISP が登場したことになります。TCP/IP は、研究ネットワークとしてインターネットで長い間運用されてきたことで、商用サービスにも耐えうる成熟したプロトコルになっていました。

インターネットを利用すれば、WWW で全世界から情報を集めたり、電子メールなどでコミュニケーションをとったりすることが可能です。世界へ向けて自分で情報を発信することもできます。インターネット自体には会員というものはなく、世界中が接続された公共の開放されたネットワークです。その中で多彩なサービスが行われ、また、自分で新たなサービスを開始することもできます。

結果としてインターネットは、有料の商用サービスとして急成長しました。それまで普及していたパソコン通信などのサービスもインターネットに取り込まれていきました。自由でオープンなインターネットは、企業や一般の人々に急速に受け入れられていったのです。

▼ISP（Internet Service Provider）
個人や会社、教育機関などにインターネットへの接続を提供する会社。「アイエスピー」や単に「プロバイダ」とも呼ばれる。

▼パソコン通信
1980 年代後半に普及していたネットワークサービス。パソコン通信サービスのホストコンピュータにモデムを介して電話で接続し、メール、掲示板などのサービスを利用した。

▼NSFnet は商用目的での接続が禁止されていた。

2.2 TCP/IP の標準化

1990 年代、ISO では OSI と呼ばれる国際標準プロトコルの標準化が行われました。しかし、現在 OSI はほとんど普及しておらず、TCP/IP が使われています。なぜ、OSI ではなく TCP/IP だったのでしょうか。

TCP/IP の標準化には、ほかのプロトコルの標準化には見られない特徴があります。これが、プロトコルの急速な実現と普及の大きな原動力となりました。この節では、TCP/IP の標準化について説明します。

2.2.1 TCP/IPという語は何を指す？

まず、ここではTCP/IPという言葉が持つ意味を説明しましょう。

TCP/IPという言葉を文字どおりにとらえると、TCPとIPという2つのプロトコルを意味すると思うかもしれません。実際にこの2つのプロトコルだけを意味する場合もあります。

多くの場合、TCP/IPという言葉は、TCPとIPという2つのプロトコルだけではなく、IPを利用したり、IPで通信したりするときに必要となる多くのプロトコル群の総称として使われます。具体的には、IPやICMP、TCPやUDP、TELNETやFTP、HTTPなど、TCPやIPに深く関係する多くのプロトコルが含まれます。TCP/IPをインターネットプロトコルスイート▼と呼ぶこともあります。これは、インターネットを構築する上で必要なプロトコルのセットという意味です。

▼インターネットプロトコルスイート（Internet Protocol Suite）
インターネットプロトコル一式または、ひとそろいという意味。

図2.3
TCP/IP プロトコル群

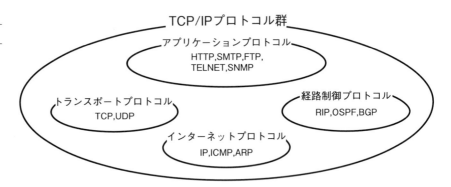

2.2.2 TCP/IP 標準化の精神

TCP/IPのプロトコルの標準化は、ほかの標準化と比べると2つの点が大きく異なります。1つはオープンであるということ、そしてもう1つは標準化するプロトコルが実際に使えるプロトコルであるかどうかを重視することです。

まず、1つめのオープンという点について説明しましょう。TCP/IPのプロトコルは、IETF▼での議論を通して決められます。このIETFには誰でも参加することができます。通常この議論は、電子メールのメーリングリストで行われます。メーリングリストにも誰でも参加することができます。

2つめの点は、TCP/IPの標準化では、プロトコルの仕様を決めることを重視するのではなく、互いに通信できる技術を追い求めてきたということです。「TCP/IPは仕様を考えるよりも先にプログラムが開発された」といわれるほど、開発重視の姿勢でプロトコルが決められてきました。

▼IETF
Internet Engineering Task Force

「プログラムを作った後で仕様書を書く」というのは大げさですが、TCP/IPのプロトコルの仕様を決めるときには、実装▼することを念頭に置きながら作業が進められていきます。そして、プロトコルの詳細仕様を煮詰めるときには、そのプロトコルが実装されている装置が存在し、限定された形であるにせよ実際に通信できるようになっている必要があります。

▼実装
コンピュータなどの機器で動作するようにプログラムやハードウェアを開発すること。

TCP/IPでは、プロトコルの仕様がだいたい決まったら、複数の実装を持ち寄って相互接続の実験が行われます。問題があった場合には議論を行い、プログラムやプロトコル、ドキュメントを修正する作業が行われます。この作業が繰り返され、プロトコルが標準化されます。TCP/IP のプロトコルは動かすことを重視して仕様が決められているため、実用性が高いプロトコルに仕上がっています。

しかし、相互接続実験などでは想定されていなかった環境の場合には、正常に動作しない可能性もあります。そのような場合は後から改善していきます。

TCP/IP に比べて OSIが一般に普及しなかったのは、動作するプロトコルを早く作れなかったことと、急速な技術革新に対応できるようなプロトコルの決定や改良を行える仕組みがなかったことが原因だといわれています。

▌2.2.3　TCP/IP の仕様書 RFC

▼RFCの文字どおりの意味は、「意見を求めるドキュメント」。

▼プロトコルの実装や運用に関する有用な情報を、FYI（For Your Information）と呼ぶ。

▼標準化を目指さない実験プロトコルを Experimental と呼ぶ。

TCP/IP のプロトコルは、IETF で議論され標準化されます。標準化しようとするプロトコルは、RFC（Request For Comments）▼と呼ばれるドキュメントになり、インターネット上で公開されます。RFC にはプロトコルの仕様書だけでなく、プロトコルの実装や運用に関する有用な情報▼やプロトコルの実験に関する情報▼も含まれています。

RFC になったドキュメントには番号が付けられます。たとえば、IP の仕様を決めているのは RFC791 で、TCP の仕様を決めているのは RFC793 です。RFCの番号は決められた順番に割り当てられていきます。そして、一度 RFC になると、内容を改訂することは許されません。プロトコルの仕様を拡張する場合には新しい番号の RFC で拡張部分を定義しなければなりません。プロトコルの仕様を変更する場合には新しい RFC が発行され、古い RFC が無効になります。新しい RFC には、どの RFC を拡張するのか、または、どの RFC を無効にしたのかという情報が書かれます。

▼たとえば、STD5 は ICMP を含む IP の標準を表している。そして、STD5 の実際の中身は RFC791、RFC919、RFC922、RFC792、RFC950、RFC1112という6つの RFC から構成されている。

RFC はプロトコルの仕様が更新されるたびに番号が変わるので不便だ、という意見も出てきました。そのため、主要なプロトコルや標準に対しては、STD（Standard）という変化しない番号付けも行われています。STD では、どの番号がどのプロトコルの仕様を示すかが決められていて、同じプロトコルならば仕様が更新されても STD の番号は変化しません▼。

将来、プロトコルの仕様が変わっても、プロトコル仕様書の STD の番号は変わることはありません。ただし、STD が指し示す RFC の番号は増えたり減ったり入れ替わったりする可能性があります。

また、インターネットのユーザーや管理者に向けて有益な情報を提供するために FYI（For Your Information）という番号付けもされています。これも STD と同じように、実際の中身は RFC ですが、ユーザーにとって参照しやすいように、内容が更新されても番号が変わらないようになっています。

表 2.2

主な RFC（2019 年 10 月現在）

プロトコル	STD	RFC	状態
IP（バージョン 4）	STD5	RFC791, RFC919, RFC922	標準
IP（バージョン 6）	STD86	RFC8200	標準
ICMP	STD5	RFC792, RFC950, RFC6918	標準
ICMPv6	-	RFC4443, RFC4884	標準
ARP	STD37	RFC826, RFC5227, RFC5494	標準
RARP	STD38	RFC903	標準
TCP	STD7	RFC793, RFC3168	標準
UDP	STD6	RFC768	標準
IGMP（バージョン 3）	-	RFC3376, RFC4604	提案標準
DNS	STD13	RFC1034, RFC1035, RFC4343	標準
DHCP	-	RFC2131, RFC2132	ドラフト標準
HTTP（バージョン 1.1）	-	RFC2616, RFC7230	提案標準
SMTP	-	RFC821, RFC2821, RFC5321	ドラフト標準
POP（バージョン 3）	STD53	RFC1939	標準
FTP	STD9	RFC959, RFC2228	標準
TELNET	STD8	RFC854, RFC855	標準
SSH	-	RFC4253	提案標準
SNMP	STD15	RFC1157	歴史的
SNMP（バージョン 3）	STD62	RFC3411, RFC3418	標準
MIB-II	STD17	RFC1213	標準
RMON	STD59	RFC2819	標準
RIP	STD34	RFC1058	歴史的
RIP（バージョン 2）	STD56	RFC2453	標準
OSPF（バージョン 2）	STD54	RFC2328	標準
EGP	STD18	RFC904	歴史的
BGP（バージョン 4）	-	RFC4271	ドラフト標準
PPP	STD51	RFC1661, RFC1662	標準
PPPoE	-	RFC2516	情報
MPLS	-	RFC3031	提案標準
RTP	STD64	RFC3550	標準
ホストの実装への要求	STD3	RFC1122, RFC1123	標準
ルーターの実装への要求	-	RFC1812, RFC2644	提案標準

各 RFC の最新情報は https://www.rfc-editor.org/rfc-index.html を参照。

※本表は代表的なプロトコルに絞って RFC 番号を抽出したものであり、最新のアップデートや部分的に更新された RFC などは含んでいません。詳細は上記 URL を参照の上、確認してください。

> **■新しい RFC と古い RFC**
>
> 第 4 章で紹介する ICMP を例に、RFC の変遷を紹介しましょう。
>
> ICMP は RFC792 で定義されていますが、RFC950 によって拡張されています。
> つまり ICMP は RFC792 と RFC950 の両方のドキュメントによって標準が定義
> されています。また、RFC792 は、それ以前に ICMP を定義していた RFC777 を
> 廃止しています。さらに、まだ正式な標準にはなっていませんが、RFC1256 は
> ICMP を拡張するための提案標準になっています。
>
> ICMP をホストやルーターが処理するときの要求事項をまとめた RFC も存在し
> ます。RFC1122 と RFC1812 です▼。

▼RFC1122 と RFC1812 に
は ICMP だけでなく、IP や
TCP、ARP など多くのプロ
トコルの実装上の要求事項
が書かれている。

▼2.2.4　TCP/IP の標準化の流れ

　プロトコルの標準化作業は、IETF での議論を通して行われます。IETF では
年 3 回のミーティングが行われますが、通常は、メーリングリストによる電子メー
ルで議論が行われています。このメーリングリストには誰でも参加することが
できます。

　TCP/IP の標準化作業も RFC で定義されています。RFC2026 に沿っておお
まかに説明すると、次のような段階を経ることになります。まず、仕様を煮詰
めるインターネットドラフト（I-D：Internet-Draft）の段階があります。そし
て、標準化したほうがよいと認められると RFC となり、提案標準（Proposed
Standard）になります。そして、標準の草案であるドラフト標準（Draft
Standard）になり、最後に標準（Standard）になります。

　この流れをもう少し詳細に見ていきましょう。プロトコルが標準化される前
に、まずプロトコルを提案する段階があります。プロトコルを提案したい人や
グループは、ドキュメントを書き、インターネットドラフトとして公開します。
このドキュメントをもとにして議論が行われます。そして、実装やシミュレー
ション、運用実験などが行われます。議論は主にメーリングリストで行われます。

　インターネットドラフトの有効期間は 6 カ月です。これは、議論をしたら 6
カ月ごとに変更を反映させなければならないことを意味していると同時に、議
論が行われなくなった無意味なインターネットドラフトを自動的に消去する、
という目的もあります。世の中には情報が氾濫していますが、TCP/IP の標準
化でも提案が乱立しあふれかえっています。ですから、不要な情報は早急に消
去しないとどれが必要でどれが不要か判断できなくなります。

　議論が十分に行われ、IETF の主要なメンバーから構成される IESG（IETF
Engineering Steering Group）の承認が得られると、晴れて RFC のドキュメ
ントとして登録されます。最初は提案標準（Proposed Standard）と呼ばれます。

　提案標準として提案されたプロトコルが多くの機器で実装され広く運用さ
れるようになり、IESG によって承認が得られると、ドラフト標準（Draft
Standard）になります。実際に運用して問題があることが明らかになった場合
には、ドラフト標準になる前に修正が加えられます。この修正作業もインター

ネットドラフトで行われます。

ドラフト標準になってから標準（Standard）になるためには、さらに多くの機器で実装され、利用される必要があります。そして、標準化に携わる多くの人が「実用性が十分にあって問題がない」と考えるようになり、IESGによって承認が得られると標準になります。

このように、標準になるまでには長くて険しい道があります。インターネットで広く使われるようにならなければ、標準とは呼ばれないのです。

以上がRFC2026に沿った説明です。このRFC2026も、2011年10月にRFC6410によってアップデートされています。図2.4にも示すように、RFC6410は基本的にRFC2026を踏襲していますが、提案標準、ドラフト標準、標準の3段階の標準レベル▼を、ドラフト標準と標準をマージし、標準レベルを2段階に変更して、新たにインターネット標準と呼ぶことを定義しています。また、今までの経過も考慮し、現在議論されているRFCはRFC2026の標準名称を残すことも定義されています。

▼RFC6410ではラダーと表現している。

このようにTCP/IPの標準化は、標準を決めてから普及させるような標準化団体とは根本的に考え方が違います。TCP/IPの世界では標準になったときには、すでに十分に普及しているからです▼。すでに広い運用実績があるため、非常に実用性が高く安定した技術となります。

▼標準化を目指さない実験用のプロトコルは、実験プロトコル（Experimental）として登録される。

図2.4
プロトコル標準化の流れ

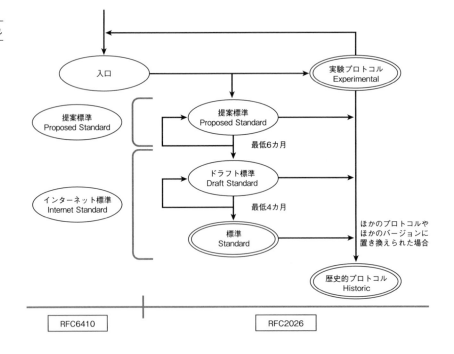

■提案標準、ドラフト標準の実装

RFCで提案されたプロトコルを実装して製品を販売する場合、標準だけを実装したのでは時代遅れの製品になってしまいます。なぜならすでに多くの人が使っているものだけが標準になるからです。

時代に先行しようと思ったら、ドラフト標準はもちろんのこと、提案標準も実装していなければなりません。そして、仕様が変更されたときには、速やかにアップグレードできるようなサポート体制が必要です。

2.2.5　RFCの入手方法

RFCは、インターネット技術の標準化を推進するIETF（Internet Engineering Task Force）のRFC Editorで管理されています。RFCを入手するにはいくつかの方法があります。もっとも手軽なのはインターネットを利用して入手する方法です。

- `https://www.rfc-editor.org/report-summary/ietf/`
  このホームページに活動の説明やRFC関連紹介があります。
- `ftp://ftp.rfc-editor.org/in-notes/`
  FTPでファイルをダウンロードしたい場合の入口です。

RFCを閲覧したい場合はまず、`https://www.rfc-editor.org/rfc-index.html`のRFCのHTML版を見てください（HTML版以外にテキストやXML版もあります）。ここにすべてのRFCが格納されています。RFC EditorのWebサイトではRFCに関する情報が掲載されているほか、RFCの検索なども行えるようになっているので、ぜひ一度参照してみてください。国内のanonymous ftp▼サーバーにもRFCが置かれています。たとえば、JPNICのFTPサーバーの場合には、`ftp://ftp.nic.ad.jp/rfc/`にRFCがあります。

▼anonymous ftp
インターネット上に数多く存在する、誰でも利用することのできるFTPサーバー。

■ STDやFYI、I-Dの入手先

STDやFYI、インターネットドラフト（I-D：Internet-Draft）は次のところから入手できます。これらも一覧表がそれぞれ **std-index.txt**、**fyi-index.txt** というファイルに書かれているので、これを入手してから必要なドキュメントの番号を調べればよいでしょう。

- STDの入手先

  `https://www.rfc-editor.org/in-notes/std/`
- FYIの入手先

  `https://www.rfc-editor.org/in-notes/fyi/`
- I-Dの入手先

  `https://www.rfc-editor.org/internet-drafts/`

72　第 2 章　TCP/IP 基礎知識

> JPNIC の FTP サーバーの場合には、次のところにあります。
>
> •STD の入手先
>
> 　ftp://ftp.nic.ad.jp/rfc/std/
>
> •FYI の入手先
>
> 　ftp://ftp.nic.ad.jp/rfc/fyi/
>
> •I-D の入手先
>
> 　ftp://ftp.nic.ad.jp/internet-drafts/

2.3　インターネットの基礎知識

　みなさんは、インターネットという言葉をふだんからよく耳にしているでしょう。本書でも、すでに何回もこの言葉が登場しています。しかし「インターネット」とはいったい何なのでしょうか？ そして、そのインターネットと TCP/IP の間にはどのような関係があるのでしょうか？

　この節では、TCP/IP とは切っても切れない関係にある、インターネットについて簡単に説明します。

▼2.3.1　インターネットとは

　「インターネット」という単語は、本来どのような意味を持つのでしょうか？ 英語の internet は、もともとは複数のネットワークを結んで 1 つのネットワークにすることを表していました。2 つのイーサネットセグメントをルーターで接続するという単純なネットワーク間接続もインターネットと呼ばれました。また、企業内の部署間のネットワークや社内ネットワークを企業間で接続し、互いに通信できるように接続したものもインターネットなのです。そして、地域ネットワーク間の接続、世界的規模のネットワーク間の接続もすべてインターネットです。しかし、最近ではこのような意味ではあまり使われません。この意味を伝えたい場合には、インターネットワーキングという言葉が使われます。

　現在、インターネットというと、ARPANET から発展し、全世界を接続しているコンピュータネットワークのことを指します。このインターネットは固有名詞です。2016 年に AP 通信が発行したスタイルブックでは、英語表記は internet となっています。以前は Internet や The Internet とも表記されていました▼。

▼インターネットとの対比で、イントラネット（Intranet）という言葉が使われることがある。イントラネットは、インターネットの技術を使って会社などの組織内部に閉じた通信サービスを行うことを目的に構築されたネットワークという意味で使われることが多い。

▼2.3.2　インターネットと TCP/IP の関係

　インターネットで通信をするためにはプロトコルが必要です。そして、TCP/IP はもともとインターネットを運用するために開発されたプロトコルです。イ

ンターネットのプロトコルといえば TCP/IP で、TCP/IP といえばインターネットのプロトコルです。

2.3.3 インターネットの構造

2.3.1 項で述べたように、インターネットの語源はネットワークとネットワークを接続することでした。世界を結ぶインターネットの構造も、根本的にはネットワークとネットワークを接続した形になっています。小さなネットワーク同士が接続されて組織内のネットワークを構成します。そして、組織のネットワーク同士が接続されて地域ネットワークが作られます。さらに、地域ネットワーク同士が接続され、最終的には世界中を結ぶ巨大なインターネットを形作っています。このように、インターネットは階層的な構造を持っています。

それぞれのネットワークは、バックボーンと呼ばれる基幹ネットワークと、スタブと呼ばれる末端のネットワーク部分から構成されます。ネットワークとネットワークはNOC▼で接続されます。また、ネットワークの運用者や運用方針、利用方針などが異なるネットワークを対等に接続するポイントはIX▼と呼ばれます。インターネットをひと言で説明すれば、異なる組織がIXによって相互に接続された巨大なネットワークといえるでしょう。

▼NOC（Network Operation Center）
「ノック」と発音。

▼IX
Internet Exchange

図2.5
インターネットの構造

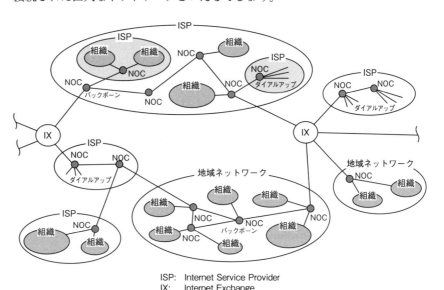

2.3.4 ISPと地域ネット

インターネットに接続するためには、ISPや地域ネットに接続を依頼することになります。会社や家庭のコンピュータをインターネットに接続する場合、インターネットへの接続契約をISPとの間で交わすことになります。

多くのISPでは、さまざまな接続メニュー（サービス品目）を用意しています。月に利用するデータ量を制限することで価格を抑えた契約、移動先からで

も自由に利用できる契約、移動はできないが高速でかつ常時接続可能な契約など、多種多様なサービス品目があります。

地域ネットは、特定地域で自治体やボランティアなどにより運営されているネットワークです。比較的安価に利用することができますが、接続条件が複雑な場合や利用に制約がある場合もあります。

実際にインターネットに接続する場合には、契約先のISPまたは地域ネットのサービス品目や接続条件、費用などをよく調べ、自分の利用目的やコストと合っているかを十分吟味する必要があります。

■インターネットの内と外

社内のLANや自宅のパソコンがインターネットとつながっている場合、これら全部をインターネットの一部と見ることができます（図2.6）。一方、会社のLANや自宅のパソコンから見た場合、接続先のネットワークがインターネットであるという見方もできます。この見方は、サービスの提供者を自分の「外側」に存在するものとして強く意識し、内と外を分けた表現といえます（図2.7）▼。

▼実際、インターネットを「外」とみなし、外と接続する機器やプロトコルを制限している企業などのネットワークも多い。

図2.6
会社も自宅もインターネットの一部という見方

図2.7
接続相手がインターネットという見方

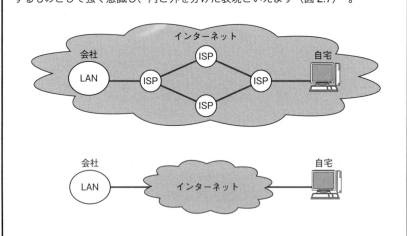

2.4 TCP/IPの階層モデル

現在TCP/IPは、コンピュータネットワークの世界でもっとも使われているプロトコルになりました。ネットワークを導入する人や、ネットワークを構築する人、ネットワークを管理する人、ネットワーク機器の設計や製造をする人、そして、ネットワークに接続する機器のプログラミングをする人は、このTCP/IPについてしっかりとした知識を持つことがたいせつです。

しかし、そもそも「TCP/IP」とはどのようなものなのでしょうか？　ここではTCP/IPの全体像を説明します。

2.4.1 TCP/IP と OSI 参照モデル

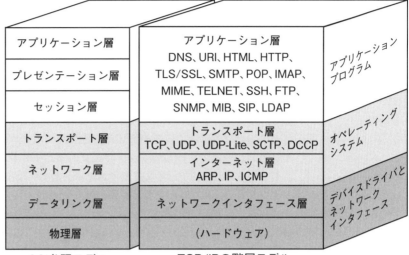

図 2.8 OSI 参照モデルと TCP/IP の関係

第 1 章で OSI 参照モデルの各層の役割を述べましたが、TCP/IP で登場するさまざまなプロトコルも、基本的には OSI 参照モデルに当てはめることができます。各プロトコルが OSI 参照モデルのどの層に該当するかが分かれば、そのプロトコルが何をするためのものなのか見当がつきます。後は技術的にどのような仕組みで動作するかを理解すればよいのです。各プロトコルの詳細については第 4 章以降で説明します。ここでは、TCP/IP の各プロトコルと OSI 参照モデルとの対応について見ていきましょう。

図 2.8 は、TCP/IP と OSI の階層化モデルを比較したものです。TCP/IP と OSI では階層モデルが少し異なっています。OSI 参照モデルが「通信プロトコルに必要な機能は何か」を中心に考えてモデル化されているのに対し、TCP/IP の階層モデルは「プロトコルをコンピュータに実装するにはどのようにプログラミングしたらよいか」を中心に考えてモデル化されているためです。

2.4.2 ハードウェア（物理層）

TCP/IP の階層モデルでは、最下位層に物理的にデータを転送してくれるハードウェアを置いています。このハードウェアとは、イーサネットや電話回線などの物理層のことです。しかしその内容については何も決めていません。使用する通信媒体はケーブルでも無線でもよく、また、通信する上での信頼性やセキュリティ、帯域、遅延時間などについても特に制限なく利用できるようになっています。とにかく TCP/IP は、ネットワークで接続された装置間で通信できることを前提にして作られているプロトコルなのです。

2.4.3 ネットワークインタフェース層(データリンク層)

ネットワークインタフェース層▼は、イーサネットなどのデータリンクを利用して通信をするためのインタフェースとなる階層です。つまりNICを動かすための「デバイスドライバ」と考えてかまいません。デバイスドライバはOSとハードウェアの橋渡しをするソフトウェアです。コンピュータの周辺機器や拡張カードは、コンピュータに接続したり、拡張スロットに入れたりするだけでは動作しません。OSがそのカードを認識して、そのカードを利用できるように設定しなければなりません。NICなどのハードウェアを新たに購入した場合には、ハードウェアだけではなく、その周辺機器を利用するためのソフトウェアが付属しているのが普通です。このソフトウェアがデバイスドライバです。利用するコンピュータのOSにデバイスドライバをインストールして、はじめてネットワークインタフェースを利用できる環境が整うのです▼。

▼ ネットワークインタフェース層とハードウェアをまとめて1つの層として扱う例も多い。またネットワークコミュニケーション層と呼ばれる場合もある。

▼ 最近ではプラグ＆プレイ機能によって、接続するだけで周辺機器を利用できる場合もある。この場合は、OSにはじめからそのネットワークインタフェースに対応するデバイスドライバが内蔵されているためであり、デバイスドライバが必要ないということではない。

2.4.4 インターネット層（ネットワーク層）

インターネット層では、IPが使われます。これは、OSI参照モデルの第3層であるネットワーク層の役割に相当します。IPはIPアドレスをもとにしてパケットを転送します。

図2.9
インターネット層

インターネットプロトコル（IP）の役割は、最終目的のホストまでパケットを届けること。

インターネット層によって、ネットワークの細かい構造が抽象化される。このため、両端のホストからは、通信相手のコンピュータが、雲のようにもやもやとしたネットワークのかなたに接続されているように見える。

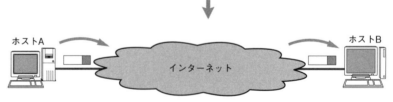

インターネットは、インターネット層の機能を備えたネットワーク。

TCP/IPの階層モデルでは、一般にこのインターネット層とトランスポート層がホストのOSに組み込まれることを想定しています。特にルーターには、インターネット層を利用してパケットを転送する機能を実装しなければなりません。

インターネットに接続されるすべてのホストやルーターは、必ずIPの機能を実装しなければなりません。インターネットに接続される機器でも、ブリッジやリピーター、ハブの場合は、必ずしもIPやTCPを実装する必要はありません▼。

▼ ブリッジ、リピーター、ハブなどを監視、管理するためにIP、TCPを実装する場合もある。

■ IP（Internet Protocol）

ネットワークをまたいでパケットを配送し、インターネット全体にパケットを送り届けるためのプロトコルです。IP によって、地球の裏側までパケットを届けることができます。それぞれのホストを識別するために、IP アドレスと呼ばれる識別子を使います▼。

IP には、データリンクの特性を隠す役割もあります。IP により、通信したいホストの間の経路がどのようなデータリンクになっていても通信が可能になります。

IP はパケット交換プロトコルですが、パケットが相手に到達しなかった場合のパケット再送などは行いません。その意味で、信頼性のないパケット交換プロトコルだといえます。

▼IPネットワークに接続するすべての機器には異なるIPアドレスを付ける必要がある。パケットはこのIPアドレスをもとにして配達される。

■ ICMP（Internet Control Message Protocol）

IP パケットの配送中に何らかの異常が発生してパケットを転送できなくなった場合に、パケットの送信元に異常を知らせるために使われるプロトコルです。ネットワークの診断などにも利用されます。

■ ARP（Address Resolution Protocol）

パケットの送り先の物理的なアドレス（MAC アドレス）を IP アドレスから取得するプロトコルです。

▼ 2.4.5　トランスポート層

TCP/IP には 2 つの代表的なトランスポートプロトコルがあります。この層は、基本的には OSI 参照モデルのトランスポート層と同じような役割を持っています。

図 2.10
トランスポート層

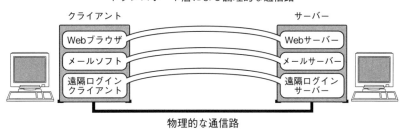

トランスポート層のもっとも重要な役割はアプリケーションプログラム間の通信を実現することです。コンピュータの内部では、複数のプログラムが同時に動作しています。そのため、どのプログラムとどのプログラムが通信しているかを識別する必要があります。アプリケーションプログラムの識別にはポート番号と呼ばれる識別子が使われます。

■ TCP（Transmission Control Protocol）

　TCPは、コネクション型で信頼性のあるトランスポート層のプロトコルです。両端のホスト間でデータの到達性を保証します。もし、経路の途中でデータを運んでいるパケットがなくなったり、順番が入れ替わったりしても、TCPが正しく解決します。また、ネットワークの帯域幅を有効に利用する仕組みや、ネットワークの混雑を和らげる仕組みなど、さまざまな機能が組み込まれており信頼性の向上がはかられています。

　ただし、コネクションの確立／切断をするだけで制御のためのパケットを約7回もやり取りするので、転送するデータの総量が少ない場合にはむだが多くなります。また、ネットワークの利用効率を向上させるための複雑な仕組みがいろいろと組み込まれているので、ビデオ会議の音声・映像データなどのように一定間隔で決められた量のデータを転送する通信にはあまり向いていません。

■ UDP（User Datagram Protocol）

　UDPはTCPとは異なり、コネクションレス型で信頼性のないトランスポート層プロトコルです。UDPは送信したデータが相手に届いているかどうかのチェックはしません。パケットが相手に届いたかどうかや、相手のコンピュータがちゃんとネットワークに接続されているかどうかなどのチェックが必要な場合は、アプリケーションのプログラムが行うことになります。

　UDPは、パケット数が少ない通信や、ブロードキャストやマルチキャストの通信、ビデオや音声などのマルチメディア通信に向いています。

▼ 2.4.6　アプリケーション層（セッション層以上の上位層）

　TCP/IP階層モデルでは、OSI参照モデルのセッション層やプレゼンテーション層、アプリケーション層は、すべてアプリケーションプログラムの中で実現されると考えられています。それらの機能は、単一のアプリケーションの内部に実装される場合もあるでしょうし、複数のアプリケーションプログラムに分けて実装されることもあるでしょう。このため、TCP/IPのアプリケーションプログラムの機能を細かく見ていくと、OSI参照モデルのアプリケーション層の機能だけではなく、セッション層の機能やプレゼンテーション層の機能が見えてきます。

図2.11
クライアント／サーバーモデル

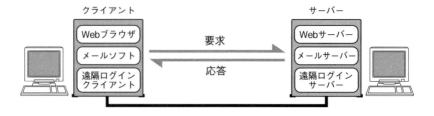

TCP/IPのアプリケーションの多くは、クライアント／サーバーモデルで作られています。サービスを提供するプログラムがサーバーで、サービスを受けるプログラムがクライアントです。この通信モデルでは、サービスを提供するサーバープログラムはあらかじめホスト上で動作させておかなければなりません。クライアントからの要求がいつ来ても対応できるようにするためです。

クライアントはいつでも好きなときにサービスを要求することができます。サーバーが動作していないことや、要求が集中してサービスを受けられないこともあります。この場合には、しばらく待ってから、再度サービスを要求することになります。

■ Webアクセス（WWW）

図2.12
WWW

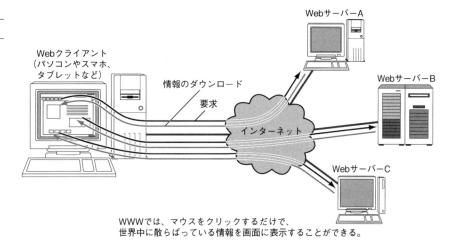

WWWでは、マウスをクリックするだけで、世界中に散らばっている情報を画面に表示することができる。

▼WWW
（World Wide Web）インターネットで情報をやり取りする仕組み。ウェブ（Web）、ダブリュダブリュダブリュ（WWW）、ダブリュスリー（W3）、とも呼ばれる。

▼単にブラウザとも呼ばれる。Microsoft社のIE、Edge、Google社のChrome、Apple社のSafari、Mozilla FoundationのFirefoxなどがよく使われている。

WWW（World Wide Web）▼はインターネットが一般に普及する原動力となったアプリケーションです。ユーザーは、マウスやキーボードで操作するWebブラウザ▼と呼ばれるソフトウェアを通して、ネットワークの中を旅することができます。マウスでクリックしたり、画面をタップしたりするだけで、ネットワークのかなたのサーバーにあるいろいろな情報が画面に表示されます。ブラウザの中では、文字や絵、アニメーションが表示されたり、音が鳴ったり、プログラムが動いたりします。

ブラウザとサーバーの間の通信で使われるプロトコルがHTTP（HyperText Transfer Protocol）です。送信に使われる主なデータフォーマットが、HTML（HyperText Markup Language）です。WWWでは、HTTPがOSI参照モデルのアプリケーション層のプロトコル、HTMLがプレゼンテーション層のプロトコルといえるでしょう。

■ 電子メール（E-Mail）

図 2.13

電子メール

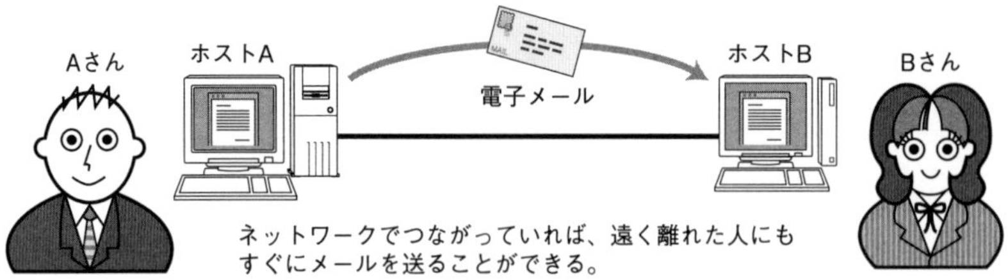

Aさん　ホストA　　　　　電子メール　　　　ホストB　　Bさん

ネットワークでつながっていれば、遠く離れた人にも
すぐにメールを送ることができる。

　電子メールでよく使われる E-Mail は、electronic mail の略字です。「電子の
郵便」、つまりネットワーク上での郵便の仕組みといえます。電子メールを利用
すれば、遠く離れた人へも簡単にメッセージを伝えることができます。電子メー
ルの配送では SMTP（Simple Mail Transfer Protocol）というプロトコルが利
用されています。

　当初、インターネットの電子メールではテキスト形式▼でしかメッセージを送
信できませんでした。現在は、電子メールで送信できるデータ形式を拡張する
MIME▼の仕様が一般的となり、映像や音声のファイルなどさまざまな情報を送
ることができます。また、メールの文字の大きさを変えたり、色を変えたりす
ることもできるようになりました▼。この MIME は OSI 参照モデルの第 6 層、
プレゼンテーション層の機能ということができます。電子メールはスマートフォ
ンでもパソコンでも送信可能です。また、メールアプリでも Web メールと同じ
ように利用することができます。表現方法や使い勝手は異なりますが、すべて
TCP/IP 上のプロトコルは同じです。

▼テキスト形式
文字だけからなる情報。日
本語の場合、7ビットのJIS
コードしか送ることができ
なかった。

▼MIME（Multipurpose
Internet Mail
Extensions）
「マイム」と呼ばれる。イン
ターネットで幅広く使える
ようにメールのデータ形式
を拡張したもの。WWWや
ネットニュースでも利用さ
れる。詳しくは8.4.3項を
参照。

▼メールを受け取る人の
メールソフトによっては、
一部の機能が使えないこと
があるので注意が必要。

■電子メールと TCP/IP の発達

　「TCP/IP の発達にとって電子メールは欠かせないものだった」と発言する人も
います。これには 2 つの意味が含まれています。

　1 つは、電子メールが非常に便利であり、この電子メールを利用して TCP/IP の
プロトコルを決めたり改善したりする議論が活発に行われたことです。

　もう 1 つは、この便利な電子メールが常に問題なく使えるように、ネットワー
クの整備や環境の維持、プロトコルの改善が行われたことです。

　つまり、「実際に研究開発した環境の中で生活する」ことが、実際に動作するプ
ロトコルを目指して研究開発をしていたインターネットの研究にとってとても重
要なことだったのです。

■ ファイル転送（FTP）

図 2.14
FTP

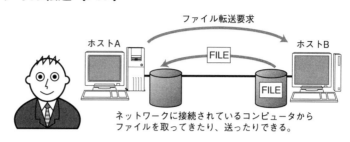

ファイル転送とは、異なるコンピュータのハードディスク上に存在するファイルを自分のコンピュータのハードディスクに転送したり、あるいは、自分のコンピュータのファイルを別のコンピュータへ移したりすることです。

ファイル転送のプロトコルとしては、FTP（File Transfer Protocol）が古くから利用されています▼。FTPでファイルを転送するときにはバイナリモードやテキストモードを選ぶことができます▼。

FTPでは、ファイル転送の指示をするための制御コネクションと、実際にデータを転送するためのデータコネクションという2つのTCPコネクションを確立します▼。

▼ 最近ではファイル転送にBoxやDropbox、Googleドライブなどを利用するケースが増えている一方で、FTPのURLをリモートドライブとして利用できるOSもある。

▼ テキストモードは、WindowsやmacOS、UNIXなど、改行コードが異なるOS間でテキストファイルを転送するときに自動的に改行コードを変換してくれる。この機能はプレゼンテーション層の機能ということができる。

▼ これらを制御するのがセッション層だといえる。

■ 遠隔ログイン（TELNETとSSH）

図 2.15
TELNET

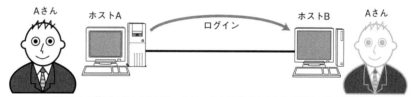

遠隔ログインとは、遠く離れたコンピュータにログインして、そのコンピュータでプログラムを走らせることができるようにするための機能です。

TCP/IPネットワークにおける遠隔ログインでは、TELNET▼プロトコルやSSH▼プロトコルがよく用いられています。また、BSD UNIX系のrlogin▼などのrコマンド系のプロトコルも利用されます。X Window Systemで利用されるXプロトコル▼は、遠隔のグラフィック端末を実現するプロトコルです。

同様に、Remote Desktopを利用して遠隔ログインをしているユーザーも多いでしょう。この場合はプロトコルとしてはRDPが使われていますが、RFCで規定されているプロトコルではありません。

▼TELNET
TELetypewriter NETwork の略。「テルネット」と呼ばれる。

▼SSH
Secure SHellの略。「エスエスエイチ」と呼ばれる。

▼rlogin
RFC1283

▼Xプロトコル
RFC1198

■ ネットワーク管理（SNMP）

図 2.16
ネットワーク管理

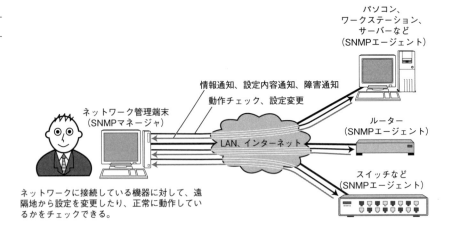

TCP/IPでは、ネットワーク管理に、SNMP（Simple Network Management Protocol）というプロトコルが利用されます。SNMPで管理されるルーターやブリッジ、ホストなどは、エージェントと呼ばれます。SNMPでネットワーク機器を管理するプログラムをマネージャと呼びます。SNMPは、このエージェントとマネージャの通信に使われるプロトコルです。

SNMPのエージェントでは、ネットワークインタフェースの情報や通信パケットの量、異常なパケットの量、機器の温度の情報など、さまざまな情報を格納しています。その情報は、MIB（Management Information Base）という決められた構造によってアクセスすることができます。つまり、TCP/IPのネットワーク管理では、アプリケーションプロトコルがSNMPでプレゼンテーション層がMIBといえます。

ネットワークが大きくなればなるほど、ネットワーク管理は重要になってきます。SNMPや各種の動作を記録したログなどを活用して、ネットワークの混雑具合の調査や障害の発見、将来のネットワーク拡張のための情報収集などに役立てることができます。

2.5　TCP/IPの階層モデルと通信例

　TCP/IPはどのようにメディアの上で通信を行っているのでしょうか。この節では、TCP/IPを使うときの、アプリケーション層から物理媒体までのデータと処理の流れを見てみましょう。

2.5.1　パケットヘッダ

図 2.17
パケットヘッダの階層化

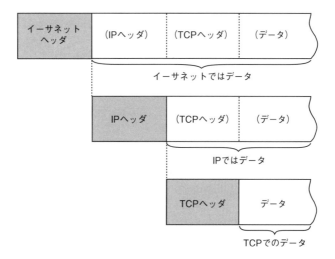

　各階層では送信されるデータにヘッダと呼ばれる情報が付加されます。このヘッダにはその層で必要とされる情報が組み込まれています。具体的には、送信元や宛先の情報、そして、そのプロトコルが運んでいるデータに関する情報が入っています。プロトコルのための情報がヘッダで、送信される情報がデータです。図2.17に示すように、下位層から見れば、上位層から受け取るものはすべて単なる1つのデータとして認識されることになります。

■パケット、フレーム、データグラム、セグメント、メッセージ

　これらの5つの用語は、いずれもデータを表す単位です。おおむね次のような使い分けをします。パケットは、何にでも使えるオールマイティな用語です。フレームは、データリンクのパケットを表すときに使用されます。データグラムはIPやUDPなど、ネットワーク層以上でパケット単位のデータ構造を持つプロトコルで使用されます。セグメントはストリームベースのTCPに含まれるデータを表すときに使用されます。メッセージはアプリケーションプロトコルのデータ単位を表すときに使用されます。

84　第 2 章　TCP/IP 基礎知識

■ヘッダはプロトコルの顔

　ネットワークを流れるパケットは、プロトコルが利用する「ヘッダ」と、その
プロトコルの上位層が利用する「データ」から構成されています。

　そのヘッダの構造は、細かい部分まで明確に仕様が決められています。たとえ
ば、上位プロトコルを識別するフィールドはどこに位置し何ビットのフィールド
を持っているかとか、チェックサムはどのような方法で計算してどこのフィール
ドに入れるかなどが、きちんと決められています。通信する双方のコンピュータ
でプロトコルの識別番号やチェックサムの計算方法が違えば、まったく通信でき
なくなってしまいます。

　このようにパケットのヘッダには、そのプロトコルがどのように情報をやり取
りするべきかが明確に表されています。逆にいえば、ヘッダを見ればそのプロト
コルが必要としている情報や処理内容が見えてきます。つまり、パケットヘッダ
には、プロトコルの仕様が目に見える形で存在しているといえます。まさにヘッ
ダは「プロトコルの顔」といえるでしょう。

▌2.5.2　パケットの送信処理

　TCP/IP による通信の例を示します。電子メールを利用して TCP/IP 上で『お
はようございます』という文字列を 2 つのコンピュータ間でやり取りする場合
を考えてみましょう。

■ ① アプリケーションの処理

　アプリケーションプログラムを動かしてメールを作成します。メールソフト
を起動し、メールの受取人を指定し、キーボードから『おはようございます』
と入力します。そして、送信ボタンをマウスでクリックすると、いよいよ TCP/
IP による通信が開始されます。

　まず、アプリケーションプログラムでは、符号化の処理が行われます。たと
えば、日本語の電子メールは ISO-2022-JP や UTF-8 といった規則に基づいて符
号化されますが、このような符号化は OSI のプレゼンテーション層に相当する
機能です。

　変換後、実際にメールが送信されるわけですが、メールソフトによってはす
ぐにメールを送信せずに複数のメールをまとめて送信したり、メールの受信ボ
タンを押したときにメールをまとめて受信したりする機能を持っている場合が
あります。このような、通信のコネクションをいつ確立していつデータを転送
するかを管理する機能は、広い意味では OSI 参照モデルのセッション層に相当
する機能といえます。

アプリケーションはメールを送信するときTCPにコネクションの確立を指示します。そして、TCPのコネクションが確立されたら、それを利用してメールデータの送信を行います。

これにより、アプリケーションのデータが下位層のTCPに渡され、実際の転送処理が行われます。

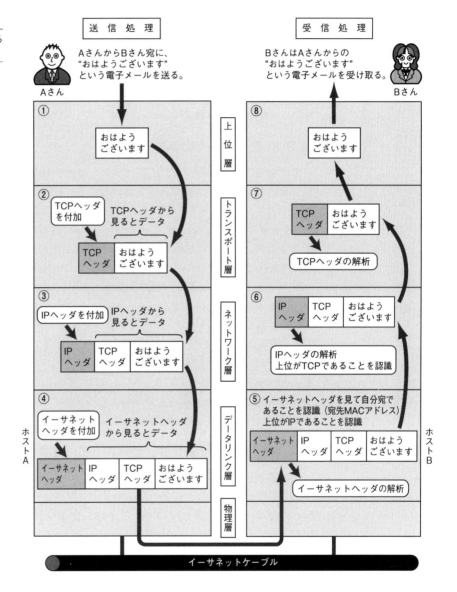

図 2.18
TCP/IPの階層によるメールの送受信処理

■ ② TCP モジュールの処理

TCP は、アプリケーションの指示[▼]によって、コネクションを確立したり、データを送信したり、コネクションを切断したりします。TCP はアプリケーションから渡されたデータを確実に相手に届けるために信頼性のあるデータ転送を提供します。

TCP の機能を実現するため、アプリケーションから渡されたデータの前にTCP のヘッダが付けられます。TCP のヘッダには、送信ホストと受信ホストのアプリケーションを識別するためのポート番号、そのパケットのデータが何バイト目のデータなのかを示すシーケンス番号、データが壊れていないことを保証するためのチェックサム[▼]などが含まれます。そして、TCP ヘッダを付けられたデータが IP に送られます。

■ ③ IP モジュールの処理

IP では TCP から渡された TCP ヘッダとデータのかたまりを 1 つのデータとして扱います。そして、TCP ヘッダの前に IP ヘッダを付けます。このように、IP パケットでは IP ヘッダの次に TCP ヘッダが続き、その次にアプリケーションのヘッダやデータが続きます。IP ヘッダには、宛先の IP アドレスや送信元のIP アドレス、IP ヘッダの次に続くデータが TCP なのか UDP なのかといった情報が含まれます。

IP パケットが完成したら、経路制御表（ルーティングテーブル）を参照して、IP パケットを次に受け渡すルーターやホストを決定します。そして、その機器が接続されているネットワークインタフェースのドライバに IP パケットを渡して、実際の送信処理をしてもらいます。

通信先の機器の MAC アドレスが分からない場合は、ARP（Address Resolution Protocol）を利用して MAC アドレスが調べられます。相手のMAC アドレスが分かったら、いよいよイーサネットドライバへ MAC アドレスと IP パケットを渡して送信処理をしてもらいます。

■ ④ ネットワークインタフェース（イーサネットドライバ）の処理

IP から渡された IP パケットは、イーサネットドライバから見ると単なるデータにすぎません。このデータにイーサネットのヘッダが付けられて送信処理が行われます。イーサネットのヘッダには、宛先の MAC アドレスと送信元のMAC アドレス、そして、イーサネットのヘッダに続くデータのプロトコルを示すイーサネットタイプが書き込まれます。以上の処理をして作られたイーサネットのパケットが物理層により相手先に運ばれます。送信処理中に FCS[▼]がハードウェアで計算され、パケットの最後に付けられます。この FCS はノイズなどによりパケットが破壊されたことを検出するためのものです。

[▼] このようなコネクションに対する指示は、OSI 参照モデルでいうとセッション層の処理にあたる。

[▼] チェックサム（Check Sum）データのやり取りが正しく行われているかどうかを検査する方法。

[▼] FCS
Frame Check Sequence

2.5.3 データリンクを流れるパケットの様子

図 2.19
階層化によるパケットの構造

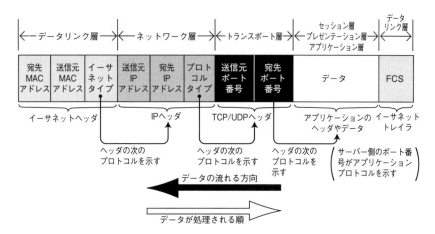

パケットがイーサネットなどのデータリンクを流れるときには、図 2.19 のような形式になります。ただし、この図ではヘッダに含まれる情報などをかなり簡略化しています。

パケットが流れるときには、先頭にイーサネットのヘッダが付き、その後ろに IP ヘッダが付きます。さらにその後ろに TCP ヘッダまたは UDP ヘッダが付き、その後ろにアプリケーションのヘッダやデータが続きます。パケットの最後にはイーサネットトレイラ▼が付きます。

▼ヘッダがパケットの先頭に付くのに対して、トレイラはパケットの最後に付く。

それぞれのヘッダには、少なくとも 2 種類の情報が入っています。それは「宛先と送信元のアドレス」と「上位層のプロトコルが何かを示す情報」です。

それぞれのプロトコルの階層ごとに、パケットを送受信するホストやプログラムを識別するための情報が決められています。イーサネットでは MAC アドレスが利用され、IP では IP アドレスが利用されます。TCP/UDP ではポート番号と呼ばれる識別子が利用されます。アプリケーションでも電子メールでのメールアドレスのように、アドレスが使われることがあります。これらのアドレスや識別子は、パケットが送信されるときにそれぞれの階層のヘッダに格納されてから送信されます。

また、それぞれの階層のヘッダには、そのヘッダに続くデータが何かを示す識別子が付いています。この識別子は上位層のプロトコルの種類を表す情報です。イーサネットヘッダの場合には、イーサネットタイプがこの情報にあたります。IP の場合には、プロトコルタイプがこの情報にあたります。TCP/UDP の場合には、2 つのポート番号のうちのサーバー側のポート番号がこの情報にあたります。アプリケーションのヘッダにも、アプリケーションのデータの種類を表すタグなどが付けられていることがあります。

2.5.4 パケットの受信処理

受け取ったホストでの処理は、送信ホストの処理とまったく逆になります。

■ ⑤ ネットワークインタフェース（イーサネットドライバ）の処理

イーサネットのパケットを受け取ったホストは、まず、イーサネットヘッダの宛先 MAC アドレスが自分宛かどうかを調べます。自分宛でない場合にはそのパケットを捨てます▼。

パケットが自分宛であった場合は、イーサネットタイプフィールドを調べて、イーサネットプロトコルが運んでいるデータの種類を調べます。この例では IP なので、IP を処理するルーチン▼にデータを渡します。ARP などのほかのプロトコルの場合には、そのルーチンにデータを渡すことになります。なお、処理できないプロトコルの値がイーサネットタイプフィールドに入っている場合はデータを捨てます。

> ▼ 多くの NIC 製品で、自分宛でないイーサネットパケット（フレーム）を捨てないように設定することができる。これはネットワークのパケットのモニタリングを行う場合に利用される。

> ▼ ルーチン
> 決められた処理を行うプログラムを指す。ルーティン、ルーティーンともいわれる。

■ ⑥ IP モジュールの処理

IP のルーチンに IP ヘッダ以降の部分が渡されると、そのまま IP ヘッダを処理します。宛先 IP アドレスが自分のホストの IP アドレスであればそのまま受信して上位層のプロトコルを調べます。そして、TCP ならば TCP の処理ルーチンに、UDP ならば UDP の処理ルーチンに IP ヘッダを除いたデータの部分を送ります。ルーターの場合は、受信する IP パケットの宛先は、ほとんど自分宛ではありません。この場合には、経路制御表から次に送るホストやルーターを調べて転送処理を行うことになります。

■ ⑦ TCP モジュールの処理

TCP では、チェックサムを計算してヘッダやデータが壊れていないかを確認します。そして、データを順番どおりに受信しているかどうかを確認します。また、ポート番号を調べて、通信を行っているアプリケーションを特定します。

データがきちんと届いた場合には、データが届いたことを確認するための「確認応答」を送信ホストに返します。この確認応答がデータを送信したホストに届かない場合には、送信ホストは確認応答されるまでデータを繰り返し送信します。

データを正しく受信した場合には、ポート番号で識別したアプリケーションプログラムにデータがそのまま渡されます。

■ ⑧ アプリケーションの処理

受信側のアプリケーションは、送信側が送信したデータをそのまま受信することになります。受信したデータを解析し、B さん宛のメールであることを知ります。もし B さん宛のメールボックスが存在しない場合には、送信元のアプリケーションに「受取人がいない」とエラーを返します。

今回の例では B さんのメールボックスが存在しているので、メールの本文を受信することになります。受信したらハードディスクなどにメッセージを格納

します。電子メールのすべてのメッセージを無事に格納できたら、処理が正常に終了したことを送信元のアプリケーションに伝えます。しかし、途中でディスクがいっぱいになったりしてメッセージを格納できない場合には、異常終了のメッセージを送信します。

これで、BさんはメールソフトなどをつかってAさんからのメールを読むことができるようになります。このような処理を経て、ディスプレイ上に『おはようございます』と表示されるのです。

■ SNS での通信例

SNS（Social Network Service）とは、思いついた瞬間のつぶやきを公開して情報共有を行ったり、閲覧可能者を知人だけに限定してコメントや写真、動画を共有したりするサービスです。本文ではメールの送信を例に実際の通信を説明しましたが、同じようにして携帯端末を利用したSNSでのやり取りを例に実際の通信の様子を見てみましょう。

まず、携帯電話やスマートフォン、タブレットなどの携帯端末（モバイルデバイスともいう）はパケット通信を行っているので、これらの端末の電源を立ち上げて初期設定を行った時点で、通信会社よりIPアドレスが設定されます。

携帯端末にインストールされているアプリケーションを起動すると、指定のサーバーに接続され、ユーザーIDやパスワードで認証を行い、サーバーに蓄積された情報が端末へ送信され、端末ではその情報を表示します。

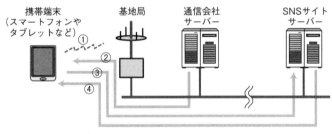

図 2.20
ネットワークサービスにおけるTCP/IPの階層

① 端末の初期設定
② 通信会社により端末のIPアドレスが設定される
③ SNSサイトにユーザー認証のための情報を送信
④ SNSサイトのサーバーからデータが転送される

このように、SNSを通じてワンクリックで実行できる各種のツールや動画配信もまた、インターネット上でTCP/IPを利用してやり取りされています。その流れや処理を追求して問題を解決する場合など、TCP/IPの知識が必要になることも少なくないでしょう。

Chapter

3

第3章

データリンク

この章では、コンピュータネットワークの基本ともいえるデータリンク層について説明します。このデータリンク層がなければ TCP/IP による通信は成立しません。具体的には、TCP/IP ネットワークでよく利用されるデータリンクであるイーサネット、無線 LAN、PPP などについて説明します。

7 アプリケーション層
6 プレゼンテーション層
5 セッション層
4 トランスポート層
3 ネットワーク層
2 データリンク層
1 物理層

＜アプリケーション層＞ TELNET、SSH、HTTP、SMTP、POP、SSL/TLS、FTP、MIME、HTML、SNMP、MIB、SIP、...
＜トランスポート層＞ TCP、UDP、UDP-Lite、SCTP、DCCP
＜ネットワーク層＞ ARP、IPv4、IPv6、ICMP、IPsec
イーサネット、無線LAN、PPP、... （ツイストペアケーブル、無線、光ファイバー、...）

3.1 データリンクの役割

「データリンク」という言葉は、OSI参照モデルのデータリンク層を指す用語として使われる場合と、具体的な通信手段（イーサネット、無線LANなど）を指す一般的な用語として使われる場合があります。

TCP/IPでは、OSI参照モデルのデータリンク層以下（データリンク層と物理層）を定義していません。これらが透過的に機能していることを前提にしています。しかし、TCP/IPとネットワークの理解を深めるためにはデータリンクについての知識が重要になります。

データリンク層のプロトコルは、通信媒体で直接接続された機器間で通信するための仕様を定めています。通信媒体にはツイストペアケーブル（より対線）、同軸ケーブル、光ファイバー、電波、赤外線などがあります。また、機器と機器の間をスイッチやブリッジ、リピーターなどが中継する場合もあります。

実際に機器の間で通信を行う場合には、データリンク層と物理層がともに必要になります。コンピュータの情報は、すべて2進数の0と1で表されますが、実際の通信媒体でやり取りされるのは電圧の変化や光の点滅、電波の強弱などです。これらと2進数の0と1とを変換する働きを担うのは、物理層（付.3節参照）の働きです。データリンク層では、単なる0と1の列ではなく、「フレーム▼」という意味のあるかたまりにまとめて相手の機器に伝えます。

▼フレーム（Frame）
フレームは、ほぼパケットと同じ意味に使われるが、主にデータリンクで使われる用語。連接するビット列を「わく」に区切るというニュアンスがある。83ページのコラムも参照。

この章では、OSI参照モデルのデータリンク層に関係する技術である、MACアドレス、媒体共有・非共有のネットワーク、スイッチング技術、ループ検出、VLANなどと、具体的な通信手段であるイーサネット、無線LAN、PPPなどのデータリンクについて紹介していきます。このデータリンクは、ネットワークの最小単位といってもよいでしょう。世界中を結ぶインターネットによる通信も、細かく見るとたくさんのデータリンクが集まった「データリンクの集合体」ということができます。

イーサネットやFDDIでは、OSI参照モデルの第2層のデータリンク層に相当する技術だけでなく第1層の物理層に関しても規格が決められています。また、ATMには第3層のネットワーク層の機能も一部取り入れられています。

図3.1
データリンクとは

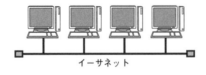
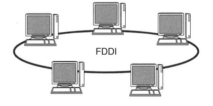

データリンクとは、直接的に接続されているコンピュータ間の通信を可能にするプロトコル。または、具体的な通信手段を指す用語。

■データリンクのセグメント

データリンクにおけるセグメントという言葉は、「区切られた1つのネットワーク」を指すのに使われます。しかし、その使われ方にはさまざまなケースがあります。たとえばリピーターを介して2つのケーブルを接続し、1つのネットワークを構築していたとします。

この場合、この2つのデータリンクは、

- ネットワーク層の概念から見ると1つのネットワーク（論理構成）
  →ネットワーク層の立場からいえば、この2つのケーブルで1セグメント
- 物理層の概念から見ると2本のケーブルは別々のもの（物理構成）
  →物理層の観点では、1つのケーブルで1セグメント

になります。

図 3.2
セグメントの範囲

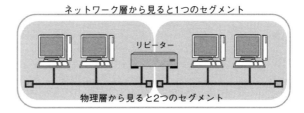

■ネットワークのトポロジー

ネットワークの接続形態、構成形態のことをトポロジー（Topology）といいます。トポロジーにはバス型やリング型、スター型、メッシュ型などがあります。「トポロジー」という言葉は、見かけの配線の形と論理的なネットワークの仕組みの両方に使われます。この見かけ上のトポロジーと論理的なトポロジーが異なる場合もあります。図3.3は見かけのトポロジーを示しています。現在のネットワークはこれらの単純なトポロジーが複雑に絡み合って構成されています。

図 3.3
バス型、リング型、スター型、メッシュ型

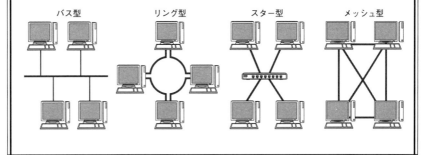

3.2 データリンクの技術

3.2.1 MACアドレス

▼IEEE802.3
IEEEとは米国電気電子技術者協会のことで、IEEEは「アイトリプルイー」と発音する。LAN関連の規格の標準化に関するIEEE802委員会があり、IEEE802.3はEthernet（CSMA/CD）の仕様に関する国際規格。

MACアドレスは、データリンクに接続しているノードを識別するために利用されます（図3.4）。イーサネットや無線LAN（IEEE802.11）では、IEEE802.3▼で規格化されたMACアドレスが利用されています。それ以外にも、FDDI、ATM、BluetoothなどでMACアドレスが使われています。

図3.4
MACアドレスで宛先ノードを判断

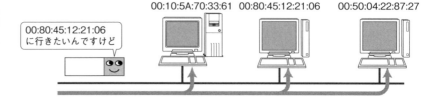

バス型やリング型のネットワークでは、すべてのステーションが送信されてきたフレームをいったん受け取る。そして宛先MACアドレスを調べ、自分宛の場合には受信し、そうでない場合には破棄する（Token Ring方式の場合は次のステーションへ転送する）。

MACアドレスは48ビットの長さを持ち、図3.5に示すような構造を持ちます。このアドレスは、一般的なネットワークインタフェースカード（NIC）の場合にはROMに焼き込まれており、同じMACアドレスが付けられているネットワークインタフェースカードは世界中で1つしかないことになっています▼。

▼例外もある。次ページのコラムを参照。

図3.5
IEEE802.3のMACアドレスのフォーマット

1ビット目　　：ユニキャストアドレス（0）／マルチキャストアドレス（1）
2ビット目　　：ユニバーサルアドレス（0）／ローカルアドレス（1）
3～24ビット　：IEEEがベンダごとに重ならないように管理するアドレス
25～48ビット：ベンダが製品ごとに重ならないように管理するアドレス

＊この図はネットワークを流れるビット列の順番を表している。
　MACアドレスは16進数で表記するのが一般的だが、その表記をビットで表すと、この図に示す順番とは8ビットごとに前後が入れ替わった値になる▼ため、注意が必要。

例：
マルチキャストMACアドレス（上図で1ビット目が「1」）の16進数での表記は……

▼イーサネットを流れるビット列の順番
イーサネットでは、オクテット単位でデータを取り込み、その中で最下位ビットから先頭の最上位ビットに向けてビット列を組み立てるため、ネットワークを流れるときのビット列の順番は、オクテットごとに前後が入れ替わった値になる。

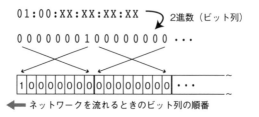

MAC アドレスの 3 〜 24 ビットはベンダ識別子と呼ばれ、NIC の製造メーカーごとに特定の数字が割り当てられています。25 〜 48 ビットは、メーカーが製造したカード（ネットワークインタフェース）ごとに違う数字を割り当てます。このようにして、世界で同じ MAC アドレスが設定されている NIC 製品は 1 つしかないことが保証されます。

この IEEE802.3 の MAC アドレスは、データリンクの種類にかかわらずただ 1 つしかない値になるように割り当てられています。このためイーサネットや FDDI、ATM、無線 LAN、Bluetooth などデータリンクの種類が異なる場合でも、同じ MAC アドレスが割り当てられることはありません。

■ MAC アドレスは世界で唯一とは限らない

MAC アドレスは絶対に世界で唯一の値になっているわけではありません。実際、同じ MAC アドレスが存在しても、それが同じデータリンク内になければ問題にはなりません。

たとえばネットワークインタフェースを備えたマイコンボードなどでは、利用者が自由に MAC アドレスを設定できる場合があります。また、1 つのコンピュータで複数の OS を同時に動作させる仮想環境では、物理的なインタフェースがないため、ソフトウェアによって MAC アドレスを生成し、これを各仮想マシンのインタフェースに割り当てて使います。生成方法は各社の仮想環境によりますが、その環境内でユニークな MAC アドレスが割り当てられるように注意する必要があります。多くの場合、自動割り当てによって MAC アドレスの重複がないよう自動的に設定されます。固定割り当ての場合は、指定する MAC アドレスが重複しないようにします。

とはいえ、各種のプロトコルや通信機器は、1 つのデータリンク内には同じ MAC アドレスの機器が存在しないという前提で設計されています。このルールは必ず守る必要があります。

■ベンダ識別子

　ネットワークアナライザの中には、LAN 上のパケットがどのメーカーのインタフェースから送信されたものなのかを表示できる製品があります。フレームの送信元 MAC アドレスのベンダ識別子部分から、メーカーを割り出しているのです。これは、ネットワークがマルチベンダ環境で構築されている場合、トラブルの原因特定に役立つことがあります。異常なパケットを送信している機器のメーカーが分かるからです。

　ベンダ識別子は IEEE が割り当てる番号です。従来、OUI（Organizationally Unique Identifier）と呼ばれていましたが、MA-L（MAC Address Block Large）に改称されました▼。この MA-L（OUI）の情報は一般に公開されており、次のところから入手できます。

```
The IEEE RA public listing
    https://regauth.standards.ieee.org/standards-ra-web/pub/view.html#registries
```

　なお、ベンダ識別子である MA-L（OUI）の割り当ては次のところから申し込めます（有料）。

```
    https://standards.ieee.org/products-services/regauth/oui/index.html
```

▼最近ではネットワーク関連企業の吸収・合併に伴って MA-L（OUI）のデータベースとベンダ名が一致しないこともあるので、注意が必要。

3.2.2　媒体共有型のネットワーク

　通信媒体（通信、メディア）の使い方という観点から見ると、ネットワークは媒体共有型と媒体非共有型に分けることができます。

　媒体共有型のネットワークとは、通信媒体を複数のノードで共有するネットワークです。初期のイーサネットや FDDI は媒体共有型のネットワークです。この方式では、同じ通信路を使ってデータを送受信する制御も行います。そのため基本的には半二重通信（101 ページのコラム参照）となり、通信の優先権を制御する仕組みが必要になります。

　媒体共有型のネットワークで優先権を制御する仕組みとしては、コンテンション方式やトークンパッシング方式があります。

■ コンテンション方式

コンテンション方式（Contention）とは、データの送信権を競争で奪い取る方式です。CSMA▼方式とも呼ばれます。各ステーション▼は、データを送信したくなったら、早い者勝ちで通信路を使用してデータを送信します。複数のステーションからデータが同時に送信された場合には、互いのデータが衝突し壊れてしまいます（この状態をコリジョンといいます）。このため、ネットワークが混雑すると急激に性能が低下します。

▼CSMA（Carrier Sense Multiple Access）
送信を試みる前に、別のノードからのキャリア信号の存在の検出（Carrier Sense）を試みることで、現在通信をしているホストがほかにあるかどうか確認する。通信をしているノードがほかになければ、自分の通信を開始する。

▼データリンクではノードのことをステーションと呼ぶことが多い。

図 3.6
コンテンション方式

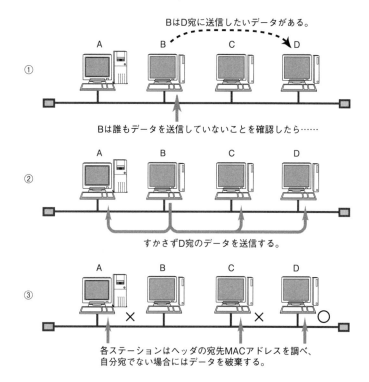

▼CSMA/CD
Carrier Sense Multiple Access with Collision Detection

イーサネットの一部では、CSMA 方式を改良した CSMA/CD▼方式が採用されています。CSMA/CD では衝突を早期に検出して、素早く通信路を解放する制御が加えられています。これは、おおよそ次のような機能です。

- 搬送波が流れていなければ（データが流れていなければ）すべてのステーションはデータを送信してよい。
- 衝突が発生したかどうかを検出し、衝突が発生した場合には送信を取りやめる▼。送信をすぐに取りやめることにより通信路を解放することがポイント。
- 送信を取りやめた場合は、乱数時間待ってから送信をやり直す（衝突を引き起こした双方がすぐに再送しようとすると、また衝突してしまうため）。

▼実際には、ジャム信号という32ビットの特別な信号を送ってから送信を停止する。受信側ではジャム信号を、衝突時に受け取ったフレームのFCS（3.3.4項参照）と認識し、これが正しい値にならないので、そのフレームを破棄する。

この仕組みを図3.7に示します。

図 3.7
CSMA/CD 方式

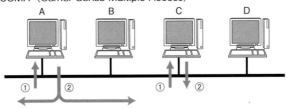

① 誰もデータを送信していないことを確認する。
② データを送信する。

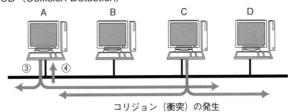

③ データを送信しながら
④ 電圧を監視する。

- 送信終了まで電圧が規定範囲内であったら、正常にデータが送信できたと判断する。
- 送信途中で電圧が規定範囲外になった場合には、衝突が発生したと判断する。
- 衝突が発生した場合には送信を停止し、ジャム信号を送信してから、乱数で発生させた時間をおいて再度データの送信を試みる。

＊このように電圧を見て衝突検知するのは同軸ケーブルの場合。

■ トークンパッシング方式

　トークンパッシング方式では、トークンと呼ばれるパケットを巡回させ、このトークンで送信権を制御します。トークンを持っているステーションだけがデータを送信することができます。この方式には、衝突が発生しないことと、誰にでも平等に送信権が回ってくるという特徴があります。このため、ネットワークが混雑しても性能があまり低下しません。

　その一方で、トークンが回ってくるまでデータを送信できないため、混雑していないときにはデータリンクの性能を100%出しにくくなります。そこで、アーリートークンリリース方式やアペンドトークン方式▼、複数のトークンを同時に巡回させるなどの技法により、できるだけ性能が向上するような工夫がされています。

▼自分が送信したデータが1周するまで待たずに、トークンを次のステーションに回す方法。

図 3.8
トークンパッシング方式

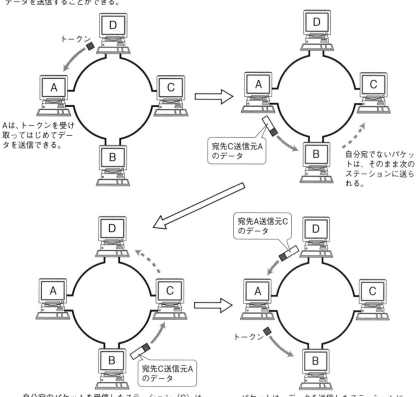

3.2.3 媒体非共有型のネットワーク

通信媒体を共有せずに専有する方式です。ステーションはスイッチと呼ばれる装置に直接接続され、そのスイッチがフレームを転送します。この方式では、送受信の通信媒体が共有されないため、多くの場合、全二重通信（101ページのコラム参照）となります。

この方式は、現在広く利用されているイーサネットで主流になっています。イーサネットスイッチなどを用いてネットワークを構築し、コンピュータとスイッチのポートが1対1に接続される場合には、全二重通信が可能です。1対1接続で全二重通信の場合には衝突が発生しなくなるため、CSMA/CDの機構は不要になり、より効率のよい通信ができるようになります。

この方式では、スイッチに高度な機能を持たせることにより、仮想的なネットワーク（VLAN：バーチャルLAN）▼の構築やデータ流量の制御なども可能になります。その反面、スイッチが故障するだけで接続されたすべてのコンピュータ間の通信が不可能になってしまうといった欠点もあります。

▼VLANについては3.2.6項を参照。

図 3.9
媒体非共有型のネットワーク

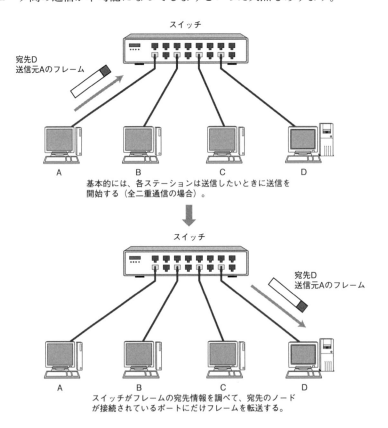

■半二重通信と全二重通信

　半二重通信とは、送信をしている間は受信できず、受信をしている間は送信できないような通信のことです。半二重通信は、無線式のトランシーバと同じで、こちらから話をするときは相手からの声を聞けません。これに対して全二重通信は、送信と受信を同時に行える通信です。電話のように、相手の声と自分の声を同時に運ぶことができます。

　CSMA/CD方式を採用しているイーサネットでは、図3.7のように、通信可能かどうかを確認してから、可能な場合に媒体を独占してデータを送ります。このため、無線式のトランシーバと同様に、送信と受信が同時に行われることはありません。

図 3.10
半二重通信

　同じイーサネットでも、スイッチとツイストペアケーブル（または光ファイバーケーブル）を使う方式では、スイッチのポートとコンピュータを1対1で接続でき、さらに送受信をケーブル内の別々の線▼で行うことができます。これによりスイッチのポートとコンピュータの間では、送信と受信を同時に行うことができる全二重通信が可能になります。

▼ツイストペアケーブルでは、通常8本（4ペア）の芯線が外皮に包まれている。

図 3.11
全二重通信

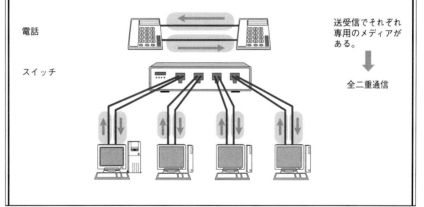

3.2.4 MACアドレスによる転送

同軸ケーブル上で利用されるイーサネット（10BASE5、10BASE2）などの通信媒体を共有する方式では、同時に1つのホストしかデータを送信できません。これでは、ネットワークに接続されるホストの数が多くなると通信性能が下がることになります。ハブやコンセントレータと呼ばれる機器によってスター型に接続されるようになると、媒体非共有型で利用されていたスイッチ技術をイーサネットなどでも利用できるようにする機器が登場しました。これがスイッチングハブやイーサネットスイッチと呼ばれるものです。

イーサネットスイッチは、複数のポート▼を持ったブリッジといえます。これらデータリンク層における各フレームの通過点では、そのフレームの宛先MACアドレスを見て、どのインタフェースから送り出すかを決めます。その決定のときに参照する、送出インタフェースを記したテーブルのことを、転送表（フォワーディングテーブル）といいます。

▼コンピュータ機器の外部インタフェースをポートと呼ぶ。TCPやUDPなどのトランスポートプロトコルでは「ポート」という用語は別の意味で使われるので注意。

転送表は、手動で個々の端末やスイッチに設定するのではなく、自動的に生成されます。データリンク層の各通過点は、パケットを受け取ったときに、そのパケットの送信元MACアドレスとそのパケットを受け取ったインタフェースの対を転送表に書き込みます。あるMACアドレスを送信元とするパケットをそのインタフェースから受け取ったということは、そのMACアドレスはそのインタフェースの先にあり、今後そのMACアドレスを宛先アドレスとするパケットはそのインタフェースから送り出せばよい、と分かるからです。これを自己学習といいます。

図3.12
スイッチでの自己学習

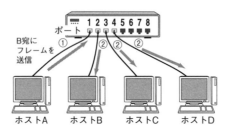

① 送信元のMACアドレスから、ホストAはポート1に接続されていると学習する。

② 学習済みでないMACアドレス宛てのフレームはすべてのポートにコピーされる。

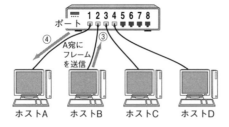

③ 送信元のMACアドレスから、ホストBはポート2に接続されていると学習する。

④ ホストAはポート1に接続されていることを学習済みなので、ホストA宛のフレームはポート1のみにコピーされる。

これ以降、ホストAとホストBの通信は、それぞれのホストが接続されているポート間のみで行われる。

▼アドレスの階層性については1.8.2項を参照。

MACアドレスには階層性▼はないので、転送表のエントリはそのデータリンク内に存在する機器の数だけ必要です。機器の数が多くなれば転送表も大きくなり、転送表の検索にかかる時間も長くなります。たくさんの端末をつなげる場合には、複数のデータリンクに分け、ネットワーク層でIPアドレスのような階層的なアドレスを使って束ねる必要があります。

■スイッチの転送方式

スイッチの転送方式には、ストア&フォワードと、カットスルーという2つの方式があります。

ストア&フォワード方式は、イーサネットフレーム末尾のFCS▼をチェックしてから転送を行います。そのため、衝突によって壊れたフレームや、ノイズによるエラーフレームは転送しないという利点があります。

カットスルー方式はフレームを全部蓄積し終わる前に処理が始まり、送信先のMACアドレスが分かりしだいデータの転送を開始します。そのため、遅延時間が短いという利点がありますが、エラーフレームを転送してしまうこともあります。

▼FCSについては3.3.4項を参照。

3.2.5 ループを検出するための技術

ブリッジでネットワークを接続するときに、ループを作ったらどうなるでしょう。ネットワークのトポロジーや使用するブリッジの種類にもよりますが、最悪の場合にはフレームが次々にコピーされ、それがぐるぐると永久に回り続けることになります。永久に回り続けるフレームが増えていくと、ネットワークをメルトダウン▼させてしまいます。

そこで、このループを解決する方法として、スパニングツリーと呼ばれる方式が考え出されました▼。この機能を持つブリッジを使う場合に限り、ブリッジでループのあるネットワークを構成しても問題なく通信できます。適切な形でループを作れば、トラフィックを分散させたり、経路の一方に障害が発生したときにフレームを迂回させたりして、耐障害性を高めることができます。

▼メルトダウン
（Meltdown）
異常なパケットがネットワークを埋めつくし、通信不能になる状態。多くの場合、原因となっている機器の電源を切ったり、ネットワークから切り離したりといった処置をしない限り、状態は回復しない。

▼そのほか、Token Ringでは、ソースルーティングと呼ばれる方式が考案された。この方式は、送信コンピュータがどのブリッジを経由してフレームを流すか指定する。そのため、フレームはループすることなく目的地まで到達できる。しかしながら、現在ではあまり利用されていない。

図3.13
ブリッジでループのあるネットワークを作る

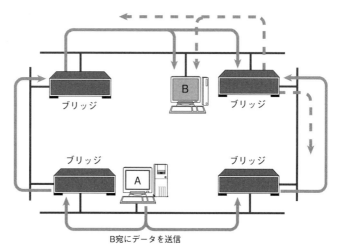

ブリッジはフレームを隣のリンクにコピーするため、フレームが永久に回り続けることになる。

■ スパニングツリー

スパニングツリーは、IEEE802.1Dで定義されています。各ブリッジは、1〜10秒の間隔で、BPDU（Bridge Protocol Data Unit）と呼ばれるパケットを交換します。そして、通信に使用するポートと使用しないポートを決定し、ループを消すように制御します。障害が発生した場合には、通信路が自動的に切り替わり、使用されていないポートを使って通信が行われるようになります。

具体的には、ある1つのブリッジを根（ルート）とする木（ツリー）構造を作るように処理します。それぞれのポートには重みを付けることができ、この重み付けを管理者が適切に設定することにより、優先して使いたいポートと障害時に使いたいポートを指定できるようになっています。

スパニングツリーには、コンピュータやルーターの機能には関係なく、ブリッジの機能だけでループを解消できるという特徴があります。

図 3.14
スパニングツリー

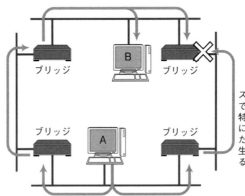

IEEE802.1Dで定義されているスパニングツリーには、障害時の切り替わりなどに数十秒程度の時間がかかるという問題があります。これを解決するために、IEEE802.1WでRSTP（Rapid Spanning Tree Protocol）が定義されました。RSTPで障害時の切り替わりにかかる時間は数秒以下です。

■ リンクアグリゲーション

リンクアグリゲーションは、IEEE802.1AXで定義されています。

LANスイッチ間を複数のリンクで接続することで、耐障害性の向上と高速化を実現する仕組みです。スパニングツリーでは、通信するポートと通信しないポートを決定して通信するポートのみ通信しますが、リンクアグリゲーションを利用すれば、複数のポートを同時に使うことができます。

■ LLDP（Link Layer Discovery Protocol）

LLDPは、ネットワークにつながっている機器の情報を収集する仕組みで、IEEE802.1ABで定義されています。ネットワーク機器は自身のホスト名や機器情報、ポート／インタフェース情報を定期的にマルチキャストMACアドレス（01:80:C2:00:00:0E）に送信し、情報を収集する機器はLLDPパケットを受信

3.2.6　VLAN（Virtual LAN）

ネットワークの管理をしていると、ネットワークの負荷を分散させたり、部署や席の入れ替えをしたりするたびに、ネットワークのトポロジーを変更しなければならない場合があります。そのような場合、通常は配線を変更する必要があります。しかし、VLAN▼技術を利用できるブリッジ（スイッチ）を使えば、ネットワークの配線を変えずに、ネットワークの構造を変えることができます。VLAN は、1.9.4 項で説明したブリッジ／レイヤ 2 スイッチの機能に加え、異なる VLAN 間のすべての通信を遮断します。これにより、ブリッジ／レイヤ 2 スイッチで接続する場合と比べ、余分なパケットが流れず、効率的な運用が可能となります。

▼「ブイラン」と発音する。

まず単純な VLAN を説明しましょう。図 3.15 のようにスイッチのポートごとにセグメントを分けることで、ブロードキャストのトラフィックが流れる範囲▼を区切ることができ、ネットワークの負荷を軽減したりセキュリティを向上させたりできます。異なるセグメント間で通信するためには、ルーターの機能を備えたスイッチ（レイヤ 3 スイッチ）を利用するか、セグメント間をルーターで結ばなければなりません。

▼これをブロードキャストドメインと呼ぶ。

図 3.15
単純な VLAN

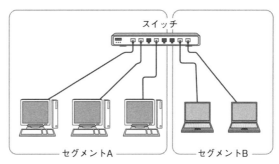

同じハブに接続されていても別のセグメントとして設定することができる。

この VLAN を拡張し、異なるスイッチをまたいだセグメントを構築できるようにしたものが IEEE802.1Q で標準化されたタグ VLAN です。タグ VLAN ではセグメントごとに一意となる VLAN ID を設定します。そしてスイッチ間でフレームを転送するときにはイーサネットのヘッダの中に VLAN タグを挿入し、その値をもとにしてどのセグメントにフレームを転送するかを決定します。スイッチ間を流れるフレームは図 3.21（113 ページ）のようなフォーマットになっています。

VLAN を導入することにより、配線の変更を行うことなく、ネットワークセグメントを変更できます。しかし物理的なネットワーク構成と、論理的な構成が異なることになるため、分かりにくく管理しにくいネットワークになる可能性があります。このため、セグメントの構成管理や運用などをしっかり行う必要があります。

図 3.16
スイッチをまたいだ VLAN

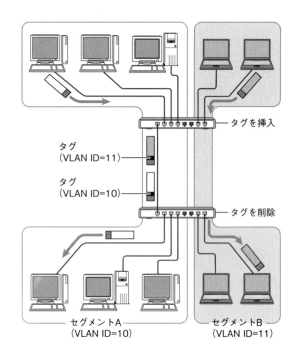

3.3 イーサネット（Ethernet）

　データリンクの代表選手は、現在もっとも普及しているイーサネット（Ethernet）▼です。ほかのデータリンクと比べて制御の仕組みが単純なため、NIC やデバイスドライバが作りやすいという特徴がありました。このような理由でイーサネットの NIC は、LAN の普及期にほかの NIC よりも安い価格で販売されていました。低価格で利用できたことが、イーサネットの普及に非常に大きな役割を果たしました。100Mbps、1Gbps、10Gbps、さらには 100Gbps/400Gbps と高速ネットワークへの対応が進み、現在ではもっとも互換性と将来性を備えたデータリンクといえます。

　もともとは米国の Xerox 社と旧 DEC 社が考案した通信方式で、このときに「Ethernet」と命名されました。その後、イーサネットは IEEE802.3 委員会によって規格化されましたが、両者のイーサネットにはフレームのフォーマットに違いがあります。そのため、IEEE802.3 仕様のイーサネットのことを 802.3 Ethernet と呼ぶことがあります▼。

▼イーサネット (Ethernet) Ethernet の語源は Ether（エーテル）からきている。Ether とは媒体という意味を持つ。アインシュタインによって光量子説が唱えられる前は、宇宙空間にはエーテルが満たされており、それが波として光を伝えていると考えられていた。

▼逆に、普通のイーサネットのことを、DEC、Intel、Xerox の頭文字をとって、DIX Ethernet と呼ぶこともある。

3.3.1 イーサネットの接続形態

イーサネットの普及当初は、図3.17にあるように、複数の端末で1本の同軸ケーブルを共有する媒体共有型の接続▼が一般的でした。

▼媒体共有型については3.2.2項を参照。

図 3.17
かつてのイーサネットネットワーク例

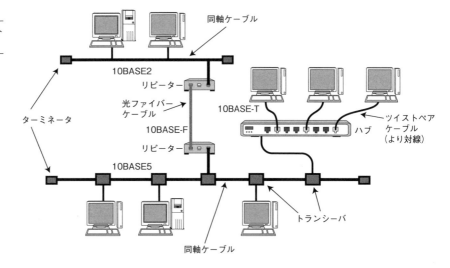

現在では、接続する機器の処理能力向上や転送速度の高速化により、端末とスイッチの間を占有のケーブルで接続してイーサネットプロトコルで通信する図3.18のような形態が一般的になっています。

図 3.18
現在のイーサネットネットワーク例

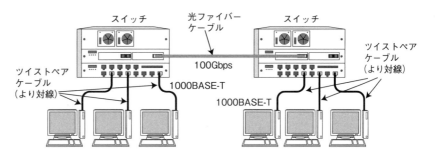

108　第3章　データリンク

▊3.3.2　イーサネットにはいろいろな種類がある

　イーサネットには、用途に合わせて通信ケーブルや通信速度が違う数多くの仕様があります。

　10BASEの「10」や100BASEの「100」、1000BASEの「1000」、10GBASEの「10G」は、それぞれ、10Mbps、100Mbps、1Gbps、10Gbpsの伝送速度を意味しています。その後ろに付く「5」や「2」、「T」、「F」などの文字は媒体の違いを示しています。通信速度が同じで、通信ケーブルが違う場合には、それぞれの通信媒体を変換できるリピーターやハブなどで接続することができます。通信速度が違う場合には、速度変換機能を持つブリッジやスイッチングハブまたはルーターでなければ相互に接続することはできません。

表3.1

主なイーサネットの種類と特徴

▼イーサネットの種類
表にあげたもの以外にも、用途に応じた40GBASE、25GBASE、50GBASE がある。

▼UTP
Unshielded Twisted Pair Cable。シールドなしツイストペアケーブル。

▼カテゴリ（Category）
TIA/EIA（Telecommunication Industries Association / Electronic Industries Alliance：米国通信工業会／米国電子工業会）が定めているツイストペアケーブルの規格。カテゴリが高いものほど、より高速な通信に対応した規格となっている。

▼MMF
Multi Mode Fiber。マルチモード光ファイバー。

▼STP
Shielded Twisted Pair Cable。シールドされたツイストペアケーブル。

▼SMF
Single Mode Fiber。シングルモード光ファイバー。

▼FTP
Foil Twisted-Pair。ホイルツイストペアケーブル。

イーサネットの種類▼	ケーブルの最大長	ケーブルの種類
10BASE2	185m（最大ノード数30）	同軸ケーブル
10BASE5	500m（最大ノード数100）	同軸ケーブル
10BASE-T	100m	ツイストペアケーブル（UTP▼カテゴリ▼3〜5）
10BASE-F	1000m	光ファイバーケーブル（MMF▼）
100BASE-TX	100m	ツイストペアケーブル（UTP カテゴリ 5 / STP▼）
100BASE-FX	412m	光ファイバーケーブル（MMF）
100BASE-T4	100m	ツイストペアケーブル（UTP カテゴリ 3〜5）
1000BASE-CX	25m	シールドされた銅線
1000BASE-SX	220m/550m	光ファイバーケーブル（MMF）
1000BASE-LX	550m/5000m	光ファイバーケーブル（MMF / SMF▼）
1000BASE-T	100m	ツイストペアケーブル（UTP カテゴリ 5/5e 推奨）
10GBASE-SR	26〜300m	光ファイバーケーブル（MMF）
10GBASE-LR	10km	光ファイバーケーブル（SMF）
10GBASE-ER	30km/40km	光ファイバーケーブル（SMF）
10GBASE-T	100m	ツイストペアケーブル（UTP / FTP▼カテゴリ 6a）
100GBASE-SR10	100m	光ファイバーケーブル（MMF）
100GBASE-LR4	10km	光ファイバーケーブル（SMF）
100GBASE-ER4	40km	光ファイバーケーブル（SMF）
100GBASE-SR4	100m	光ファイバーケーブル（MMF）

> **■伝送速度とコンピュータの内部表現の値の相違**
>
> コンピュータの内部表現では、2進数を採用しているため、2^nでもっとも1000に近い数（2^{10}）が単位の接頭辞に用いられます。このため、
>
> - 1K = 1024
> - 1M = 1024K
> - 1G = 1024M
>
> となります。一方、イーサネットなどでは伝送時に利用されるクロック周波数によって伝送速度が決まります。このため、
>
> - 1K = 1000
> - 1M = 1000K
> - 1G = 1000M
>
> になるので、間違えないようにしてください。

3.3.3 イーサネットの歴史

イーサネットは、同軸ケーブルを使うバス型接続の10BASE5が最初に規格化されました。その後、細めの同軸ケーブルを使う10BASE2（thinイーサネット）、ツイストペアケーブルを使う10BASE-T（ツイストペアイーサネット）、高速化した100BASE-TX（ファストイーサネット）、1000BASE-T（ギガビットイーサネット）、10ギガビットイーサネット、100ギガビットイーサネットなど数多くの規格が追加されました。

▼CSMA および CSMA/CD については97ページの「コンテンション方式」を参照。

当初のイーサネットでは、アクセス制御方式としてCSMA/CD▼が採用されており、半二重通信が前提とされていました。CSMA/CDは、かつてはイーサネットとほとんど同義で使われることもあった衝突検知の仕組みですが、そのCSMA/CDがあるためイーサネットの高速化は難しいとされてきました。100MbpsのFDDIが登場してもイーサネットは10Mbpsのままで、ネットワークを高速化するにはイーサネット以外に頼るしかないと考えられていました。

▼ATMでは固定長のセルをスイッチにより高速転送する。3.6.1項を参照。

▼100BASE-TXでは、高速な通信に対応しながらも扱いやすく安価な、カテゴリ5のシールドなしツイストペアケーブル（UTP）が用いられる。

その状況は、ATMで培われたスイッチ技術▼の進歩と、カテゴリ5のUTP▼の普及により大きく変わりました。媒体非共有でスイッチと接続されるようになったイーサネットには衝突検知が必要なくなり、高速化への障壁もなくなったのです。実際、半二重通信に対応していない10ギガビットイーサネット以降ではCSMA/CDは採用されていません。また、スイッチを使わない半二重の通信方式も、同軸ケーブルを使ったバス型の接続も、現在はほとんど利用されなくなっています。

衝突が起きないのですから、混雑時の性能低下といった、それまでFDDIなどよりも劣るとされていた欠点もなくなりました。同等以上の性能が出るのなら、イーサネットの単純さと低価格に、FDDIはかないません。イーサネット

は、100Mbps、1Gbps、10Gbps、100Gbps と進展を続け、もはやほかの有線LAN技術は必要なくなったといってよいほどです。

このように、歴史的には多様なイーサネットがありますが、いずれもIEEE802.3分科会（Ethernet Working Group）で標準化されているという共通性を持っています。

▓ IEEE802

IEEE（The Institute of Electrical and Electronics Engineers：米国電気電子技術者協会）委員会では、さまざまなワーキンググループによって、種々の LAN 技術の標準化を進めています。以下に IEEE802 委員会の構成を記述します。802 という数字は 1980 年 2 月に LAN の標準化のプロジェクトが始まったことに由来しています。

IEEE802.1	Higher Layer LAN Protocols Working Group
IEEE802.2	Logical Link Control Working Group
IEEE802.3	Ethernet Working Group（CSMA/CD）
	10BASE5 / 10BASE2 / 10BASE-T / 10Broad36
	100BASE-TX / 1000BASE-T / 10Gb/s Ethernet
IEEE802.4	Token Bus Working Group（MAP/TOP）
IEEE802.5	Token Ring Working Group（4Mbps / 16Mbps）
IEEE802.6	Metropolitan Area Network Working Group（MAN）
IEEE802.7	Broadband TAG
IEEE802.8	Fiber Optic TAG
IEEE802.9	Isochronous LAN Working Group
IEEE802.10	Security Working Group
IEEE802.11	Wireless LAN Working Group
IEEE802.12	Demand Priority Working Group（100VG-AnyLAN）
IEEE802.14	Cable Modem Working Group
IEEE802.15	Wireless Personal Area Network（WPAN）Working Group
IEEE802.16	Broadband Wireless Access Working Group
IEEE802.17	Resilient Packet Ring Working Group
IEEE802.18	Radio Regulatory TAG
IEEE802.19	Coexistence TAG
IEEE802.20	Mobile Broadband Wireless Access
IEEE802.21	Media Independent Handoff
IEEE802.22	Wireless Regional Area Networks

3.3.4 イーサネットのフレームフォーマット

イーサネットフレームの先頭には、1と0を交互に並べたプリアンブルと呼ばれるフィールドが付けられます（図3.19）。これは「ここからイーサネットフレームが始まるよ」ということを示し、相手のNICがフレームとの同期をとれるようにするものです。プリアンブルは、末尾が「11」のSFD（Start Frame Delimiter）と呼ばれるフィールドで終わり、それ以降がイーサネットフレームの本体（図3.20）になります。プリアンブルとSFDは合わせて8オクテット▼あります。

▼オクテット
1オクテットは8ビット。バイトとほぼ同じ意味。コラム「ビット、バイト、オクテットの関係」も参照。

図 3.19
イーサネットのプリアンブル

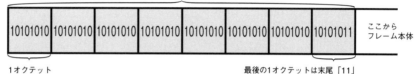

Ethernetでは末尾の2ビットをSFDと呼び、IEEE802.3では最後の1オクテットをSFDと呼ぶ。

フレーム本体の先頭にくるイーサネットのヘッダは合計14オクテットあります。宛先MACアドレスのフィールドが6オクテット、送信元MACアドレスのフィールドが6オクテット、そしてデータ部分で運んでいる上位層のプロトコルの種類を表すフィールドが2オクテットです。

■ビット、バイト、オクテットの関係

- ビット
  ビットは2進数表示を行ったときの最小単位です。2進数ですから0と1で表現されます。
- バイト
  通常は8ビットが1バイトになります。本書でも1バイトを8ビットとして扱っています。しかし、特殊なコンピュータでは、1バイトが6ビットや、7ビット、9ビットになることがあります。
- オクテット
  8ビットが1オクテットです。8ビットであるということを特に強調したい場合には、バイトよりもオクテットが使われます。

112　第3章　データリンク

図3.20

イーサネットのフレーム
本体のフォーマット

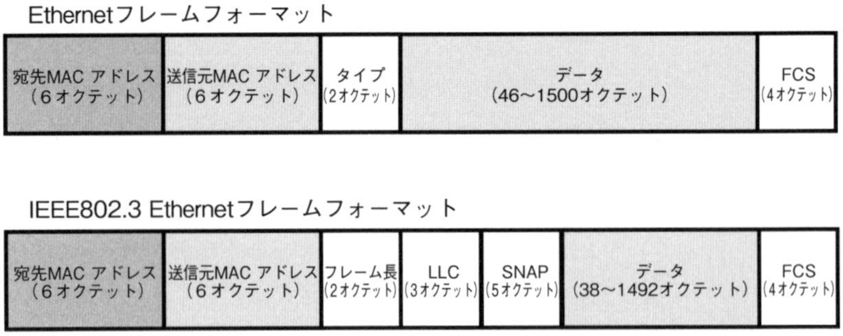

Ethernetフレームフォーマット

宛先MACアドレス （6オクテット）	送信元MACアドレス （6オクテット）	タイプ （2オクテット）	データ （46〜1500オクテット）	FCS （4オクテット）

IEEE802.3 Ethernetフレームフォーマット

宛先MACアドレス （6オクテット）	送信元MACアドレス （6オクテット）	フレーム長 （2オクテット）	LLC （3オクテット）	SNAP （5オクテット）	データ （38〜1492オクテット）	FCS （4オクテット）

　ヘッダの後ろにデータの本体がきます。1つのフレームに入るデータの大きさは46〜1500オクテット▼です。フレームの末尾にはFCS（Frame Check Sequence）という4オクテットのフィールドがあります。

　宛先MACアドレスには宛先のステーションのMACアドレスが格納されます。送信元MACアドレスにはイーサネットフレームを作り出した送信元のステーションのMACアドレスが格納されます。

　タイプにはデータ部で運んでいるプロトコルを表す番号が格納されます。つまり、イーサネットの上位層のプロトコルを示しています。そして、データ部の先頭からは、タイプで示されたプロトコルのヘッダやデータが格納されます。主なプロトコルとタイプの対応を表3.2に示します。

▼ ジャンボフレーム
（Jumbo Frame）
Ethernet標準のフレームの最大長は1518オクテット（バイト）だが、これを超えるフレームサイズをジャンボフレームと呼ぶ。通信経路のすべての機器で同一のジャンボフレームを有効にする必要があるが、高速回線の場合、一度に転送するデータ量が増え、その分ヘッダの処理回数が減るので、大量のデータ送受信に活用されている。MTU（Maximum Transmission Unit）を1500から9000バイトに変更して利用することが多い。

表3.2

主なイーサネットのタイプフィールドの割り当て

▼ イーサネットを使ってIPパケット（IPv4パケットまたはIPv6パケット）を運ぶことをIPoE（IP over Ethernet）と呼ぶことがある。特にWAN回線を使って構築されたネットワークで使われる。イーサネットを使ってIPv6パケットを運ぶことを強調したい場合にはIPv6 IPoEと呼ぶことがある（124ページのコラムを参照）。IPoEという言葉は、PPPoE（3.5.4項参照）と対比して使われることが多い。

タイプの番号（16進数）	プロトコル
0000-05DC	IEEE802.3 Length Field（01500）
0101-01FF	実験用
0800	Internet IP（IPv4）▼
0806	Address Resolution Protocol（ARP）
8035	Reverse Address Resolution Protocol（RARP）
805B	VMTP（Versatile Message Transaction Protocol）
809B	AppleTalk（EtherTalk）
80F3	AppleTalk Address Resolution Protocol（AARP）
8100	IEEE802.1Q Customer VLAN
8137	IPX（Novell NetWare）
814C	SNMP over Ethernet
8191	NetBIOS/NetBEUI
817D	XTP
86DD	IP version 6（IPv6）▼
8847-8848	MPLS（Multiprotocol Label Switching）
8863	PPPoE Discovery Stage
8864	PPPoE Session Stage
8892	PROFINET
88A4	EtherCAT
88CC	Link Layer Discovery Protocol（LLDP）
9000	Loopback（Configuration Test Protocol）

本書で取り扱うプロトコルの場合には、IP は 0800、ARP は 0806、RARP は 8035、IPv6 は 86DD になっています。なお、このタイプフィールドの一覧表は、次の IEEE 検索サイトにて、検索・入手できます。

https://regauth.standards.ieee.org/standards-ra-web/pub/view.html#registries

▼FCS
Frame Check Sequence

最後の FCS▼は、フレームが壊れていないかどうかをチェックするためのフィールドです。通信中に電気的なノイズが発生すると、送信したフレームがビット化けを起こして壊れる可能性があります。この FCS の値をチェックすることで、ノイズによるエラーフレームを廃棄することができます。

▼生成多項式
イーサネットでは、CRC-32 多項式を利用する。

▼ただしこの場合、ビット列の割り算では減算の代わりに排他的論理和を使う。

▼FCSはバースト誤り（連続するビットの誤り）のエラー検出率が高い。

FCS には、フレーム全体を特定のビット列（生成多項式と呼ばれる▼）で割った余りを格納します▼。受信側でも同じ計算を行い、FCS の値が同じになったらフレームが正しく届いたと判断します▼。

IEEE802.3 Ethernet の場合には、通常のイーサネットとはヘッダのフォーマットが少し異なり、タイプを表すフィールドがデータ部分の長さを表すフィールドとして使われます。また、データ部分の冒頭は、LLC と SNAP というフィールドになります（114ページのコラムを参照）。上位層のプロトコルのタイプを表すフィールドは、この SNAP の中にあります。SNAP で指定するタイプの値は、イーサネットフレームで指定するタイプとほぼ同じ意味になります。

3.2.6 項の VLAN を利用する場合はフレームフォーマットが少し変わります（図 3.21）。

図 3.21
VLAN でのイーサネットフレームフォーマット

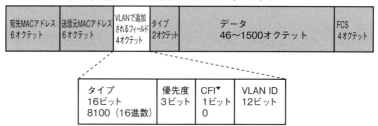

▼CFI（Canonical Format Indicator）
ソースルーティングを行うとき1になる。

▼媒体アクセス制御
MAC（Media Access Control）

▼論理リンク制御
LLC（Logical Link Control）

■データリンク層は2つの階層に分けられる

データリンク層を細かく分けると、媒体アクセス制御▼と、論理リンク制御▼の2つの層に分けられます。

媒体アクセス制御とは、イーサネットやFDDIなどのデータリンクごとに決まっているヘッダ制御のことです。これに対して論理リンク制御とはイーサネットやFDDIなどのデータリンクの違いによらず、共通になっているヘッダや制御のことです。

IEEE802.3 Ethernetのフレームフォーマットに付けられているLLCとSNAPが論理リンク制御（IEEE802.2で定められています）のヘッダです。表3.2を見ると、タイプの値が01500（05DC）のときにIEEE802.3 Ethernetの長さを表すと書かれています。このときには、タイプの値を調べても、上位層のプロトコルは分かりません。IEEE802.3 Ethernetのときには、イーサネットのヘッダに続くLLC/SNAPヘッダに上位層のプロトコルを示すフィールドがあり、このフィールドを調べることで上位層のプロトコルが分かるようになっています。

図 3.22
LLC/SNAP フォーマット

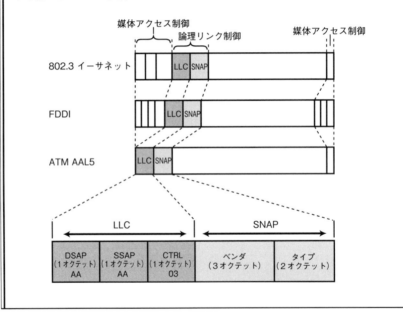

3.4 無線通信

　無線通信では、電波や赤外線、レーザー光線などを利用します。無線通信の中で、オフィス内のようなLANの範囲を比較的高速で接続するものを無線LANと呼びます。

　無線通信ではコンピュータ機器などをネットワークに接続するケーブルが不要になります。このため、当初は主に移動して使うことが多い軽量の機器に用

いられていました。通信速度の向上とともに、省スペースで配線コストを削減できるというメリットから、オフィスや家庭、店舗、駅、空港などでも使われるようになってきています。

▊ 3.4.1 無線通信の種類

▼PAN
Personal Area Network

▼LAN
Local Area Network

▼MAN
Metropolitan Area Network

▼RAN
Regional Area Network

▼WAN
Wide Area Network

表 3.3

無線通信の分類と性質

無線通信は、その通信距離に応じて、表3.3のように分類できます。IEEE802委員会では、無線 PAN▼（802.15）、無線 LAN▼（802.11）、無線 MAN▼（802.16、802.20）、無線 RAN▼（802.22）の規格化を進めています。無線 WAN▼分野の代表は、携帯電話を利用した通信です。携帯電話では基地局を経由することで、長距離通信を可能にしています。

分類	通信距離（例）	規格化団体など	関連団体や技術名称
短距離無線	数 m	個別	RF-ID
無線 PAN	10m 前後	IEEE802.15	Bluetooth
無線 LAN	100m 前後	IEEE802.11	Wi-Fi
無線 MAN	数 km 〜 100km	IEEE802.16、IEEE802.20	WiMAX
無線 RAN	200km 〜 700km	IEEE802.22	―
無線 WAN	―	3GPP▼	3G、LTE、4G、5G

※通信距離は機器の仕様により異なります。

▼3GPP
3GPPは、第3世代携帯電話（3G）システムおよびLTE、4G、5Gの仕様を定義する標準化プロジェクト。米国の ATIS、欧州の ETSI、日本の ARIB、TTC、韓国の TTA、中国のCCSA、インドのTSDSIが参画。

▼「はちまるにいてんいちいち」と呼ぶことが多い。

▊ 3.4.2　IEEE802.11

IEEE802.11▼は、無線 LAN プロトコルの物理層とデータリンク層の一部（MAC 層）を定義した規格です。IEEE802.11 という用語は、多くの規格の総称として用いられる場合と、無線 LAN の一通信方式として用いられる場合があります。

IEEE802.11 は、IEEE802.11 関連の規格の基礎であり、ここで規定されるデータリンク層の一部（MAC 層）は、IEEE802.11 のすべての規格で利用されています。MAC 層ではイーサネットと同じ MAC アドレスが利用され、CSMA/CD とよく似た CSMA/CA▼というアクセス制御方式を採用しています。通常は無線の基地局を用意し、それを介して通信を行います。イーサネットと IEEE802.11 の間をつなぐブリッジ機能を持った基地局も各社から発売されています。

▼Carrier Sense Multiple Access with Collision Avoidance

一通信方式としての IEEE802.11 は、物理層で電波もしくは赤外線を用い、1Mbps もしくは 2Mbps の通信速度を実現する規格です。この通信速度は後発の規格である 802.11b/g/a/n より劣るため、ほとんど利用されていません。

表 3.4

IEEE802.11

規格名	概要
802.11	IEEE Standard for Wireless LAN Medium Access Control (MAC) and Physical Layer (PHY) Specifications
802.11a	Higher Speed PHY Extension in the 5GHz Band
802.11b	Higher Speed PHY Extension in the 2.4 GHz Band
802.11e	MAC Enhancements for Quality of Service
802.11g	Further Higher Data Rate Extension in the 2.4 GHz Band
802.11i	MAC Security Enhancements
802.11j	4.9 GHz - 5 GHz Operation in Japan
802.11k	Radio Resource Measurement of Wireless LANs
802.11n	High Throughput
802.11p	Wireless Access in the Vehicular Environment
802.11r	Fast Roaming Fast Handoff
802.11s	Mesh Networking
802.11t	Wireless Performance Prediction
802.11u	Wireless Interworking With External Networks
802.11v	Wireless Network Management
802.11w	Protected Management Frame
802.11ac	Very High Throughput <6 GHz
802.11ad	Very High Throughput 60 GHz
802.11ah	Sub-1 GHz license exempt operation (e.g., sensor network, smart metering)
802.11ai	Fast Initial Link Setup
802.11ax	High Efficiency WLAN
802.11ba	Wake Up Radio
802.11bb	Light Communications

※出典：http://grouper.ieee.org/groups/802/11/Reports/802.11_Timelines.htm

表 3.5

IEEE802.11 の比較

トランスポート層		TCP/UDP など					
ネットワーク層		IP など					
データ	LLC 層	802.2 論理リンク制御					
リンク層	MAC 層	802.11 MAC CSMA/CA					
物理層	方式	802.11a	802.11b	802.11g	802.11n	802.11ac	802.11ax
	最大速度（理論値）	最大54Mbps	最大11Mbps	最大54Mbps	最大600Mbps	最大1.3Gbps（wave1）最大6.9Gbps（wave2）	最大9.6Gbps
	周波数帯	5GHz	2.4GHz	2.4GHz	2.4GHz/5GHz	5GHz	2.4GHz/5GHz
	帯域幅	20MHz	26MHz	20MHz	20MHz、40MHz	20MHz、40MHz、80MHz、160MHz	20MHz、40MHz、80MHz、160MHz

※ 802.11ax については 2019 年 9 月時点の推定。

図 3.23
無線 LAN 接続

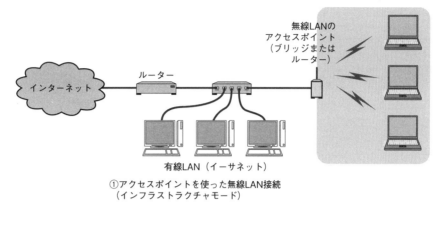

①アクセスポイントを使った無線LAN接続
（インフラストラクチャモード）

②アクセスポイントを使わない無線LAN接続
（アドホックモード）

■ CSMA/CA

無線 LAN が利用する電波は有限です。つまり、無線 LAN は複数の端末が同じ周波数帯を共有する必要がある媒体共有型のネットワークです。IEEE802.11 では、イーサネットで採用されている CSMA/CD と似た、CSMA/CA（Carrier Sense Multiple Access with Collision Avoidance）というアクセス制御方式を採用しています。これは Carrier Sense によりデータを送信してよい状態（アイドル状態と呼びます）かどうかを確認し、ランダムな時間（バックオフと呼びます）だけ待ってからデータ送信を開始することで、衝突を回避する仕組みです。

3.4.3 IEEE802.11b、IEEE802.11g

▼2400～2497MHz

IEEE802.11b と IEEE802.11g は、2.4GHz 帯▼の電波を利用する無線 LAN です。データ伝送速度は、最大 11Mbps（IEEE802.11b）および 54Mbps（IEEE802.11g）で、通信可能な距離は 30～50m 程度です。IEEE802.11 と同じく、アクセス制御には CSMA/CA を採用し、通常は基地局を介して通信を行います。

3.4.4 IEEE802.11a

▼5150～5250MHz

無線 LAN の物理層として、5GHz 帯▼の周波数を利用し、最大 54Mbps までの伝送速度を実現する規格です。IEEE802.11b/g とは互換性がありませんが、両方に対応した基地局も製品化されています。電子レンジなどで使われる 2.4GHz 帯を利用していないため、干渉を受けにくい傾向にあります。

3.4.5 IEEE802.11n

IEEE802.11g および a をベースに、複数のアンテナを同期させて通信する MIMO▼という技術を採用することで高速化を実現したのが IEEE802.11n です。物理層としては 2.4GHz 帯または 5GHz 帯を使います。

▼Multiple-Input Multiple-Output

5GHz 帯を使う場合や、ほかの 2.4GHz 帯を使うシステム（802.11b/g や Bluetooth など）の影響がない場合には、IEEE802.11a/b/g の倍の帯域幅（40MHz）を使い、4 ストリームを束ねることで、最大 600Mbps の伝送速度が利用できます。

3.4.6 IEEE802.11ac

IEEE802.11ac は、11n よりも大幅に使用する帯域幅を増やす（80MHz 必須、160MHz オプション）ことで、ギガビットスループットを実現する規格です。物理層として 2.4GHz 帯は使わず、5GHz 帯を使います。また、Wave1（第 1 世代）と Wave2（第 2 世代）があり、MIMO を発展させた MU-MIMO▼という技術でさらなる高速化を実現しています。

▼Multi User Multi-Input Multi-Output

3.4.7 IEEE802.11ax（Wi-Fi 6）

2020 年に IEEE802.11 にて策定が完了予定となっている規格です。Wi-Fi Alliance によって、別に Wi-Fi 6 という名称が定められました。

これまでの技術進化では伝送速度の改善を目指していましたが、IEEE802.11ax は、多数の端末が接続する高密度な環境において、周波数の利用効率をさらに向上させ、接続する端末それぞれの平均スループットを向上して全体のパフォーマンスを向上させるものになります。

▼QAM
Quadrature Amplitude Modulation（直角位相振幅変調）

物理層としては 2.4GHz 帯または 5GHz 帯を利用します。変調方式は 1024QAM▼まで利用が可能となり、通信速度が向上しています。また、周波数の効率的な割り当てのために、携帯電話（LTE）の技術でも採用されている OFDMA を使用するように変更されています。

MU-MIMO についても、多数の端末が同時に接続できるように 4 ストリームから 8 ストリームに拡張し、ダウンリンクに加え、アップリンクでも MU-MIMO 伝送が可能となります。

これらの工夫によって、最大 9.6Gbps の伝送速度を実現し、高密度環境においても平均スループットを向上します。

> ### ■ Wi-Fi
>
> Wi-Fi は、無線 LAN の業界団体である Wi-Fi Alliance によって、IEEE 802.11 規格群の普及を目的として付けられたブランド名です。
>
> Wi-Fi Alliance は、各社の IEEE 802.11 対応製品の互換性テストを行い、合格した製品に「Wi-Fi Certified」という認定を与えています。「Wi-Fi」のロゴマークが表示されている無線 LAN 機器は、互換性テストに合格していると判断できます。
>
> オーディオには、「Hi-Fi」(High Fidelity：高忠実度／高再現性) という用語があります。Wi-Fi (Wireless Fidelity) は、同様に高品質の無線 LAN を目指して命名されたといわれています。

▌3.4.8 無線 LAN を使用する場合の留意点

無線 LAN は、利用者の移動性、機器配置の自由性を確保するために、電波の性質を利用して広い範囲で利用できるようになっています。このことは、通信可能範囲内であれば許された利用者以外でもこの電波を受信することができることを意味しています。このため、盗聴や改ざんといった危険に常にさらされているといっても過言ではありません。

無線 LAN の規格では、盗聴や改ざんを防御するために送受信されるデータの暗号化などが定められています。しかし一部の規格については、インターネット上で暗号を解読するツールも配布され、その脆弱性が問題となっています。そのため、現在は AES ベースの暗号化プロトコルを採用する WPA2 が広く普及しています。今後は、さらにセキュリティ機能を拡張した WPA3 が普及していくと考えられています。データの暗号化に加えて、認証された機器だけがその無線 LAN を利用できるようなアクセス制御を併用し、できる限り安全な環境で利用する必要があります。

また、無線 LAN は、無免許で利用できる限られた周波数帯を利用しています。無線 LAN の使う電波がほかの通信機器と干渉し、動作が不安定になることもあります。例としては、電子レンジの近くで 2.4GHz 帯を利用する 802.11b/g を使用するときには注意が必要です。電子レンジを動作させたときに照射される電波と周波数が近いため、干渉により転送能力が著しく低下する場合があるからです。

■ WPA2 と WPA3

WPA2 は、Wi-Fi Alliance の認証プログラムである WPA（Wi-Fi Protected Access）を拡張し、IEEE802.1i▼の必須部分を実装した規格です。AES ベースの暗号化プロトコルを採用しており、現在広く普及しています。

WPA3 は、WPA2 のセキュリティ機能をさらに拡張した規格です。家庭・小規模オフィス向けの WPA3-Personal においては、SAE（Simultaneous Authentication of Equals）を実装することでパスワードベースの堅牢な認証を実現します。また、大規模オフィス向けの WPA3-Enterprise においては、192 ビットセキュリティモードを提供することでさらなるセキュリティ強化を実現します。

▼IEEE802.1i は、IEEE802.1X のセキュリティ標準を定めた規格。WPA2 と IEEE802.1i は似ており、条件が合えば相互利用も可能だが、まったく別の規格である。

▶ 3.4.9　WiMAX

WiMAX（Worldwide Interoperability for Microwave Access）は、マイクロ波を使って、企業や自宅への無線接続を行う方式です。DSL や FTTH のようなラストワンマイル▼を無線で実現する方式の 1 つです。

WiMAX は、無線 MAN（Metropolitan Area Networks）に属し、メトロポリタン、すなわち大都市圏（都市部）をエリアとする広範囲なワイヤレスネットワークをサポートします。IEEE802.16 の中で標準化が行われており、その一部が WiMAX になります。また、携帯端末に対応した IEEE802.16e（Mobile WiMAX）の標準化も進められました。

WiMAX は、WiMAX Forum によって名付けられました。WiMAX Forum は、標準化作業に伴って発生するメーカー間の機器互換性や、サービスの相互接続性などの検証を行っています。

▼家庭や企業に電話やインターネットの回線を引くとき、通信事業者からの最後の 1 区画となるネットワークを意味する。

▶ 3.4.10　Bluetooth

Bluetooth は IEEE802.11b/g などと同じ 2.4GHz 帯の電波を使って通信する規格です▼。データ伝送速度は、バージョン 2 で 3Mbps（実際の最大スループットは 2.1Mbps）となっています。通信可能な距離は、電波強度によって最大 1m、10m、100m、400m となります。通信可能な端末は原則として最大 8 台です▼。

IEEE802.11 がラップトップ型のコンピュータなどの比較的大きめの機器を対象としているのに対し、Bluetooth は携帯電話やスマートフォン、キーボードやマウスなど小型で電源容量の小さな機器を対象としています。

Bluetooth4.0 では、低消費電力・低コストを実現する Bluetooth Low Energy（BLE）が策定され、省電力が必要とされる IoT デバイスなどで利活用されています。

▼このため IEEE802.11b/g などと Bluetooth を同じ場所で使用すると、電波干渉で性能が低下する場合がある。

▼1 台がマスターとなり、ほかの 1～7 台がスレーブとなってネットワークを構成する。ピコネット（piconet）と呼ばれる。

3.4.11 ZigBee

家電などに組み込むことを前提に、低消費電力で短距離の無線通信を実現する規格が ZigBee です。最大 65,536 個の端末間を無線通信でつなぎます。

ZigBee の伝送速度は使用する周波数によって変わりますが、日本で利用可能な 2.4GHz 帯を利用するものでは最大 250kbps とされています。

3.4.12 LPWA（Low Power, Wide Area）

LPWA は、LPWA としての明確な定義はありませんが、IoT など低消費電力で 1 回の送信データ容量が大きくなく、長距離のデータ通信が可能な通信ネットワークとして、LPWA と呼ばれています。

LPWA にはいくつかの規格があり、特定小電力無線として無線局免許が不要なものと、無線局免許が必要な規格に大別できます。

• LoRaWAN
標準化団体 LoRa Alliance によって仕様が公開されているオープンな規格です。アンライセンス（免許不要）バンドの 920MHz 帯を利用します。送信データは 11 バイトとなり、最大 10km 程度の長距離データ通信が可能です。自営でネットワークを構築でき、LoRaWAN ゲートウェイを設置して LoRaWAN デバイスと通信します。

• Sigfox
仏 Sigfox 社が開発する独自規格です。アンライセンスバンドの 920MHz 帯を利用します。送信データは 12 バイトとなり、最大 10km 程度の長距離データ通信が可能です。LoRaWAN との大きな違いは、Sigfox では自営でネットワークを構築することはできず、Sigfox サービス事業者と契約し、Sigfox ネットワークを利用します。

• NB-IoT
携帯電話のモバイル通信技術（LTE）を利用した LPWA です。3GPP が 2016 年に Release13 で仕様化しました。NB-IoT の通信速度は上り 62kbps、下り 21kbps と低速で半二重通信となります。LTE を使うので、携帯電話事業者のサービスを契約して利用します。

3.5　PPP（Point-to-Point Protocol）

3.5.1　PPPとは

　PPP（Point-to-Point Protocol）は、その名のとおり、ポイントツーポイント（1対1）でコンピュータを接続するためのプロトコルです。PPPは、OSI参照モデルの第2層に相当するデータリンクプロトコルといえます。

　イーサネットやFDDIなどはOSI参照モデルのデータリンク層だけではなく物理層にも関係しています。具体的にいえば、イーサネットは同軸ケーブルやツイストペアケーブルを使い、その中で0と1をどのような電気信号で表すかを決めています。これに対してPPPは純粋なデータリンク層と考えることができます。物理層は何でもかまいません。逆にいうと、PPPだけでは通信はできず、何らかの物理層が必要になります。

図 3.24
PPP

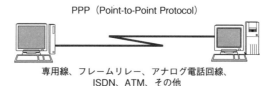

PPP（Point-to-Point Protocol）

専用線、フレームリレー、アナログ電話回線、
ISDN、ATM、その他

　PPPは、電話回線やISDN、専用回線（専用線）、ATM回線などで利用されています。また、最近ではADSLやケーブルテレビなどを使ったインターネット接続でPPPoE（PPP over Ethernet）として利用されるようになりました。PPPoEはイーサネットのデータ部にPPPのフレームを格納して転送する方式です。

3.5.2　LCPとNCP

　PPPではデータ通信を開始する前にPPPレベルでコネクションを確立します▼。コネクションを確立するときには、認証や圧縮、暗号化などの設定を行います。

▼電話回線を使用する場合には、まず電話回線レベルでコネクションが確立された後でPPPのコネクションが確立される。

　PPPの機能のうち、上位層に依存しないプロトコルがLCP（Link Control Protocol）、上位層に依存するプロトコルがNCP（Network Control Protocol）です。上位層がIPのときのNCPが、IPCP（IP Control Protocol）です。

　LCPはコネクションの確立や切断、パケット長（Maximum Receive Unit）の設定、認証プロトコルの設定（PAPかCHAPか）、通信品質の監視をするかどうかなどの設定を行います。

　IPCPでは、IPアドレスの設定やTCP/IPのヘッダ圧縮をするかどうかなどのやり取り▼をします。

▼装置間でのやり取りをネゴシエーションという。

図 3.25
PPPでのコネクションの確立

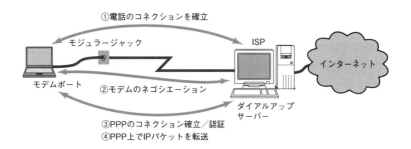

　PPPで接続するときには、通常ユーザーIDやパスワードによる認証が行われます。PPPでは、通信する双方向で認証を行えるようになっています[▼]。PPPで利用される認証方式にはPAP（Password Authentication Protocol）とCHAP（Challenge Handshake Authentication Protocol）の2種類があります。

▼ISPに接続するときには、普通はISP側の認証は未使用にする。

　PAPはPPPのコネクションの確立時に1回だけIDとパスワードをやり取りする方法です。やり取りするパスワードは暗号化されずに平文のまま送信されるため、盗聴や、コネクション確立後に回線を乗っ取られるなどの危険性があります。

　CHAPは毎回パスワードが変更されるOTP（One Time Password）を使用して、盗聴の問題を防ぎます。また、コネクション確立後も定期的にパスワードを交換することにより、通信相手が途中から入れ替わっていないかどうかをチェックすることができます。

3.5.3　PPPのフレームフォーマット

　PPPのデータフレームのフォーマットを図3.26に示します。フラグがフレームの区切りを表しています。これはHDLC[▼]と呼ばれるプロトコルと同じ方式です。PPPはHDLCを参考にして作られています。

▼HDLC（High Level Data Link Control Procedure）ハイレベルデータリンク制御手順。

　HDLCではフレームの区切りを「01111110」で表現します。これをフラグシーケンスと呼びます。フラグシーケンスではさまれたフレーム内部では「1」が6つ以上連続することは許されません。このため、フレームを送信するときに「1」が5つ連続した場合には直後に「0」を挿入しなければならず、また、受信したビット列で「1」が5つ連続した場合にはその直後の「0」を削除しなければならないことになっています。この操作により、「1」は最大でも5つしか連続せず、フレームの区切りであるフラグシーケンスを識別することができます。PPPも標準的な設定の場合は、これと同様です。

図 3.26
PPPのデータフレームフォーマット

PPPデータフレームのフォーマット（標準的な設定の場合）

フラグ 1オクテット (01111110)	アドレス 1オクテット (11111111)	制御 1オクテット (00000011)	タイプ 2オクテット	データ 0～1500オクテット	FCS 4オクテット	フラグ 1オクテット (01111110)

　なお、コンピュータでダイアルアップ接続をするとき、PPPはソフトウェアで実現されています。そのため、「0」の挿入や削除の処理、FCSの計算をすべてコンピュータのCPUが処理しなければなりません。このことから、PPPはコンピュータに大きな負荷をかける方式といえます。

3.5.4 PPPoE (PPP over Ethernet)

インターネット接続サービスによっては、イーサネットを利用してPPPの機能を提供するPPPoEが利用されている場合があります。

そのようなインターネット接続サービスでは、通信回線をイーサネットであるかのようにエミュレートします。イーサネットはもっとも普及しているデータリンクで、ネットワーク機器やNICなどの値段はとても安価です。このため、安価なサービスを提供できるようになります。

しかし、イーサネットのままではいくつかの問題が生じます。イーサネットには認証機能がなく、コネクションの確立や切断の処理もないため、利用時間による課金などもできません。PPPoEによりイーサネット上でコネクションを管理すれば、PPPの認証機能などを利用してプロバイダが顧客の管理をしやすくなります。

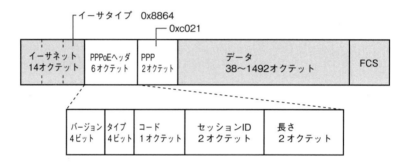

図 3.27
PPPoE データフレームフォーマット

■ IPv6 IPoE

NTT NGN網を利用してIPv6インターネット接続サービスを利用もしくは提供するための仕組みの1つに、IPv6 IPoEと呼ばれる仕組みがあります。

NTT NGN網はIPv6を利用した閉域網です。NTT NGN網ではIPv6 IPoEを利用することで、VNE（Virtual Network Enabler）と呼ばれるIPv6インターネット接続をサービスする事業者のネットワークを経由し、利用者がIPv6インターネットに接続できるようにしています。

VNEが利用者にIPv6プレフィックスを割り当てることで、NGN網は通信元のVNEを特定できます。そして、利用者の通信を契約しているVNEのネットワークを経由して、IPv6インターネットへの接続が可能となります。

3.6 その他のデータリンク

ここまで、イーサネット、無線通信、PPP について説明しました。ほかにもいくつものデータリンクがあります[▼]。

▼ ただし現在では使われなくなったものも多い。

3.6.1 ATM（Asynchronous Transfer Mode）

ATM は、データを「ヘッダ 5 オクテット」＋「データ 48 オクテット」のセルと呼ばれる単位で処理するデータリンクです。回線の専有時間を短くすることにより大容量のデータを効率よく転送できるようにしており、主に広域を結ぶネットワークで利用されてきました。ATM の規格化や検討は ITU[▼] や ATM フォーラムで行われました。

▼ International Telecommunication Union。国際電気通信連合。

■ ATM の特徴

ATM はコネクション型のデータリンクです。通信を開始する前に必ず通信回線の設定をしなければなりません。これは、従来の電話によく似ています。従来の電話では、通話に先立って途中の交換機に通信相手までの通信回線の設定を要求します[▼]（このような仕組みを「シグナリング」と呼びます）。ただし、電話と異なり、ATM では同時に複数の相手と通信回線を接続することができます。

▼ ATM ではこのような回線接続を SVC（Switched Virtual Circuit）という。固定的に回線を確立する方法もあり、PVC（Permanent Virtual Circuit）という。

ATM にはイーサネットや FDDI のような送信権の制御はありません。好きなときに好きなだけデータを送信することができます。しかしこれでは、すべてのコンピュータが同時に大量のデータを送信すると、ネットワークが混雑してふくそう[▼]状態になってしまいます。これを防ぐために、ATM には帯域をきめ細かく制御する機能が備えられています。

▼ ふくそう（輻輳）
ネットワークが非常に混雑して、ルーターやスイッチがパケットやセルを処理しきれなくなった状態のこと。処理しきれなくなったパケットやセルは破棄される。

図 3.28
ATM ネットワーク

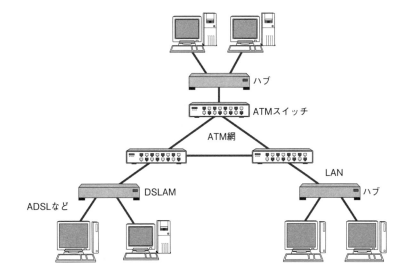

■同期多重と非同期多重

　複数の通信機器を束ねて1つの回線で接続する方法を考えてみましょう。このような接続機器は TDM[▼]と呼ばれます。TDM は一般に両端の TDM 同士で同期をとりながら、特定の時間単位でデータを区切り、宛先ごとに順番に送信します。これは、ちょうど組み立て工場などで、ベルトコンベアのベルトに送り先別に色分けされたカゴが取り付けられていて、特定の製品を特定の色のカゴに詰めて流す方法と同じです。このカゴのことをスロットと呼びます。この方法の場合、カゴが空いていてもカゴの色が違えば製品を入れることができません。つまり送信したいデータがあるにもかかわらず空のスロットができてしまいます。このため、回線の容量をそれぞれの通信に対して固定的にしか割り当てることができず、回線の利用効率が低下します。

　ATM はこの TDM を拡張利用して通信回線の利用効率を向上させます[▼]。ATM では TDM のスロットにデータを入れるときに、回線の順番にデータを入れるのではなく、到着したデータから順番にスロットに入れます。ただし、このままでは受信側の装置で受け取ったデータがどの通信のものなのかを識別できなくなるので、送信側では 5 オクテットのヘッダを付けます。このヘッダには VPI（Virtual Path Identifier）、VCI（Virtual Channel Identifier）という識別子が付いていて[▼]、この数字によってどの通信かを識別できるようになっています。この VPI と VCI は直接通信を行う 2 つの ATM スイッチ間で設定される値で、ほかのスイッチ間では違う意味になります。

　ATM を利用すると空きスロットを減らすことができるため、回線の利用効率が向上しますが、ヘッダがオーバヘッド[▼]となり、その分だけ実際の通信速度が低下します。つまり、回線速度が 155Mbps だったとしても、TDM や ATM ヘッダのオーバヘッドがあるため、実際には 135Mbps 程度のスループットになります。

▼TDM（Time Division Multiplexer）
時分割多重化装置。

▼実際には TDM 方式の SONET（Synchronous Optical Network）や SDH（Synchronous Digital Hierarchy）の回線を利用している。

▼VPI で識別される通信回線の中を、VCI で識別される複数の通信で利用する。

▼オーバヘッド
通信を行う際に、実際に送りたいデータ以外に送らなければならない制御情報や、それを処理するための時間。

図 3.29
同期多重と非同期多重

同期多重では A,B,C,D,それぞれに一定の転送時間を割り当てる。
送るべきデータがなくても空のデータを送る必要がある。

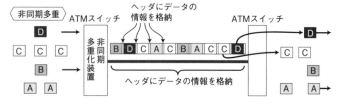

非同期多重ではヘッダで宛先を明らかにすることにより、必要なときに転送を行う。

■ ATM と上位層

イーサネットでは 1 つのフレームで最大 1500 オクテット、FDDI では 4352 オクテットのデータを転送することができます。ところが、ATM のセル 1 つでは 48 オクテットのデータしか運ぶことができません。この 48 オクテットのデータ部に IP ヘッダや TCP ヘッダを入れてしまうと、上位層のデータをほとんど送ることができません。このため通常は ATM を単独で利用するのではなく、AAL（ATM Adaptation Layer）と呼ばれる上位層▼とともに利用します。IP の場合は AAL5 と呼ばれる上位層が利用されます。IP のパケットは、図 3.30 に示すような階層によってヘッダが付けられ、最終的には最大で 192 個のセルに分割されて送信されます。

▼ATMから見ると上位層になるが、IPから見ると下位層となる。

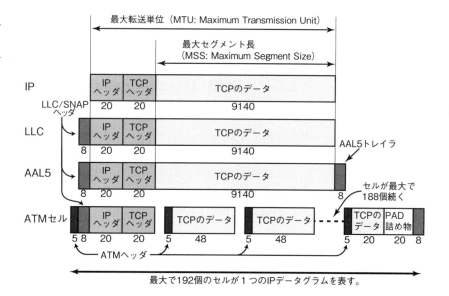

図 3.30
ATM におけるパケットのセル化

逆にいうと、192 個のセルのうち 1 つでも失われると、IP パケットは破壊されてしまいます。その場合は AAL5 のフレームチェックでエラーとなり、受信したセルはすべて捨てられてしまいます。TCP/IP ではデータ転送の信頼性を提供するために TCP が再送処理を行いますが、ATM 網を利用する場合にはセルが 1 つ失われても最大で 192 個すべてのセルを再送することになります。これは ATM の大きな問題といわれています。ネットワークが混雑して 1％のセル（100 個に 1 個）が失われただけでも、データはまったく届かなくなります。特に、ATM には送信権を制御する仕組みがないため、ネットワークがふくそうする可能性が高くなります。このため、ATM ネットワークを構築するときには、末端のネットワークの帯域の合計がバックボーンの帯域よりも小さくなるようにするなど、セルの喪失が発生しにくいようなネットワークを作ることが重要になります。また、ふくそうが発生したときに ATM コネクションの帯域を動的に変動させる技術も研究されています。

図3.31
ATMでのIPパケットの配送

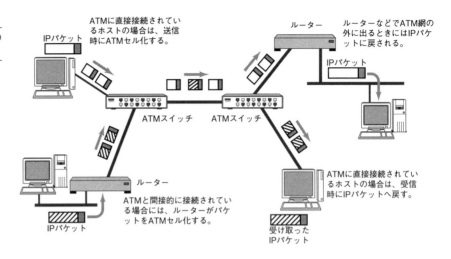

▼3.6.2　POS（Packet over SDH/SONET）

　POSは、デジタル信号を光ファイバーでやり取りするための物理層の規格である SDH▼（SONET▼）上でパケット通信を行うためのプロトコルです。

　SDHは、電話回線や専用線などで、信頼性の高い光伝送ネットワークとして広く利用されています。SDHの伝送速度は、51.84Mbpsを基準として、その倍数になります。現在は、768本のパスを束ねた約40GbpsのSDH伝送路に対応する製品まで利用されています。

▼Synchronous Digital Hierarchy。同期デジタル階層。

▼Synchronous Optical NETwork

▼3.6.3　ファイバーチャネル（Fiber Channel）

　高速なデータチャネルを実現するデータリンクです。ネットワークというよりもSCSIのように周辺機器を接続するバスに近い仕組みになっており、133Mbps〜4Gbpsのデータ伝送速度を実現します。近年ではSAN▼を構築するためのデータリンクとして利用されています。

▼SAN（Storage Area Network）
サーバーと複数のストレージ（ハードディスク、テープバックアップ装置）を高速のネットワークで接続したシステム。企業などで大容量のデータ保存などに利用される。

▼3.6.4　iSCSI▼

　パソコンなどにハードディスクを接続するための標準規格であるSCSIを、TCP/IPネットワーク上で利用する規格▼です。SCSIのコマンドとデータをIPパケットに包含し、データの送受信を行います。これにより、パソコンなどの内蔵SCSIハードディスクと同様に、ネットワーク上に直結された大規模ハードディスクを利用することが可能になります。

▼「アイスカジー」と発音する。

▼RFC3720、RFC3783

3.6.5 InfiniBand

▼「インフィニバンド」と発音する。

ハイエンドサーバー向けに作られた超高速インタフェースです。高速、高信頼性、低遅延という特徴を持ちます。複数のケーブル▼を1つに束ねて利用することができ、2Gbpsから数百Gbpsに及ぶ伝送速度を実現しています。さらに将来は数千Gbpsという高速なデータ伝送を提供する計画もあります。

▼4本または12本。

3.6.6 IEEE1394

FireWire、i.Linkとも呼ばれます。AV機器を結ぶ家庭向けのLANで用いられるデータリンクで、100～800Mbps以上のデータ伝送速度を実現します。

3.6.7 HDMI

High-Definition Multimedia Interfaceの略で、1つのケーブルで高品位な映像と音声をデジタル伝送できる規格です。著作権保護機能を備えており、DVD／ブルーレイプレイヤーや、ビデオレコーダ、AVアンプなどとテレビやプロジェクターの接続で主流になっていますが、パソコンやタブレットPC、デジタルカメラとディスプレイの接続でも使用されるようになりました。2009年に公開されたバージョン1.4からイーサネットのフレームを伝送する規格が追加され、HDMIケーブルを使ってTCP/IPによる通信が可能になりました。今後の利用が注目されます。

3.6.8 DOCSIS

▼「ドクシス」と発音する。

ケーブルテレビ（CATV）でデータ通信を行うための業界標準規格です。ケーブルテレビの業界団体であるMCNS▼が策定しました。ケーブルテレビの同軸ケーブルにケーブルモデムを接続し、イーサネットとの変換を行うための仕様を標準化しています。Cable Labsという団体がモデムの検証を行っています。

▼Multimedia Cable Network System Partners Limited

3.6.9 高速PLC（高速電力線搬送通信）

▼PLC
Power Line Communications。
電力線通信とも呼ばれる。

高速PLC▼は、家庭内やオフィス内にある従来の電力線（電灯線）を利用して数MHz～数十MHzの帯域を使い、数十Mbps～200Mbpsの伝送速度を実現します。電力線を使って通信を行うため、新たにLANの配線をしなくてもすむことや、対応する家電機器／オフィス機器をコントロールするといった利用方法が期待されています。ただし、もともと通信を行う前提ではない電力線に高周波の信号を流すため、電波の漏洩による影響▼が懸念されており、屋内（オフィス内、家庭内）での利用に限定されています。

▼短波放送、アマチュア無線、電波望遠鏡、防災無線などへの影響の可能性が指摘されている。

表 3.6
主なデータリンクの種類と特徴のまとめ

データリンク名	媒体の伝送速度	用途
イーサネット	10Mbps ～ 1000Gbps	LAN、MAN
802.11	5.5Mbps ～ 400Gbps	LAN ～ WAN
Bluetooth	下り 2.1Mbps、上り 177.1kbps	LAN
ATM	25Mbps、155Mbps、622Mbps、2.4GHz	LAN ～ WAN
POS	51.84Mbps ～約 40Gbps	WAN
FDDI	100Mbps	LAN、MAN
Token Ring	4Mbps、16Mbps	LAN
100VG-AnyLAN	100Mbps	LAN
ファイバーチャネル	133Mbps ～ 4Gbps	SAN
HIPPI	800Mbps、1.6Gbps	2 台のコンピュータ接続
IEEE1394	100Mbps ～ 800Mbps	家庭向け

3.7 公衆アクセス網

ここでは、LAN のような構内の接続ではなく、外部と接続する場合に使用する公衆通信サービスについて解説します。公衆通信サービスとは、電話のようにNTT や KDDI、ソフトバンクなどの通信事業者に料金を払って通信回線を借りる形態です。この公衆通信サービスを利用することで遠く離れた組織間でも通信ができるようになり、プロバイダと契約すればインターネットに接続することができます。

ここでは、アナログ電話回線、移動体通信、ADSL、FTTH、ケーブルテレビ、専用回線、VPN、公衆無線 LAN について紹介します。

3.7.1 アナログ電話回線

いわゆる固定電話回線を利用して通信を行います。電話回線の音声部分の帯域を使ってインターネットにダイアルアップ接続する場合に利用されています。この方法は、特別な通信回線を必要とせず、一般家庭に広く普及している電話網をそのまま利用できます。

コンピュータをアナログ電話回線で接続するためには、デジタル信号とアナログ信号を変換するモデムが必要になります。モデムによる通信速度は 56kbps 程度と低速です。現在は、ほとんど利用されていません。

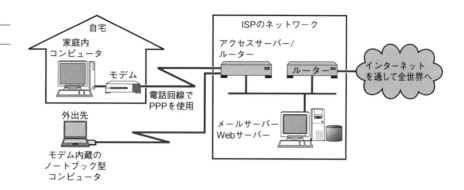

図 3.32
ダイアルアップ接続

3.7.2 モバイル通信サービス

モバイル通信サービスは、時代とともに高速化、高度化がはかられています。1G、2G、PHS▼、3G と規格化が進んできました。ここで使われている「G」は Generation の略であり、第一世代、第二世代、第三世代と言うこともできます。現在は 4G-LTE が主流であり、この規格に対応したスマートフォンなどは、インターネットアクセスという観点では、ほぼパソコンと同等の使い勝手を実現しています。通信速度も実効速度で数 Mbps〜数十 Mbps 程度のデータ通信を行うことができます。また、LTE のさらなる大容量、高度化を実現する LTE-Advanced が国際標準化団体 3GPP により標準化され、各社、MIMO▼、キャリアアグリゲーション技術▼の活用により、下り理論値 1Gbps に近いサービスの提供を開始しています▼。今後 5G の規格では、数 Gbps の通信速度となって Wi-Fi と同程度の速度が実現され、他の通信方法と比較して低遅延な環境が提供されます。

▼PHS（Personal Handyphone System）
回線交換によるPIAFS方式最大64kbpsを提供。その後、高度化PHSにより800kbpsを実現。さらにPHS技術を活用して2.5GHz帯を使用する広帯域移動無線アクセスシステム（BWA）へ進化し、現在は20Mbps（XGP方式）〜最大110Mbps（AXGP方式）を提供している。

▼MIMO（Multiple-Input and Multiple-Output）
「マイモ」と呼ばれる。送受信機双方で複数のアンテナを利用して通信品質を向上させる仕組み。

▼キャリアアグリゲーション技術
複数の周波数帯の電波を束ねてデータ通信を行う技術。

▼各社LTE-Advancedの下り理論値
NTT DoCoMo：下り理論値 988Mbps（3.5GHz×2, 1.7GHz×1）
au：下り理論値 958Mbps（3.5GHz×2, 2GHz×1）
ソフトバンク：下り理論値 400Mbps（2.1GHz×1, 1.7GHz×1, 900MHz）

▼ADSL
Asymmetric Digital Subscriber Line

3.7.3 ADSL

ADSL▼は、既存のアナログ電話回線を拡張利用するサービスです。アナログ電話回線は高周波のデータ通信にも利用できますが、電話局の交換機では音声帯域のみを効率よく転送するために余分な周波数をカットしています。特に近年の電話網はデジタル化されているため、電話回線を通る信号は電話局の交換機を通るときに 64kbps 程度のデジタル信号に変換されてしまいます。このため、64kbps 以上の伝送速度で通信するのは原理的に不可能です。しかし、電話機から電話局の交換機の手前までの回線では、より高速な通信を行うことが可能です。

ADSL では電話機と電話局の交換機の間の回線を利用します。そこにスプリッタと呼ばれる分配機を設置し、音声周波数（低周波）とデータ通信用の周波数（高周波）を混合・分離します。

このような方式には ADSL 以外にも VDSL、HDSL、SDSL などがあり、これらを総称して xDSL と呼ぶことがあります。ADSL はその中でもっとも普及している方式です。

回線速度は、通信方式や電話回線の品質、電話局からの距離などによって異なりますが、ISP →家庭・オフィスが 1.5Mbps ～ 50Mbps、家庭・オフィス → ISP が 512kbps ～ 2Mbps 程度です。

図 3.33
ADSL 接続

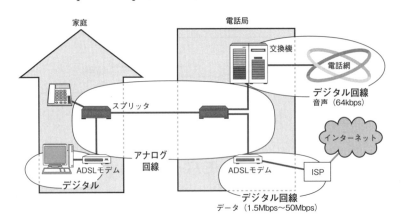

3.7.4　FTTH（Fiber To The Home）

　FTTH は、Fiber To The Home の略称です。高速の光ファイバーを、ユーザーの自宅や会社の建物内に直接引き込む手法です。建物の中まで光ファイバーがきますが、それを直接コンピュータに接続するのではなく ONU▼という装置で、光を電気信号に変換してからコンピュータやルーターに接続するのが普通です。FTTH を利用すると、常時安定した高速通信が可能になります。回線速度、サービスなどは、各プロバイダのサービスメニューによって異なります。
　マンションや会社、ホテルの建物の直前まで光ファイバーを利用し、そこから先は建物内の配線を利用する形態を FTTB（Fiber To The Building）と呼びます。また、自宅周辺まで光ファイバーを利用し、周辺の住宅で共同で利用するような形態を FTTC（Fiber To The Curb▼）と呼びます。

▼ONU（Optical Network Unit）
光回線終端装置。通信会社側の終端装置は OLT（Optical Line Terminal）と呼ぶ。

▼Curb とは、自宅近辺の道路の縁石を指している。

図 3.34
FTTH 接続

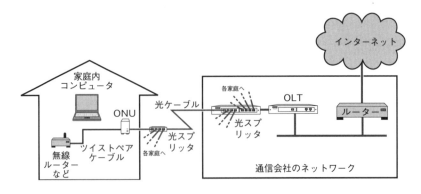

▼光ケーブルと WDM については付.4.3項を参照。

　なお、光ケーブルは通常は送信用と受信用とで別々の 2 本をペアとして利用しますが、FTTH では簡易 WDM▼を用いて送信用信号と受信用信号の両方を 1 本のケーブルでまかないます。各家庭へと引き込まれる光ケーブルは、ONU と OLT の間にある光スプリッタで分岐されます。

■ ダークファイバー

通信事業者や送配電事業者などの社会インフラ関連の事業者などが敷設した光ファイバーケーブルのうち、使用していない光ファイバーを一般企業や団体が借り受けられるサービスが提供されています。このようにして借り受けた光ファイバーを、ダークファイバーと呼びます。

光ファイバーのみを借り受けるサービスなので、両端に利用者が必要と思う機器を接続すれば、どのような通信も可能です。また、完全に占有しているので、第三者が侵入できる可能性を限りなく低くできます。一例ですが、北米の大手クラウド事業者は、北米の東部、中部、西部の複数のデータセンターをダークファイバーでつなぐことを計画中です。

3.7.5 ケーブルテレビ

本来、電波を使うテレビ放送を、ケーブルを使って放送するサービスがケーブルテレビです。電波による地上放送はアンテナの設置状況や周りの建物によって受信状態が悪くなる場合があります。ケーブルを使うケーブルテレビではそのような影響が少ないため、鮮明な画像でテレビ放送を楽しむことができます。

近年、ケーブルテレビを使ったインターネット接続サービスが広く行われるようになりました。このサービスでは放送に使われていない空いているチャネルをデータ通信専用に利用します。

放送局側から加入者宅までの通信▼はテレビ放送と同じ周波数帯を使用し、加入者宅から放送局側▼へは放送では利用されていない低周波数帯を使用します。このためケーブルテレビでは、下りのデータ転送速度に比べて上りのデータ転送速度が低いという特徴があります。

▼ダウンストリームと呼ばれる。

▼アップストリームと呼ばれる。

図 3.35
ケーブルテレビによるインターネット接続

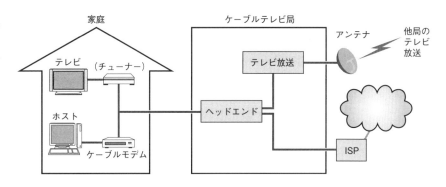

ケーブルテレビでインターネットに接続するためには、まずケーブルテレビ局のサービスに加入する必要があります。加入者宅にデータ通信用のケーブルモデムを設置し、ケーブルテレビの放送局に設置されたヘッドエンドと呼ばれる装置と通信することになります。ヘッドエンドは、デジタル放送や一部のアナログ放送と通信用のデジタルデータを、1つのケーブルで送受信できるように変換します。

インターネットへの接続は、加入者宅からケーブルモデムで信号変換され、ケーブルテレビ網を通り、さらにISPに接続されます。ケーブルテレビ網では

134 第3章 データリンク

▼3.6.8項を参照。

DOCSIS▼という規格を利用しており、現在では最大 320Mbps の通信サービスが行われています。

▌3.7.6 専用回線（専用線）

インターネット利用者の急速な増加により、専用回線サービスの低価格化、広帯域化、多様化が進み、現在さまざまな「専用線サービス」が提供されています。主なサービスとしてはイーサネット専用線サービスがあります。1Mbps ～ 100Gbps のサービスが提供されており、用途に合わせて選択することができます。また、SONET/SDH 専用線サービス、ATM 専用線サービスも提供されています。

専用回線の接続形態は必ず1対1になります。ATM はもともと複数の接続先を許すように設計されていますが、たとえば専用線サービスとして提供されている ATM メガリンクサービスでは、接続先は1つしか選択できません。ISDN やフレームリレーのように1回線引けば数カ所と接続が可能になるわけではありません。

▌3.7.7 VPN（Virtual Private Network）

離れた地域を結ぶ VPN（Virtual Private Network）サービスには、IP-VPN、広域イーサネットがあります。近年、インターネットを活用した SD-WAN サービスも提供が開始されています。

▉ IP-VPN

IP ネットワーク（インターネット）に VPN を構築します。

▼タグ（tag）と表現する場合もある。

IP ネットワーク上に MPLS 技術を用いて VPN を構築するサービスを通信事業者が提供しているものがあります。7.7 節で説明する MPLS（Multiprotocol Label Switching）は、ラベル▼と呼ばれる情報を IP パケットに付加して通信を制御します。このラベルを、顧客ごとに異なるように設定し、MPLS 網を通過する際に、このラベルで宛先の判断を行います。これによって、複数の顧客の VPN を1つの MPLS 網上で区別し、保護されて閉じた形のプライベートなネットワークとして利用できます。また、顧客ごとに帯域保証などを行うことができます。

図 3.36
IP-VPN（MPLS）

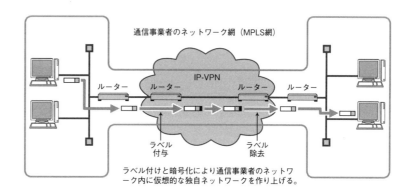

通信事業者が提供している IP-VPN サービスを利用する以外に、企業などが独自にインターネット上に VPN を構築する場合もあります[▼]。この場合、IPsec[▼]を使って VPN を実現する方法が一般的です。この方法では、IPsec により VPN 上での通信時に IP パケットの認証、暗号化を行い、インターネット上で閉じたネットワークを構築します。安価なインターネット接続料で通信回線を確保でき、各自が必要とするセキュリティレベルで通信の暗号化を行うことができますが、インターネットの混雑具合により通信速度に影響が出る場合があります。

[▼]通信事業者が提供するIP-VPNサービスと区別するために、このタイプのVPNをインターネットVPNと呼ぶことがある。

[▼]IPsecについては9.4.1項を参照。

■ 広域イーサネット

通信事業者が提供する、離れた地域を結ぶイーサネット接続のサービスです。IP-VPN が IP 層での接続サービスであるのに対して、広域イーサネットはデータリンク層であるイーサネットを用いた VLAN（バーチャル LAN）を利用します。IP-VPN と異なりイーサネットをそのまま利用するので、TCP/IP 以外のプロトコルも利用できます。

広域イーサネットでは、通信事業者が構築するネットワークの VLAN を、利用企業が専用で利用する形になります。同じ VLAN を指定すれば、どこからでも同じネットワークに接続できます。広域イーサネットはデータリンク層を利用しているため、不要なパケットを流さないように利用者が工夫した上で運用することが必要になります。

■ SD-WAN サービス

WAN を構成する MPLS やインターネット、4G LTE などを取りまとめ、仮想的な WAN リンクを構成するサービスです。論理ネットワークを構成することができます。経路の暗号化、論理ネットワーク上のアプリケーション可視化、クラウドサービス利用時の経路制御といった機能が提供されることもあります。

3.7.8 公衆無線 LAN

公衆無線 LAN とは、Wi-Fi（IEEE802.11b など）を利用したサービスです。ホットスポット（Hot Spot）と呼ばれる電波受信可能エリアを駅、飲食店などの人が集まる場所に設置し、無線 LAN インタフェースを持ったラップトップ型のコ

ンピュータやスマートフォンなどから接続します。

利用者は、ホットスポット経由でインターネットに接続します。また接続後、IPsecを利用したVPN経由で自分の会社へ接続を行うこともできます。このサービスを無料で提供している場合（ショッピングモールや駅など）と、契約した利用者に対して有料でサービスを提供している場合があります。

公衆無線LANを利用する際には、セキュリティ保護（暗号化）の有無を確認する、通信するWebサイトなどが暗号化されているかなど、注意が必要となります。

図 3.37
公衆無線LAN

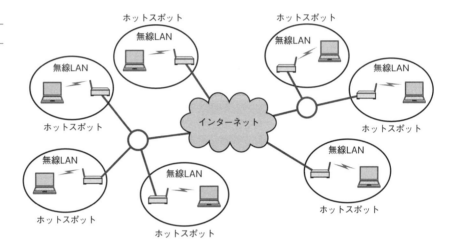

3.7.9　その他の公衆通信サービス（X.25、フレームリレー、ISDN）

■ X.25

X.25網は電話網の改良版的なネットワークです。1つのポイントから複数のサイトに同時接続可能なサービスで、9.6kbpsまたは64kbpsの伝送速度を持ちます。現在はほかのサービスの利用が進み、使われなくなっています。

■ フレームリレー

X.25を簡素化して高速化したネットワークです。X.25と同様に、1対Nの通信が可能で、各通信業者から64kbps～1.5Mbpsのサービスが提供されていました。現在は広域イーサネットやIP-VPNへの移行が進み、使われなくなっています。

■ ISDN

ISDNは、Integrated Services Digital Network（統合サービスデジタル網）の略称です。電話、FAX、データ通信など、いろいろな通信を統合して扱うことのできる公衆ネットワークです。現在はほかのサービスへの移行が進み、利用者が減ってきています。

Chapter

4

第4章

IP
(Internet Protocol)

この章では、IP（Internet Protocol）について学びます。IP はパケットを目的の
コンピュータまで届けるという、TCP/IP の中でもっとも重要な役割を持ってい
ます。この IP の働きによって、地球の裏側にあるコンピュータと通信すること
が可能になるのです。この章では IP の機能や仕組みについて説明します。

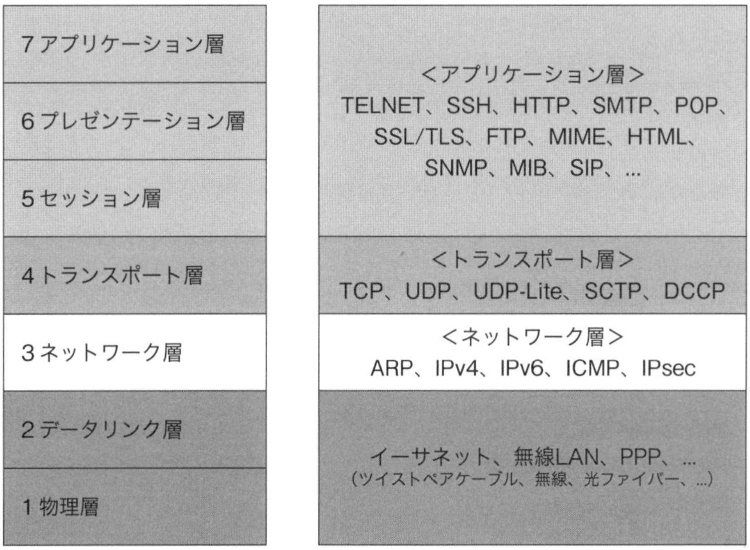

7 アプリケーション層
6 プレゼンテーション層
5 セッション層
4 トランスポート層
3 ネットワーク層
2 データリンク層
1 物理層

＜アプリケーション層＞
TELNET、SSH、HTTP、SMTP、POP、
SSL/TLS、FTP、MIME、HTML、
SNMP、MIB、SIP、...

＜トランスポート層＞
TCP、UDP、UDP-Lite、SCTP、DCCP

＜ネットワーク層＞
ARP、IPv4、IPv6、ICMP、IPsec

イーサネット、無線LAN、PPP、...
（ツイストペアケーブル、無線、光ファイバー、...）

4.1 IPはインターネット層のプロトコル

TCP/IPの心臓部ともいえるのが、インターネット層です。これは主に、IP（Internet Protocol）と、ICMP（Internet Control Message Protocol）という2つのプロトコルから構成されています。この章では、IP▼について説明します。ICMPについては、DNS、ARPなどのIPに関連するプロトコルと一緒に第5章で説明します。

なお、現在、IPv4とIPv6の2つのバージョンのIPが使われています。インターネット誕生から現在までもっとも多く使われてきたのがIPv4（Internet Protocol version 4）です。これに対して、世界規模でインターネットが普及していった結果、IPv4アドレスが枯渇することが確実となり新しくIPv6（Internet Protocol version 6）が標準化されました。この章ではまずIPv4について説明し、その後でIPv6について説明します。

4.1.1 IPはOSI参照モデルの第3層に相当

IP（IPv4、IPv6）は、OSI参照モデルの第3層のネットワーク層に相当します。ネットワーク層の役割をひと言でいうと、「終点ノード▼間の通信を実現する」ことにあります。終点ノード間の通信は、エンドツーエンド（end-to-end）の通信ともいわれ、ネットワーク層のもっとも重要な役割です。図4.1でいえば、ホストBとホストCの間の通信を実現してくれるということです。

ネットワーク層の下位に位置するデータリンク層は、同じ種類のデータリンクだけで接続されているノード間のパケット伝送を行います。データリンクを越えた通信をするためにはネットワーク層が必要です。ネットワーク層は、通信経路になっているデータリンクの違いを覆い隠し、異なる種類のデータリンクであったとしても、その間の連携をとりながらパケットを配送することによって、別のデータリンクに接続されているコンピュータ間での通信を可能にします。

▼「IPというプロトコル」の意味で「IPプロトコル」と表現することがある。IPはInternet Protocolの略なので「IPプロトコル」は「Internet Protocolプロトコル」になってしまい「プロトコルが被っている」と感じる人がいるかもしれない。しかし、IPアドレスやIPパケット、IPネットワークのように、IPはさまざまな言葉と一緒に使われたり、Interrupt ProcessやIntellectual Property、Instruction Pointerなど別の言葉の略称として使われる。単にIPと記載すると誤解される恐れがある。このためRFCでも「the IP protocol」のような表現はよく使われる。同様にTCPプロトコルやTCP/IPプロトコルという言葉も使われる。本書でも必要に応じて「IPプロトコル」という表現を使用する。

▼終点ノード
エンドノードとも呼ばれる。通信を行う目的でネットワークの末端に接続される装置のことで、具体的にはコンピュータやスマートフォン、端末などの意味になる。

図4.1
IPの役割

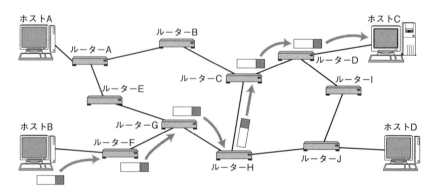

IPの目的は複雑なネットワークの中であっても最終的な宛先にパケットを届けること。

■ホストとルーター、ノード

　インターネットの世界では、IPアドレスが付けられた機器や機械、装置のことを「ホスト」と呼びます。「ホスト」という用語は、1.1節で説明したように、もともとは大型の汎用コンピュータやミニコンピュータを指す言葉でした。インターネットプロトコルを研究開発していた時代（1970年代前後）、ネットワークに接続するのはそうした大型のコンピュータだけだったこともあり、IPアドレスが付けられた機器のことを「ホスト」と総称するようになりました。現在では、スマートフォンのような小さな機器もインターネットに接続されますが、IPではインターネットに接続される機器はどのようなものでも「ホスト」と呼ばれます。

　もう少し正確にいうと、ホストとは、「IPアドレスが付けられているが、経路制御▼を行わない機器」という意味になります。IPアドレスが付けられていて経路制御を行う機器を「ルーター」と呼び、ホストとは区別します。そして、ホストとルーターを合わせて「ノード」と呼びます▼。

▼経路制御
ルーティングとも呼ばれ、パケットを中継すること。詳しくは4.2.2項と第7章を参照。

▼これらは、公式にはIPv6の仕様が書かれているRFCでの用語（具体的にはRFC8200）。IPv4のRFCでは経路制御を行う機器を「ゲートウェイ」と呼んでいた（具体的にはRFC791）。今でも、デフォルトゲートウェイ（4.4.1項参照）など、ルーターのことをゲートウェイと呼ぶことがある。

4.1.2　ネットワーク層とデータリンク層の関係

　データリンク層は、直接接続された機器同士の通信を提供します。それに対し、ネットワーク層であるIPは直接接続されていないネットワーク間での転送を実現します。なぜこのような2つの層が必要なのでしょうか。この違いは次のように考えると分かりやすいでしょう。

　どこか遠くへ旅行する場合について考えてください。飛行機や電車、バスを乗り継いで目的地へ行くことにしました。旅行代理店へ行って航空券や切符を買うことにします。

　旅行代理店の窓口で出発地と目的地を伝えたところ、旅行に必要な航空券や切符をすべて用意してくれた上に、旅行の行程表まで作ってくれました。この行程表には、何時何分にどの飛行機や電車、バスに乗ればよいかがすべて記載されています。

　これに対し、購入した航空券や切符は特定の1区間▼のみで有効です。飛行機やバスは乗り換えるたびに、電車は異なる鉄道会社に乗り換えるたびに、別の切符を使うことになります。

▼ここでの「区間」は「セグメント」（93ページのコラム参照）と同じ意味になる。

図4.2
IPの役割とデータリンクの役割

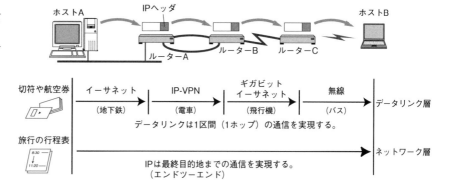

この切符や航空券の役割を分析して考えると、区間内での移動を制御しているものだといえます。この「区間内」というのがデータリンクにあたります。区間内の出発駅と到着駅が書かれた切符は、データリンクの宛先アドレスと送信元アドレスが書かれたヘッダ▼に相当します。そして、旅の全行程が書かれている行程表がネットワーク層の役割になります。

▼ データリンクがイーサネットだとすると、出発駅が送信元MACアドレス、到着駅が宛先MACアドレスと考える。

行程表だけで切符がなければ、乗り物に乗ることはできず、目的地へ行くことはできません。逆に、切符だけでも最終目的地までたどり着くことは難しいでしょう。どの乗り物にどの順番で乗ればよいかが分からないからです。確実に目的地に着くには、切符と行程表の両方が必要になります。このように遠くへ旅行する場合と同じように、コンピュータネットワークにはネットワーク層とデータリンク層の両方が必要になるのです。データリンク層とネットワーク層が協力することで、データを目的地まで届けることができます。

4.2 IP の基礎知識

IP には大きく3つの役割があります。IP アドレス、終点ホストまでのパケット配送（ルーティング）、IP パケットの分割処理と再構築処理です。それぞれについて簡単に説明します。

▍4.2.1 IP アドレスはネットワーク層のアドレス

コンピュータ通信では、通信相手の識別のためにアドレスなどの識別子を使います。第3章では、データリンク層のアドレスである MAC アドレスについて説明しました。MAC アドレスは、同一のデータリンク内にあるコンピュータを識別するために使われます。

ネットワーク層である IP でもアドレスを使用します。これが IP アドレスです。このアドレスは、「ネットワークに接続されているすべてのホストの中から、通信を行う宛先を識別する」ときに使用されます。TCP/IP で通信するすべてのホストやルーターには、必ずこの IP アドレスを設定しなければなりません▼。

▼ 厳密には、ネットワークインタフェースごとに1つ以上のIPアドレスが付けられる。

図 4.3

IP アドレス

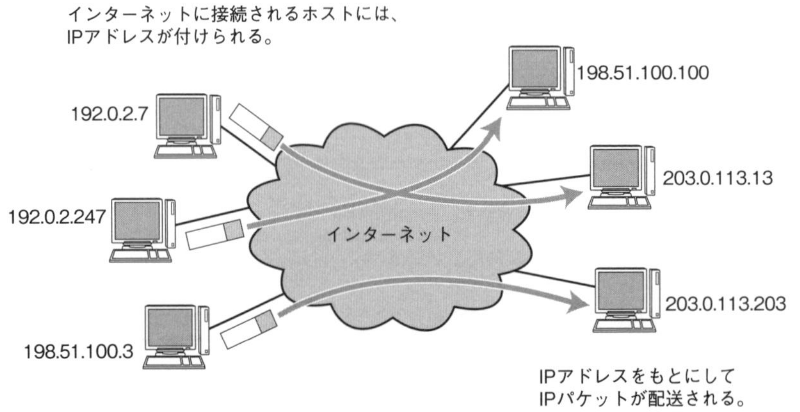

インターネットに接続されるホストには、
IPアドレスが付けられる。

198.51.100.100

192.0.2.7

203.0.113.13

192.0.2.247

インターネット

198.51.100.3

203.0.113.203

IPアドレスをもとにして
IPパケットが配送される。

IPアドレスの形式は、ホストがどのような種類のデータリンクに接続されていてもまったく同じものが使われます。イーサネットでも、無線LANでも、PPPでも、IPアドレスの形式は同じです▼。詳しくは4.2.3項で説明しますが、ネットワーク層にはデータリンク層の性質を抽象化する役割があります。IPアドレスの形式がデータリンクの種類によらず同じであることは、その抽象化の1つといえます。データリンクは、技術の向上や運用形態の変化、かかるコストやかけられるコストの変化などによって変わることがあります。抽象化により、同じIPアドレスを使ってネットワークを運用管理できるのです。

▼データリンクのMACアドレスの形式は、すべての種類で同じになっているわけではない。

なお、ブリッジやスイッチングハブなど、物理層やデータリンク層でパケットを中継する機器には、IPアドレスを設定する必要はありません▼。これらの機器は、IPパケットを単なる0や1のビット列として伝達したり、データリンクフレームのデータ部として転送したりするだけなので、IPに対応する必要がありません▼。

▼ネットワーク管理で使われるSNMPに対応しているなど、遠隔で状態確認・設定変更ができる機器(スイッチングハブなど)の場合には、IPアドレスを設定することがある。IPアドレスを設定しないと、IPを利用したネットワーク管理は不可能になる。

▼逆に、これらの機器は、アドレス体系が異なるIPv4でもIPv6でも使用できる。

4.2.2 経路制御(ルーティング)

経路制御(ルーティング▼)は、宛先IPアドレスのホストまでパケットを届けるための仕組みです。ネットワークが迷路のように複雑になっていたとしても、経路制御により目的のホストまでの経路(ルート)が決定されます。この経路制御が正しく働かないと、パケットが迷子になってしまい、目的のホストまで届かなくなります。地球の裏側までデータが正しく届くのは、経路制御のおかげです。

▼ルーティング(Routing) ラウティングと発音されることもある。

図4.4
経路制御(ルーティング)

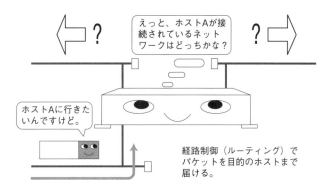

■ 最終的な宛先ホストまでのパケット配送

ホップ(hop)には「跳ぶ」という意味があります。TCP/IPでは、ネットワークの1区間をIPパケットが跳ぶことをホップといい、この1区間のことを1ホップ(ワンホップ)といいます。IPの経路制御はホップバイホップルーティングという方式で行われます。この1区間ごとに次のルートが決定され、パケットが転送されていきます。

図 4.5
ホップバイホップルーティング

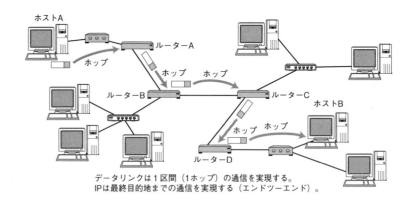

データリンクは1区間（1ホップ）の通信を実現する。
IPは最終目的地までの通信を実現する（エンドツーエンド）。

> ■ **1ホップの範囲**
>
> 　1ホップはデータリンク層以下の機能だけを使ってフレームが伝送される1区間を意味します。
> 　イーサネットなどのデータリンクでは、MACアドレスを使ってフレームが配送されます。1ホップは送信元MACアドレスと宛先MACアドレスを使ってフレームが伝送される区間になります。これはホストやルーターのNICから、ルーターによる中継を経ずに到達できる、隣接したホストやルーターのNICまでの区間です。この1ホップの区間内は、ケーブル同士がブリッジやスイッチングハブで接続されていることはあっても、ルーターやゲートウェイで接続されることはありません。

▼具体的にはIPヘッダの前に付けられるデータリンクへのヘッダで指定する。イーサネットの場合には宛先MACアドレスで指定する。

　ホップバイホップルーティングでは、ルーターやホストは、IPパケットに次の転送先となるルーターやホストを指示▼するだけで、最終目的地までの経路を指示するわけではありません。それぞれの区間（ホップ）ごとに個々のルーターがIPパケットの転送処理を行い、それが繰り返されて、最終的な宛先ホストまでパケットがたどり着きます。
　これを図4.6のように、電車で旅することにたとえて説明しましょう。

図 4.6
駅に降りるたびに、次にどの電車に乗ったらよいか聞く

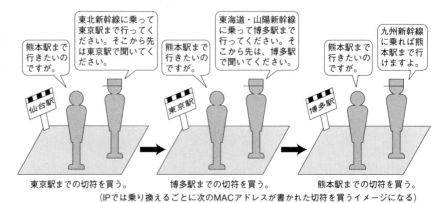

最終目的地の駅は決まっているのですが、どうやって行けばよいか本人はまったく知りません。とりあえず、最寄りの駅へ行き、駅員にどうすればよいか聞くことにしました。駅員に最終目的地を告げると、親切な駅員は次のように答えます。

「○×線に乗って、○△駅で降りてください。そこでまた駅員に聞いてください」

そして言われた駅まで行ったら、また駅員に聞くことになります。すると再び、

「この線に乗って、×□駅で降りてください。そこでまた駅員に聞いてください」

と言われます。

出発前に最終目的地までの行き方を知らなくても、それぞれの駅で聞きながら進むという「行き当たりばったり▼」の方法を使えば、目的地へ到達することができます。

IPのパケット配送も同じように行われます。旅行する人がIPパケットで、駅や駅員がルーターです。IPパケットがルーターに到着すると、宛先IPアドレスが調べられます▼。そして、次にそのパケットを渡すべきルーターが決定され、そのルーターに転送されます。IPパケットがそのルーターに到着したら、再び宛先IPアドレスが調べられ、次のルーターに転送されます。この作業を繰り返して、IPパケットは最終的な目的地まで届けられるのです。

これを宅配便にたとえると、IPパケットが荷物で、データリンクがトラックです。荷物は自分で移動できません。荷物を運ぶのは、トラックの仕事です。トラックは、荷物を1区間しか運びません。それぞれの区間で荷物を目的地に向かうトラックに載せ替えながら運びます。IPでも同じようなことを行っているのです。

▼行き当たりばったりのようにその場限りで無計画なことを英語では「ad hoc」(アドホック)という。IPを語るときによく使われる言葉。

▼IPパケットが途中のルーターに転送されるときには、実際にはデータリンク層のフレームに入れられてから送られる。イーサネットの場合は、宛先MACアドレスが転送先のルーターのMACアドレスになる。IPアドレスとMACアドレスの関係については5.3.3項を参照。

図 4.7
IP によるパケットの配送

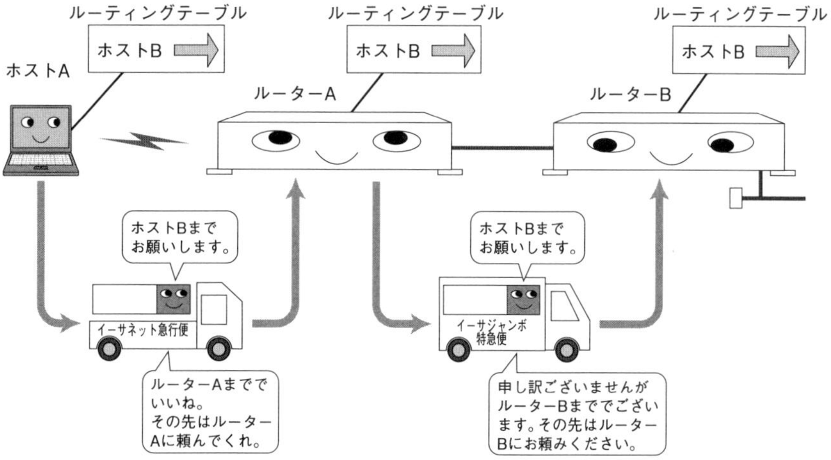

■ 経路制御表（ルーティングテーブル）

宛先のホストまでパケットを送るため、すべてのホストやルーターは経路制御表（ルーティングテーブル）と呼ばれる情報を持っています。この表（テーブル）には、IPパケットを次にどのルーターへ送ればよいかが記されています。IPパケットはこの経路制御表に従って各リンクに配送されます。

図4.8は、ルーターDの経路制御表の例を示しています。パケットがルーターDに届いたら、パケットの宛先と経路制御表を比較し、次にどのルーターに送ったらよいかを判断して転送処理を行います。

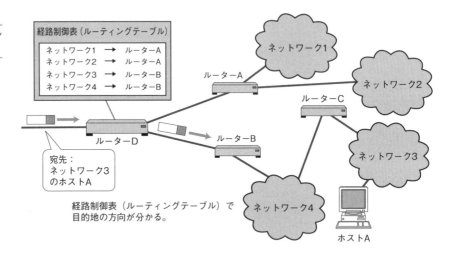

図4.8
経路制御表（ルーティングテーブル）

4.2.3　データリンクの抽象化

IPは複数のデータリンクで接続されたネットワーク間の通信を実現するプロトコルです。データリンクには、その種類によってそれぞれ固有の特徴があります。これを抽象化するのもIPの重要な役割です。たとえば4.2.1項で説明したように、データリンクのアドレスはIPアドレスによって抽象化されます。IPの上位層からは、実際の通信がイーサネットで行われようと、無線LAN、PPPで行われようと、同じように見えなければなりません。

データリンクごとに異なる性質の1つとして、最大転送単位（MTU：Maximum Transmission Unit）があります。最大転送単位とは、郵便物や荷物などを運ぶときの最大積載量と考えればよいでしょう。

図4.9のように、異なる運送会社を経由して荷物が運ばれる場合に、運送会社によって1つのトラックで輸送できる貨物の最大積載量が異なる場合を考えてみてください。最大積載量を超える貨物が送られてきても、複数のトラックに積み替えれば輸送できます。その分、トラックや運転手の数は増えることになりますが、同じ目的地にすべて届けば、宛先に貨物を送る目的は達成できるのです。

図 4.9
データリンクによって最大転送単位（MTU）が異なる

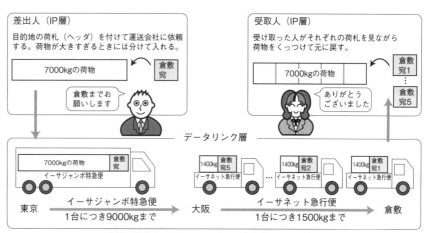

これと同様に、データリンクのMTUもその種類によって異なることがあります▼。IPの上位層からこのMTUよりも大きなパケットの送信要求がくるかもしれませんし、経路の途中でパケット長よりも小さなMTUのネットワークを通過しなければならないかもしれません。

このような問題に対処するために、IPでは分割処理（フラグメンテーション）を行います。分割処理とは、大きなIPパケットを複数の小さなIPパケットに分割する処理です▼。分割されたパケットは宛先のホストで再び1つにまとめられ、IPの上位層に渡されます。つまり、IPの上位層から見ると、途中のデータリンクのMTUにかかわらず、送信要求した長さのままパケットが届くことになります。このようにIPには、データリンクの特性を抽象化して、上位層がネットワークの細かい構造について考えなくても通信ができるようにする役割があります。

▼ イーサネットやWi-FiのMTUは1500バイトだが、歴史的にはMTUが576のX.25や、4352のFDDI、9180のATMなどが使われてきた。また家庭とプロバイダの間の回線では1460〜1492までのMTUが使われることがある。MTUの値については表4.2を参照。

▼ 分割処理の詳細については4.5節を参照。

4.2.4 IPはコネクションレス型

IPはコネクションレス型▼です。つまり、パケットを送信する前に通信相手との間にコネクションの確立を行いません。上位層に送信すべきデータが発生しIPに送信要求をしたら、すぐにIPパケットにデータを詰めて送信します。

コネクション型の場合は、通信に先立ってコネクションの確立を行います。通信相手のホストの電源が切れている場合や、相手のホストが存在していない場合には、コネクションを確立することができません。そしてコネクションを確立できなければパケットを送ることはできません。逆に、コネクションの確立をしていないホストからパケットが送られてくることもありません。

ところが、コネクションレス型の場合には、宛先のホストの電源が切れている場合や存在していない場合でもパケットを送信できてしまいます。逆に、いつ、誰からパケットが送られてくるかも分かりません。常にネットワークを流れているパケットを監視して、自分宛のパケットが来たらそれを受信して処理しな

▼ コネクションについては1.7.1項を参照。

ければなりません。準備ができていない場合にはパケットを取りこぼしてしまう可能性もあります。このように、コネクションレス型はむだな通信をする可能性があります。

では、なぜ IP はコネクションレス型なのでしょうか？

それは機能の簡略化と高速化のためです。コネクション型は、コネクションレス型と比較して処理が複雑になります。コネクションの情報を管理するのもたいへんです。また、通信するたびにコネクションを確立するのでは処理速度の低下につながります。コネクション型のサービスが必要となる場合には、IP ではなく、IP の上位層が提供すればよいのです。

■信頼性を高める上位層の TCP はコネクション型

IP は最善努力型（Best Effort、ベストエフォート）▼のサービスと呼ばれています。これは、「パケットを宛先まで送り届けようと最大限の努力」をするからです。しかし、「実際に届いたかどうかの保証」はありません。途中でパケットが失われてしまう、順番が入れ替わってしまう、2 つ以上に増えるといった可能性があります。用途によっては送信したデータが確実に宛先に届かないと困ったことが起きてしまいます。たとえば電子メールの重要な部分が欠けてしまい、相手にきちんと話の意図が伝わらなかったらたいへんです。

信頼性を高めるのは TCP の役割です。IP はデータを相手のホストに届けることだけを考えますが、TCP はその IP を利用してデータが相手のホストまで確実に届くようにします。

ではなぜ、IP に信頼性を持たせないで、わざわざ 2 つのプロトコルに分けたのでしょうか？

その理由は、1 つのプロトコルで何もかもやろうとしてしまうと、そのようなプロトコルを定義したり実装（プログラミング）したりするのが難しくなり、うまく実現できなかったり、長い期間がかかったりする可能性があるからです。階層ごとにプロトコルの役割分担を明確にして、その役割だけに絞ってプロトコルを定義したりプログラミングしたりするほうが、プロトコルの実現が容易になり、早く実現できる可能性が高くなります。

通信に必要な機能を階層化すると、TCP や IP それぞれのプロトコルの目的がはっきりし目指す目標が明確になり、機能の拡張や性能の向上が容易になります。それはプロトコルの実現のしやすさへとつながっていきます。このようにしたことが、今日のインターネットの発展につながっていると言っても言い過ぎではないでしょう。

▼ 「最善努力」や「ベストエフォート」と聞くとよい意味に感じられるかもしれないが、実際には「保証がない」というマイナスな意味で使われる。

4.3 IPアドレスの基礎知識

　TCP/IPで通信をするときには、IPアドレスでホストやルーターが識別されます。正しく通信するためには、それぞれの機器に正しくIPアドレスが設定されている必要があります。

　また、インターネットで通信をするためには、世界全体で正しくIPアドレスを割り当てて、設定、管理、運用をしなければなりません。そうしなければ、正しい通信ができなくなってしまいます。

　TCP/IPによる通信にとって、このIPアドレスはもっとも基本となる部分といえます。

◤ 4.3.1　IPアドレスとは

　IPアドレス（IPv4アドレス）は32ビットの正整数値で表されます。TCP/IPで通信をする場合には、このIPアドレスを個々のホストに割り当てなければなりません。IPアドレスはコンピュータの内部では2進数で処理されます。しかし、人間にとって2進数▼は非常に分かりにくいため、特別な表記方法を使用します。32ビットのIPアドレスを8ビットずつの4つの組に分け、その境目にピリオド（.）を入れて10進数で表現する方法です▼。具体的な例を見れば理解できるでしょう。

▼2進数
0と1だけで値を表現する方法。

▼この表記方法を「ドット・デシマル・ノーテーション」と呼ぶ。

例）

2^8	2^8	2^8	2^8	
10101100	00010100	00000001	00000001	（2進数）
10101100.	00010100.	00000001.	00000001	（2進数）
172.	20.	1.	1	（10進数）

　IPアドレスで表すことのできる数を組み合わせだけで計算すると、

$$2^{32} = 4,294,967,296$$

　となります。つまり、数字の上では、最大で約43億台のコンピュータをIPネットワークに接続できることになります▼。

▼43億という数は、大きな数のように思えるが、実は世界の総人口よりも小さな数となる。

　実際には、IPアドレスはホストごとではなく、NICごとに割り当てることになります▼。通常は1つのNICに1つのIPアドレスを割り当てますが、1つのNICに複数のIPアドレスを割り当てることも可能です。また、通常ルーターは2つ以上のNICを持つため、2つ以上のIPアドレスを持つことになります。

▼WindowsやUNIXでIPアドレスを表示させるには、コマンドプロンプトやターミナル上でそれぞれ「ipconfig /all」、「ifconfig -a」と入力すればよい。

　このため、実際には43億台ものコンピュータを接続することはできません。また、後ほど説明しますが、IPアドレスは「ネットワーク部」と「ホスト部」に分けられます。これにより、実際にIPネットワークに接続できるコンピュータの数はさらに少なくなります▼。

▼IPアドレスを付け替えるNAT技術により、43億台以上のコンピュータを接続できるようになった。NATについては5.6節を参照。

図 4.10
NICごとに1つ以上の
IPアドレスを割り当てる

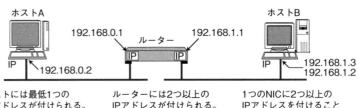

4.3.2 IPアドレスはネットワーク部とホスト部から構成される

　IPアドレスは、「ネットワーク部（ネットワークアドレス部）」と「ホスト部（ホストアドレス部）」に分けられます▼。

　図4.11のように、「ネットワーク部」は、データリンクのセグメントごとに重ならない値を割り当てます。接続されている他のセグメントとは重複しないように設定します。同じセグメントに接続されているホストやルーターのNICには、同じ値を設定します。

　IPアドレスの「ホスト部」は、同一セグメント内で重ならない値を割り当てます。他のセグメントとは同じ値になっていてもかまいません。

　このようにネットワークアドレスとホストアドレスを設定すると、接続されているネットワーク全体で同じIPアドレスを持つコンピュータが1台しか存在しないように設定できます。つまりユニークなIPアドレス▼を割り当てられることになります。

　IPパケットが途中のルーターで転送されるときには、図4.12のように、宛先IPアドレスのネットワーク部が利用されます。ホスト部を見なくても、ネットワーク部を見ればどのセグメント内のホストか識別できるからです。

　では、どこからどこまでがネットワーク部で、どこからどこまでがホスト部なのでしょうか。これには歴史的に2種類の区別があります。初期のIPでは、ネットワーク部とホスト部はクラスによって分けられていました。現在ではサブネットマスク（ネットワークプレフィックス）によって分けられます。ただし、一部の機器やシステム、プロトコルによっては、クラスの考え方が残っているので注意が必要です。

▼192.168.128.10/24 の「/24」は、ネットワーク部が先頭から何ビット目までなのかを表す。この例では、192.168.128までがネットワークアドレスとなる。詳しくは4.3.6項のサブネットマスクを参照。

▼ユニーク
ネットワークでほかと重複しない、ただ1つのIPアドレスという意味。1.8.1項も参照。

図 4.11
IP アドレスのホスト部

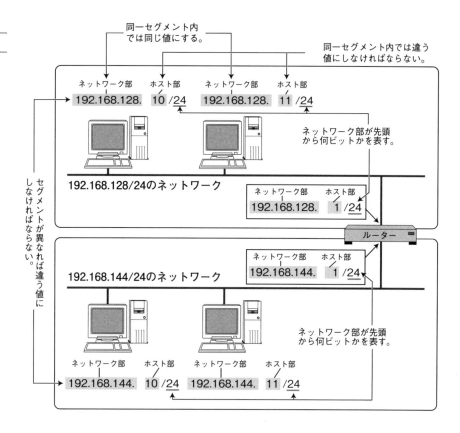

図 4.12
IP アドレスのネットワーク部

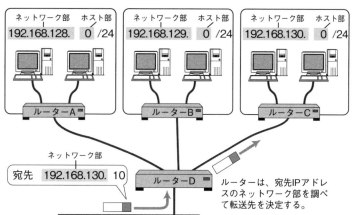

4.3.3 IPアドレスのクラス

IPアドレスは、クラスA、クラスB、クラスC、クラスDという4つのクラスに分類されていました▼。これらのクラスはIPアドレスの先頭から4ビットまでのビット列の組み合わせによってネットワーク部とホスト部を決めたものです。

▼クラスEという未使用のクラスもある。

■ クラスA

クラスAはIPアドレスの先頭1ビットが「0」で始まる場合で、IPアドレスの先頭から8ビット▼までがネットワーク部となります。これで表せるIPアドレスの範囲を10進数で表すと0.0.0.0～127.255.255.255になります。下位24ビットはホストアドレスとして割り当てられます。1つのネットワークの中で割り当てることのできるホストアドレスは16,777,214個になります▼。

▼クラス識別ビットを除くと7ビット。

▼クラスAのアドレス総数の計算については付.2.1項を参照。

■ クラスB

クラスBはIPアドレスの先頭2ビットが「10」で始まる場合で、IPアドレスの先頭から16ビット▼までがネットワーク部となります。これで表せるIPアドレスの範囲を10進数で表すと128.0.0.0～191.255.255.255になります。下位16ビットはホストアドレスとして割り当てられます。1つのネットワークの中で割り当てることができるホストアドレスは65,534個になります▼。

▼クラス識別の2ビットを除くと14ビット。

▼クラスBのアドレス総数の計算については付.2.2項を参照。

図4.13
IPアドレスのクラス

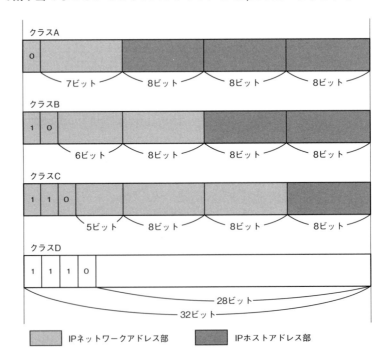

■ クラスC

クラスCはIPアドレスの先頭3ビットが「110」で始まる場合で、先頭から24ビット[▼]までがネットワーク部となります。これで表せるIPアドレスの範囲を10進数で表すと192.0.0.0 ～ 223.255.255.255になります。下位8ビットはホストアドレスとして割り当てられます。1つのネットワークの中で割り当てることのできるホストアドレスは254個になります[▼]。

■ クラスD

クラスDはIPアドレスの先頭4ビットが「1110」で始まる場合で、IPアドレスの先頭から32ビット[▼]までがネットワーク部になります。これを10進数に直せば、224.0.0.0 ～ 239.255.255.255になります。クラスDにホストアドレスの部分はありません。このクラスDは、4.3.5項で説明するIPマルチキャスト通信に使われます。

■ IPホストアドレス割り当て上の注意

IPアドレスのホスト部を割り当てる場合には注意しなければならないことがあります。それは、ホスト部をビットで表したときに、すべてのビットを0にすることやすべてのビットを1にすることができない点です。ホスト部のすべてのビットが0というアドレスは、ネットワークアドレスを表す場合やIPアドレスが分からない場合に利用することになっていて通常は利用できません。また、ホスト部のすべてのビットが1のアドレスは、ブロードキャストアドレスとして使われます。

このためIPアドレスのホスト部で割り当てられる数は、この2つを引いた数、たとえばクラスCでいえば$2^8-2 = 254$個となります。

▼ 4.3.4 ブロードキャストアドレス

ブロードキャストアドレスは、同一リンクに接続されたすべてのホストにパケットを送信するためのアドレスです。IPアドレスのホスト部のビットをすべて1にすると、ブロードキャストアドレスになります[▼]。たとえば、172.20.0.0/16を2進数で表現すると、

$$10101100.00010100.00000000.00000000 \quad (2進数)$$

になります。このアドレスのホスト部のビットをすべて1にしたものがブロードキャストアドレスです。

$$10101100.00010100.11111111.11111111 \quad (2進数)$$

このアドレスを10進数で表現すると、172.20.255.255になります。

▼クラス識別ビットを除くと21ビット。

▼クラスCのアドレス総数の計算については付.2.3項を参照。

▼クラス識別ビットを除くと28ビット。

▼イーサネットでは、MACアドレスのすべてのビットを1にしたFF:FF:FF:FF:FF:FFがブロードキャストアドレスとなる。そのため、ブロードキャストのIPパケットがデータリンクのフレームで送信されるときには、MACアドレスのすべてのビットが1に設定されたFF:FF:FF:FF:FF:FFで送信される。

■ 2つのブロードキャスト

ブロードキャストには、ローカルブロードキャストとダイレクトブロードキャストの2つがあります。

自分が属しているリンク内のブロードキャストが、ローカルブロードキャストです。たとえば、ネットワークアドレスが192.168.0.0/24の場合、ブロードキャストアドレスは192.168.0.255となります。このブロードキャストアドレスが設定されたIPパケットはルーターで遮断されるため、192.168.0.0/24以外の異なるリンクには到達しません。

異なるIPネットワークへのブロードキャストには、ダイレクトブロードキャストアドレスを指定します。たとえば、192.168.0.0/24内のホストが宛先IPアドレスを192.168.1.255にしてIPパケットを送信したとします。このパケットを受信したルーターは、パケットを目的のネットワーク192.168.1.0/24に転送します。これにより192.168.1.1～192.168.1.254までのすべてのホストにパケットを送ることができます▼。

▼ダイレクトブロードキャストはセキュリティ上の問題があるため、ルーターで転送されないように設定されている場合が多い。

図4.14
ローカルブロードキャストとダイレクトブロードキャスト

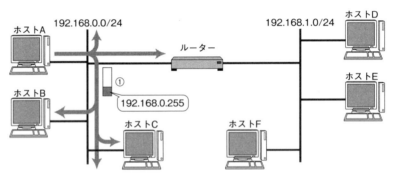

①のパケットは192.168.1.0/24のネットワークへは到達しない。
（ローカルブロードキャスト）

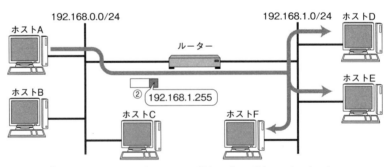

②は192.168.1.0/24のネットワーク指定のブロードキャストパケット。
（ダイレクトブロードキャスト）

4.3.5 IP マルチキャスト

■ 同時送信で効率アップ

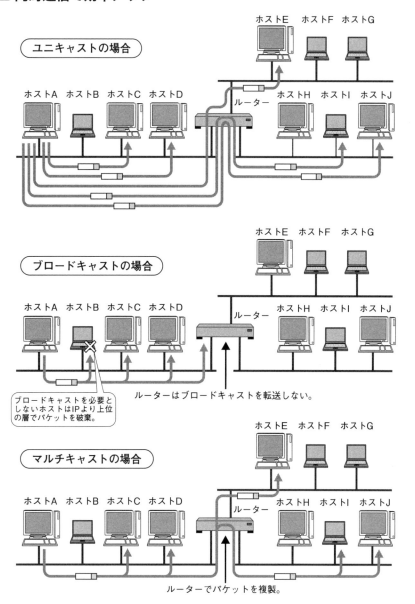

図 4.15
ユニキャスト、ブロードキャスト、マルチキャストの通信

マルチキャストは、特定のグループに所属するすべてのホストにパケットを送信するために利用されます。IP をそのまま利用するので、信頼性は提供されません。

マルチメディアアプリケーションの発展により、複数のホストへ同じデータを同時に送信し、通信効率を向上させることへの要求が高まっています。テレビ会議システムなどでは 1 対 N、N 対 N の通信が行われ、1 対 1 の通信に比べると同じデータを複数のホストへ送信することが増えます。

マルチキャスト機能が使用されるまではブロードキャストで全端末にパケットを送信し、受信したホストのIPより上の層で自分に必要なデータか否かの判断を行い、必要であれば受け取り、必要でなければ破棄する方法が使われていました。

しかし、このやり方では、関係のないネットワークやホストにまで影響を与え、ネットワーク全体のトラフィックも大きくなってしまいます。また、ブロードキャストはルーターを越えられないので、異なるセグメントにも同じパケットを送りたい場合には別の仕組みを使わなければなりません。そこで、ルーターも越えることができ、必要としているグループのみにパケットを送信するマルチキャスト機能が使われるようになりました。

■ IPマルチキャストとアドレス

IPマルチキャストでは、クラスDのIPアドレスを使用します。したがって、先頭から4ビットまでが「1110」であればマルチキャストアドレスとして認識されます。そして残りの28ビットがマルチキャストの対象となるグループ番号になります。

図 4.16
マルチキャストアドレス

IPマルチキャストアドレスは、224.0.0.0から239.255.255.255までの範囲になります。このうち224.0.0.0から224.0.0.255までは経路制御されず、同一リンク内でもマルチキャストになり、それ以外のアドレスは全ネットワークのグループのメンバーに到達します▼。

▼生存時間（TTL）を利用して到達範囲を限定することもできる。

また、すべてのノード（ホストおよびルーター）は224.0.0.1、すべてのルーターは224.0.0.2のグループに属する必要があります。このようにマルチキャストアドレスの中には、用途が決められているものがあります。代表的なものを表4.1に示します。

▼IGMP
Internet Group Management Protocol

IPマルチキャストを使って実用的な通信をしようとすると、IGMP▼などの仕組みが必要になります。これについては、5.8.2項で説明します。

表 4.1

用途が決められている代表的なマルチキャストアドレス

アドレス	内容
224.0.0.1	サブネット内のすべてのシステム
224.0.0.2	サブネット内のすべてのルーター
224.0.0.5	OSPF ルーター
224.0.0.6	OSPF 指名ルーター
224.0.0.9	RIP2 ルーター
224.0.0.10	EIGRP ルーター
224.0.0.11	Mobile-Agents
224.0.0.12	DHCP サーバー／リレーエージェント
224.0.0.13	すべての PIM Routers
224.0.0.14	RSVP-ENCAPSULATION
224.0.0.18	VRRP
224.0.0.22	IGMP
224.0.0.251	mDNS
224.0.0.252	Link-local Multicast Name Resolution
224.0.0.253	Teredo
224.0.1.1	NTP Network Time Protocol
224.0.1.8	SUN NIS+ Information Service
224.0.1.22	Service Location（SVRLOC）
224.0.1.33	RSVP-encap-1
224.0.1.34	RSVP-encap-2
224.0.1.35	Directory Agent Discovery（SVRLOC-DA）
224.0.2.2	SUN RPC PMAPPROC CALLIT

4.3.6 サブネットマスク

■ クラスにはむだが多い

　ネットワーク部が同じコンピュータは、すべて同一のリンクに接続しなければなりません。たとえばクラス B の IP ネットワークを構築したとすると、1 つのリンク内に 6 万 5 千台のホストを接続することが可能になります。しかし、1 つのリンクに 6 万 5 千台ものコンピュータを接続することはありえるでしょうか[▼]? これは、現実的なネットワーク構成ではありません。

▼IoT や制御システムではこのような構成になることもある。

　クラス A やクラス B をそのまま使うのは、非常にむだなことになります。インターネットが大きくなるにつれてネットワークアドレスが不足し、クラス A やクラス B、クラス C をそのまま使うことは許されなくなり、むだを小さくする仕組みが導入されました。

■ サブネットワークとサブネットマスク、ネットワークプレフィックス

　現在、IP アドレスを利用するときは、ネットワーク部とホスト部の切れ目はクラスに縛られません。サブネットマスクと呼ばれる識別子が導入され、クラス A やクラス B、クラス C のネットワークを小さく区切るサブネットワークアドレスが利用されます。これは、クラスごとに決まるホスト部をサブネットワークアドレス部として使うことにより、複数の物理ネットワークに分割できるようにする仕組みです。

156　第4章　IP（Internet Protocol）

　サブネットワークの導入により、IPアドレスは2つの識別子で表されるようになりました。1つはIPアドレスで、もう1つはネットワーク部を表すサブネットマスク（サブネットワークマスク、ネットマスク）です。サブネットマスクを考えるときには2進数で考えます。サブネットマスクはIPアドレスと同じ32ビットの正値で、IPアドレスのネットワーク部を表すビットと同じ桁の部分が1になり、ホスト部を表すビットと同じ部分が0になります。これにより、クラスに縛られずにIPアドレスのネットワーク部を決めることが可能になります。サブネットマスクは、IPアドレスの上位ビットから連続していなければなりません▼。

▼サブネットマスクが提案されたころは上位ビットから連続していない「歯抜け」のマスクが許されていたが、現在では許されない。

　現在サブネットワークアドレスを表すには2つの表記法があります。たとえば172.20.100.52の上位26ビットがネットワークアドレスの場合の例を示します。1つめは、

IPアドレス	172.	20.	100.	52
サブネットマスク	255.	255.	255.	192
ネットワークアドレス	172.	20.	100.	0
サブネットマスク	255.	255.	255.	192
ブロードキャストアドレス	172.	20.	100.	63
サブネットマスク	255.	255.	255.	192

という具合にIPアドレスとは別にサブネットマスクをそのまま記述する方法です。もう1つは、

IPアドレス	172.	20.	100.	52	/26
ネットワークアドレス	172.	20.	100.	0	/26
ブロードキャストアドレス	172.	20.	100.	63	/26

▼この表記法を「プレフィックス」と呼ぶ。

という具合に、IPアドレスの後ろに「/」を書き、その後ろにネットワークアドレスが先頭から何ビット目までなのかを書く方法です▼。この表記法でネットワークアドレスを記述するときには最後の0を省略できます。たとえば172.20.0.0/16の場合には、172.20/16と書いてもかまいません。

　図4.17に、2進数で表現したIPアドレスの構造をまとめます。

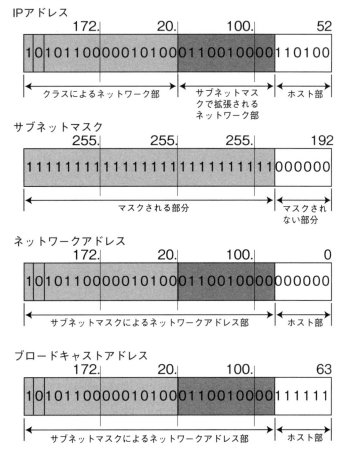

図 4.17
サブネットマスクによりネットワーク部を柔軟に決定できる

4.3.7 CIDR と VLSM

　1990年代半ばまでは、各組織へのIPアドレスの割り当てはクラス単位で行われました。大規模なネットワークを構築する組織にはクラスAが配布され、小規模なネットワークを構築する組織にはクラスCが配布されました。クラスAは全世界で128以下▼しか配布できず、クラスCは接続できるホストやルーターの数が最大で254台になるため、多くの組織がクラスBを求めるようになりました。その結果、クラスBの絶対数が不足し、配布しつくしてしまう可能性が出てきました。

　そこで、IPアドレスのクラス分けを廃止し、任意のビット長でIPアドレスを配布するようになりました▼。これをCIDR▼と呼びます。CIDRは「クラスに縛られない組織間の経路制御」を意味します。組織間のルーティングプロトコルであるBGP（7.6節を参照）がCIDRに対応することで、クラスに縛られずにIPアドレスが配布できるようになりました▼。

▼0、10、127など、目的が決まっていて配布できないアドレスがある。

▼すでにクラスBが配布された組織でも、クラスBが必要ないと判断される場合は、いったん配布されたIPアドレスを返還し、適正なサイズのIPアドレスが再配布された。

▼CIDR（Classless InterDomain Routing）「サイダー」と発音する。

▼CIDRに移行した初期の段階では、クラスAやクラスBの絶対数が不足していたため、クラスCを2のべき乗個（2、4、8、16、32、…）束ねて配布することが多かった。これをスーパーネットと呼んだ。

▼CIDRで統合するクラスCアドレスは、2のべき乗個（2、4、8、16、32、…）であることと、ビット区切りのよい境界を持つ必要がある。

▼経路情報の集約については4.4.2項を参照。

CIDRを適応することによって、連続する複数のクラスCアドレス▼を、1つの大きなネットワークとして扱うことが可能になります。CIDRにより、現在のIP（IPv4）のアドレス空間を有効利用できるようになると同時に、経路情報を集約▼し圧縮することが可能になります。

たとえば図4.18は、CIDRを適用し、203.183.224.1から203.183.225.254までを1つのネットワークにまとめた例です（クラスC 2個分）。

図 4.18
CIDRの適用例（1）

203 . 183 . 224 . 0 / 23
11001011 . 10110111 . 11100000 . 00000001 (203 . 183 . 224 . 1)
(ネットワーク部)
11001011 . 10110111 . 11100001 . 11111110 (203 . 183 . 225 . 254)
8ビット + 8ビット + 7ビット
9ビット
(IPホストアドレス部)
23ビット
2⁹ − 2 = 510 …510個のホスト数
203 . 183 . 224 . 0 / 23
1ネットワーク内に203 . 183 . 224 . 1から203 . 183 . 225 . 254までの510個のIPホストアドレスを割り当てることができる。このネットワークを複数のサブネットワークに分割することも可能。
1ネットワーク分のルーティング情報
インターネット
ルーター

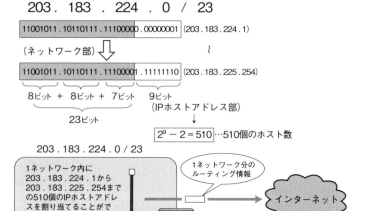

同様に、図4.19では、202.244.160.1から202.244.167.254までを1つのネットワークとしてまとめています。これは、従来のクラスCネットワーク8個を1つのIPネットワークにまとめていることになります。

図 4.19
CIDRの適用例（2）

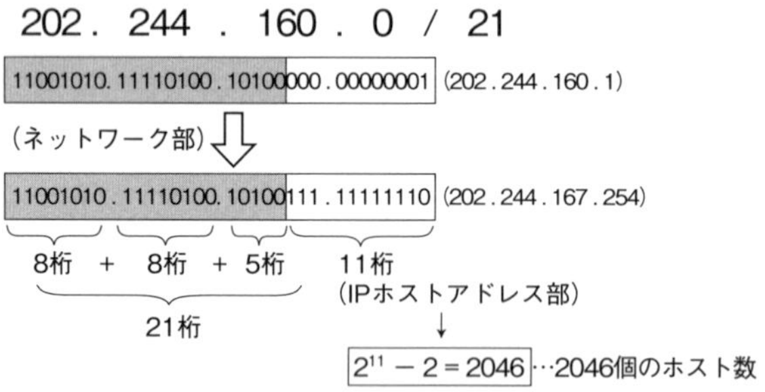

202 . 244 . 160 . 0 / 21
11001010. 11110100 . 10100000 . 00000001 (202 . 244 . 160 . 1)
(ネットワーク部)
11001010 . 11110100. 10100111 . 11111110 (202 . 244 . 167 . 254)
8桁 + 8桁 + 5桁
11桁
(IPホストアドレス部)
21桁
2¹¹ − 2 = 2046 …2046個のホスト数

インターネットがCIDRに対応したばかりのときは、仕組み上、組織のネットワーク内ではネットワークアドレスの長さを統一しなければなりませんでした。つまり、/25に決めたら組織内全部のネットワークアドレス長を25ビットに統一する必要がありました。しかし、部署によってホストが500台の場合もあれば50台の場合もあります。これを一律に/25という同じネットワークアドレス長にそろえてしまうと、効率的なネットワークを構築することができません。組織内部のネットワークでも、可変長のネットワークアドレスによる効率的なIPアドレスの運用が必要になりました。

4.3 IPアドレスの基礎知識　159

▼Variable Length Subnet Mask

組織内の部署ごとにネットワークアドレス長を変えられるようにする仕組みが可変長サブネットマスクVLSM▼です。これは組織内のルーティングプロトコルをRIP2（7.4.5項）やOSPF（7.5節）に変更することで実現しました。VLSMにより、ホストが500台のネットワークでは/23、50台のネットワークでは/26と割り振ることで、理論上ではIPアドレスの使用率を50%まで向上させることができます。

CIDRやVLSMのような技術の登場により、グローバルIPv4アドレスの絶対的な不足は一時的に解消されましたが、IPv4アドレスの絶対数に限りがあることには変わりありません。4.6節で説明するIPv6など、IPv4以外の方法を利用する場面も出てくることでしょう▼。

▼グローバルIPv4アドレスの不足に対応する技術としては、CIDRやVLSM以外にも、NAT（5.6節）や代理サーバー（1.9.7項）などが使われている。

▌4.3.8　グローバルアドレスとプライベートアドレス

もともとインターネットでは、すべてのホストやルーターにユニークなIPアドレスを設定しなければなりませんでした。つまり図4.20の左側の図のようになっていました。同じIPアドレスのホストが複数あると、送りたい宛先がどちらのホストなのか分からなくなってしまいます。受け取ったパケットに対して返信をするときも、同じIPアドレスのホストが複数あると、どちらから送られてきたのか分からなくなってしまい、正しく通信できなくなってしまいます。

ところが、インターネットの急速な普及により、IPアドレスが不足し始めました。このままユニークにIPアドレスを割り当てていくと、IPアドレスを使い切ってしまう危険性が出てきました。

そこですべてのホストやルーターにユニークなIPアドレスを割り当てることをやめて、必要なところに必要な数だけユニークなIPアドレスを割り当てるようになりました。つまり図4.20の右側の図のようになっています。

インターネットに接続しない独立したネットワークの場合には、そのネットワークの中でIPアドレスがユニークであればよく、インターネットとは無関係にIPアドレスを割り振ることもできます。しかし、個々のネットワークで好き勝手にIPアドレスを使っては、問題を引き起こす可能性があります▼。そこで、私的なネットワークで利用できるプライベートIPアドレスが誕生しました。プライベートIPアドレスは次の範囲になります。

▼運用方針が変わってそのネットワークをインターネットに接続することになったときや、間違ってインターネットに接続してしまったとき、別々だったネットワークをお互いに接続したときなど。

```
10.   0.   0.  0  ～  10.  255. 255. 255  (10/8)       クラスA
172.  16.  0.  0  ～  172.  31. 255. 255  (172.16/12)  クラスB
192. 168.  0.  0  ～  192. 168. 255. 255  (192.168/16) クラスC
```

▼クラスA～Cの範囲で0/8、127/8を除く。

▼パブリックIPアドレスと呼ばれることもある。

▼5.6節を参照。

この範囲に含まれるIPアドレスがプライベートIPアドレスで、この範囲外▼のIPアドレスはグローバルIPアドレスと呼ばれます▼。

プライベートIPアドレスは、当初、インターネットとの接続を考えないネットワークで利用されました。しかしその後、プライベートIPアドレスとグローバルIPアドレスの間でアドレス変換をするNAT▼技術が誕生し、プライベートアドレスを割り当てたネットワーク上のホストから、グローバルアドレスを割り当てたインターネット上のホストと通信ができるようになりました。

現在では、家庭や学校、企業内ではプライベートIPアドレスを設定し、インターネットと接続するルーター（ブロードバンドルーター）や、インターネットに公開しているサーバーにだけグローバルIPアドレスを設定することが一般化しています。プライベートIPアドレスが付いているホストがインターネットと通信したい場合には、NATなどを介して通信することになります。

▼IPエニーキャスト（5.8.3項）を使う場合には同一IPが複数のホストやルーターに割り当てられることがある。

　グローバルIPアドレスは、基本的にはインターネット全体でユニーク▼に割り当てられますが、プライベートIPアドレスはインターネット全体ではユニークにはなりません。同一組織内でユニークであればよいため、異なる組織では同じIPアドレスが使われることになります。

　このように、プライベートIPアドレスとNATを組み合わせるのが現在のもっとも一般的な方法ですが、全体をグローバルIPアドレスで使うことに比べてさまざまな制限事項があります▼。これを解決するためにIPv6が作られました。IPv6は特定用途での利用は広まっているものの、企業や各家庭の通信の置き換えには至っていません。このためIPv4のグローバルIPアドレスが枯渇した現在は、数々の工夫を施してIPv4とNATを使い、なんとか間に合わせて運用されているのが、現在のインターネットの実情です。

▼たとえば、アプリケーションヘッダやデータ部分でIPアドレスやポート番号を通知するようなアプリケーションの場合には、そのままではうまく通信できない。

図4.20
グローバルIPアドレスとプライベートIPアドレス

■ すべてグローバルIPアドレス

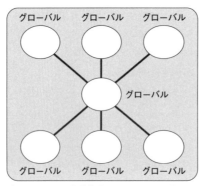

各ホストで1つも重複するIPアドレスはない。

■ 現在のインターネットでは部分的にプライベートIPアドレスを使っている

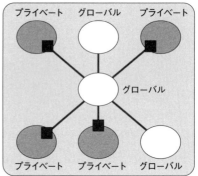

○のグローバルIPアドレスのネットワークでは重複するIPアドレスはない。
●のプライベートIPアドレスを使ったネットワークでは、それぞれの中で同じIPアドレスを使っている。
■のNAT部分でIPアドレスが変換される。

▼4.3.9　グローバルIPアドレスは誰が決める

　グローバルIPアドレスは誰が管理して、誰が決めているのでしょうか？グローバルIPアドレスは全世界的にICANN▼で一元管理されています。日本国内ではJPNIC▼がグローバルIPアドレスの割り当て機関として活動しています。

　IPアドレスの申請について図示すると、図4.21のようになります。インターネットの商用化が進む以前は、ユーザーがJPNICから直接グローバルIPアドレスを取得しなければインターネットに接続できませんでした。しかし現在では、ISPにインターネットへの接続を依頼するとき、同時にグローバルIPアド

▼ICANN（Internet Corporation for Assigned Names and Numbers）
「アイキャン」と発音する。全世界のIPアドレスやドメイン名を管理している。

▼JPNIC（Japan Network Information Center）
「ジェイピーニック」と発音する。日本国内のインターネットのIPアドレスとAS番号を管理している。

レスの申請も依頼することがほとんどです。この場合には、ユーザーに代わって ISP が JPNIC にアドレス割り当てを申請することになります。プロバイダではなく地域ネットワークなどに接続するときには、その地域ネットワークの運用者に相談する必要があります。

FTTH や ADSL などのインターネット接続サービスの場合、接続先のプロバイダのサーバーから IP アドレスが自動的に割り当てられ、接続し直すたびに IP アドレスが変化する場合があります。この場合はプロバイダが IP アドレスを管理しているので、一般のユーザーが IP アドレスを申請する必要はありません。

IP アドレスを申請する必要があるのは、グローバルな固定 IP アドレスが必要な場合です。たとえば、インターネットに向けて複数のサーバーを公開したい場合などです。この場合、インターネットに公開するサーバーの台数分の IP アドレスが必要になります。

図 4.21

IP アドレスの申請の流れ

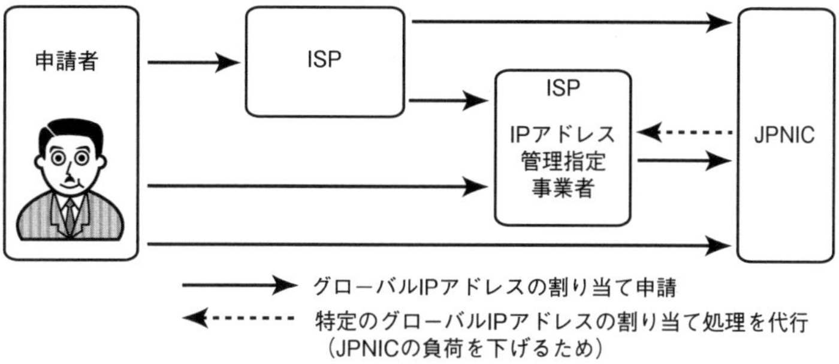

グローバルIPアドレスの割り当て申請

特定のグローバルIPアドレスの割り当て処理を代行
（JPNICの負荷を下げるため）

日本国内のグローバルIPアドレスの割り当てはJPNICが管理している。
ISPの中にはグローバルIPアドレスの割り当てサービスを代行しているIPアドレス管理指定事業者もある。通常のユーザーは、IPアドレスを取得したい場合、インターネットへの接続を依頼しているISPに依頼する。そのISPで経路情報が集約▼可能なPAアドレス▼が割り当てられるため、ISPが変わるたびにIPアドレスの変更（リナンバリング）が必要になる。

直接JPNICに申請してIPアドレスを取得した場合、PIアドレス▼というISP非依存のIPアドレスが割り当てられる。これはISPで経路情報の集約ができないため、BGP▼で経路情報を広告する必要があり、ルーターの負荷や管理コストを増加させるため、ISPによっては接続を拒否される場合がある。しかしISPを変更してもIPアドレスを変更する必要はない。

▼集約については4.4.2項を参照。

▼PAアドレス（Provider Aggregatable Address）

▼PIアドレス（Provider Independent Address）

▼BGPについては7.6節を参照。

ただし現在、LAN 側には 4.3.8 項で説明したプライベート IP アドレスを設定して、少数のグローバル IP アドレスを設定した代理サーバー（1.9.7 項参照）や NAT（5.6 節参照）を設置してインターネットと通信できるようにすることが一般的です。この場合には LAN 内の台数分ではなく、代理サーバーや NAT に割り当てる個数分の IP アドレスで足りることになります。

完全に自社内で閉じたネットワークしかなく、また、今後もインターネットへの接続をまったく考えていない場合には、プライベート IP アドレスを設定します。

▼機器の設定ミスや故障、不具合（バグ）によって経路が頻繁に変わり通信が不安定になる、間違ったルーティング情報が流れていて特定のサブネットと通信できない、特定のビットパターンのパケットを破壊してしまう、など。

▼ICMPはIPのトラブルシューティングに使うプロトコル。5.4節を参照。

▼ICMPを利用して経由するルーターを調べるプログラム。202ページのコラムを参照。

▼インターネットには、問題が起きても、それを受け付ける総合的な相談窓口は存在しない。プロバイダも含めた利用者同士で解決することになっている。ネットワーク管理者は問題が起きたら、問題が起きている組織の管理者に連絡をする必要があり、また、自分の組織の機器に問題が起きていると連絡があった場合には対処しなければならない。

▼ohmsha.co.jp のような、インターネットの住所を表す文字列。5.2.3項を参照。

▼UNIXの場合、ターミナルから、「whois -h whois.nic.ad.jp IPアドレス」と入力しても検索できる。

▼UNIXの場合、ターミナルから、「whois -h whois.jprs.jp ドメイン名」と入力しても検索できる。

■ WHOIS

　インターネットは世界中の組織がつながって作られています。パケットはバケツリレーのように、さまざまな組織を通って送られます。つまり、知っている人同士で通信していたとしても、そのパケットが流れる途中の回線や機器を管理しているのは誰なのか、普通は知りません。ふだんは正常に通信できるため、知る必要もありません。

　しかし、ときには障害が発生し、正常に通信できないことがあります▼。自分や通信相手の問題であれば、お互いに話し合って解決することもできますが、通信経路の途中に問題がある場合にはどうしたらよいでしょう？

　このようなときに、ネットワーク技術者たちはICMPパケット▼を見たり、traceroute▼などのツールを活用したりすることで、異常が発生している装置や回線近傍のIPアドレスを突き止めようとします。IPアドレスが分かったら、そのIPアドレスを管理している組織とその管理者を調べて連絡を取り合えば、問題解決への糸口が見えそうです▼。

　しかし、ここで1つ問題があります。「そのIPアドレスを管理している人をどうやって知るか？」という問題です。たとえば特定のIPアドレスから不正なパケットが大量に送られてきたとします。もしかしたらウイルスに感染したホストが、そうと知らずに不正なパケットを送出し続けている可能性もあります。このようなときにそのIPアドレスを使用している組織の管理者に連絡して対処してもらいたいわけですが、まずはIPアドレスやホスト名から管理者を知る必要があります。

　この問題を解決するために、インターネットでは古くから、ネットワークの情報から組織や管理者の連絡先を知るための方法が使われてきました。これがWHOISです。WHOISは、IPアドレス、AS番号、ドメイン名▼の割り当てや登録、管理者に関する情報を検索できるようにしているサービスです。

　日本国内で使用されているIPアドレスや、JPドメイン名の場合、次のサイトからこれらの情報を得ることができます。

- IPアドレス▼、AS番号

  https://www.nic.ad.jp/ja/whois/ja-gateway.html

- ドメイン名▼

  https://whois.jprs.jp/

4.4 経路制御（ルーティング）

　パケットを配送するときに利用されるのが、ネットワーク層のアドレス、すなわちIPアドレスです。しかし、IPアドレスだけではパケットを宛先のホストに届けることはできません。「この宛先の場合には、このルーターやホストに送ればよい」という情報が必要です。4.2.2項で説明したように、この情報が、経路制御表（ルーティングテーブル）です。IPでは通信するホストやルーターなどの機器は必ず経路制御表を持っています。ホストやルーターは、この経路制御表をもとにしてパケットの送信先を決定し、パケットを配送します。

　この経路制御表を作成するには、管理者が事前に設定する方法と、ルーターがほかのルーターと情報を交換して自動的に作成する方法の2つがあります。前者をスタティックルーティング（静的経路制御）、後者をダイナミックルーティング（動的経路制御）と呼びます。ルーター同士で情報を交換し経路制御表を自動的に作成する場合（ダイナミックルーティングの場合）には、ネットワークに接続されたルーター間で経路制御情報（ルーティングインフォメーション）のやり取りができるように、きちんとルーティングプロトコルを設定しなければなりません。

　IPは、正しい経路制御表があるという前提で動作するように作られています。しかし、IPではこの経路制御表を作成するプロトコルを定義していません。つまり、IP自体には経路制御表を作る機能はなく、ルーティングプロトコルという、IPとは別のプロトコルが作成します。このルーティングプロトコルについては、第7章で説明します。

▊ 4.4.1　IPアドレスと経路制御（ルーティング）

　IPアドレスのネットワーク部を利用して経路制御が行われます。図4.22にIPパケットの配送例を示します。

▼Windowsや UNIXの場合、経路制御表を表示するには、コマンドプロンプトやターミナルから「netstat -r」や「netstat -rn」と入力する。

　経路制御表には、ネットワークアドレスと、次に配送すべきルーターのアドレスが書かれています▼。IPパケットを送信するときは、IPパケットの宛先アドレスを調べて経路制御表から一致するネットワークアドレスを検索し、対応する次のルーターに配送します。経路制御表に一致するネットワークアドレスが複数ある場合には、一致するビット列が長いほうのネットワークアドレスを選択します▼。

▼これを最長一致（longest match）という。

　たとえば、172.20.100.52は、172.20/16と172.20.100/24のどちらにもマッチします。この場合は、ビット列の長い172.20.100/24を選択します。また、次に配送すべきルーターのアドレスが記載されている場所にそのホストやルーター自身のネットワークインタフェースのIPアドレスが書かれている場合は、「宛先のホストが同一データリンクに接続されている」という意味になります▼。

▼宛先IPアドレスがそのホストやルーターと同じデータリンクに接続されているときの経路制御表の表現方法は、OSやルーターの機種ごとに異なっている。

図 4.22
経路制御表と IP パケットの配送

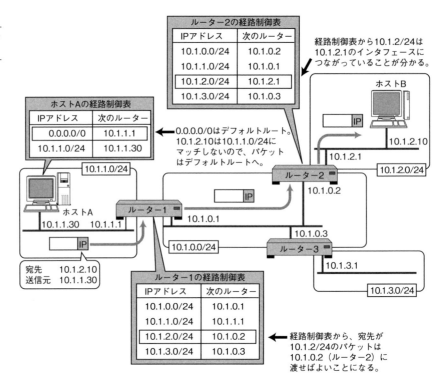

■ デフォルトルート

　すべてのネットワークやサブネットの情報を経路制御表に持つとむだが多くなります。このため、デフォルトルート（Default Route）▼が利用されます。このデフォルトルートは、経路制御表に登録されているどのアドレスにもマッチしない場合の経路です。

　デフォルトルートは、0.0.0.0/0 または default と記述します▼。0.0.0.0/0 は、0.0.0.0 という IP アドレスを表しているわけではありません。「/0」ですから、IP アドレスを表している部分はありません▼。0.0.0.0 という IP アドレスと誤解されるのを避ける意味もあって default と記述されることもありますが、コンピュータの内部やルーティングプロトコルでの経路情報の配信処理では 0.0.0.0/0 で処理されます。

▼デフォルトルートになっているルーターのことをデフォルトゲートウェイと呼ぶことがある。

▼サブネットマスク表記の場合は、IP アドレス 0.0.0.0、サブネットマスク 0.0.0.0。

▼0.0.0.0 という IP アドレスを表すならば、0.0.0.0/32 と記述しなければならない。

■ ホストルート

▼サブネットマスク表記の場合は、IPアドレス192.168.153.15、サブネットマスク255.255.255.255。

「IP アドレス /32」はホストルート（Host Route）と呼ばれます。たとえば192.168.153.15/32▼はホストルートです。これは、IP アドレスのすべてのビットを使って経路制御をするという意味です。このホストルートを使用すると、IP アドレスのネットワーク部ではなく、ネットワークインタフェースに付けたIP アドレスそのものに基づいて経路制御が行われます。

▼ただし、ホストルートを多用すると経路制御表が大きくなり、ルーターの負荷が増大してネットワークの性能が低下する原因となる場合があるので注意が必要。

ホストルートは、何らかの都合によりネットワークアドレスによる経路制御を利用したくない場合に使われます▼。

■ ループバックアドレス

同じコンピュータ内部のプログラム間で通信したい場合に利用されるのがループバックアドレスです。ループバックアドレスとしては 127.0.0.1 という IP アドレスが使われます。この 127.0.0.1 と同じ意味で、localhost というホスト名も利用されます。このアドレスを利用した場合、パケットはネットワークには流れません。

■ リンクローカルアドレス

▼IPアドレスが重ならないように、ARPで確認した上で使用するIPアドレスを決定する。ARPについては5.3節を参照。

ルーターを超えない同一リンク内の通信のために 169.254/16 のアドレスが使われることがあります。これは固定 IP が設定されていないホストで、DHCP による IP アドレスの取得ができなかったときに設定されることがあります。ホスト部はランダムに設定されます▼。このアドレスはリンクローカルアドレスと呼ばれ、ルーターによる転送を禁止されています。

▮ 4.4.2　経路制御表の集約

ネットワークアドレスのビットのパターンを考えて階層的に配置すると、内部的には複数のサブネットワークから構成されていたとしても、外部には代表する1つのネットワークアドレスで経路制御をすることができます。このように、上手にネットワークを構築して経路制御情報を集約することで、経路制御表を小さくすることができます▼。

▼経路制御情報を集約することを経路アグリゲーション（Aggregation）ともいう。

たとえば図 4.23 では、集約する前は 6 個の経路制御情報が必要でしたが、集約後は 2 つに減っています。

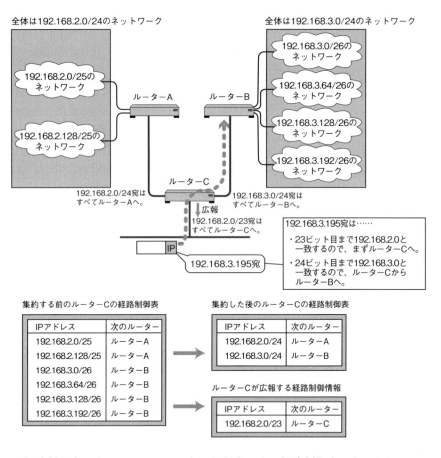

図 4.23
経路制御表の集約の例

　経路制御表を小さくできるのは大きな利点です。経路制御表が大きくなると、経路制御表の管理に多くのメモリ空間やCPUパワーが必要になります。また、検索に時間がかかるようになり、IPパケットの転送能力が低下します。大規模で高性能なネットワークを構築する場合には、経路制御表をいかにして小さく保つかが課題の1つになります。

　さらに経路の集約には、自分が知っている経路情報を周囲のルーターに伝える際に、その情報を少なく抑えるという重要な意味があります。図4.23の例では、ルーター C は自分が 192.168.2.0/24 と 192.168.3.0/24 というネットワークを知っていることを、「192.168.2.0/23 のネットワークを知っていますよ」と集約して広報できます。

4.5 IP の分割処理と再構築処理　167

4.5 IP の分割処理と再構築処理

▚ 4.5.1　データリンクによって MTU は違う

　4.2.3 項で紹介したように、データリンクによって最大転送単位（MTU）が異なります。表 4.2 にいろいろなデータリンクの MTU を示します。データリンクによって MTU の大きさが違うのは、データリンクが目的ごとに作られており、それぞれの目的にあった MTU の大きさが決められたからです。IP はデータリンクの上位層であり、データリンクの MTU の大きさに左右されることなく利用できなければなりません。4.2.3 項で述べたように、IP はこのようなデータリンクごとに異なる性質を抽象化する働きがあります。

表 4.2

いろいろなデータリンクの MTU

データリンク	MTU（オクテット）	Total Length（単位はオクテット、FCS 込み）
IP の最大 MTU	65535	–
Hyperchannel	65535	–
IP over HIPPI	65280	65320
16Mbps IBM Token Ring	17914	17958
IP over ATM	9180	–
IEEE 802.4 Token Bus	8166	8191
IEEE 802.5Token Ring	4464	4508
FDDI	4352	4500
イーサネット	1500▼	1518
PPP（Default）	1500	–
IEEE 802.3Ethernet	1492	1518
PPPoE	1492	–
X.25	576	–
IP の最小 MTU	68	–

▼最近は、イーサネットであっても 1500 オクテットより大きな MTU が使われることがある。これを「Jumbo Frame（ジャンボフレーム）」と呼ぶ。サーバー機などでの通信速度を向上させるのが目的で、9000 オクテット前後以上の MTU が使われることが多い。ジャンボフレームを使うには、そのセグメントのホスト、ルーターだけでなく、ブリッジ（スイッチングハブ）もジャンボフレームに対応している必要がある。ジャンボフレームを使わない場合でも、IP トンネルを経由すれば途中のルーターやブリッジを通過するフレームは 1500 オクテット以上になるので、IP フラグメントを避けたい場合にはルーターやブリッジの MTU を大きく設定する必要がある。

▚ 4.5.2　IP データグラムの分割処理と再構築処理

　ホストやルーターは、必要に応じて IP データグラムの分割処理（Fragmentation：フラグメンテーション）をしなければなりません。分割処理は、ネットワークにデータグラムを送信しようとしたときに、そのままの大きさでは転送できない場合に行われます。

図 4.24
IP データグラムの分割処理と再構築処理

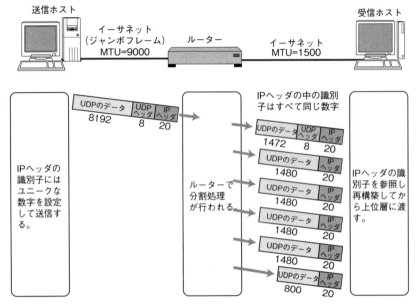

IPヘッダには、分割された断片の位置とそのパケットの後に断片が続いていることを示すフラグがある。このフラグで、IPデータグラムが分割されていることと、断片の始まりか、中間か、終わりかが分かる。
（数字はデータの長さ。単位はオクテット）

　図 4.24 は、ネットワークの途中で分割処理が行われる場合の例を示しています。この図では、MTU が 9000 オクテットのジャンボフレームのイーサネットと、MTU が 1500 オクテットの通常のイーサネットがルーターで接続されています。ここで送信ホストは受信ホストに向かって「IPヘッダ＋UDPヘッダ＋データ＝8220 オクテット」のパケットを送信しました。ルーターまではそのまま転送されますが、このままではルーターの先に転送できません。そこで、ルーターが IP データグラムを 6 つに分割してから送信します。この分割処理は、必要になるたびに何回でも繰り返されます▼。

▼分割処理は 8 オクテットの倍数単位で行われる。

　分割された IP データグラムを元の IP データグラムに戻す再構築の処理は、終点の宛先ホストだけで行われます。途中のルーターは分割処理を行いますが、再構築処理を行いません。
　これにはたくさんの理由があります。たとえば、分割した IP データグラムが同じ経路を通って届く保証はありません。そのため、途中で待っていてもパケットは届かないかもしれません。また、分割された断片が途中で失われてしまい到着しないかもしれません▼。さらに、途中で再構築しても、また別のルーターを通るときに分割処理をしなければならないかもしれません。結局、途中で細かい制御をすることはルーターに大きな負荷をかけるだけで効率的ではないことが分かります。このような理由から、終点の宛先ホストだけが分割されたパケットの再構築処理を行うようになっています。

▼宛先ホストで再構築処理を行う際には、一部のパケットが届かなくてもそのパケットが遅延して後から届く可能性がある。このため、最初にデータグラムを受け取ってから約30秒間待つように処理する。

4.5.3 経路 MTU 探索（Path MTU Discovery）

分割処理にはいくつかの欠点があります。1つめは、ルーターの処理が重くなる点です。時代とともにネットワークの物理的な伝送速度はどんどん向上しています。そのため、ルーターもネットワークの伝送速度に合わせて高速化されることが望まれています。しかしその一方で、セキュリティ向上のためのフィルタリング処理▼など、ルーターがしなければならない処理が増えています。IPの分割処理もルーターにとって大きな負荷となります。ですから可能ならば、ルーターでは分割処理をしたくないのです。

2つめの理由は、分割処理をすると、分割された断片の1つが失われても元のIPデータグラムのすべてが失われてしまうことです。この弊害を避けるため、初期のTCPでは分割されない小さなサイズ▼でパケットを送信していました。その結果、ネットワークの利用効率は悪くなってしまいました。

これらの弊害を避けるための技術が、経路MTU探索（Path MTU Discovery▼）です。経路MTU（PMTU：Path MTU）とは、送信先ホストから宛先ホストまで分割処理が必要にならない最大のMTUのことです。つまり、経路に存在するデータリンクの最小のMTUになります。経路MTU探索は、経路MTUを発見し、送信元のホストで経路MTUの大きさにデータを分割してから送信する方法です。経路MTU探索を行えば、途中のルーターで分割処理をする必要がなく、またTCPも、より大きなパケットサイズでデータを送信できるようになります。経路MTU探索は、最近の多くのOSで実装されるようになりました。

▼ 特定のパラメータを持ったIPデータグラムしかルーターを通過できないようにすること。パラメータの例としては、送信元IPアドレスや宛先IPアドレス、TCPやUDPのポート番号、TCPのSYNフラグやACKフラグなどがある。

▼ TCPに含まれるデータを536オクテットや512オクテットにする。

▼ PMTUDと略されることもある。

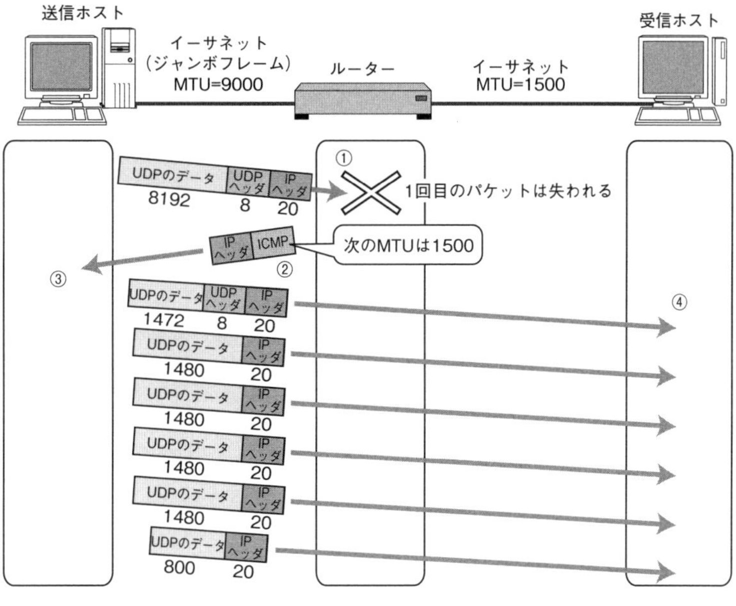

図 4.25

経路 MTU 探索の仕組み（UDP の場合）

① IPヘッダの分割禁止フラグを設定して送信する。ルーターでパケットは失われる。
② ICMPにより次のMTUの大きさを知る。
③ UDPでは再送処理は行われない。アプリケーションが次のメッセージを送信するときに分割処理が行われる。具体的には、UDP層から渡された「UDPヘッダ＋データ」をIP層が分割処理して送信する。IPにとっては、UDPヘッダとアプリケーションのメッセージは区別されない。
④ すべての断片がそろったらIP層で再構築してUDP層へ渡す。

（数字はデータの長さ。単位はオクテット）

経路 MTU 探索は、次のように処理されます。

まず送信ホストでは、IP データグラムを送信するときに IP ヘッダ中の分割禁止フラグを 1 に設定します。これによって途中のルーターは、IP データグラムの分割処理が必要になったとしても、分割処理を行わずにパケットを破棄します。そして、ICMP 到達不能メッセージを使ってデータリンクの MTU の値を送信ホストに通知します▼。

次回、同じ宛先に送信する IP データグラムから、ICMP によって通知された経路 MTU の値を MTU として使用します。送信ホストでは、その値をもとにして分割処理を行います。この操作を繰り返して ICMP 到達不能メッセージが返って来なくなれば、受信ホストまでの経路 MTU が得られたことになります。なお、経路 MTU の値は多くの場合最低約 10 分間キャッシュ▼されます。10 分間は求まった経路 MTU の値を使い続けますが、10 分経過したらリンクの MTU をもとに再び経路 MTU 探索を始めます。

TCP の場合には経路 MTU の大きさをもとに最大セグメント長（MSS）の値が再計算され、その値をもとにパケットの送信が行われます。そのため、TCP の場合に経路 MTU 探索を利用すると IP 層では分割処理が行われなくなります。TCP の MSS については 6.4.5 項で説明します。

▼ 具体的には、ICMP 到達不能メッセージの分割要求（コード 4）パケットで通知される。ただし、古いルーターでは、この ICMP パケットに次の MTU の値が入っていない場合があり、この場合には、送信ホストがパケットのサイズを増減させながら、適切な値を発見しなければならない。

▼ キャッシュ
何度も必要になりそうな情報を、しばらくの間、すぐに取り出せるところに記憶しておくこと。

図 4.26

経路 MTU 探索の仕組み（TCP の場合）

▼ 詳しくは 6.4.5 項で説明するが、TCP はコネクション確立時に MTU の小さい側に合わせてパケット長を決める仕組みがある。このため、このネットワークの場合には実際には分割処理は発生しない。しかし、ルーターが 2 つ以上あり、双方の MTU が 9000 で真ん中のネットワークが 1500 の場合は、この図のような現象が発生する。

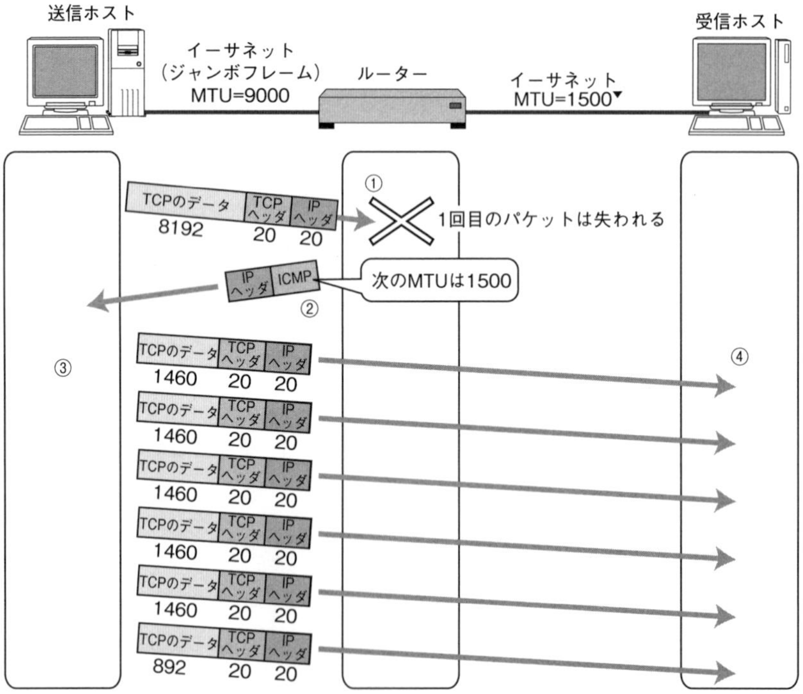

▼ セキュリティ向上のためにすべての ICMP メッセージの受信を制限している組織があるが、これには問題がある。経路 MTU 探索が動作しなくなるため、エンドユーザーは何も分からず、相手と通信ができたりできなかったりの状態となる。

① IP ヘッダの分割禁止フラグを設定して送信する。ルーターでパケットは失われる。
② ICMP により次の MTU の大きさを知る▼。
③ TCP の再送処理によってデータが再送される。このとき、TCP が IP で分割されない大きさに区切ってから IP 層に渡す。IP では分割処理は行われない。
④ 再構築は不要。データはそのまま TCP 層へ渡される。

（数字はデータの長さ。単位はオクテット）

4.6 IPv6 (IP version 6)

4.6.1 IPv6 が必要な理由

IPv6 (IP version 6) は、IPv4 アドレスの枯渇問題を根本的に解決するために標準化されたインターネットプロトコルです。IPv4 のアドレスは 4 オクテット長 (32 ビット) でした。これが IPv6 では 4 倍の 16 オクテット長 (128 ビット) になります▼。

すでに運用している IP プロトコルを移行することは膨大な手間と時間のかかる作業です。インターネットに接続しているホストやルーターのすべての IP を変更しなければならないからです。現在のように、インターネットが広く普及してしまうと、すべての IP プロトコルスタック▼を入れ替えることはとても難しくなります。

このような理由もあり、IPv6 ではアドレス枯渇の問題を解決するだけでなく、IPv4 に対する不満の多くを一挙に解消しようとしています。さらに、IPv4 と IPv6 で相互に通信できるような互換性を持たせる努力が行われています▼。

> ▼この結果、理屈の上では、IPv6 で設定できるアドレスの数 (アドレス空間) は、IPv4 の $2^{96} = 7.923 \times 10^{28}$ 倍になる。

> ▼プロトコルスタック
> そのプロトコルの仕組みを実現するプログラムや回路などの実装のこと。

> ▼IP トンネリング (5.7 節) やプロトコル変換 (5.6.3 項) など。

4.6.2 IPv6 の特徴

IPv6 には次のような特徴があります。これらの機能の一部は IPv4 でも提供されています。しかし、IPv4 の機能が組み込まれた OS などでも、すべての実装でこれらの機能が採用されているわけではありません。利用できない機能や、管理者が苦労をしなければ実現できない機能があります。IPv6 では、これらをほぼ必須の機能として提供しようとしているため、管理者の労力が減るはずです▼。

> ▼これは IPv6 でのみ運用する場合となる。IPv4、IPv6 両方を運用しようとすると、労力は 2 倍以上になる可能性もある。

- IP アドレスの拡大と経路制御表の集約
  - IP アドレスの構造をインターネットに適した階層構造にする。そしてアドレス構造に適するように IP アドレスを計画的に配布し、経路制御表ができるだけ大きくならないようにする。
- パフォーマンスの向上
  - ヘッダ長を固定 (40 オクテット) し、ヘッダチェックサムを省くなど、ヘッダの構造を簡素化して、ルーターの負荷を減らす。
  - ルーターに分割処理をさせない (経路 MTU 探索を利用して送信元のホストが分割処理をする)。
- プラグ＆プレイ機能を必須にする
  - DHCP サーバーがない環境でも IP アドレスを自動的に割り当てる。
- 認証機能や暗号化機能を採用する
  - IP アドレスの偽造に対するセキュリティ機能の提供や、盗聴防止機能を提供する (IPsec)。

- マルチキャスト、Mobile IP の機能を IPv6 の拡張機能として定義
  - マルチキャストや Mobile IP 機能を IPv6 の拡張機能としてきちんと定義した。これにより IPv4 では運用が難しかったマルチキャストや Mobile IP も、IPv6 ではスムーズに運用できると見込まれる。

4.6.3 IPv6 での IP アドレスの表記方法

IPv6 では IP アドレスが 128 ビット長になります。これで表せる数字は 38 桁（2^{128} ＝約 $3.40×10^{38}$）です。これは天文学的な数字で、想像を絶する台数のホストやルーターに IPv6 アドレスを割り当てることができます。

IPv6 の IP アドレスを IPv4 と同じように 10 進数で書き表すと、16 個の数字が並びます。これでは記述が非常に面倒です。このため、IPv6 では IPv4 とは別の表記方法を利用します。128 ビットの IP アドレスを 16 ビットごとに区切り、それをコロン（:）で区切って 16 進数で表記します。また、0 が 2 つ以上連続して続く場合には 0 を省略し、コロンを 2 つ続けて（::）表すことも可能です。ただし、コロンを 2 つ続ける省略表記は 1 つの IP アドレスで 1 カ所しか許されません。

IPv6 ではできるだけ簡単に IP アドレスを記述できるように工夫されていますが、これだけ IP アドレスが長くなると人間が覚えるのはなかなか難しいことになります。

- IPv6 による IP アドレスの表記例
  - 2 進数による表現

    1111111011011100:1011101010011000:0111011001010100:
    0011001000010000:1111111011011100:1011101010011000:
    0111011001010100:0011001000010000

  - 16 進数による表現

    FEDC:BA98:7654:3210:FEDC:BA98:7654:3210
- IPv6 による IP アドレスの省略例
  - 2 進数による表現

    0001000010000000:0000000000000000:0000000000000000:
    0000000000000000:0000000000001000:0000100000000000:
    0010000000001100:0100000101111010

  - 16 進数による表現

    1080:0:0:0:8:800:200C:417A
    ↓
    1080::8:800:200C:417A　　　（省略時）

4.6.4 IPv6アドレスのアーキテクチャ

IPv6では、IPv4のクラスのように、IPアドレスの先頭のビットパターンでIPアドレスの種類を区別します。

インターネットを介した通信では、グローバルユニキャストアドレスが使われます。

グローバルユニキャストアドレスはインターネット内で一意（ユニーク）に決まるアドレスで、正式に割り当てを受けたIPアドレスを使う必要があります。

制御系ネットワークなど、直接インターネットと通信することを想定していないプライベートネットワークの場合には、ユニークローカルアドレスを使うことができます。ユニークローカルアドレスは、アルゴリズムに従って生成した乱数をアドレスに含める必要がありますが、IPv4のプライベートアドレスと同じように自由に使うことができます。

ルーターがないネットワークなど、イーサネットの同一セグメント内だけで通信するときには、リンクローカルユニキャストアドレスを使うことができます。

複数の種類のIPアドレスが利用できるように環境が構築されている場合には、同一リンク内でもグローバルユニキャストアドレスやユニークローカルアドレスを使った通信ができます。

IPv6では、これらのIPアドレスを1つのNICに複数同時に割り当てることができ、必要に応じてこれらのIPアドレスを使い分けることになります。

図 4.27
IPv6での通信

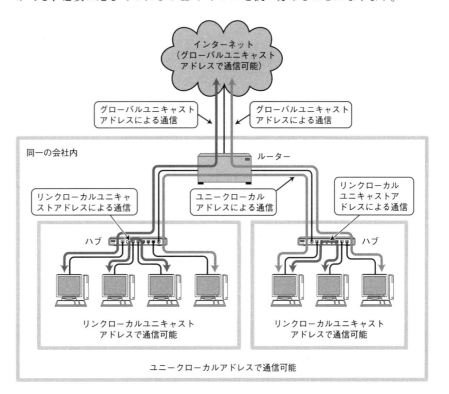

表 4.3 IPv6 のアドレスアーキテクチャ

未定義	0000 ... 0000（128 ビット）	::/128
ループバックアドレス	0000 ... 0001（128 ビット）	::1/128
ユニークローカルアドレス	1111 110	FC00::/7
リンクローカルユニキャストアドレス	1111 1110 10	FE80::/10
マルチキャストアドレス	1111 1111	FF00::/8
グローバルユニキャストアドレス	（その他全部）	

4.6.5　グローバルユニキャストアドレス

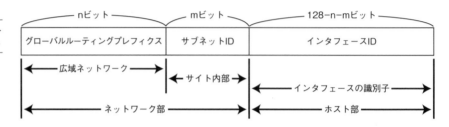

図 4.28 グローバルユニキャストアドレスのフォーマット

　グローバルユニキャストアドレスは、全世界で一意に決まるアドレスという意味です。インターネットとの通信や組織内の通信など、もっとも一般的に利用される IPv6 アドレスです。

　グローバルユニキャストアドレスのフォーマットは図 4.28 のように定義されています。現在の IPv6 ネットワークで使われているフォーマットは、$n = 48$、$m = 16$、$128-n-m = 64$ になっています。つまり、上位 64 ビットがネットワーク部で下位 64 ビットがホスト部になっています。

▼IEEE EUI-64 識別子と呼ばれる。

　通常、インタフェース ID には 64 ビット版の MAC アドレス▼をもとにした値が格納されます。ただし、MAC アドレスは機器固有の情報のため、通信相手に知られたくない場合もあります。この場合には MAC アドレスとは無関係な「一時アドレス」を付けることもできます。一時アドレスは乱数で作られ、定期的に変化するため、IPv6 アドレスから機器を特定しにくくすることができます。どちらになるかは OS の実装や設定によります▼。

▼クライアントとして使用するパソコンの場合には一時アドレスが付けられることが多い。

4.6.6　リンクローカルユニキャストアドレス

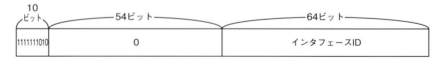

図 4.29 リンクローカルユニキャストアドレスのフォーマット

　リンクローカルユニキャストアドレスは、データリンクの同一リンク内で一意に決まるアドレスという意味です。ルーターを介さない同一リンク内の通信で使用できます。通常、インタフェース ID には 64 ビット版の MAC アドレスが格納されます。

4.6.7 ユニークローカルアドレス

図 4.30
ユニークローカルアドレスのフォーマット

※ Lは通常1にする
※ グローバルIDは、乱数で決まる値
※ サブネットIDは、その組織のサブネットアドレス
※ インタフェースIDは、インタフェースのID

ユニークローカルアドレスは、インターネットとの通信を行わない場合に利用されるアドレスです。

機械制御などの制御系ネットワークや、金融機関などの勘定系ネットワークなどインターネットとの通信を想定していない環境や、セキュリティを高めるためにインターネットとはNATやゲートウェイ(プロキシ)経由で通信する企業内のネットワークなどに利用されます。

ユニークローカルアドレスは、インターネットとの接続を想定していませんが、できるだけ一意になるようにグローバルIDを乱数で決定します。この理由は、企業の合併や、業務の統合、効率化などにより、ユニークローカルアドレスで作られたネットワーク同士を接続する可能性があるからです。このような場合でも、できるだけIPv6アドレスを付け直さずにそのまま統合できるようにしています▼。

▼グローバルIDは必ずしも全世界で一意には決まらないため、まったく同一になる場合もありえるが、可能性は低い。

4.6.8 IPv6での分割処理

IPv6の分割処理は始点ホストでのみ行われ、ルーターは分割処理をしません。これは、ルーターの負荷を減らし、高速なインターネットを実現するためです。そのため、IPv6においては経路MTU探索がほぼ必須の機能になっています。ただし、IPv6では最小のMTUが1280オクテットと決められています。このため、組込システムなどシステムリソース▼に制限がある機器では経路MTU探索を実装せずに、IPパケットの送信時に1280オクテット単位で分割してから送信してもよいことになっています。

▼CPUの能力やメモリの容量など。

4.7 IPv4ヘッダ

IPを利用して通信を行うときには、データにIPヘッダが付けられて送信されます。このIPヘッダには、IPプロトコルによってパケットの配送を制御するときに必要になる情報が格納されています。このIPヘッダを見れば、IPが備えている機能の詳細を知ることができます。

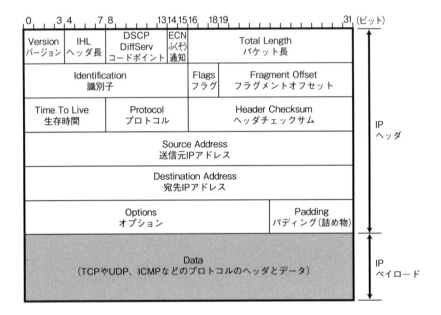

図4.31
IPデータグラムフォーマット（IPv4）

■ バージョン（Version）

IPヘッダのバージョン番号をここで表し、4ビットで構成されます。現在のIPのバージョンは4なので、この値は「4」になります。なお、IPには表4.4のようなバージョンがあります。IPのバージョン番号に関する最新の情報は次のところから得ることができます。

https://www.iana.org/assignments/version-numbers

表4.4
IPヘッダのバージョン番号

バージョン	略称	プロトコル名
4	IP	Internet Protocol
5	ST	ST Datagram Mode
6	IPv6	Internet Protocol version 6
7	TP/IX	TP/IX: The Next Internet
8	PIP	The P Internet Protocol
9	TUBA	TUBA

■ IP のバージョン番号

IPv4 の次の世代のインターネットプロトコルは、IPv6 とされています。なぜバージョン 4 の次がバージョン 6 なのでしょうか？

IP のバージョン番号は、普通のソフトウェア製品のバージョン番号とは少し意味合いが異なります。普通は新しくなるにつれてバージョン番号が大きくなっていき、最新のバージョンはいちばん大きなバージョン番号ということになります。しかしこれは、特定の会社や団体がソフトウェアを開発しているから実現できることなのです。

インターネットでは、IP をよりよくするために、複数の団体が独自に研究活動を進めています。そしてその団体がプロトコルを実験できるようにするため、IP のバージョン番号を順番に割り当てているのです。

実装と実践を重んじるインターネットでは、有益な提案の場合には、紙の上だけの提案ではなく実際に動作させて実験することが必要になります。このため、正式な標準として広く利用されることが決まっていないプロトコルでも、表 4.4 に示すように実験のためにいくつかの番号が割り当てられています[▼]。そして実際に実装しながら、よりよいものを標準として選択した結果、IP version 6（IPv6）として提案されていたプロトコルが次世代のプロトコルとして決定されたのです。つまり、IP のバージョンの数字の大小には特に大きな意味はないのです。

[▼] RFC750 に、INTERNET MESSAGE VERSIONS として 0 〜 4 のバージョン番号を割り当てたことが書かれている。バージョン 0 〜 3 は使われることがないため割り当てが解除された。

■ ヘッダ長（IHL：Internet Header Length）

4 ビットで構成されます。IP ヘッダ自体の大きさをここで表します。単位は 4 オクテット（32 ビット）です。オプションを持たない IP パケットの場合は「5」という値が入ります。つまり、オプションなしの IP ヘッダの長さは 20 オクテットなので、4×5=20 オクテットということになります。

■ DSCP フィールド、ECN フィールド

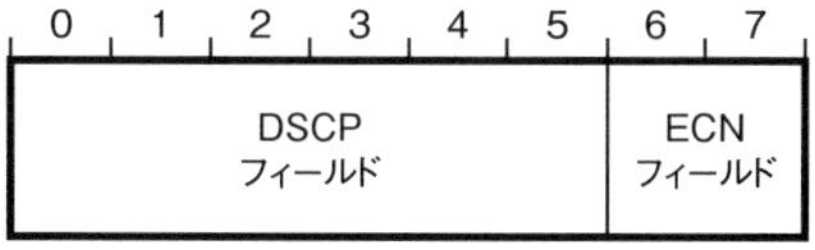

図 4.32

DSCP フィールド、ECN フィールド

DSCP フィールド（Differentiated Services Codepoint）は初期の IP の仕様では TOS（Type Of Service）として定義されていた部分です（後述）。DiffServ[▼] と呼ばれる品質制御で利用されます。

ビット 3 〜 5 が 0 のとき、ビット 0 〜 2 はクラスセレクターコードポイントと呼ばれます。TOS の優先度と同じように全部で 8 つの品質制御のクラスを設定することができます。クラスによってどのような処理が行われるかは DiffServ を運用する管理者によって決められますが、TOS との互換性を維持するため数字の大きいほうが相対的に優先されることになっています。ビット 5 が 1 のときは実験用またはローカル利用の設定になります。

[▼] DiffServ について、詳しくは 222 ページを参照。

ECN（Explicit Congestion Notification）はネットワークがふくそうしていることを通知するためのフィールドで、2つのビットから構成されます。

表 4.5
ECN フィールド

ビット	略称	意味
6	ECT	ECN-Capable Transport
7	CE	Congestion Experienced

▼ECNについて、詳しくは5.8.5項を参照。

ビット6のECTは、上位層のトランスポートプロトコルがECNに対応しているかどうかを通知します。ルーターは、ECNが1になっているパケットを転送するとき、ふくそうが発生していたらCEを1にします▼。

■ サービスタイプ（TOS：Type Of Service）

DSCP、ECN の部分の8ビットの部分は、初期の IP ではサービスタイプ（TOS：Type Of Service）のフィールドとして定義されていました。送信している IP のサービス品質を表します。先頭ビットから次のような意味を持ちます。

表 4.6
サービスタイプの各ビットの意味

▼0、1、2の3ビットを用いて、0〜7の優先度を表す。0が低優先で7が高優先になる。

ビット	意味
0 1 2	優先度▼
3	最低限の遅延
4	最大限のスループット
5	最大限の信頼性
6	最小限の経費
（3〜6）	最大限のセキュリティ
7	未使用

しかしながら、これらの要求にあった制御機構を実装するのが難しかったことや、不正に設定されると意味がなくなる可能性があることなどから、TOS の運用は困難と考えられました。このため、現在では TOS フィールドは DSCP フィールドや ECN フィールドとして利用されています。

■ パケット長（Total Length）

IP ヘッダと IP データを加えたパケット全体のオクテット長を表します。このフィールドは 16 ビット長なので、IP が運べるパケットの最大サイズは 65535（$=2^{16}$）オクテットになります。

表 4.2 で示したように最大サイズのパケット（65535 オクテット）をそのまま運べるデータリンクはほとんど存在しません。しかし IP には分割処理（フラグメント）があるので、IP の上位層から見れば、どのようなデータリンクを使っていたとしても IP の仕様上の最大パケット長までのパケットを送受信できることになります。

■ 識別子 (ID：Identification)

16ビットで構成されます。フラグメントを復元する際の識別子として使われます。同じフラグメントでは同じ値、違うフラグメントでは違う値になるように処理されます。通常は、IPパケットを送信するたびに1つずつ増やされていきます。なお、IDが同じでも、宛先IPアドレスや送信元IPアドレス、プロトコルが別の数字なら、別のフラグメントとして処理されます。

■ フラグ (Flags)

3ビットで構成されます。パケットの分割に関する制御を指示します。各ビットには次のような意味があります。

表4.7 フラグの各ビットの意味

ビット	意味
0	未使用。現在は0でなければならない。
1	分割してよいかどうかを指示する (don't fragment)。 0 - 分割可能 1 - 分割不可能
2	分割されたパケットの場合、最後のパケットか否かを示す (more fragment)。 0 - 最後のフラグメントパケット 1 - 途中のフラグメントパケット

■ フラグメントオフセット (FO：Fragment Offset)

13ビットで構成されます。分割されたフラグメント▼がオリジナルデータのどこに位置していたかを示します。最初の値は0で始まり、FOフィールドは13ビットからなるので、8192（= 2^{13}）まで表現できます。単位は8オクテットになるので、オリジナルデータの位置として示せる最大値は 8×8192 = 65536 オクテットとなります。

▼フラグメント (Fragment)
破片、断片の意味。この場合は、転送のために分割された元データの断片を意味している。

■ 生存時間 (TTL：Time To Live)

8ビットで構成されます。もともとの意味はこのパケットがネットワークに存在してよい時間（生存時間）を秒単位で示したものです。しかし、実際のインターネットでは何個のルーターを中継してもよいかという意味になります。ルーターを通過するたびにTTLは1つずつ減らされ、0になったらパケットは破棄されます▼。

▼TTLは8ビットなので、0〜255の値をとることになる。このため $2^8 = 256$ 個のルーターを越えられない。これによりIPパケットが永遠にネットワーク内に存在し続けることを防止できる。

■ プロトコル (Protocol)

8ビットで構成されます。IPヘッダの次のヘッダのプロトコルが何であるかを示します。よく使用されるプロトコルは表4.8のような番号が割り当てられています。

プロトコル番号の一覧表の最新情報は次のところから得ることができます。

https://www.iana.org/assignments/protocol-numbers

表 4.8

上位層のプロトコルに割り当てられる番号

割り当て番号	略称	プロトコル名
0	HOPOPT	IPv6 Hop-by-Hop Option
1	ICMP	Internet Control Message
2	IGMP	Internet Group Management
4	IP	IP encapsulation (IP in IP)
6	TCP	Transmission Control
8	EGP	Exterior Gateway Protocol
9	IGP	any private interior gateway (Cisco IGRP)
17	UDP	User Datagram
33	DCCP	Datagram Congestion Control Protocol
41	IPv6	IPv6
43	IPv6-Route	Routing Header for IPv6
44	IPv6-Frag	Fragment Header for IPv6
46	RSVP	Reservation Protocol
50	ESP	Encap Security Payload
51	AH	Authentication Header
58	IPv6-ICMP	ICMP for IPv6
59	IPv6-NoNxt	No Next Header for IPv6
60	IPv6-Opts	Destination Options for IPv6
88	EIGRP	EIGRP
89	OSPFIGP	OSPF
97	ETHERIP	Ethernet-within-IP Encapsulation
103	PIM	Protocol Independent Multicast
108	IPComp	IP Payload Compression Protocol
112	VRRP	Virtual Router Redundancy Protocol
115	L2TP	Layer Two Tunneling Protocol
124	ISIS over IPv4	ISIS over IPv4
132	SCTP	Stream Control Transmission Protocol
133	FC	Fibre Channel
134	RSVP-E2E-IGNORE	RSVP-E2E-IGNORE
135	Mobility Header (IPv6)	Mobility Header (IPv6)
136	UDPLite	UDP-Lite
137	MPLS-in-IP	MPLS-in-IP

■ ヘッダチェックサム（Header Checksum）

16 ビット（2 オクテット）で構成されます。IP ヘッダのチェックサムを表します。チェックサムは、IP ヘッダが壊れていないことを保証するためのものです。チェックサムの計算は、まずチェックサムのフィールドを 0 にして、16 ビット単位で 1 の補数▼の和を求めます。そして、求まった値の 1 の補数をチェックサムフィールドに入れます。

▼ 1 の補数
通常のコンピュータの整数演算では 2 の補数が利用される。チェックサムの計算に 1 の補数を利用すると、桁があふれても 1 の位に戻すため情報落ちがないことや、2 つの 0 表現を使い分けられるといった利点がある。

■ 送信元 IP アドレス（Source Address）

32 ビット（4 オクテット）で構成されます。送信元の IP アドレスを表します。

■ 宛先 IP アドレス（Destination Address）

32 ビット（4 オクテット）で構成されます。宛先の IP アドレスを表します。

■ オプション（Options）

可変長の長さを持ちます。通常はオプションフィールドは使用されませんが、テストやデバッグなどを行うときに使用されます。オプションには次のようなものがあります。

- セキュリティラベル
- ソースルート
- ルートレコード
- タイムスタンプ

■ パディング（Padding）

詰め物とも呼ばれます。オプションを付けた場合、ヘッダ長が32ビットの整数倍にならないケースがあります。この場合、詰め物として「0」を入れ32ビットの整数倍にします。

■ データ（Data）

データが入ります。IPの上位層のヘッダもすべてデータとして処理されます。

4.8 IPv6のヘッダフォーマット

IPv6のIPヘッダフォーマットは、図4.33のようになります。IPv4に比べて、IPアドレスのフィールドが巨大になります。

IPv6ではヘッダのチェックサムは省略されました▼。これは、ルーターでの処理を軽減することが目的です。ルーターがパケットを転送するときにチェックサムの計算をする必要がなくなり、パケットの転送速度が向上します。

また、分割処理のための識別子などはオプションになりました。IPv6のヘッダやオプションは、すべて8オクテット単位で構成されます。これは、64ビットCPUのコンピュータで処理しやすい構造にしたためです。

▼TCPやUDPは、チェックサムを計算するときに疑似ヘッダを使っているため、IPアドレスやプロトコル番号が正しいかどうかをチェックすることができる。これによって、IP層では信頼性の確認ができなくてもTCP層やUDP層では信頼性を提供することができる。詳しくはTCPやUDPの説明を参照。

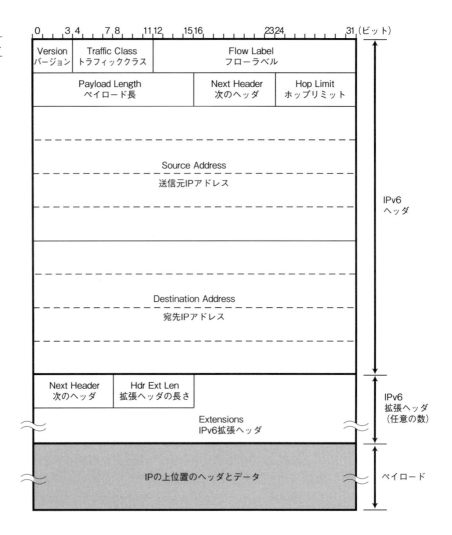

図 4.33 IPv6パケットフォーマット

■ バージョン（Version）

バージョンフィールドはIPv4と同じ4ビット長です。IPv6のバージョンは6なので6が入ります。

■ トラフィッククラス（Traffic Class）

IPv4のTOS（Type Of Service）にあたるフィールドで、8ビットの長さがあります。ただし、TOSはIPv4で利用された実績がほとんどなく、役に立たない技術ということでIPv6のヘッダでは削除される予定でした。しかし、今後の研究に期待する形で復活しました。具体的にはDiffServ（222ページ）、ECN（5.8.5項）として使われることが検討されています。

■ フローラベル（Flow Label）

▼詳しくは5.8.4項を参照。

　品質制御（QoS：Quality of Service）▼に利用されることを想定したフィールドで、20 ビットの長さがあります。ただし、このフローラベルを利用してどのようなサービスが行われるかは、今後の課題となっています。フローラベルを利用しない場合には、すべて 0 で埋めることになっています。

▼RSVPおよびフロー設定については221ページの「IntServ」を参照。

　品質制御を行う場合には、フローラベルを乱数で決定し、RSVP（Resource Reservation Protocol）などのフローをセットアップするプロトコルを利用して▼、経路上のルーターに品質制御に関する設定をすることになります。そして品質制御をしたいパケットを送信するときは、RSVP で想定したフローラベルを付けて送信します。ルーターでは、受け取った IP パケットのフローラベルを検索キーにして品質制御の情報を高速に検索して必要な処理を行います▼。

▼品質制御を行うルーターでは、受信したパケットを素早く転送する必要がある。受信したパケットをどのような品質で送信したほうがよいかの情報の検索に時間がかかったのでは高い品質制御は期待できなくなる。フローラベルは、ルーターが品質制御の情報を「高速に検索する」ために利用するいわば索引（インデックス）であり、フローラベルの値自体には特別な意味や機能はない。

　なお、フローラベルと宛先 IP アドレス、送信元 IP アドレスの 3 つのすべてが同じでなければ、同じフローとはみなされません。

■ ペイロード長（Payload Length）

　ペイロード（Payload）はパケットのデータ部を意味します。IPv4 の TL（Total Length）ではヘッダの長さも含まれましたが、この Payload Length は IPv6 のヘッダを除いたデータ部分の長さを表します。IPv6 のオプションは IPv6 のヘッダに続くデータという形になるため、オプションが含まれる場合には、そのオプションを含めたデータの全長が Payload Length になります▼。

▼このフィールドは16ビット長なので、データの最大サイズは65535オクテットになる。ただし、これを超えるサイズのデータを1つのIPv6パケットで送信できるようにするため、ジャンボペイロードオプションが用意されている。このオプションには32ビット長のフィールドがあるので、最大で4Gオクテットのデータを1つのIPパケットで運ぶことができる。

■ 次のヘッダ（Next Header）

　IPv4 におけるプロトコルフィールドにあたります。ただし、TCP や UDP などのプロトコルだけではなく、IPv6 の拡張ヘッダがある場合にはそのプロトコル番号が入ります。

■ ホップリミット（Hop Limit）

　8 ビットで構成されます。IPv4 の TTL と同じ意味ですが、「通過できるルーターの数を制限する」という意味を明確に表すために、Hop Limit と名付けられました。ルーターを通過するたびに 1 つずつ減らされ、0 になったらその IPv6 パケットは破棄されます。

■ 送信元 IP アドレス（Source Address）

　128 ビットで構成されます。送信元の IP アドレスを表します。

■ 宛先 IP アドレス（Destination Address）

　128 ビットで構成されます。宛先の IP アドレスを表します。

4.8.1 IPv6 拡張ヘッダ

IPv6 のヘッダは固定長で、オプションをヘッダ内に付け加えることはできません。その代わり、拡張ヘッダで機能を拡張できるようになっています。

拡張ヘッダは、IPv6 のヘッダと TCP や UDP のヘッダの間に挿入されます。IPv4 ではオプションの長さは 40 オクテットに制限されましたが、IPv6 ではこの制限はなくなりました。IPv6 では任意の数の拡張ヘッダを追加することができます。拡張ヘッダには次のプロトコルまたは拡張ヘッダを示すフィールドがあります。

IPv6 ヘッダには、識別子やフラグメントオフセットを格納するフィールドがありません。IP パケットを分割する場合には、拡張ヘッダを使うことになります。

図 4.34
IPv6 拡張ヘッダ

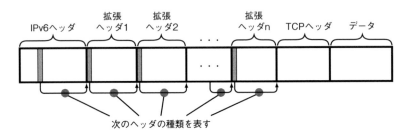

具体的には表 4.9 のような拡張ヘッダがあります。IPv6 パケットを分割する必要があるときには 44 のフラグメントヘッダが使われます。IPv6 で IPsec を使うときには、50、51 の ESP、AH が使われます。Mobile IPv6 では 60 と 135 の宛先オプションとモビリティーヘッダが使われます。

表 4.9
IPv6 拡張ヘッダとプロトコル番号

拡張ヘッダ	プロトコル番号
ホップバイホップオプション（HOPOPT）	0
ルーティングヘッダ（IPv6-Route）	43
フラグメントヘッダ（IPv6-Frag）	44
ペイロードの暗号化（ESP）	50
認証ヘッダ（AH）	51
ヘッダの終わり（IPv6-NoNxt）	59
宛先オプション（IPv6-Opts）	60
モビリティーヘッダ（Mobility Header）	135

Chapter

5

第5章

IP に関連する技術

IP（Internet Protocol）はパケットを目的のホストまで届けることはできますが、IP だけで通信ができるわけではありません。ホスト名や MAC アドレスの解決をする機能や、IP によるパケット配送に問題が起きた場合の補助をする機能などが必要です。また、IP には欠けている機能もあります。

この章では、IP を補助したり拡張したりする仕組みとして、DNS、ARP、ICMP、DHCP といった機能について説明します。

7 アプリケーション層	＜アプリケーション層＞ TELNET、SSH、HTTP、SMTP、POP、 SSL/TLS、FTP、MIME、HTML、 SNMP、MIB、SIP、...
6 プレゼンテーション層	
5 セッション層	
4 トランスポート層	＜トランスポート層＞ TCP、UDP、UDP-Lite、SCTP、DCCP
3 ネットワーク層	＜ネットワーク層＞ ARP、IPv4、IPv6、ICMP、IPsec
2 データリンク層	イーサネット、無線LAN、PPP、... （ツイストペアケーブル、無線、光ファイバー、...）
1 物理層	

5.1　IP だけでは通信できない

　第 4 章までで、IP を使って、目的のホストまでパケットが届くことは理解できたと思います。

　しかし、ふだん、私たちがネットを利用するときに、IP アドレスを入力しているかといえば、そういうことはほとんどありません。

　Web や電子メールを使うときには、IP アドレスではなく、Web サイトのアドレスや電子メールのアドレスを使います。これはネットワーク層ではなく、アプリケーション層で決められているアドレスです。つまり IP パケットを使って通信するためには、アプリケーションで使用するアドレスから対応する IP アドレスを知る必要があります。

　また、データリンクでは IP アドレスは使われません。イーサネットなどの場合には MAC アドレスを使ってパケットを伝えます。実際に IP パケットをネットワーク上で運ぶのはデータリンクなので、送り先の MAC アドレスの情報が分かる必要があります。IP アドレスが分かっても MAC アドレスが分からなければ通信できないのです。

　このように、実際の通信は、IP だけでは実現できず、IP を支えるさまざまな関連技術によって実現されるのです。

　この章では IP を補助する技術について説明します。具体的には、DNS、ARP、ICMP、ICMPv6、DHCP、NAT について説明します。さらに、IP トンネリング、IP マルチキャスト、IP エニーキャスト、品質制御（QoS）、明示的なふくそう通知、Mobile IP についても説明します。

5.2　DNS（Domain Name System）

　私たちがふだんインターネットにアクセスするときは IP アドレスを使わずにローマ字とピリオドを使った名前を使います。ここで活躍するのが DNS（Domain Name System）です。DNS が、ローマ字とピリオドを使った名前から IP アドレスへと自動的に変換を行ってくれます。

　この DNS は、IPv4、IPv6 の両方で利用されます。

5.2.1 IP アドレスを覚えるのはたいへん

TCP/IP ではネットワークに接続されているコンピュータを識別するために、各ホストにユニークな IP アドレスを設定し、その IP アドレスをもとに通信が行われます。しかし、IP アドレスを使用するのが不便な場合もあります。それは、ユーザーがアプリケーションを利用するときに通信相手を直接指定しなければならない場合です。IP アドレスは数字の列で表されるため、人間にとってはとても覚えにくいものです▼。

そこで、TCP/IP の世界では古くからホスト名と呼ばれる識別子が利用されてきました。一つひとつのコンピュータに名前を付けて、通信したい場合には IP アドレスではなくホスト名を入力します。そうすると、自動的に IP アドレスに変換されてから通信が行われます。この機能を実現するために、ホスト名と IP アドレスの対応を定義する hosts▼と呼ばれるデータベースファイルが利用されていました。

▼ 電話番号は数字の列になっている。引っ越しなどで電話番号が変わったときに番号をなかなか覚えられない人も多い。それと比べると、英文字列の電子メールアドレスは比較的覚えやすいものといえる。

▼ hosts
スマートフォンでいえば「名前」と「電話番号」の対応が書かれている「連絡先」や「電話帳」のようなもの。電話番号を知らなくても、相手に電話をかけられるように、hostsに登録されていたら、相手のIPアドレスを知らなくてもホスト名で通信が可能になる。

図 5.1
ホスト名を IP アドレスに変換

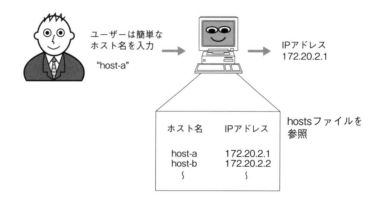

インターネットの起源といわれる ARPANET では、当初は hosts ファイルをネットワークインフォメーションセンター (SRI-NIC) で一括管理していました。ARPANET にコンピュータが接続されたり、IP アドレスが変更されたりした場合にはセンターのデータベースが更新され、ほかのコンピュータは定期的にセンターからデータベースをダウンロードしながら運用していました。

しかし、ネットワークの規模が大きくなり、接続するコンピュータの数が増えてくると、ホスト名や IP アドレスの登録・変更処理を 1 カ所で集中管理するのは不可能になりました。

5.2.2 DNS の登場

そこで、ホスト名と IP アドレスの対応関係を効率よく管理するための手段として、DNS が考えられました。このシステムではホストを管理している組織が、データの設定や変更を行うことができます。つまり、組織内でホスト名と IP アドレスの関係を表すデータベースを管理できるのです。

188　第5章　IPに関連する技術

　　DNSでは通信をしたいユーザーがホスト名（およびドメイン名）を入力する
と、自動的にホスト名やIPアドレスが登録されているデータベースサーバーが
検索され、そこからIPアドレスの情報を得るようになっています▼。これにより、
ホスト名やIPアドレスの登録や変更をした場合でもその組織内だけで処理をす
ればよく、ほかの機関に報告や申請をする必要はなくなりました。さらに、IP
アドレスが変化しても同じホスト名を利用できるダイナミックDNSという仕組
みも登場しました。

　　このDNSによって初期のARPANETで発生した問題は解決されました。こ
のDNSはネットワークがどんなに拡大しても対応できるようになっています。
現在私たちがWebブラウザなどのアプリケーションを利用するときにホスト名
を入力するだけで通信できるのは、このDNSのおかげです。

▼Windows や UNIX の場合、
ドメイン名から IP アドレス
を表示するには、コマンド
プロンプトやターミナルか
ら「nslookup ホスト名」と
入力する。

▊5.2.3　ドメイン名の構造

　　DNSの仕組みを理解するには、まず、ドメイン名を理解する必要があります。
ドメイン名とは、ホストの名前や組織の名前を識別するための階層的な名前の
ことです。たとえば、倉敷芸術科学大学のドメイン名は次のようになります。

　　　kusa.ac.jp

　　ドメイン名は複数の短い英字がピリオドによってつながれた構造を持ってい
ます。このドメイン名は、いちばん左の「kusa」が倉敷芸術科学大学（Kurashiki
University of Science and the Arts）固有のドメイン名を表しており、次の「ac」
は大学（academy）や高専、専門学校などの高等教育機関を、その次の「jp」
は日本（japan）を表しています。

　　ドメイン名を使用した場合には、それぞれのホスト名の後にその組織のドメ
イン名を付けます▼。たとえば、pepper、piyo、kinokoというホストがあった
場合には次のようになります。

▼ドメイン名を持つ組織の
中で、独自の「サブドメイ
ン」を設定し、運用するこ
とも可能。サブドメインは、
ホスト名とドメイン名の間
に入る。

　　　pepper.kusa.ac.jp
　　　piyo.kusa.ac.jp
　　　kinoko.kusa.ac.jp

　　ドメイン名を利用する前は単なるホスト名だけでIPアドレスが管理されてい
たため、たとえ異なる組織であっても同じホスト名を付けることができません
でした。階層的なドメイン名の登場により各組織単位で自由にホスト名を付け
ることができるようになりました。

　　DNSは図5.2のAに示すような階層構造になっています。これは、木をひっ
くり返したような構造になっているため、木構造と呼ばれます。頂点にルート
（根）があり、その下に複数に分かれた枝があります。頂点の次には第1レベル
のドメイン▼があり、「jp」（日本）や「uk」（英国）のような国を表すドメイン▼と、
「edu」（米国の教育機関）や「com」（米国の企業）などのドメイン▼があります。
この形は企業内の組織階層と似ています。

▼トップレベルドメイン
（TLD：Top Level Domain）
と呼ぶ。

▼国コードトップレベルドメ
イン（ccTLD：country code
TLD）

▼分野別トップレベルドメ
イン（gTLD：generic TLD）

図 5.2
ドメインの階層構造

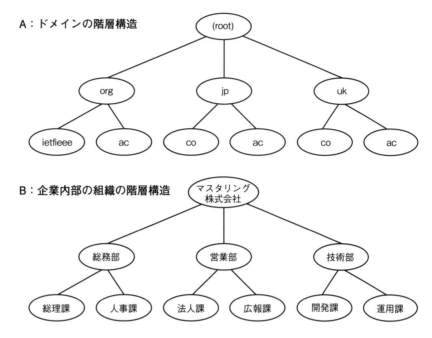

▼jpドメイン名の登録管理・運用サービスは2002年4月1日より株式会社日本レジストリサービス（JPRS）が行っている。

▼ASCII
American Standard Code for Information Interchangeの略。「アスキー」と発音する。英字、数字、!、@などの記号を表示できる7ビットの文字コード。

図 5.3
＊.jpのドメイン名

　jpドメイン▼の下には、図5.3に示すような種類があります。「jp」の下の第2レベルのドメイン名には、「ac」や「co」などの属性（組織種別）や「tokyo」などの地域・組織名を表す汎用ドメインがあります。さらに属性（組織種別）ドメインや地域ドメインの場合には、第3レベルに組織を表すドメイン名がきます。
　ドメイン名は長い間ASCII文字▼しか使えませんでしたが、現在では日本語などの多国語にも対応しています。

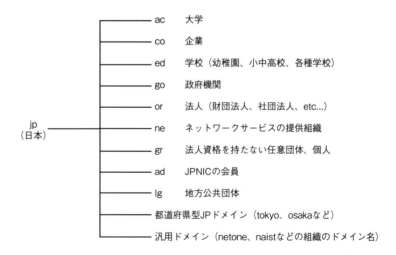

■ ネームサーバー

　ネームサーバーとは、ドメイン名を管理しているホストやソフトウェアのことです。ネームサーバーは、そのネームサーバーが設置された階層のドメインに関する情報を管理します。管理する階層のことをゾーンと呼びます。図5.4に示すように、階層ごとにネームサーバーが置かれています。

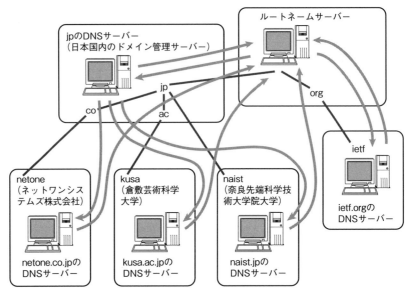

図5.4　ネームサーバー

- それぞれのドメインの階層ごとにネームサーバーが配置される。
- それぞれのネームサーバーは下の階層のネームサーバーのIPアドレスを知っており、ルートからネームサーバーが木構造のように結ばれている。
- すべてのネームサーバーはルートネームサーバーのIPアドレスを知っているため、ルートから順番にたどることで世界中のネームサーバーにアクセスできる。

　ルートの部分に設置されているサーバーをルートネームサーバーといいます。このルートネームサーバーは、DNSによるデータの検索でもっとも重要な役割を担っています▼。このルートネームサーバーには、その次のレベルのネームサーバーのIPアドレスが登録されています。図5.4でいえば、ルートネームサーバーには、jpやorgを管理しているネームサーバーのIPアドレスが登録されています。逆にいえば、jpやorgの階層のドメイン名を新設したり変更したりする場合には、ルートネームサーバーに設定を追加したり、変更したりしてもらわなければなりません。

　ルートネームサーバーの次の階層のネームサーバーには、さらにその下の階層のネームサーバーやホストのIPアドレスが登録されています。管理しているドメインより下の階層ならば、ホスト名とIPアドレスの対応関係▼やサブドメインを自由に設定することができます。ただし、ネームサーバーを新設したりネームサーバーのIPアドレスを設定（変更）したりする場合には、上位の階層のネームサーバーに設定を追加したり、変更したりしてもらわなければなりません。

　このように、ドメイン名とネームサーバーは階層的に配置されています。ネームサーバーがダウンすると、そのドメインに対するDNSの問い合わせができな

▼DNSのプロトコル的制約により、ルートネームサーバーは13個のIPアドレスで表現され、AからMまでの名称が付いている。しかし現在では、同じIPアドレスを複数のノードに設定できるIPエニーキャストにより、ルートネームサーバーの数を増やし、耐故障性の向上、負荷分散を行っている。IPエニーキャストについては5.8.3項を参照。

▼1つのホスト名（ドメイン名）に複数のIPアドレスを割り当てることもできる。これは「ラウンドロビンDNS」と呼ばれ、Webサーバーなどの負荷分散に利用されることがある。この場合、nslookupコマンドで複数のIPアドレスが表示される。

くなります。このため、耐障害性を向上させるために通常は2つ以上のネームサーバーを設置することになっています。DNSの問い合わせに対する応答がない場合には、2番目のサーバー、3番目のサーバーというように、順番にサーバーに問い合わせが行われます。

すべてのネームサーバーには、ルートネームサーバーのIPアドレスを登録しなければなりません。DNSによるIPアドレスの検索はルートネームサーバーから順番に行われるからです。ルートネームサーバーのIPアドレスの最新情報は次のところから入手できます。

```
https://www.internic.net/zones/named.root
```

■ リゾルバ（Resolver）

DNSに問い合わせを行うホストやソフトウェアをリゾルバといいます。ユーザーが利用するワークステーションやパソコンはリゾルバにあたります。リゾルバは最低でも1つ以上のネームサーバーのIPアドレスを知らなければなりません。通常はその組織内のネームサーバーのIPアドレスを登録します。

5.2.4 DNSによる問い合わせ

▼DNSの問い合わせ処理のことをクエリ（query）という。

では、DNSの具体的な問い合わせ処理▼を説明していきましょう。図5.5は、kusa.ac.jpドメインの中のコンピュータが、www.ietf.orgのサーバーにアクセスしようとしたときの、DNSの問い合わせの流れを示しています。

図 5.5
DNSによる問い合わせ

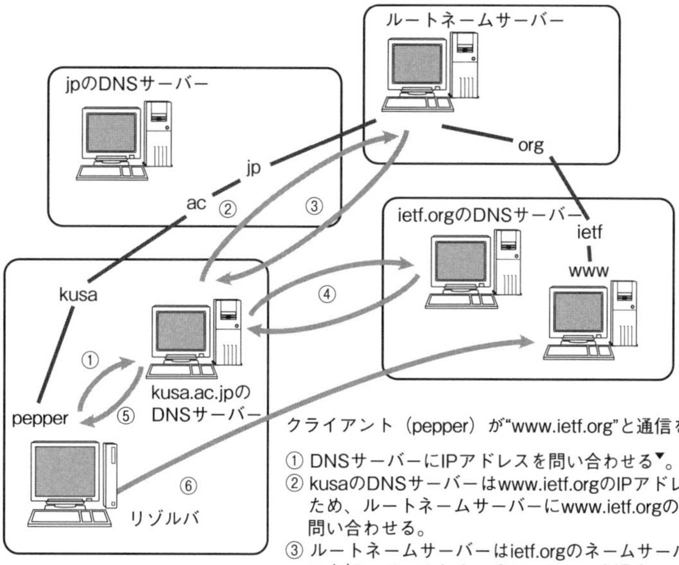

クライアント（pepper）が"www.ietf.org"と通信をしたい場合
① DNSサーバーにIPアドレスを問い合わせる▼。
② kusaのDNSサーバーはwww.ietf.orgのIPアドレスを知らないため、ルートネームサーバーにwww.ietf.orgのIPアドレスを問い合わせる。
③ ルートネームサーバーはietf.orgのネームサーバーのIPアドレスを知っているため、そのアドレスを返す。
④ ietf.orgのネームサーバーに問い合わせてwww.ietf.orgのIPアドレスを知る。
⑤ クライアントにそのIPアドレスを伝える。
⑥ pepperとwww.ietf.orgの間で通信が開始される。

▼通常、DNSの問い合わせ、および、応答はUDPを使って行われる。しかし、DNSのメッセージ長は512バイト以下に制限されており、IPv6などを使うとこれを超える可能性が大きくなる。この場合にはEDNS0 (Extension mechanisms for DNS)と呼ばれるメカニズムを使って、TCPで問い合わせ処理がやり直される。

▼この図では、同じドメイン内のネームサーバーに問い合わせを行っているが、組織外のネームサーバーに問い合わせることもできる。

▼このキャッシュの期間は、情報を提供するネームサーバーによって設定される。

リゾルバは、IPアドレスを調べるためにネームサーバー▼に問い合わせ処理を行います。それを受けたネームサーバーは自分のデータベースに情報があればそれを返しますが、情報がない場合にはルートネームサーバーに問い合わせ処理を行います。そして図のように、ドメインの木構造を上から順番にたどることで、目的の情報があるネームサーバーを見つけ、そこから必要な情報を得ます。

リゾルバやネームサーバーは、新たに知った情報をしばらくの間キャッシュします▼。これにより、毎回問い合わせることによるパフォーマンスの低下を防ぎます。

5.2.5 DNSはインターネットに広がる分散データベース

DNSは、ホスト名からIPアドレスを検索するシステムであると説明しました。しかし、管理しているのはそれだけではありません。さまざまな情報を管理しています。DNSが管理する主な情報を表5.1に示します。

たとえば、ホスト名とIPアドレスの対応はAレコードと呼ばれます。逆に、IPアドレスからホスト名を検索するときの情報がPTRです。そして、上位や下位のネームサーバーのIPアドレスの対応がNSレコードです。

特に重要なのがMXレコードです。ここには、メールアドレスと、そのメールを受信するメールサーバーのホスト名が登録されます。詳しくは、8.4節の電子メールで説明します。

表5.1
DNSの主なレコード

タイプ	番号	内容
A	1	ホストのIPアドレス（IPv4）
NS	2	ネームサーバー
CNAME	5	ホストの別名に対する正式名
SOA	6	ゾーン内の登録データの開始マーク
WKS	11	ウェルノウンサービス
PTR	12	IPアドレスの逆引き用のポインタ
HINFO	13	ホストに関する追加の情報
MINFO	14	メールボックスやメーリングリストの情報
MX	15	メールサーバー（Mail Exchange）
TXT	16	テキスト文字列
SIG	24	セキュリティの署名
KEY	25	セキュリティの鍵
GPOS	27	地理的な位置
AAAA	28	ホストのIPv6アドレス
NXT	30	次のドメイン
SRV	33	サーバーの選択
*	255	すべてのレコードの要求

5.3 ARP (Address Resolution Protocol)

　IPアドレスが決まれば、宛先IPアドレスに向けてIPデータグラムを送信することができます。しかし、実際にデータリンクを利用して通信をするときにはIPアドレスに対応したMACアドレスが必要になります。

5.3.1 ARPの概要

▼ARP（Address Resolution Protocol）「アープ」と呼ばれる。

　ARP▼はアドレス解決のためのプロトコルです。宛先IPアドレスを手がかりにして、次にパケットを受け取るべき機器のMACアドレスを知りたいときに利用します。宛先のホストが同一リンク上にない場合には、次ホップのルーターのMACアドレスをARPで調べることになります。このARPはIPv4でのみ利用され、IPv6では利用されません。IPv6ではARPの代わりにICMPv6の近隣探索メッセージ▼が利用されます。

▼205ページを参照。

5.3.2 ARPの仕組み

　どのようにしてMACアドレスを知るのでしょうか。ARPではARP要求パケットとARP応答パケットの2種類のパケットを使用してMACアドレスを知ります。
　図5.6を見てください。今、ホストAが同一リンク上のホストBにIPパケットを送信したい状態だとします。ホストAのIPアドレスは172.20.1.1で、ホストBのIPアドレスは172.20.1.2ですが、ホストAはホストBのMACアドレスを知りません。

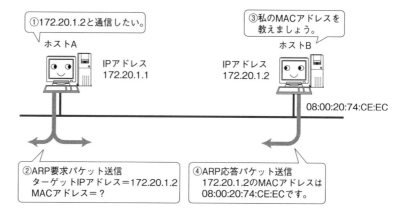

図5.6 ARPの仕組み

ホストＡはホストＢのMACアドレスを入手するために、最初にARP要求パケットをブロードキャストします。このパケットの中にはMACアドレスを知りたいホストのIPアドレスが入っています。つまり、ホストＢのIPアドレス、172.20.1.2が入っています。ブロードキャストされたパケットは同一リンク上のすべてのホストやルーターが受信して処理することになります。そのため、ARP要求パケットは同一セグメント上のすべてのホストやルーターが受信して、パケットの内容を解析します。目的のIPアドレスが自分のIPアドレスに該当する場合には、自分のMACアドレスを埋めたARP応答パケットをホストＡ宛に返送します。

要約すると、IPアドレスからMACアドレスを知るために送信するのがARP要求パケット▼、自分のMACアドレスを教えるために返送するのがARP応答パケットです。このARPによってIPアドレスからMACアドレスを検索することができ、リンク内でIPによる通信をすることが可能になります。ARPによるアドレスの解決は動的に行われます。そのため、TCP/IPによってネットワークを構築または通信するときにはMACアドレスを意識する必要はなく、IPアドレスのみを考えればよいことになります。

通常ARPによって取得したMACアドレスは数分間キャッシュ▼されます。IPデータグラムを1つ配送するたびにARP要求パケットを送信するのでは、トラフィックが増加してむだな通信が多くなってしまいます。そこで、ARPによるトラフィックの増加を防ぐため、一度ARPでMACアドレスを取得したらしばらくの間はそのIPアドレスとMACアドレスの関係を記憶▼しておき、同じIPアドレス宛の場合はARPは実行しないで、記憶しているMACアドレスを使ってIPデータグラムを送信します。一度ARPの処理が行われるとARPキャッシュから情報が消えるまで、そのIPアドレスに関するARP処理は行われません。このようにして、ARPパケットがネットワーク上に散乱することを防いでいます。

一度IPデータグラムを送ったホストには、続けて複数のIPデータグラムを配送する可能性が高いといえます。そのため、このキャッシュはARPパケットを減らすのに有効に働きます。また逆に、ARP要求を受けたホストは、ARP要求をしたホストのMACアドレスとIPアドレスをARP要求パケットから知ることになります。このとき取得したMACアドレスもキャッシュします。そして、そのMACアドレスをもとにして、ARP応答パケットの送信を行います。IPデータグラムを受信したホストは、応答するためにIPデータグラムを返送する可能性が高いといえます。このため、このMACアドレスのキャッシュも有効に働きます。

ARPによって取得したMACアドレスはキャッシュされますが、一定の時間が経過すると捨てられます。これは、MACアドレスとIPアドレスの対応が変わっても▼正しくパケットを配送できるようにするためです。

▼ARP要求パケットも相手に自分のMACアドレスを教える働きがある。

▼キャッシュ
同じ情報が再度必要になることを見越して、メモリなどに記憶しておくこと。

▼IPアドレスとMACアドレスの対応関係を記憶するデータベースをARPテーブルと呼ぶ。UNIXやWindowsでは「arp -a」で、ARPテーブルの内容を表示させることができる。

▼NICを交換したときや、ノートPCやタブレットPC、スマートフォンを移動したときなど。

図 5.7

ARP のパケットフォーマット

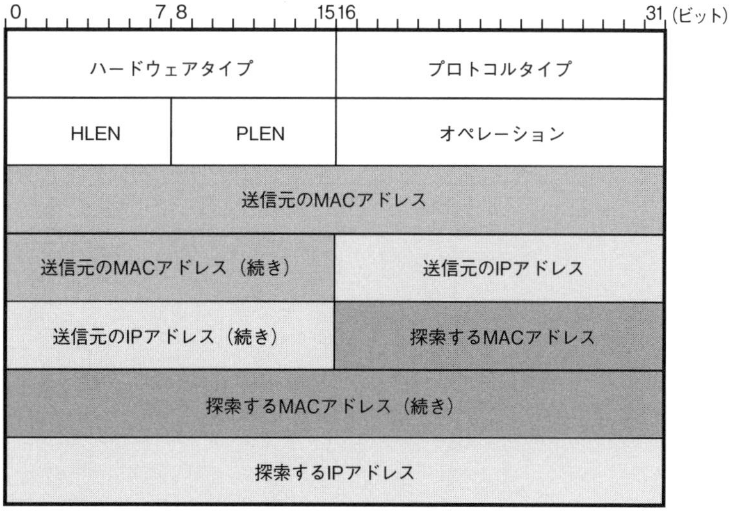

```
        0           7 8          15 16                    31 (ビット)
        ┌───────────────────────┬───────────────────────┐
        │    ハードウェアタイプ    │     プロトコルタイプ     │
        ├───────────┬───────────┼───────────────────────┤
        │   HLEN    │   PLEN    │      オペレーション      │
        ├───────────┴───────────┴───────────────────────┤
        │             送信元のMACアドレス                  │
        ├───────────────────────┬───────────────────────┤
        │   送信元のMACアドレス（続き）  │    送信元のIPアドレス    │
        ├───────────────────────┼───────────────────────┤
        │   送信元のIPアドレス（続き）   │    探索するMACアドレス   │
        ├───────────────────────┴───────────────────────┤
        │           探索するMACアドレス（続き）             │
        ├───────────────────────────────────────────────┤
        │              探索するIPアドレス                  │
        └───────────────────────────────────────────────┘
```

HLEN：MACアドレスの長さ＝6（オクテット）
PLEN：IPアドレスの長さ　＝4（オクテット）

▊5.3.3　IPアドレスとMACアドレスは両方とも必要？

ここで疑問を持った読者もいるでしょう。

「データリンクの宛先MACアドレスを見ればホストB宛だと分かるのに、なぜIPアドレスが必要なのか？」

確かにまったくの二度手間のように考えられるかもしれません。また、

「IPアドレスを見れば宛先が分かるのだから、ARPをしなくてもデータリンクでブロードキャストすればホストBに届けることができるのではないか？」

という疑問を持つ読者もいるでしょう。なぜMACアドレスとIPアドレスの2つのアドレスが必要なのでしょうか？

これは、別のリンクに接続されたホストへパケットを配送することを考えると理解できます。図5.8に示すように、ホストAからホストBにIPデータグラムを送信するときには、ルーターCを経由しなければなりません。ホストBのMACアドレスが分かっていても、ルーターCでネットワークが切れているため直接送信することはできません。ここでは、まずルーターCのMACアドレスC1宛にパケットを送信しなければなりません。

図 5.8
MAC アドレスと IP アドレスの役割の違い

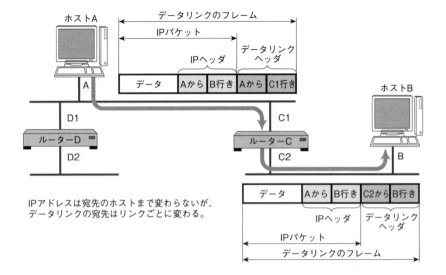

IP アドレスは宛先のホストまで変わらないが、データリンクの宛先はリンクごとに変わる。

　また、仮に MAC アドレスをブロードキャストアドレスにすると、今度はルーター D もそのパケットを受信することになります。こうなるとルーター D は受信したパケットをルーター C に転送することになり、パケットが 2 つ以上に増えてしまいます▼。

　イーサネット上で IP パケットを送信するときには、「次にどのルーターを経由してパケットを送信するか」という情報が必要になります。そして「次のルーター」を示すために MAC アドレスを使うのです。

　このようなことを考えると、IP アドレスと MAC アドレスという 2 つのアドレスが必要になることが分かると思います。そして 2 つのアドレスを結びつける ARP というプロトコルが間に入ることによって、通信が可能になるというわけなのです▼。

　また、IP アドレスを用いず、MAC アドレスだけで全世界のネットワークのすべてのホストを接続することを考えてみます。MAC アドレスだけでは、それぞれのホストがどこに存在するのか分かりません▼。ブリッジが学習する前は、送信したパケットが全世界に向かって流れていくことになります。全世界から自分のネットワークにパケットが流れてくることを考えてみてください。想像を絶する数のパケットで自分のネットワークの帯域が埋まってしまうという恐ろしいことが起きるでしょう。また、MAC アドレスは集約できないため、ブリッジがすべての MAC アドレスを学習する場合、保持すべき MAC アドレスの情報が巨大になって扱いきれなくなり、通信不能となってしまうことでしょう▼。

▼このような問題が発生することを防ぐため、MAC アドレスがブロードキャストアドレスになっている IP データグラムを、ルーターは転送してはならないことになっている。

▼このような 2 段階の仕組みによって通信性能が低下することを防ぐために、ARP には前述のように IP アドレスと MAC アドレスの対応をキャッシュする機能が備えられている。キャッシュ機能により、IP パケットを送信するたびに ARP をする必要がなくなり、性能が低下することを防いでいる。

▼IP アドレスの場合には、ネットワーク部が位置情報として働き、ネットワーク上の位置が定まり、アドレスの集約が行える。

▼これに対して IP アドレスの経路制御表の場合には実用的な大きさになる。

5.3.4 RARP（Reverse Address Resolution Protocol）

RARP は ARP の逆で、MAC アドレスから IP アドレスを知りたい場合に使われます。

ふだん私たちが使用するスマートフォンやパソコンの場合は、DHCP▼を使って自動的に IP アドレスが設定されます。また、サーバーコンピュータなどの場合は、管理者がキーボードを使って IP アドレスを入力したりします。しかし組込機器では、IP アドレスを入力するインタフェースが存在しない場合や DHCP に対応していない場合、また、DHCP で動的な IP アドレスが設定されては困る場合もあります▼。

このような場合に、RARP が使われることがあります。RARP を使う場合は、RARP サーバーを用意する必要があります。そして、RARP サーバーに、機器の MAC アドレスとその機器に付ける IP アドレスを設定します▼。その後でその機器をネットワークに接続して電源を入れると、機器から

「私の MAC アドレスは○○です。IP アドレスを教えてください」

という RARP 要求メッセージが送られてきます。これに対して、RARP サーバーは次のような RARP 応答メッセージを送ります。

「MAC アドレスが○○の機器は、IP アドレスは△△を使ってください」

このメッセージに従い機器は IP アドレスを設定します。

5.3.5 Gratuitous ARP（GARP）

gratuitous は「いわれのない」とか「無料の」という意味で、GARP は「自分の IP アドレスに対する MAC アドレスを知りたい」という ARP パケットのことです。つまり、自分の IP アドレスをターゲット IP アドレスにして、

「この IP アドレスを使っている機器の MAC アドレスを教えてください」

という ARP 要求パケットが流れるということです。自分は自分の MAC アドレスを知っているはずなのに、なぜそういうパケットを送る必要があるのでしょうか？

それは、IP アドレスの重複を確認するためです。自分の IP アドレスに対する ARP 要求パケットを送っても、返事はないはずです。返事があったらその IP アドレスはすでに使われていることになります。これにより IP アドレスの重複を検知することができます。

さらに、途中のスイッチングハブなどの MAC アドレス学習テーブル▼を更新させる働きもあります。これは自分の IP アドレスと MAC アドレスの対応関係が変わったときなどに使われます▼。

▼DHCP（Dynamic Host Configuration Protocol）については 5.5 節を参照。DHCP でも RARP のように IP アドレスを固定的に割り当てることができる。

▼パソコンからその組込機器に接続するときに IP アドレスを指定する必要があるが、DHCP を使って動的な IP アドレスが設定されると、その組込機器に付けられた IP アドレスが分からなくなってしまう場合がある。

▼RARP が使えるのは MAC アドレスがデバイス固有の値だからともいえる。

▼1.9.4 項を参照。

▼ARP 応答パケットでよいが、ARP 要求パケットでもかまわない。

▼ 5.3.6　代理 ARP（Proxy ARP）

通常の ARP は、同一セグメント（サブネット）内で IP パケットを配送するときに使われます。これに対して代理 ARP（Proxy ARP）は、ルーティングテーブルを使わずに IP パケットを別のセグメントに送りたい場合に使われます。代理 ARP では異なるセグメント（サブネット）に対する ARP 要求パケットが流れます。これに対し、ルーターが自分の MAC アドレスを返します。その結果、IP パケットはルーターに送られることになります。ルーターは受け取った IP パケットを本来の IP アドレスが付いているノードに転送します。これにより、2 つ以上に分かれていたセグメントが、1 つのセグメントであるかのように振る舞うようになります。

現在の TCP/IP ネットワークでは、複数のセグメントをルーターで接続するときにはそれぞれのセグメントにサブネットを定義し、ルーティングテーブルで経路制御するのが普通です。しかし、サブネットマスクやルーティングテーブルを定義できない機器がある場合や、複数のサブネットを重ねて使用する VPN 環境などでは、代理 ARP が利用されることがあります。

5.4　ICMP (Internet Control Message Protocol)

▼ 5.4.1　IP を補助する ICMP

IP ネットワークを構築したときにたいせつになるのが、ネットワークが正常に動作しているかどうかの確認と、異常が発生したときのトラブルシューティング（障害対策）です。

たとえば、ネットワークを構築したときには、設定が正しいかどうかを確認する手段が必要です▼。また、ネットワークがうまく動作しない場合に、何が問題なのかを突き止める手段も必要になります。管理者の苦労を減らすためには、これらの機能が必要になるのです。

これを実現してくれるのが ICMP です。

ICMP には、IP パケットが目的のホストまで届くかどうかを確認する機能や、何らかの原因で IP パケットが廃棄されたときにその原因を通知してくれる機能、不十分な設定をよりよい設定に変更してくれる機能などがあります。これらの機能により、ネットワークが正常かどうか、設定ミスや機器の異常がないかを知ることができ、トラブルシューティングが楽になります▼。

たとえば IP パケットが何らかの障害によって到達できなかったときに、ICMP を使って障害の通知が行われます。図 5.9 は、ホスト A がホスト B 宛にパケットを送信したものの、障害のためにルーター 2 がホスト B を見つけることができなかった場合の動作の例です。このときルーター 2 はホスト A に対して、ホスト B へパケットが到達しなかったことを ICMP で通知します。

▼ ネットワークの設定は、ケーブルの接続から、IP アドレスやサブネットマスクの設定、ルーティングテーブルの設定、DNS サーバーの設定、メールサーバーやプロキシサーバーの設定など多岐にわたるが、ICMP はこの中の IP に関する部分だけを担う。

▼ ただし、この ICMP はベストエフォートの IP 上で動作するため保証はなく、また、利便性よりもセキュリティ対策を優先する環境では ICMP が利用できないことも増えているため、信用しすぎるのは問題がある。

このICMPによる情報の通知はIPを使って配送されます▼。このためルーター2から返ってくるICMPパケットは、ルーター1により通常どおりの経路制御が行われ、ホストAに中継されます。受信したホストAはICMPのヘッダやデータ部分を解析して、どのような障害があったのかを知ることができます。

ICMPには、大きく分類すると、エラー通知のためのエラーメッセージと診断などを行う問い合わせメッセージの2種類があります（表5.2）。

▼ICMPの、見かけのパケットの形式は、TCPやUDPと同じようにIPによって運ばれる。しかし、ICMPが担っている機能はトランスポート層ではなくネットワーク層の機能であり、IPの一部と考えるべきである。

図 5.9
ICMP 到達不能メッセージ

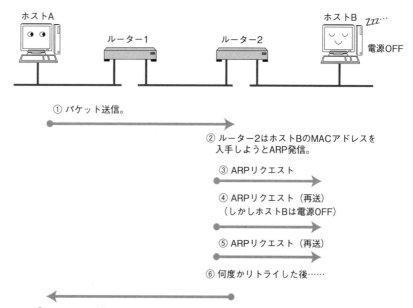

表 5.2
ICMP メッセージのタイプ

タイプ（10進数）	内容
0	エコー応答（Echo Reply）
3	到達不能（Destination Unreachable）
5	リダイレクト（Redirect）
8	エコー要求（Echo Request）
9	ルーター広告（Router Advertisement）
10	ルーター請願（Router Solicitation）
11	時間超過（Time Exceeded）
12	パラメータ異常（Parameter Problem）
13	タイムスタンプ要求（Timestamp）
14	タイムスタンプ応答（Timestamp Reply）
42	拡張エコー要求（Extended Echo Request）
43	拡張エコー応答（Extended Echo Reply）

5.4.2 主な ICMP メッセージ

■ ICMP 到達不能メッセージ（タイプ3）

IP ルーターが IP データグラムを宛先に配送できない場合、送信ホストに対して ICMP 到達不能メッセージ（ICMP Destination Unreachable Message）を送信します。このメッセージでは、配送できなかった理由を示すようになっています（表5.3）。

実際に通信をしているときによく発生するエラーはコード0の「Network Unreachable」とコード1の「Host Unreachable」です。「Network Unreachable」はその IP アドレスへの経路情報を持っていなかったことを意味し、「Host Unreachable」は、そのコンピュータがネットワークに接続されていなかったことを意味します▼。また、コード4の「Fragmentation Needed and Don't Fragment was Set」は4.5.3項で説明した経路 MTU 探索で使われます。このように ICMP 到達不能メッセージにより、送信元ホストはどのような理由でデータが宛先に到達できなかったかを知ることができます。

▼クラス分けが廃止になったことに伴い、ICMP メッセージだけからは不足している経路制御情報を完全に特定することはできない。

表5.3

ICMP 到達不能メッセージ

コード番号	ICMP 到達不能メッセージ
0	ネットワーク到達不能（Network Unreachable）
1	ホスト到達不能（Host Unreachable）
2	プロトコル到達不能（Protocol Unreachable）
3	ポート到達不能（Port Unreachable）
4	分割処理が必要だが、分割禁止フラグが設定されている (Fragmentation Needed and Don't Fragment was Set)
5	ソースルートに失敗（Source Route Failed）
6	宛先ネットワーク不明（Destination Network Unknown）
7	宛先ホスト不明（Destination Host Unknown）
8	送信元ホストは孤立している（Source Host Isolated）
9	宛先ネットワークとの通信は管理上禁止 (Communication with Destination Network is Administratively Prohibited)
10	宛先ホストとの通信は管理上禁止 (Communication with Destination Host is Administratively Prohibited)

■ ICMP リダイレクトメッセージ（タイプ5）

送信元ホストが最適ではない経路を使用しているのをルーターが検出したときに、ICMP リダイレクトメッセージ（ICMP Redirect Message）をそのホストに対して送信します。これはルーターがホストよりもよい経路情報を持っている場合に動作します。

図5.10を見てください。ホストAのルーティングテーブルを見ると、ルーター2の先にあるネットワークへの経路情報がありません。このため、ホストCにパケットを送るときもデフォルトルートのルーター1に送ってしまいます。ルーター1はルーティングテーブルに従ってルーター2に転送しますが、このとき、同じパケットが同じ回線を2度通ることになり、むだが生じてしまいます。そこでルーター1からホストAにICMPリダイレクトメッセージが流れて、ホストAのルーティングテーブルが更新されます。すると、その後の通信ではホストAはホストC宛のパケットをルーター2に送るようになり、むだが減ることになります。

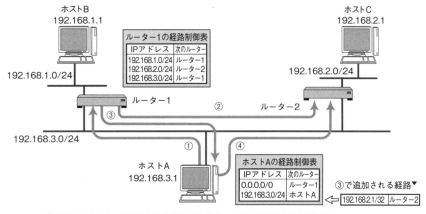

図5.10
ICMPリダイレクトメッセージ

▼ICMPリダイレクトメッセージではネットワーク部の長さ（サブネットマスク）を伝えることができないため、/32のホストルートとして経路が追加される。

▼「自動的に追加された情報は一定時間後に消去する」という考え方に基づき、ICMPリダイレクトメッセージによって追加された経路情報は、一定時間経過すると自動的に消去される。

▼たとえば、送信ホストではなく、途中のルーターの経路制御表がおかしい場合、このICMPは正しく機能しない。

▼そのIPパケットがルーターに1秒以上留まっていた場合には、さらにその留まっていた秒数を引くことになっているが、ほとんどの機器ではそのような処理は行われない。

▼コード1は分割したパケットの再構築処理がタイムアウトしたときに送られる。

ただし、このリダイレクトメッセージはトラブルの原因になるため、動作しないように設定されている場合もあります▼。

■ ICMP時間超過メッセージ（タイプ11）

IPパケットには、生存時間（TTL：Time To Live）というフィールドがあります。この値は、パケットがルーターを1つ通過するたびに1ずつ減らされ▼、0になるとIPデータグラムは破棄されます。このときIPルーターは、ICMP時間超過メッセージ（ICMP Time Exceeded Message）のコード0▼を送信元に送り返し、パケットが破棄されたことを通知します。

IPに生存時間が決められているのは、経路制御にトラブルが発生して経路がループしているときなど、パケットが永久にネットワークを回り続けてネットワークが麻痺した状態になるのを防ぐためです。また、パケットの到達範囲を限定したい場合には、あらかじめTTLを小さな値にしてからパケットを送る方法も使われます。

図 5.11
ICMP 時間超過メッセージ

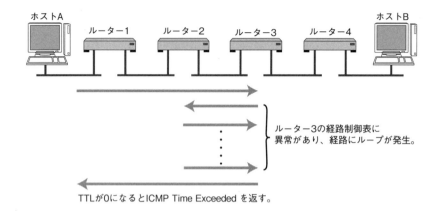

ルーター3の経路制御表に異常があり、経路にループが発生。

TTLが0になるとICMP Time Exceeded を返す。

■便利な traceroute

ICMP 時間超過メッセージをうまく応用したアプリケーションに traceroute▼ があります。これは、プログラムを実行したホストから特定の宛先のホストに到達するまでに、どのようなルーターを通過するのかを表示してくれるプログラムです。仕組みは、IP の生存時間を 1 から順番に増やしながら UDP パケットを送信し、ICMP 時間超過メッセージを無理矢理返させるのです。すると、通過するルーターの IP アドレスを 1 つずつ知ることができます。これは、障害の発生時などに特に威力を発揮するプログラムです。UNIX の場合には「`traceroute 宛先`」と入力することで実行できます。

traceroute のオリジナルのソースプログラムは次のところから配布されています。

https://ee.lbl.gov/

▼UNIX、macOS の場合。Windowsでは、tracertというコマンド名になっている。

▼ping（Packet InterNetwork Groper）
相手先ホストへの到達可能性を調べるコマンド。Windows や UNIX の場合、ping コマンドを使うには、コマンドプロンプトやターミナルから「`ping ホスト名`」や「`ping IPアドレス`」と入力する。

■ ICMP エコーメッセージ（タイプ 0、8）

通信したいホストやルーターなどに IP パケットが到達するかどうかを確認したいときに利用されます。相手先ホストに対して ICMP エコー要求メッセージ（ICMP Echo Request Message、タイプ 8）を送信し、相手先ホストから ICMP エコー応答メッセージ（ICMP Echo Reply Message、タイプ 0）が返ってくれば到達可能です。ping コマンド▼ はこのメッセージを使用しています。

図 5.12
ICMP エコーメッセージ

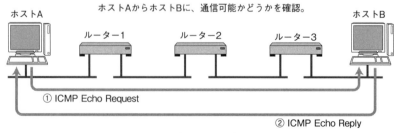

ホストAからホストBに、通信可能かどうかを確認。
① ICMP Echo Request
② ICMP Echo Reply
Replyが返ってくればOK。

■ ICMP ルーター探索メッセージ（タイプ 9、10）

　自分がつながっているネットワークのルーターを見つけたいときに利用されます。ホストが ICMP ルーター請願メッセージ（Router Solicitation、タイプ 10）を送信すると、ルーターは ICMP ルーター広告メッセージ（Router Advertisement、タイプ 9）を返します。

■ ICMP 拡張エコーメッセージ（タイプ 42、43）

　ping で使われる ICMP エコーメッセージ（タイプ 0、8）よりも便利な機能を実現するために、ICMP 拡張エコーメッセージ（タイプ 42、43）が定義されました▼。

▼RFC8335

　ICMP エコーメッセージは、パケットの送信元ノードと宛先ノード（ネットワークインタフェース）で双方向の疎通確認を行うものでした。これに対して、ICMP 拡張エコーメッセージは次のことを可能にします。

1　パケットの宛先ノードの、別のインタフェースの状態を確認
2　パケットの宛先ノードから、別のノードに通信可能か確認

　1 は、複数のネットワークインタフェースが接続された機器の管理で役立ちます。指定した別のインタフェースが IPv4 で通信可能か、IPv6 で通信可能かを調べることもできます。
　2 は、問い合わせたその機器の ARP テーブル（5.3.2 項参照）や近隣キャッシュ（5.4.3 項）の状態から、指定した別のノードと通信可能かどうかを知らせてくれます。
　これは、ネットワーク管理をする上で役立つ仕組みです。その機器にログインして管理コマンドを入力しないとわからないような情報を、ログインせずに得ることができるからです▼。

▼無差別に利用できるようにするとセキュリティ上の問題を発生させるため、送信元 IP アドレスの制限などが行われる。

▌5.4.3　ICMPv6

■ ICMPv6 の役割

　IPv4 の ICMP は IPv4 を補助する役割しか持たず、仮に ICMP がなくても IP で通信することができました。しかし IPv6 になると ICMP の役割が非常に大きくなり、ICMPv6 がなければ IPv6 による通信ができなくなります。
　特に IPv6 では、IP アドレスから MAC アドレスを調べるプロトコルが ARP から ICMP の近隣探索メッセージ（Neighbor Discovery）に変更されます。この近隣探索メッセージは IPv4 の ARP と ICMP リダイレクト、ICMP ルーター選択メッセージなどの機能を組み合わせたものになっており、さらに IP アドレスの自動設定などの機能も提供します▼。

▼ICMPv6 には、DNS サーバーを通知する機能がないため、実際には DHCPv6 と組み合わせて使う必要がある。

　ICMPv6 では、ICMP を大きく 2 つに分類しています。エラーメッセージと情報メッセージです。タイプ 0 ～ 127 までがエラーメッセージで、タイプ 128 ～ 255 までが情報メッセージになっています。

204　第5章　IPに関連する技術

表 5.4

ICMPv6 エラーメッセージ

タイプ（10 進数）	内容
1	終点到達不能（Destination Unreachable）
2	パケット過大（Packet Too Big）
3	時間超過（Time Exceeded）
4	パラメータ問題（Parameter Problem）

　　0 ～ 127 までのエラーメッセージは、IP パケットが宛先ホストまで到達しなかった場合に、エラーが発生したホストやルーターによって送信されます。また、タイプ 133 ～ 137 までを近隣探索メッセージと呼び、ほかのメッセージと区別しています。

表 5.5

ICMPv6 情報メッセージ

タイプ（10 進数）	内容
128	エコー要求メッセージ（Echo Request）
129	エコー応答メッセージ（Echo Reply）
130	マルチキャストリスナー問い合わせ（Multicast Listener Query）
131	マルチキャストリスナー報告（Multicast Listener Report）
132	マルチキャストリスナー終了（Multicast Listener Done）
133	ルーター要請メッセージ（Router Solicitation）
134	ルーター告知メッセージ（Router Advertisement）
135	近隣要請メッセージ（Neighbor Solicitation）
136	近隣告知メッセージ（Neighbor Advertisement）
137	リダイレクトメッセージ（Redirect Message）
138	ルーターリナンバリング（Router Renumbering）
141	逆近隣探索要請メッセージ（Inverse Neighbor Discovery Solicitation）
142	逆近隣探索告知メッセージ（Inverse Neighbor Discovery Advertisement）
143	バージョン 2 マルチキャストリスナー報告 （Version 2 Multicast Listener Report）
144	ホームエージェントアドレス検出要求メッセージ （Home Agent Address Discovery Request Message）
145	ホームエージェントアドレス検出応答メッセージ （Home Agent Address Discovery Reply Message）
146	モバイルプレフィックス要請（Mobile Prefix Solicitation）
147	モバイルプレフィックス広告（Mobile Prefix Advertisement）
148	認証パス要請メッセージ（Certification Path Solicitation Message）
149	認証パス広告メッセージ（Certification Path Advertisement Message）
151	マルチキャストルーター告知（Multicast Router Advertisement）
152	マルチキャストルーター要請（Multicast Router Solicitation）
153	マルチキャストルーターの終了（Multicast Router Termination）
154	FMIPv6 メッセージ（FMIPv6 Messages）
155	RPL 制御メッセージ（RPL Control Message）
157	重複アドレス要求（Duplicate Address Request）
158	アドレス重複確認（Duplicate Address Confirmation）
159	MPL 制御メッセージ（MPL Control Message）
160	拡張エコー返信（Extended Echo Request）
161	拡張エコー要求（Extended Echo Reply）

■ 近隣探索

ICMPv6 ではタイプ 133〜137 までのメッセージを近隣探索メッセージと呼びます。この近隣探索メッセージは、IPv6 による通信で重要な役割を担います。IPv6 アドレスと MAC アドレスの対応関係を調べるときには、近隣要請メッセージで MAC アドレスを問い合わせ、近隣告知メッセージで MAC アドレスを通知してもらいます[▼]。近隣要請メッセージは、IPv6 のマルチキャストアドレスを使用[▼]して送信されます。

▼IPv4 アドレスと MAC アドレスの対応を調べるのに ARP が使われる。調べた MAC アドレスを一時的に記憶する領域を ARP では「ARP テーブル」、近隣探索では「近隣キャッシュ」と呼ぶ。

▼IPv4 で使われている ARP はブロードキャストを使用しているため、ARP に対応していないノードにもパケットが届くというむだがある。

図 5.13
IPv6 での MAC アドレスの問い合わせ

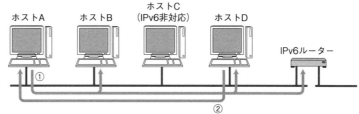

①ホスト D を対象とする近隣要請メッセージをマルチキャストで送り、ホスト D の MAC アドレスを問い合わせる。

②ホスト D は、近隣告知メッセージで自分の MAC アドレスをホスト A に通知する。

また IPv6 ではプラグ＆プレイ機能を実現するため、DHCP サーバーがない環境下でも IP アドレスを自動設定することができます。ルーターがないネットワークならば、MAC アドレスを使ってリンクローカルユニキャストアドレス（4.6.6 項）を作成します。ルーターがある環境ならば、ルーターから IPv6 アドレスの上位ビットの情報を取得し、下位ビットには MAC アドレスを設定します。これは、ルーター要請メッセージとルーター告知メッセージを使用して行われます。

図 5.14
IP アドレスの自動設定

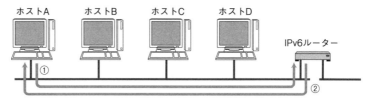

①ルーター要請メッセージで IP アドレスの上位ビットを問い合わせる。

②ルーター告知メッセージで IP アドレスの上位ビットを告知する。

5.5 DHCP (Dynamic Host Configuration Protocol)

5.5.1 プラグ＆プレイを可能にする DHCP

　ホストごとに IP アドレスを設定するのは非常に面倒なことです。特に、ラップトップ型のコンピュータやスマートフォン、タブレット PC を持ち歩くなど、1 カ所に固定せずにコンピュータを使う場合はなおさらです。移動するたびに IP アドレスの設定を変更しなければなりません。

　面倒な IP アドレスの設定を自動化したり、配布する IP アドレスの一括管理を行ったりするために DHCP（Dynamic Host Configuration Protocol）が利用されます。図 5.15 のように、コンピュータをネットワークに接続しただけで TCP/IP による通信ができるようになります。つまり、DHCP によってプラグ＆プレイ▼が実現されます。DHCP は IPv4 だけではなく IPv6 でも利用されます。

▼プラグ＆プレイ（Plug and Play）
物理的に機器を接続するだけで、特別な設定をしなくてもその機器が利用可能になること。

図 5.15
DHCP

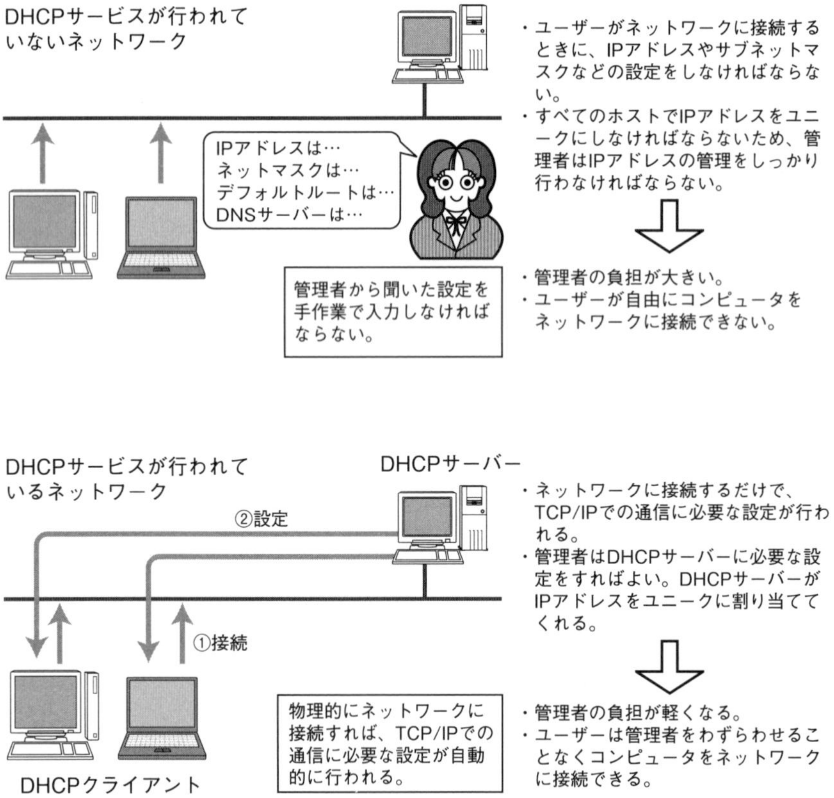

5.5.2 DHCPの仕組み

DHCPを利用するためには、まず、DHCPサーバーを立ち上げなければなりません[▼]。そして、DHCPで配布するIPアドレスをDHCPサーバーに設定する必要があります。ほかにも、サブネットマスクや経路制御の情報、DNSサーバーのアドレスなども、必要に応じて設定します。

DHCPでIPアドレスを取得するときの流れを簡単に説明すると、図5.16のように2段階で行われます[▼]。

▼ そのセグメントのルーターがDHCPサーバーになることも多い。

▼ DHCP発見パケットやDHCP要求パケットを送信するとき、DHCPクライアントのIPアドレスは決まっていない。このため、DHCP発見パケットの宛先アドレスはブロードキャストアドレスの255.255.255.255で、送信元アドレスは「分からない」という意味の0.0.0.0を送信する。

図5.16
DHCPの仕組み

▼ DHCPが配布するIPアドレスは、特定のIPアドレスの範囲からDHCPサーバーが自動的に選ぶ方法と、配布するIPアドレスをMACアドレスごとに指定して固定的に割り当てる方法があり、両者を併用することができる。

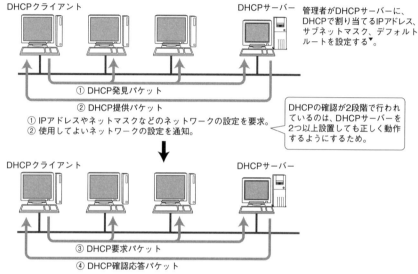

これで、DHCPによるネットワークの設定は完了し、TCP/IPによる通信が可能になる。
IPアドレスが不要になった場合にはDHCP解放パケットを送信する。
なおDHCPによる設定には、通常制限時間が設定される。DHCPクライアントは、制限時間が超過する前に、DHCP要求パケットを送信して、延長したいことを通知する必要がある。

DHCPを使用している場合には、DHCPサーバーに障害が発生すると困ったことになります。IPアドレスが配られなくなるため、そのセグメント内のホストがすべて通信不能になってしまいます。この問題を避けるために複数のDHCPサーバーを起動することが奨励されています。しかし複数のDHCPサーバーを起動すると、それぞれのDHCPサーバー内部に記録されているIPアドレスの配布情報が同じにならず、片一方のDHCPサーバーが割り当てたIPアドレスを別のDHCPサーバーが配布してしまう危険性があります[▼]。

配布するIPアドレスや配布されたIPアドレスがすでに使用されていないかどうかを調べるため、DHCPサーバーやDHCPクライアントには次のような機能を付けることになっています。

▼ これを避けるため各DHCPサーバーが配布するアドレスが重複しないように分ける場合がある。

- DHCPサーバー
  IPアドレスを配布する前にICMPエコー要求パケットを送信し、返事がこないことを確認する。

• DHCPクライアント

DHCPサーバーから配布されたIPアドレスに対してARP要求パケットを送
信し、応答がこないことを確認する。

事前にこの処理を行うと、IPアドレスが設定されるまでに時間がかかること
になりますが、IPアドレスの設定を安全に行うことができます。

5.5.3 DHCPリレーエージェント

一般家庭で構築されるネットワークの場合、イーサネット（無線LAN）のセ
グメントは1つであることが多く、接続されるホストの台数もそれほど多くな
いため、DHCPサーバーは1台あれば十分です。そしてそのDHCPサーバーは、
インターネットの接続に使用するブロードバンドルーターが担うのが普通です。

これに対して、企業や学校など、大きな組織で構築されるネットワークの場合、
1つではなく複数のイーサネット（無線LAN）セグメントで構築されるのが普
通です。このような環境では、それぞれのセグメントごとにDHCPサーバーを
設置して個別に設定するのはたいへんです。ルーターがDHCPサーバーの役割
をするとしても、たとえば100台のルーターがあったときに、100台のルーター
のすべてに、それぞれのルーターが配布するIPアドレスの範囲を設定したり、
構成が変わったときに配布する範囲を変更したりするのは、管理も作業もたい
へんです▼。つまり、DHCPサーバーの設定を個々のルーター上でバラバラにす
るのは、管理・運用がたいへんになります。

そこで、このような環境ではDHCPの設定を一元管理する方法が利用されま
す。それが図5.17に示すDHCPリレーエージェントを使ったDHCPの運用方
法です。これにより、複数の異なるセグメントのIPアドレスの割り当てを1つ
のDHCPサーバーで管理・運用できます。

この方法では、それぞれのセグメントにDHCPサーバーを置く代わりに、
DHCPリレーエージェントを設置します▼。DHCPリレーエージェントには
DHCPサーバーのIPアドレスを設定します。そしてDHCPサーバーには、そ
れぞれのセグメントごとに配布するIPアドレスの範囲を登録します。

DHCPリレーエージェントは、DHCPクライアントが送信したDHCP要
求パケットなどのブロードキャストパケットを受信すると、ユニキャストパ
ケットにしてDHCPサーバーに転送します。DHCPサーバーは、転送され
たDHCPパケットを処理し、DHCPリレーエージェントに応答を返します。
DHCPリレーエージェントは、DHCPサーバーから送られてきたDHCPパケッ
トを、DHCPクライアントに転送します▼。これにより、DHCPサーバーが同
一リンク内になくても、DHCPによるIPアドレスの配布・管理ができるように
なります。

▼DHCPサーバーが配布す
るIPアドレスの範囲は、サー
バーやプリンタなど固定IP
の機器が増減すると変更し
なければならなくなること
がある。

▼DHCPリレーエージェン
トはルーターであることが
多いが、ホストにソフトウェ
アを追加して実現すること
もある。

▼DHCPパケットには、
DHCPリクエストをしたホ
ストのMACアドレスが書か
れている。リレーエージェ
ントはDHCPパケットの中
に書かれているMACアドレ
スを使って、DHCPクライ
アントにパケットを返す。

図 5.17
DHCP リレーエージェント

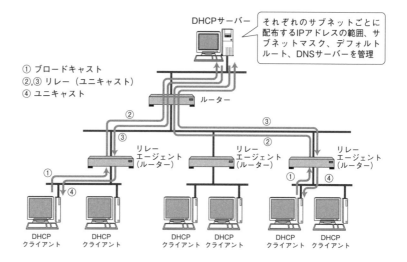

5.6 NAT (Network Address Translator)

5.6.1 NAT とは

▼「ナット」と発音する。

NAT（Network Address Translator）▼は、ローカルなネットワークでプライベート IP アドレスを使用し、インターネットへ接続するときにグローバル IP アドレスへ変換する技術として開発されました。さらに、アドレスだけでなく TCP や UDP のポート番号も付け替える NAPT（Network Address Ports Translator）▼が登場したことで、1 つのグローバル IP アドレスで複数のホスト間の通信が可能になりました▼。具体的には、図 5.18 や図 5.19 に示すような構成です。モバイルルーターやスマートフォンのテザリング（インターネット共有）も、この節で説明する NAPT になっています。

▼「ナプト」、「ナプティー」と発音する。

▼NAPT のことを IP マスカレード、Multi NAT と呼ぶことがあるが、現在は単に NAT といっても NAPT のことを指すのが普通。

▼5.6.3 項を参照。

NAT（NAPT）は、基本的にはアドレスが枯渇している IPv4 のために生まれた技術です。ただし IPv6 でもセキュリティの向上のために NAT が利用されたり、IPv4 と IPv6 の間で相互通信をしたりするための技術▼として利用されます。

5.6.2　NATの仕組み

　図5.18の環境で、10.0.0.10のホストが163.221.120.9と通信する場合について考えましょう。NATを利用すると、途中のNATルーターで送信元IPアドレス（10.0.0.10）がグローバルIPアドレス（202.244.174.37）に変換されてから転送されます。逆に163.221.120.9からパケットが送られてきたときには、宛先IPアドレス（202.244.174.37）がプライベートIPアドレス（10.0.0.10）に変換されてから転送されます▼。

▼TCPやUDPでは、IPヘッダの中のIPアドレスを含めてチェックサムを計算するため、IPアドレスが変わるとTCPやUDPのヘッダの変更も必要になる。

図5.18
NAT（Network Address Translator）

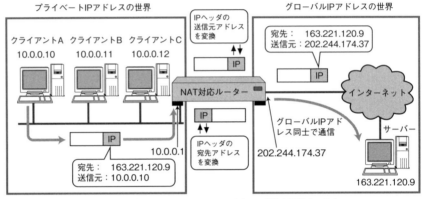

図5.19
NAPT（Network Address Port Translator）

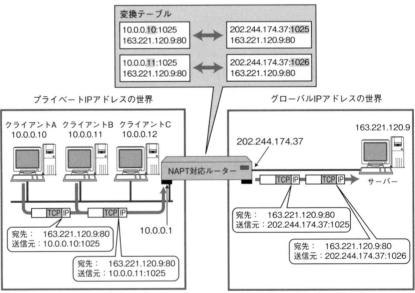

NAT（NAPT）対応ルーターの内部ではアドレス変換のためのテーブルが自動的に作られます▼。10.0.0.10から163.221.120.9に向けて最初にパケットが送られたときに変換テーブルが作られ、それに対応した処理が行われます。

▼固定的に作ることも可能。

IPアドレスを変換するだけでは、プライベートネットワーク内の多数のホストから通信が行われる場合には、変換先のグローバルIPアドレスが不足するように思うかもしれません。これは、図5.19のようにポート番号も含めて変換処理を行うNAPTを使うと解決します。

詳しくは第6章で説明しますが、TCPやUDPを利用した通信の場合、宛先IPアドレス、送信元IPアドレス、宛先ポート番号、送信元ポート番号、TCPによる通信かUDPによる通信かを表すプロトコル番号の5つの識別子が同じでなければ同一の通信とはみなされません。これを利用したのがNAPTです。

図5.19では、163.221.120.9のホストのポート80番に、10.0.0.10と10.0.0.11の2つのホストから送信元ポート番号が同じ1025番で接続しています。IPアドレスをグローバルIPアドレスに変換しただけでは識別に必要な数字がすべて同じになってしまいます。このとき10.0.0.11の送信元ポート番号の1025を1026に変えると通信を識別できるようになります。図5.19のようなテーブルがNAPT対応ルーターに作られていれば、パケットを送受信したときに正しく変換することができ、クライアントA、Bとサーバーとの間で同時に通信できるようになります。

このような変換テーブルはNAPT対応ルーターによって自動的に更新されます。たとえばTCPの場合には、TCPのコネクション確立を意味するSYNパケットが流れたときにテーブルが作られ、FINパケットが流れてその確認応答がされた後でテーブルから消去されます▼。なお、単にNATといえばNAPTのことを意味しますが、ポートを変換せず、IPアドレスだけを変換するときにはベーシックNATと呼ばれます。

▼UDPの場合には通信するアプリケーションごとに通信開始と終了の合図が異なるため、変換テーブルを作成するのは容易ではない。

5.6.3 NAT64/DNS64

現在の多くのインターネットサービスはIPv4で提供されています。このため、IPv4で提供されているサービスをIPv6から利用できないとなると、IPv6環境を構築するメリットが小さくなってしまいます。

これを解決するために考えられた仕組みの1つがNAT64/DNS64です。NAT64/DNS64では図5.20のようにDNSとNATが連携して動作することで、IPv6環境からIPv4環境への通信を実現します。

まずIPv6ホストはDNSで問い合わせをします。これに対してDNS64サーバーはIPv4アドレスが埋め込まれたIPアドレスを返します▼。

そのアドレスでIPv6パケットを送ると、NAT64が通信相手のIPv4アドレスを認識し、IPv6ヘッダとIPv4ヘッダを付け替えてくれます▼。これにより、IPv6しか設定されていないホストでも、IPv4の環境と通信できるようになります。

▼DNS64では、64:ff9b::で始まるIPv6アドレスの下位4バイトにIPv4アドレスが埋め込まれる。

▼帰りのパケットが正しく処理できるように変換テーブルに記録される。

図 5.20
NAT64/DNS64

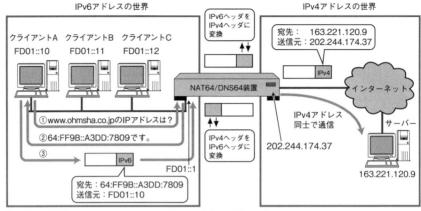

5.6.4　CGN（Carrier Grade NAT）

▼LSN（Large Scale NAT）と呼ばれることもある。

▼具体的には、顧客の構内に設置する装置に対してグローバルIPv4アドレスを1つずつ割り当てる。この装置をCPE（Customer Premises Equipment）と呼ぶ。図5.21の場合にはブロードバンドルーター（NAT）がこのCPEとなる。

▼CPEに対してプライベートIPv4アドレスを配布する。

　CGN[▼]はISPレベルでNATを行う技術です。CGNを使わない場合には、ISPは顧客に対してグローバルIPv4アドレスを少なくとも1つずつ割り当てる必要があります[▼]。しかし、インターネットの爆発的な普及によるIPv4アドレスの枯渇によりこれができなくなっています。

　そこで図5.21のようなCGNが登場しました。CGNを使う場合、ISPは顧客に対してグローバルIPv4アドレスを配布せず、プライベートIPv4アドレスを配布します[▼]。そして顧客がインターネットと通信するときには、次の変換が行われます。

- 1. 各組織の NAT
  各組織のプライベート　⇔　ISP が各組織に配布した
  IP アドレス　　　　　　　プライベート IP アドレス
- 2. ISP の CGN 装置
  ISP が各組織に配布した　⇔　グローバル IP アドレス
  プライベート IP アドレス

　これにより、CGN装置に割り当てた少数のグローバルIPv4アドレスを多数の顧客で共有することができるため、IPv4アドレスの枯渇問題を和らげることができます。

図 5.21
CGN

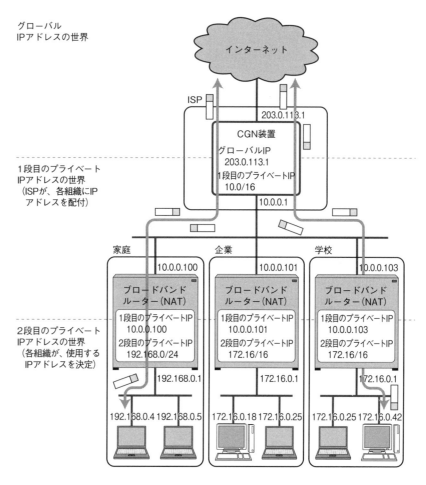

　ただし、CGN を使うと、通常の NAT よりもトラブルが増える可能性があります。NAT を 2 段階で使用するからです。
　たとえば、特定の顧客が宛先の IP アドレスや、TCP や UDP のポート番号を変更しながら次々に通信を行うと、CGN 装置の中に NAT 変換テーブルが大量に作られてしまいます。そうすると、CGN 装置で使用できるポート番号が枯渇し、他の顧客が通信できなくなってしまう恐れがあります▼。これを防ぐためには、管理者が CGN 装置のリソース割り当ての状況などを確認して、顧客ごとに使用できる通信相手やポート番号の上限数などの設定について調整しながら、公平な通信環境を提供する必要があります。

▼悪意はなくても、ウイルスなどに感染した場合に起きる可能性がある。

5.6.5 NAT の問題点

NAT（NAPT）には変換テーブルがあるため、次のような制限が発生します。

- NAT の外側から内側のサーバーに接続することはできない▼。
- 変換テーブルの作成や変換処理のオーバーヘッドが生じる。
- 通信中に NAT が異常動作して再起動したときには、すべての TCP コネクションがリセットされる。
- NAT を 2 台用意して故障時に切り替えるようにしても、TCP コネクションは必ず切れる。

▼ 指定したポート番号のみ内部へアクセスできるように設定できるが、所有しているグローバルIPアドレスの数と同じ台数分しか設定できない。

5.6.6 NAT の問題点の解決と NAT 越え

NAT の問題点を解決する方法は主に 2 つあります。

1 つは IPv6 を使う方法です。IPv6 を使えば、利用できる IP アドレスの数が膨大になるので、会社や家庭内のすべての機器にグローバル IP アドレスを割り振ることができます▼。アドレス不足の問題が解決するため、NAT を使う必要がなくなります。

▼ ただし、自分だけでなく皆が IPv6 を使わなくては意味がない。

もう 1 つは、NAT がある環境を前提にアプリケーションを作成することにより、NAT があってもユーザーはそのことを意識することなく通信できるようにする方法です。NAT の内側（プライベート IP アドレス側）のホストで動かしているアプリケーションが、NAT の変換テーブルを作成するために、ダミーのパケットを NAT の外側（グローバル IP アドレス側）に向かって送信します。NAT はダミーのパケットとは分からずに、そのパケットのヘッダを読み取って変換テーブルを作成します。このときに適切な形に変換テーブルが作成できると、NAT の外側のホストが NAT の内側のホストに接続できるようになります。この方法を使うと、別々のネットワークにある NAT の内側のホスト同士の間でも通信できるようになります。また、アプリケーションが NAT ルーターと通信して NAT テーブルを作成したり、NAT ルーターに付けられているグローバル IP アドレスをアプリケーションに伝えたりする方法もあります▼。

▼ Microsoft 社が提唱した UPnP（Universal Plug and Play）という仕組みが利用される。

このように、NAT があっても NAT の外側と内側が通信できるようにすることを「NAT 越え（NAT traversal）」と呼びます。これにより、NAT の「外側から内側のサーバーに接続することはできない」という問題点の一部を解決できます。この方法は既存の IPv4 との互換性が高く、IPv6 に移行しなくてもすみます。利用者にとってはメリットが大きいことから NAT と親和性の高いアプリケーションが増えています▼。

▼ これにより、IPv4 の寿命が延びて、IPv6 への移行が遅くなった側面もある。

しかし、NAT フレンドリーなアプリケーションには問題点もあります。仕組みが複雑になるため、アプリケーションを作成するのに手間がかかったり、アプリケーションを作成した人が想定していない環境では動作しなかったり、トラブルが起きたときに原因を特定するのが難しかったりする点です▼。

▼ IPv6 へ移行すると、システムが単純になるため、システムを開発する人にとっては大きなメリットがあるが、単なる利用者にとっては特別な変化はあまりないといえる。IPv6 と IPv4 の両方をサポートしようとすると、システムがより複雑になるため、システムを開発、設計、運用する人にとっては、よりたいへんになるといえる。

5.7 IPトンネリング

図5.22のようなネットワークがあったとします。ネットワークA、BでIPv4が使われていて、その間のネットワークCがIPv6しかサポートしていない場合です。そのままではネットワークA、BがIPv4で通信することはできません。このようなときにIPトンネリングが使われます。そうすると、IPv6しかサポートしていないネットワークCを介してネットワークA、B間でIPv4を使った通信ができるようになります。

図 5.22
IPv6 ネットワークをはさんだ 2 つの IPv4 ネットワーク

図5.23を見てください。IPトンネリングでは、ネットワークAやBで流れているIPv4パケット全体を1つのデータとして扱い、その前にIPv6ヘッダを付けることでネットワークCを通過できるようにします。つまり、ネットワークCをトンネルのように通り抜けることで、ネットワークAとBの間の通信が可能になります。

通常、IPヘッダの次にはTCPやUDPなどの上位層のヘッダが続きます。しかし、「IPv4ヘッダの次にIPv4ヘッダ」や「IPv4ヘッダの次にIPv6ヘッダ」「IPv6ヘッダの次にIPv4ヘッダ」が続くような利用法が増えています。このようにネットワーク層のヘッダの次にまたネットワーク層（や下位層）のヘッダが続く通信方法が「IPトンネリング」です。9.4.1項で説明するVPNでもトンネリングの技術が使われます。

トンネリングを使用すると、追加されるヘッダの分だけMTUが小さくなります。4.5節で説明したIP分割処理を利用すれば、大きなIPパケットでも正しく中継することができます。この場合、トンネルの入口で分割処理を行い、出口で再構築処理を行います。分割処理を避けるために、トンネルするネットワークでは、ジャンボフレームの利用などによりMTUを大きくすることも行われます。

図 5.23
IP トンネリングで流れるパケットの様子

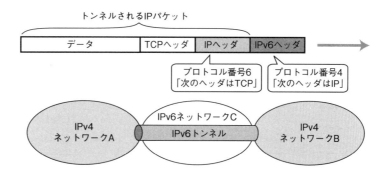

IPv4、IPv6の2つのプロトコルに対応したネットワークを構築しようとすると大きな手間がかかります[▼]。この場合にトンネリングを使うと運用管理が楽になることがあります。バックボーンはIPv6またはIPv4パケットだけを転送し、対応していないルーターはトンネリングを使って通過できるようにするのです。これにより、片方のプロトコルのみに対応すればよくなるので、管理や運用の手間が軽減され[▼]、設備投資も低く抑えることができます。

　IPトンネリングは、次のような場面で利用されます。

- Mobile IP
- マルチキャストパケットの中継
- IPv4ネットワークでIPv6パケットを送る（6to4[▼]）
- IPv6ネットワークでIPv4パケットを送る
- データリンクフレームをIPパケットで送る（L2TP[▼]）

　図5.24はIPトンネリングを利用してマルチキャストパケットを転送する例です。一般的な環境ではルーターがマルチキャストパケットの経路制御に対応していないため、マルチキャストパケットがルーターを越えて伝わることはありません。このような環境でも、トンネリングを使うことによってルーターを通過するパケットを通常のユニキャストパケットにできるため、遠く離れたリンクまでマルチキャストパケットを送信することができます。

> ▼ルーティングテーブルの量も2倍になり、IPアドレスの管理もたいへんになる。両方のプロトコルに対応した機器を導入しなければならないので、セキュリティ対策も含めて、管理運用コストは増大する。
>
> ▼トンネリングの設定を誤ると、パケットが無限ループするなど、大きなトラブルが発生することがある。設定をするときには慎重に行う必要がある。
>
> ▼6to4
> IPv4パケットでIPv6パケットをカプセル化する方式。IPv6アドレスには、IPv4ネットワークの入口にあるグローバル6to4ルーターのIPv4アドレスを埋め込む。
>
> ▼L2TP（Layer 2 Tunneling Protocol）
> データリンクのPPPパケットを、IPパケットを利用して転送する技術。

図5.24
マルチキャストトンネリングの例

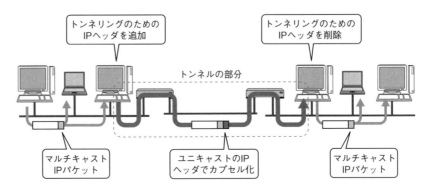

5.8　その他のIP関連技術

5.8.1　VRRP（Virtual Router Redundancy Protocol）

　ユーザーが利用するスマートフォンやコンピュータでは、デフォルトルーター（デフォルトゲートウェイ）を経由して社内LANやインターネットを利用する環境が一般的です。このとき、デフォルトルーターが故障するとたいへんなことになります。社内LANから見て、デフォルトルーターの先の回線が冗長化[▼]されていても、そのセグメントの出口のルーターが故障したら何もできないこ

> ▼冗長化
> 複数のシステムや回線を用意して、耐障害性を高めること。用意したシステムや回線を運用系と待機系に分け、平常時は運用系を使用して、障害発生時には待機系に切り替える。障害が発生しない限り、待機系はむだともいえるため、冗長という言葉が使われる。

とになります▼。故障以外でも、メンテナンスのためにデフォルトルーターの電源を切ったり、再起動したりしなければならないこともあるでしょう。一時的であってもネットワークが使えないと困る場合にはVRRPが使われることがあります。

VRRPは、図5.25のように複数のルーターによる冗長化によって耐障害性を高める仕組みです。VRRPでは複数のルーターを1つのグループにまとめて運用します。その中の1つがマスタールーターになり、別のルーターがバックアップルーター▼になります。平常時はマスタールーターがデフォルトルーターになります。それが故障した場合にはバックアップルーターを使って通信を行います。

▼ 第7章で説明するルーティングプロトコルを使用しても対応できる。しかしユーザーが利用するスマートフォンやパソコンでルーティングプロトコルを使用する運用は稀で、多くの場合はデフォルトルートをDHCPなどで固定的に配布している。

▼ 複数のバックアップルーターを用意する場合には切り替わる優先順位を決めて運用する。

図5.25
VRRPの動作

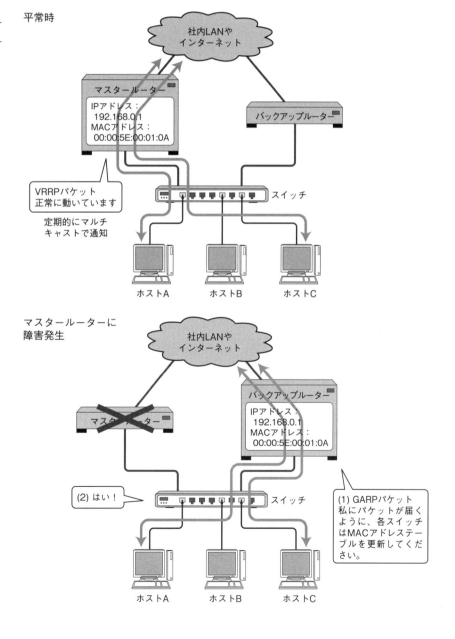

平常時は、マスタールーターは定期的（デフォルトでは 1 秒間隔）に VRRP パケットをマルチキャスト▼を使って送ります。バックアップルーターが 3 回分（デフォルトでは 3 秒間）の VRRP パケットを受け取れなかったときにマスタールーターに障害が発生したと判断して、バックアップルーターの 1 つがデフォルトルーターに切り替わります。

イーサネットの場合、実際のパケット転送は MAC アドレスを使って行われます。マスタールーターからバックアップルーターに切り替わるとき、MAC アドレスをそのまま引き継ぎます。これを実現するために、VRRP ではルーターの NIC に付いている MAC アドレスを使わず、VRRP 専用の仮想ルーターMAC アドレス▼を使います。ルーターが変更されるときには、この仮想 MAC アドレスを引き継ぐことになります。このときバックアップルーターは、自分のところにパケットを誘導するために GARP パケットを流します▼。

デフォルトルートの IP アドレスと MAC アドレスの両方を引き継げるようにするために、個々のルーターの NIC にはデフォルトルートとは異なる IP アドレスを設定し、デフォルトルートにはバーチャル IP アドレスを設定します。このバーチャル IP アドレスと仮想ルーター MAC アドレスを引き継ぐことで、故障時にデフォルトルートの変更なしにバックアップルーターへ切り替えることが可能になるのです。

5.8.2 IP マルチキャスト関連技術

マルチキャストの通信は主に UDP を使って行われます。TCP を使うことはできません。コネクションレスなので、通信相手を特定せずにパケットを送ることができます。このためマルチキャストによる通信では、受信者がいるかどうかの確認が重要になります。受信者がいないのに、そのネットワークに対してマルチキャストパケットを送り続けるのはむだになるからです。

受信者がいるかどうかの通知には、IPv4 では IGMP▼、IPv6 では ICMPv6▼の機能の 1 つである MLD▼が使われます。その仕組みを図 5.26 に示します。

IGMP（MLD）には主に 2 つの役割があります。

1　ルーターにマルチキャストを受信したいと伝える（受信したいマルチキャストアドレスを通知）。
2　スイッチングハブに受信したいマルチキャストアドレスを通知。

ルーターは 1 により、マルチキャストを受信したいホストがいることを知ります。それを知ったルーターは、この情報をほかのルーターにも伝え、マルチキャストパケットが送られてくるようにします。マルチキャストパケットの流れ道を決めるときには、PIM-SM、PIM-DM、DVMRP、DOSPF といったマルチキャスト用のルーティングプロトコルが利用されます▼。

▼IPv4 では 224.0.0.18、IPv6 では ff02::12 が使われる。

▼IPv4 では 00:00:5E:00:01、IPv6 では 00:00:5E:00:02 で始まる 6 バイトの MAC アドレス。最後の 1 バイトは VRRP ID を意味し、同じグループでは同じ値を使う。同じセグメントで異なる VRRP グループを作るときには別の値を設定する。

▼途中のスイッチングハブの MAC アドレス学習テーブルを更新しないとバックアップルーターにパケットが届かない。このため、ルーターが変更されるときには 5.3.5 項で説明した GARP を使ってスイッチングハブの MAC アドレス学習テーブルを更新させる。

▼Internet Group Management Protocol

▼ICMPv6 については 5.4.3 項を参照。

▼Multicast Listener Discovery。マルチキャストリスナー探索。ICMPv6 のタイプ 130、131、132。

▼ユニキャスト用のルーティングプロトコルについては第 7 章で解説する。

▼通常のスイッチングハブは送信元MACアドレスを学習するが、マルチキャストアドレスは宛先にしか使われないため学習できない。

▼宛先MACアドレスがマルチキャストアドレスになっているフレームのことで、図3.5（94ページ）でいえばビット1が1になっている。

▼IGMP（MLD）パケットはデータリンク層のパケットではなく、ネットワーク層のIP（IPv6）パケットが運ぶ。IGMP（MLD）スヌーピングを行うスイッチングハブは、データリンク層だけではなくネットワーク層のIP（IPv6）パケットを理解し、さらにIGMP（MLD）パケットを理解する必要がある。自分の役割を越えるパケットを覗き見することから、スヌーピング（snooping。こそこそ詮索すること）という名称が使われる。

図 5.26
IGMP（MLD）によるマルチキャストの実現

2は、IGMP（MLD）スヌーピングといいます。通常のスイッチングハブはユニキャストアドレスしか学習できません▼。マルチキャストフレーム▼はフィルタリングされず、ブロードキャストと同様にすべてのポートにコピーされてしまいます。これではネットワークの負荷が高くなってしまいます。特に、マルチキャストを高画質ビデオ放送で使用する場合に大きな問題になります。

この問題を解決するのが2のIGMP（MLD）スヌーピングです。IGMP（MLD）スヌーピングに対応したスイッチングハブは、マルチキャストフレームのフィルタリングが可能になり、ネットワークの負荷を下げることができます。

IGMP（MLD）スヌーピングでは、スイッチングハブが通過するIGMP（MLD）パケットを覗き見します▼。そしてそのIGMP（MLD）パケットの情報から、どのポートにどのアドレスのマルチキャストフレームを送ればよいかを知り、無関係なポートにはマルチキャストフレームを流さないようにします。これにより、マルチキャスト通信をしていないポートの負荷を下げることができるようになります。

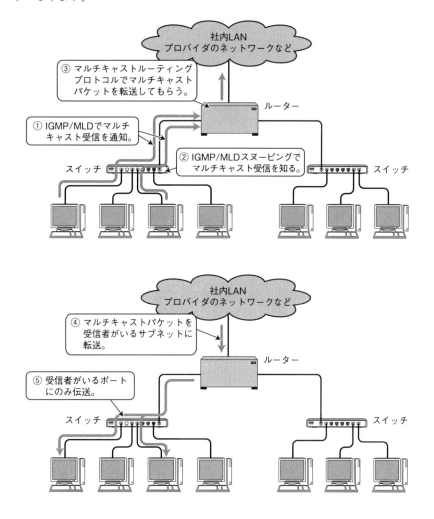

5.8.3 IP エニーキャスト

　IP エニーキャストは、電話における 110 番（警察）や 119 番（消防）のような機能を提供してくれます。110 番や 119 番へかけたときにつながる電話機は、それぞれ 1 つだけというわけではありません。事件や火事などが起きて 110 番や 119 番に電話をかけると、その地域を管轄している警察や消防の電話機につながる仕組みになっています。都道府県や市のような地域ごとに 110 番や 119 番でつながる電話機が設置されているため、全国で見るとものすごい台数になります。

　これと同じようなことを実現する仕組みがインターネットでも考えられました。それが IP エニーキャストです。

　IP エニーキャストは、同じサービスを提供するサーバーに同じ IP アドレスを付けて、日本なら日本のサーバー、米国なら米国のサーバーというように、最寄りのサーバーと通信できるようにする方法です▼。IPv4 でも IPv6 でも利用されます。

▼どれが選ばれるかはルーティングプロトコルの種類や設定方法による。ルーティングプロトコルについては第 7 章を参照。

▼190 ページ参照。

▼DNS パケットを運ぶ UDP データ長は 512 オクテットに制限されている。

　IP エニーキャストで運用されているもっとも有名なサービスが DNS のルートネームサーバー▼です。歴史的なプロトコル制約▼により、DNS のルートネームサーバーに設定できる IP アドレスの種類は 13 個に制限されます。負荷分散や障害対策を考えると、ルートネームサーバーが全世界で 13 個というのは少なすぎます。そこで IP エニーキャストを使って、より多くの DNS ルートネームサーバーを世界各国で運用するようになりました。そのため、DNS ルートネームサーバーに要求パケットを送るときには、地域ごとに適したサーバーに IP パケットが送られ、そこから応答が返ってきます。

　IP エニーキャストは便利な仕組みですが、制限事項もあります。たとえば、1 つめのパケットと 2 つめのパケットが同じホストに届く保証がありません。これは、コネクションレス型である UDP で 1 パケットを送り合って「要求」と「応答」をする場合には問題となりませんが、コネクション型である TCP を使って通信をしたい場合や、UDP でも一連の複数のパケットを使って通信したい場合には工夫が必要になります。IP エニーキャストを受け取ったサーバーは、ユニキャストで応答を返します。このため最初の 1 パケットのみエニーキャストを使い、その後の通信はユニキャストを使うといった処理が行われます。

図 5.27

IP エニーキャスト

▼8.8.8.8 は Google 社が提供しているパブリック DNS サーバーの IP アドレス。

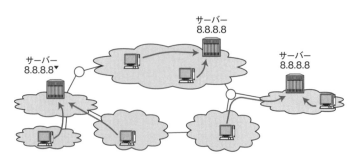

IP エニーキャストでは同じ IP アドレスが複数のサーバーに設定され、クライアントは最寄りのサーバーからサービスを受けることができる。

5.8.4 通信品質の制御

■ 通信の品質とは

IP は、もともと「ベストエフォート、最善努力型」のプロトコルとして設計、開発され、「通信品質の保証を提供する仕組みがない」ものでした。ベストエフォート型の通信には、通信回線が混雑すると通信性能が極端に低下してしまうという問題があります。このことは、高速道路にたとえられます。一度にたくさんの車が高速道路を通行しようとすると渋滞が発生し、目的地へ到着するのが何時間も遅れてしまう場合があります。ベストエフォート型のネットワークでもこれと同じようなことが発生します。

通信回線が混雑することをふくそう（輻輳）と呼びます。ふくそうが発生するとルーターやハブ（スイッチングハブ）のキュー▼（バッファ）があふれて大量のパケットが失われ、通信性能が極端に低下します。こうなると、Web などのページを見ているときにリンク先をクリックしてもなかなか表示されなくなったり、音声通信や動画配信を受信している場合に音声がとぎれたり画像が止まったりしてしまうことが発生します。

近年、動画や音声、機械制御などのリアルタイム性が要求される通信サービスが普及してきたこともあって、IP を使った通信サービスの品質（QoS：Quality of Service）を保証するための技術が登場しました。

> ▼queue。待ち行列のこと。

■ 通信品質を制御する仕組み

通信品質を制御する仕組みとは、たとえば高速道路に設けた優先受付をする料金所や優先レーンとほぼ同じと考えてよいでしょう。通信品質を保証したいパケットについてはルーターなどで特別扱いをして、保証できる範囲内で優先的に処理します。

通信品質の項目には、帯域、遅延、遅延の揺らぎなどがあります。ルーター内部のキュー（バッファ）で、通信品質を保証したいパケットを優先的に処理し、やむを得ない場合には優先しないパケットから廃棄することで通信品質を提供します。

通信品質を制御する仕組みとして提案されている技術には、RSVP▼を用いてエンドツーエンドできめ細かい優先制御を提供する IntServ と、相対的でおおざっぱな優先制御を提供する DiffServ があります。

> ▼RSVP
> Resource Reservation
> Protocol

■ IntServ

IntServ▼は、特定のアプリケーション間の通信に対して通信品質の制御を提供する仕組みです。特定のアプリケーションとは、送信元 IP アドレス、宛先 IP アドレス、送信元ポート番号、宛先ポート番号、プロトコル番号の 5 つが同じものです▼。

IntServ が考慮しているような通信は常に行われているのではなく、必要なときに必要なだけ行われます。このため、IntServ では必要なときにだけ図 5.28 のように経路上のルーターに品質制御の設定を行います。これを「フローのセットアップ」といいます。そしてそのフローセットアップを実現するプロトコル

> ▼「イントサーブ」と発音する。

> ▼送信元ポート番号、宛先ポート番号は TCP や UDP のヘッダの情報になる。詳しくは第6章を参照。

がRSVPです。RSVPではパケットを受信する側から送信する側に向けて制御パケットが流れ、その間に存在するそれぞれのルーターに品質制御のための設定▼が行われます。そしてその設定に基づいて、ルーターは送信するパケットを区別して処理します。

▼ 具体的には、帯域、遅延時間、遅延時間の揺らぎ（ジッタ）、パケット損失率など。

ただし、RSVPの仕組みは複雑で、大規模なネットワークになると実装や運用が難しいという問題があります。また、フローのセットアップでネットワーク資源を超える要求があった場合に、それ以後は資源が用意できないなど、利便性もよくありません。そこで、もう少し柔軟で実用的な手法が望まれるようになりました。これを実現するのがDiffServです。

図 5.28
RSVPによるフローのセットアップ

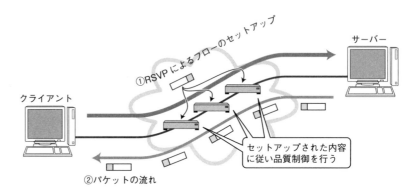

■ DiffServ

IntServでは、アプリケーションのコネクションごとにきめ細かく通信品質を制御します。これに対してDiffServ▼は、特定のネットワーク内でおおざっぱに通信品質を制御するのが目的です。たとえば、特定のプロバイダの中だけで顧客ごとにランク付けをして、パケットに対する優先制御を行います。

▼「ディフサーブ」と発音する。

DiffServは図5.29のように運用されます。DiffServにより通信品質を制御するネットワークをDiffServドメインといいます。DiffServドメインの境界にあるルーターは、DiffServドメインの中に入ってくるIPパケットのヘッダの中のDSCPフィールド▼を書き換えます。優先制御を望む顧客のパケットに対しては優先される値を設定し、そうでない顧客のパケットに対しては優先されない値を設定します。DiffServドメインの内部にあるルーターは、IPヘッダのDSCPフィールドの値を見て優先されるパケットを優先的に処理します。優先度が低いパケットほどふくそう発生時に廃棄されやすくなります▼。

▼DSCPフィールドはIPヘッダのTOSフィールドを置き換えたもの。4.7節を参照。

▼たとえばWebのパケットよりもIP電話のパケットを優先するといった設定や処理が使われる。

IntServでは通信するたびにフローのセットアップが必要になり、ルーターもフローごとに品質制御をしなければならないため、仕組みが複雑で実用的ではありませんでした。これに対してDiffServでは、プロバイダとの契約ごとにおおざっぱな品質制御を行うため、処理がしやすく実用的な仕組みになっています。

図 5.29
DiffServ

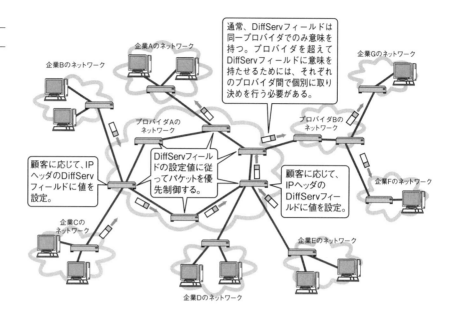

5.8.5　明示的なふくそう通知

　ネットワークが混雑している状態をふくそうといいます。ふくそうが起きた場合、データパケットを送信しているホストは送信量を減らす必要があります。IPの上位層であるTCPにはふくそう制御がありますが、ふくそうが発生しているかどうかをパケットの喪失の有無で判断しています[▼]。この方法ではパケットが喪失する前にパケットの送信量を減らすことはできません。

　これを解決するために、IPパケットを使った明示的なふくそう通知の機能が追加されました。これが、ECN[▼]です。具体的には図5.30のように働きます。

　ECNでは、ふくそう通知機能を実現するため、IPヘッダのTOSフィールドを置き換えてECNフィールドを定義し、TCPヘッダの予約ビットにCWR[▼]フラグとECE[▼]フラグを追加しています。

　ふくそうを通知するときには、そのパケットを送ったホストにふくそう情報を伝える必要があります[▼]。しかし、ふくそうを通知するためとはいえ、混雑しているネットワークに新たなパケットを送信するのは望ましいことではありません。また、ふくそう通知をしたとしても、ふくそう制御をするプロトコルを使っていない場合[▼]には意味がありません。

　ECNでは行きのパケットのIPヘッダに、ルーターがふくそうしていたかどうかを記録し、帰りのパケットのTCPヘッダでふくそうが起きていたかどうかを伝えるメカニズムになっています。これにより、ECNはパケットを増加することなく、ふくそうを通知できます。そして、ふくそう検知はネットワーク層で行い、ふくそう通知はトランスポート層で行うという2つの階層の協力によってこの機能を実現しています。

▼TCPのふくそう制御については第6章を参照。

▼Explicit Congestion Notification

▼Congestion Window Reduced

▼ECN-Echo

▼初期のICMPの仕様では、ふくそうを通知して送信パケットを減らす機能として、ICMP始点抑制メッセージICMP始点抑制メッセージが定義された。しかし、ふくそうしているときにパケットを送信するとさらにパケットが増加すること、また、偽造したICMP始点抑制メッセージによる攻撃が容易であることなど、問題点があり、ほとんど使用されずに廃止される見込みである。

▼UDPを使った通信など。

図 5.30
ふくそう通知

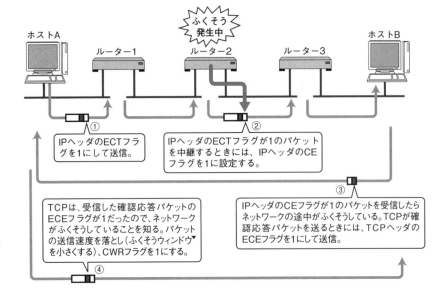

▼ふくそうウィンドウについては6.4.9項を参照。

5.8.6 Mobile IP

■ Mobile IP とは

　IPアドレスは、「ネットワークアドレス」と「ホストアドレス」から構成されます。「ネットワークアドレス」は全ネットワーク上でのサブネットワークの位置を表すため、当然のことながら場所によって違う値になります。

　スマートフォンやラップトップ型のコンピュータを持ち歩く場合を考えてみましょう。通常の使用方法では、違うサブネットに接続するたびにDHCPや手作業で異なるIPアドレスを割り当てることになります。IPアドレスが変わると何が起きるでしょうか。

　移動するホストで通信を行っている場合、接続するサブネットワークが変わると、TCPを使用した通信は継続されなくなります。TCPはコネクション型で、通信開始から終了まで通信している両者のIPアドレスが変わらないことを前提にしているからです。

　UDPを使用した通信の場合もやはり通信は継続できなくなります。ただしUDPはコネクションレスのため、アプリケーションがIPアドレスの変更に対応するように作れば解決できるかもしれません▼。しかし、利用するアプリケーションのすべてをIPアドレスの変化に対応させるのはたいへんです。

▼6.5.1項で説明するQUICはそれを実現している。またTCPの場合も、TCPのコネクションは切れるが、TCPのコネクションを確立し直すなど、アプリケーションをIPアドレスの変更に対応するように作成することは不可能ではない。

▼Mobile IP
「モバイルアイピー」と呼ばれる。

　そこで登場したのがMobile IP▼です。Mobile IPとは、ホストが接続しているサブネットが変わってもIPアドレスが変わらないようにする技術です。Mobile IPにより、今まで使っていたアプリケーションを変更することなしに、IPアドレスが変わる環境でも通信し続けることができるようになります。

■ IP トンネリングと Mobile IP

Mobile IP の仕組みを図 5.31 にまとめます。

図 5.31
Mobile IP

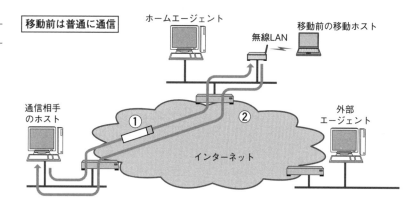

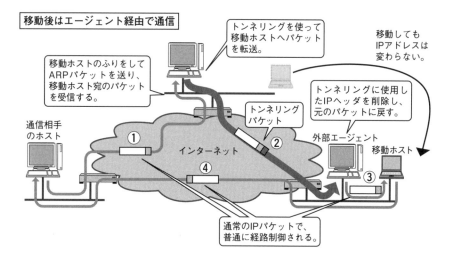

- 移動ホスト（MH：Mobile Host）
  移動しても IP アドレスが変わらないホスト。移動しないときに接続するネットワークをホームネットワークと呼び、そこで利用する IP アドレスをホームアドレスと呼ぶ。ホームアドレスは戸籍のようなものであり、移動しても変わらない。移動した場合には、そのサブネットの IP アドレスも設定される。これを気付けアドレス（CoA：Care-of Address）と呼ぶ。気付けアドレスは住民票のようなもので、移動するたびに変化する可能性がある。
- ホームエージェント（HA：Home Agent）
  ホームネットワークに存在し、移動ホストがどこにいるか監視し、移動先にパケットを転送する役割がある。戸籍を登録している役所のようなもの。
- 外部エージェント（FA：Foreign Agent）
  移動先で移動ホストをサポートするために使用される。移動ホストが接続する可能性のあるすべての箇所に必要。

図 5.31 の上のように Mobile IP での移動ホストは、移動前は普通に通信をしています。移動したら外部エージェントにホームエージェントのアドレスを通知し、パケットを転送してもらえるように通知します。

移動ホストはアプリケーション層から見ると、いつもホームアドレスを使って通信しているように見えます。しかし、実際には Mobile IP が気付けアドレスを使ってパケットの転送をしています。

■ Mobile IPv6

Mobile IP にはいくつか問題点があります。

- 外部エージェントが存在しないネットワークには移動できない。
- IP パケットが三角形のルートを通ることになり、効率が悪い。
- セキュリティを高めるため、自組織から外部に出て行くパケットの送信元 IP アドレスが、自組織で使われていない IP アドレスの場合は、廃棄するように設定している組織が増えている。移動ホストから通信相手に送信する IP パケットの送信元 IP アドレスがホームアドレスになっていて、その組織の IP アドレスと異なると（図 5.31 ④の IP パケット）、移動先のルーター（ファイアウォール）で廃棄される可能性がある▼。

▼ これを避けるため、Mobile IP では移動ホストが通信相手に送信する IP パケットもホームエージェント経由で送る方法が利用される。これを双方向トンネルというが、三角形ルートよりもさらに効率の悪い通信になる。

そこで Mobile IPv6 では、こうした問題を解決するように仕様が決められました。

- 外部エージェントの機能は、Mobile IPv6 を実装した移動ホスト自身が担う。
- 経路最適化により、ホームエージェントを経由しないで直接通信できる▼。
- IPv6 ヘッダの送信元 IP アドレスには気付けアドレスを付けて、ファイアウォールで廃棄されないようにする▼。

▼IPv6 拡張ヘッダの「モビリティーヘッダ（プロトコル番号 135）」を使用する。

▼IPv6 拡張ヘッダの「宛先オプション（プロトコル番号 60）」のホームアドレスオプションを使用する。

これらのすべての機能を利用するためには、移動ホストだけではなく通信相手のホストが Mobile IPv6 に必要となる機能をサポートしている必要があります。

Chapter
6

第6章

TCP と UDP

この章では、トランスポート層のプロトコルである TCP（Transmission Control
Protocol）と UDP（User Datagram Protocol）について説明します。
トランスポート層は OSI 参照モデルのちょうど真ん中に位置していて、第3層
以下が提供するサービスを、第5層以上に提供するときの仲立ちをします。IP
には信頼性がありませんが、TCP は信頼性を提供します。これにより第5層以
上は安心して下位層に通信処理を任せられるのです。

7 アプリケーション層	**＜アプリケーション層＞** TELNET、SSH、HTTP、SMTP、POP、 SSL/TLS、FTP、MIME、HTML、 SNMP、MIB、SIP、...
6 プレゼンテーション層	
5 セッション層	
4 トランスポート層	**＜トランスポート層＞** TCP、UDP、UDP-Lite、SCTP、DCCP
3 ネットワーク層	**＜ネットワーク層＞** ARP、IPv4、IPv6、ICMP、IPsec
2 データリンク層	**イーサネット、無線LAN、PPP、...** （ツイストペアケーブル、無線、光ファイバー、...）
1 物理層	

6.1 トランスポート層の役割

TCP/IP には、TCP と UDP という 2 つの代表的なトランスポートプロトコルがあります。TCP は信頼性のある通信を提供し、UDP は同報通信▼や、細かい制御をアプリケーションに任せたほうがよい通信に用いられます。つまり、必要となる通信の特性により、使用するトランスポートプロトコルを選択することになります。

▼マルチキャストやブロードキャストのこと。

6.1.1 トランスポート層とは

第 4 章で説明したように、IP ヘッダにはプロトコルフィールドが定義されています。プロトコルフィールドにはネットワーク層（IP）の上位層、つまり、どのトランスポートプロトコルにデータを渡すかが番号で示されています。この番号で、IP が運んでいるデータが TCP なのか UDP なのかが識別されます。

同様に、トランスポート層である TCP や UDP でも、自分が運んでいるデータを次にどのアプリケーションに渡せばよいかを識別するための番号が定義されています。これがポート番号です。

郵便物にたとえると、郵便配達員（IP）は宛先の住所（宛先 IP アドレス）を参照して、目的の家（コンピュータ）に郵便物（IP データグラム）を配達します。目的の家まで届いたら、家の人（トランスポートプロトコル）が宛名を見て、誰宛（プログラム）かを判断します。

図 6.1
コンピュータの中ではたくさんのプログラムが動いている

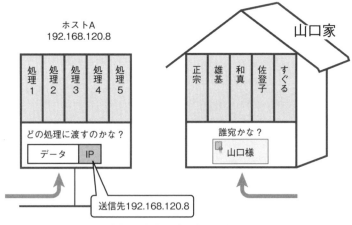

コンピュータの内部では複数のプログラムが動作しているため、どのプログラム宛なのかを識別する必要がある。

▼会社や学校の場合は所属も必要。

図 6.1 を見てください。もし住所と名字までしか書かれていない郵便物が届いたらどうでしょう。その郵便物を家族の誰に渡せばよいのか分かりません。名字すら書かれていない郵便物が会社や学校に届いた場合はもっとたいへんです。郵便物には、住所だけでなく氏名▼を明記する必要があります。

TCP/IPによる通信でも、氏名、つまり、通信する「プログラム」を指定する必要があります。トランスポート層は、この氏名（プログラム）を指定する役割を持っています。この役割を実現するためにポート▼番号という識別子を使います。ポート番号により、トランスポート層の上位層のアプリケーション層の処理を行うプログラムを識別します▼。

▼ポート
ルーターやスイッチのインタフェースを指すポートとは異なるので注意が必要。

▼1つのプログラムで複数のポート番号を使うこともできる。

6.1.2 通信の処理

郵便物の例で、もう少し詳しくトランスポートプロトコルの動作を考えてみましょう。

前述の「プログラム」は、TCP/IPのアプリケーションプロトコルの処理をしています。したがって、TCP/IPが識別する「氏名」はアプリケーションプロトコルになります。

TCP/IPのアプリケーションプロトコルの多くは、クライアント／サーバーモデルで作られています。クライアント▼は客を意味し、サーバー▼はその客へのサービス提供者を意味します。図6.2を見てください。クライアントはサーバーに対してサービスの要求を行い、サーバーはクライアントからの要求を処理してサービスを提供します。なお、サービスを提供するコンピュータでは、あらかじめサーバープログラムが起動されていて、クライアントプログラムからの要求を待っていなければなりません。そうしなければ、クライアントからの要求が来ても、要求を受け付けることができません。

▼クライアント（Client）
顧客を意味する。コンピュータネットワークでは、サービスを要求しサービスを受ける側となる。

▼サーバー（Server）
コンピュータネットワークでは、サービスを提供するプログラムやコンピュータを意味する。

図 6.2
HTTPの接続要求

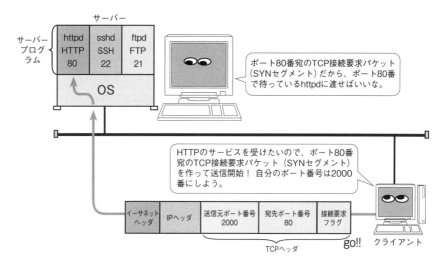

▼デーモン（Daemon）
ホスト／サーバー上で常時起動されていて特定の処理を行うプロセス。

▼きめ細かいアクセス制御が可能なxinetdが使われることもある。

これらのサーバープログラムは、UNIXではデーモン▼と呼ばれます。たとえば、HTTPのサーバープログラムはhttpd（HTTPデーモン）、sshのサーバーはsshd（SSHデーモン）と呼ばれます。また、UNIXでは個々のデーモンを別々に動かすのではなく、その代表としてクライアントからの要求を待つ、inetd▼（インターネットデーモン）というスーパーデーモンが使われることがあります。このスーパーデーモンは、サービスの要求を受けると分身（fork）して、sshdなどのデーモンに変身（exec）します。

要求がどのサーバープログラム（デーモン）へ向けられたものかは、受信したパケットの宛先ポート番号を調べれば分かります。TCPの接続要求パケットを受信した場合、ポート番号が22番ならsshdで、80番ならhttpdにコネクションを確立させることになります。そして、そのデーモンがそれ以降の通信の処理を受け持ちます。

トランスポートプロトコルのTCP、UDPは、受信したデータが誰宛かをこのポート番号から判断します。図6.2の場合はトランスポートプロトコルから受け渡される相手は、アプリケーションプロトコルのHTTPやSSH、FTPになっています。

▌6.1.3　2つのトランスポートプロトコルTCPとUDP

TCP/IPでトランスポート層の機能を果たす代表的なプロトコルが、「TCP」と「UDP」です。

■ TCP（Transmission Control Protocol）

TCPはコネクション型で、信頼性のあるストリーム型のプロトコルです。ストリームとは切れ目のないデータ構造のことで、水道の蛇口から出る水を連想すればよいでしょう。アプリケーションがTCPを使ってメッセージを送信すると、送信した順番は保たれますが、区切り目のないデータ構造として、受信側のアプリケーションに届きます▼。

TCPでは信頼性を提供するために「順序制御」や「再送制御」を行います。また、「フロー制御（流量制御）」や「ふくそう制御」、ネットワークの利用効率を向上させる仕組みなど、数多くの機能を持ちます。

■ UDP（User Datagram Protocol）

UDPは、コネクションレス型で信頼性のないデータグラム型のプロトコルです。細かい処理は上位層のアプリケーションが担うことになります。UDPの場合には、送信したときのメッセージの大きさは保たれますが▼、パケットが到達する保証がないため、必要に応じてアプリケーションがメッセージの再送処理をしなければなりません。

▼たとえば、送信側のアプリケーションが1つのコネクションを使って100バイトごとに10個のメッセージを送信したら、受信側のアプリケーションでは、切れ目のない1つにつながった1000バイトのデータとして受信する可能性がある。このため、TCPを使用するアプリケーションの中には、メッセージの長さや区切り目を表す情報を、送信するアプリケーションメッセージ中に埋め込むものがある。

▼たとえば、送信側のアプリケーションが100バイトごとにメッセージを送信したら、受信側のアプリケーションでは100バイトごとにメッセージを受信する。UDPではアプリケーションが指定したメッセージの「長さ」も受信側のアプリケーションに伝えられるため、送信するアプリケーションメッセージの中に、メッセージの長さや区切り目を表す情報を入れる必要はない。ただし、UDPには信頼性がないので、送信したメッセージが途中で失われた場合には、受信側のアプリケーションには届かない。

6.1.4 TCPとUDPの使い分け

「TCP には信頼性があるので、TCP は UDP よりも優れたプロトコルである」と考える人がいますが、これはまったくの誤りです。TCP と UDP の優劣を比較することはできません。TCP と UDP はどのように使い分けられるのでしょうか? おおまかに説明すると次のような感じになります。

TCP は、トランスポート層で信頼性のある通信を実現する必要がある場合に使われます。TCP はコネクション型で、順序制御や再送制御をプロトコルの仕組みとして持っているため、信頼性のある通信をアプリケーションに提供できます。

一方、UDP は高速性やリアルタイム性を重視する通信や同報通信などに利用されます。たとえば、人と人が対話をする IP 電話やテレビ電話が例としてあげられます。TCP を利用すると、データが途中で失われた場合に再送処理を行うため、音声の再生がスムーズにいかず、りゅうちょうに会話ができない可能性があります。これに対し UDP は再送処理をしないため、音声が大幅に遅れて届くようなことはありません。多少のパケットが失われたとしても、一時的に音声の一部が乱れるだけです▼。マルチキャストやブロードキャストの通信でも TCP ではなく UDP が使われます。マルチキャストは複数の人で同じ番組を見るテレビ放送などに向いています。RIP（7.4 節参照）や DHCP（5.5 節参照）など、ブロードキャストを使うプロトコルでも UDP が使われます。一方、インターネットを介したビデオオンデマンドや動画再生など、片方向通信の場合には TCP のほうがよく使われます。双方向通信の IP 電話やテレビ会議とは異なり、ビデオオンデマンドや動画再生は数秒〜数十秒遅れて再生されても問題ないことが多いためです。TCP が使われる理由は、ふくそう制御▼と再送機能にあります。インターネットではたびたびふくそうが発生するので、ネットワークの混み具合に合わせた制御が必須となります。ところが、UDP にはふくそう制御がないため、インターネットを介して高品質な通信を行うのは難しいのです。

このように、TCP と UDP は目的に合わせて使い分けられています。

▼動画や音声をリアルタイムで送信する場合には、多少のパケットが失われて一時的に画像や音声が乱れても、実用上は問題にならないことが多い。また、必要であれば、人間が聞き直すなどして人間レベルの再送制御を行うことで、IPパケットの喪失を補うことができる。

▼ふくそう制御に関しては6.4.9項を参照。

■ソケット

プログラミング的な話をします。アプリケーションから TCP や UDP を利用するときには、プログラミングの開発環境や OS が用意しているライブラリを利用することになります。このようなライブラリを一般に API（Application Programming Interface）と呼びます。

TCP や UDP を利用して通信するときには、ソケットと呼ばれる API が広く使われています。もともとソケットは BSD UNIX で開発されたものでしたが、その後、Windows の Winsock や、組込機器用の OS などに移植されました。

アプリケーションはソケットを利用して、通信相手の IP アドレスやポート番号の設定、データの送信や受信の要求を行います。すると OS が TCP/IP による通信を行ってくれるのです。

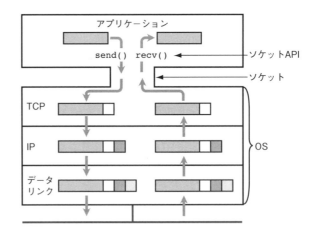

図6.3
ソケット

なお、ソケットはOSが持っているTCP/IPの機能を提供することが目的なので、セッション層や、プレゼンテーション層、アプリケーション層固有の機能は提供しません。TCPやUDPを直接使うことを意識しながらプログラムを作成する必要があります。これはアプリケーションを作る人にとって負担になることがあります。これを軽減するため、プログラミング言語や開発環境によっては、アプリケーションプログラムを作りやすいように上位層の機能を提供するライブラリやミドルウェアが提供されていることがあります。これによりプログラマーの負担が減り、生産性が向上しますが、これらのライブラリやミドルウェアも結局はソケットを使って作られているのです。

6.2 ポート番号

6.2.1 ポート番号とは

データリンクやIPにはアドレスがありました。それぞれ、MACアドレスとIPアドレスです。MACアドレスは同一のデータリンクに接続されたコンピュータを識別するためのもので、IPアドレスはTCP/IPネットワーク上に接続されているホストやルーターを識別するためのものです。トランスポートプロトコルにもアドレスのようなものがあります。それがポート番号です。このポート番号は、同一のコンピュータ内で通信を行っているプログラムを識別するときに利用されます。つまり、プログラムのアドレスということもできます。

6.2.2 ポート番号によるアプリケーションの識別

コンピュータの上では複数のプログラムを動作させることができます。WWWサービスを受けるためのWebブラウザや、電子メールを送受信するメールソフト、遠隔ログインするためのsshクライアントなど、さまざまなアプリケー

ションプログラムを1台のコンピュータ上で同時に利用できます。トランスポートプロトコルは、ポート番号を使って通信しているプログラムを識別し、正しくデータを渡すように処理します。

図 6.4
ポート番号によるアプリケーションの識別

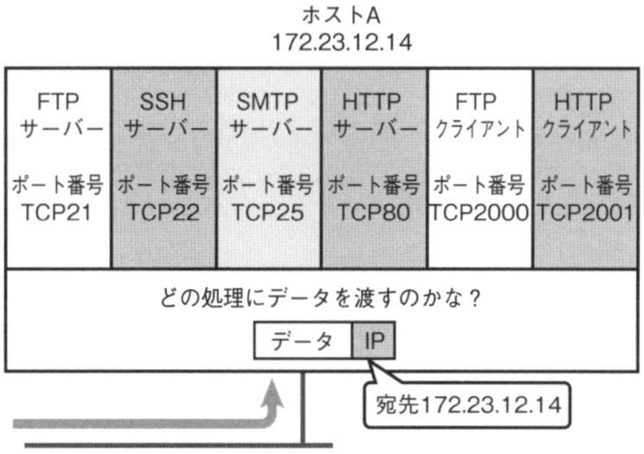

6.2.3 IPアドレスとポート番号とプロトコル番号による通信の識別

通信の識別は、宛先のポート番号だけで行われるのではありません。

図 6.5 の①と②の通信は2つのコンピュータ間で行われています。しかも宛先のポート番号は80番で同じです。Webブラウザの画面を2つ開いて、同じサーバー上の別のページを同時に見ようとすると、このような通信が行われます。このような場合にも、きちんと通信を識別しなければなりません。そこで、送信元のポート番号で別々の通信であることを識別します。

図 6.5
複数の要求の識別

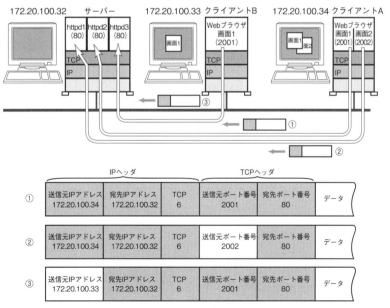

送信元IPアドレス、宛先IPアドレス、プロトコル番号、送信元ポート番号、宛先ポート番号の5つの数字で通信を識別する。

234　第 6 章　TCP と UDP

③と①は宛先ポート番号も送信元ポート番号もまったく同じです。しかし、送信元 IP アドレスが異なります。また、この図にはありませんが、IP アドレスもポート番号も同じで、TCP か UDP を表すプロトコル番号だけが違う場合も考えられます。これも違う通信として扱われます。

このように、TCP/IP や UDP/IP による通信では、「宛先 IP アドレス」、「送信元 IP アドレス」、「宛先ポート番号」、「送信元ポート番号」、そして、「プロトコル番号」の 5 つの識別子の組み合わせで通信を区別します▼。どれか 1 つでも違えば、別の通信だと判断されて処理されることになります。

▼ Windows や UNIX の場合、使われているポート番号を表示するには、コマンドプロンプトやターミナルから「netstat」や「netstat -n」と入力する。

▊6.2.4　ポート番号の決め方

実際に通信を行う場合には、通信の前にポート番号を決定する必要があります。ポート番号を決定するには 2 種類の方法があります。

■ 標準で決められている番号

1 つめは静的に決定する方法です。これは、アプリケーションごとに、どのポート番号を使うかを固定的に決める方法です。ただし、どの番号を使ってもよいわけではありません。番号ごとに、使う目的が決められています▼。

▼「絶対にこの目的のみで使わなければならない」というわけではない。高度なネットワーク運用のため、あえて異なる目的で使うこともありうる。

HTTP、DNS、DHCP など広く使われているアプリケーションプロトコルでは、ポート番号が決められています。これが、ウェルノウンポート番号（Well-known Port Number）です。このウェルノウンポート番号は 0 〜 1023 までの番号から割り当てられています。これらの番号を別の用途に使うのは、混乱を招く可能性があるため行わないほうが無難です。

また、ウェルノウンポート番号以外にも正式に登録されているポート番号があります。これは、1024 〜 49151 までの番号になっています。ただし、この番号は、ほかの用途に使われることがあります。表 6.1（235 ページ）と表 6.2（237ページ）に、TCP と UDP の代表的なウェルノウンポート番号を示します。

ウェルノウンポート番号と登録されているポート番号の最新情報は、次のところから得ることができます。

https://www.iana.org/assignments/port-numbers

これらは多くの場合、サーバー側で使われるポート番号です。

■ ダイナミックな割り当て法

2 つめは、ダイナミック（動的）に割り当てる方法です。サービスを提供する側（サーバー）はポート番号が決まっている必要がありますが、サービスを受ける側（クライアント）のポート番号は必ずしも決まっている必要はありません。

このときにクライアントアプリケーションは、自分のポート番号を決定せずに、OS に任せることができます。OS は、アプリケーションごとに同じ値にならないように制御しながらポート番号を割り当てます。たとえば、ポート番号が必要になるたびにポート番号の数を 1 ずつ増やしていきます。このように、OS が動的にポート番号を管理してくれます。

この動的なポート番号の割り当て方法によって、同じクライアントプログラムから複数の TCP コネクションを確立した場合でも通信を識別する5つの識別子が同じにならないようにしています。

動的に割り当てるポート番号は 49152 〜 65535 までの整数が利用されます▼。

▼古いシステムでは1024以上の使われていないポート番号を順番に利用するものもある。

6.2.5 ポート番号とプロトコル

ポート番号は使用されるトランスポートプロトコルごとに決定されます。このため、異なるトランスポートプロトコルの場合は同じポート番号を使用することができます。たとえば、TCP と UDP では同じポート番号を別の目的で使用することが可能です。これは、ポート番号の処理がトランスポートプロトコルごとに行われるからです。

データが IP 層に到着すると、IP ヘッダ中のプロトコル番号がチェックされ、それぞれのプロトコルのモジュールに渡されます。TCP ならば TCP のモジュール、UDP ならば UDP のモジュールがポート番号の処理をすることになります。同じポート番号であっても、トランスポートプロトコルごとに独立した処理が行われるため、同じポート番号を使うことができます。

▼ドメイン名からIPアドレスを調べるときなどに使われるプロトコル。5.2節を参照。

なお、ウェルノウンポート番号はトランスポートプロトコルに関係なく、同じ番号が同じアプリケーションに割り当てられています。たとえば、53番のポート番号は TCP でも UDP でも DNS▼に利用されます。また、80番は HTTP で利用されます。Web ができた当初は HTTP の通信では必ず TCP が使われており、UDP の 80 番は利用されていませんでした。しかし 6.5.1 項で説明する QUIC が提案された結果、HTTP/3 では UDP の 80 番が利用されるようになりました。このように、今は TCP でしか使われないが、将来プロトコルが拡張されて UDP に対応した場合や、その逆のことが起きた場合でも、TCP と UDP どちらでもそのまま同じポート番号を利用できるようにしています。

表 6.1

TCP で使われる代表的なポート番号

ポート番号	サービス名	内容
1	tcpmux	TCP Port Service Multiplexer
7	echo	Echo
9	discard	Discard
11	systat	Active Users
13	daytime	Daytime
17	qotd	Quote of the Day
19	chargen	Character Generator
20	ftp-data	File Transfer [Default Data]
21	ftp	File Transfer [Control]
22	ssh	SSH Remote Login Protocol
23	telnet	Telnet
25	smtp	Simple Mail Transfer Protocol
43	nicname	Who Is
53	domain	Domain Name Server
70	gopher	Gopher

236　第6章　TCPとUDP

表6.1

TCPで使われる代表的なポート番号

ポート番号	サービス名	内容
79	finger	Finger
80	http (www, www-http)	World Wide Web HTTP
95	supdup	SUP DUP
101	hostname	NIC Host Name Server
102	iso-tsap	ISO-TSAP
110	pop3	Post Office Protocol-Version 3
111	sunrpc	SUN Remote Procedure Call
113	auth（ident）	Authentication Service
117	uucp-path	UUCP Path Service
119	nntp	Network News Transfer Protocol
123	ntp	Network Time Protocol
139	netbios-ssn	NETBIOS Session Service（SAMBA）
143	imap	Internet Message Access Protocol v2,v4
163	cmip-man	CMIP/TCP Manager
164	cmip-agent	CMIP/TCP Agent
179	bgp	Border Gateway Protocol
194	irc	Internet Relay Chat Protocol
220	imap3	Interactive Mail Access Protocol v3
389	ldap	Lightweight Directory Access Protocol
434	mobileip-agent	Mobile IP　Agent
443	https	http protocol over TLS/SSL
502	mbap	Modbus Application Protocol
515	printer	Printer spooler（lpr）
587	submission	Message Submission
636	ldaps	ldap protocol over TLS/SSL
989	ftps-data	ftp protocol, data, over TLS/SSL
990	ftps	ftp protocol, control, over TLS/SSL
993	imaps	imap4 protocol over TLS/SSL
995	pop3s	pop3 protocol over TLS/SSL
3610	echonet	ECHONET
5059	sds	SIP Directory Services
5060	sip	SIP
5061	sips	SIP-TLS
19999	dnp-sec	Distributed Network Protocol
20000	dnp	DNP
47808	bacnet	Building Automation and Control Networks（BACnet）

表 6.2

UDP で使われる代表的なポート番号

ポート番号	サービス名	内容
7	echo	Echo
9	discard	Discard
11	systat	Active Users
13	daytime	Daytime
19	chargen	Character Generator
49	tacacs	Login Host Protocol（TACACS）
53	domain	Domain Name Server
67	bootps	Bootstrap Protocol Server（DHCP）
68	bootpc	Bootstrap Protocol Client（DHCP）
69	tftp	Trivial File Transfer Protocol
80	http	World Wide Web HTTP（QUIC）
111	sunrpc	SUN Remote Procedure Call
123	ntp	Network Time Protocol
137	netbios-ns	NETBIOS Name Service（SAMBA）
138	netbios-dgm	NETBIOS Datagram Service（SAMBA）
161	snmp	SNMP
162	snmptrap	SNMP TRAP
177	xdmcp	X Display Manager Control Protocol
201	at-rtmp	AppleTalk Routing Maintenance
202	at-nbp	AppleTalk Name Binding
204	at-echo	AppleTalk Echo
206	at-zis	AppleTalk Zone Information
213	ipx	IPX
434	mobileip-agent	Mobile IP　Agent
443	https	http protocol over TLS/SSL（QUIC）
520	router	RIP
546	dhcpv6-client	DHCPv6 Client
547	dhcpv6-server	DHCPv6 Server
1628	lontalk-norm	LonTalk normal
1629	lontalk-urgnt	LonTalk urgent
3610	echonet	ECHONET
5059	sds	SIP Directory Services
5060	sip	SIP
5061	sips	SIP-TLS
19999	dnp-sec	Distributed Network Protocol
20000	dnp	DNP
47808	bacnet	Building Automation and Control Networks（BACnet）

238　第6章　TCP と UDP

6.3 UDP（User Datagram Protocol）

▊6.3.1　UDP の目的と特徴

　UDP は User Datagram Protocol の頭文字をとったものです。

　UDP は複雑な制御は提供せず、IP を用いてコネクションレスの通信サービスを提供します。しかも、アプリケーションから送信要求のあったデータを、送信要求のあったタイミングで、そのままネットワークに流します。

　UDP はネットワークが混雑していたとしても、送信量を抑制するようなふくそうを回避する制御を行うことはありません。また、パケットが失われたとしても再送制御は行いませんし、パケットの到着順序が入れ替わったとしても直す機能がありません。これらが必要なときには、UDP を利用するアプリケーションプログラムが制御しなければなりません▼。UDP はユーザーの言うことを何でも聞くけれども、ユーザーがすべてを考慮して上位層のプロトコルを考え、アプリケーションを作成しなければなりません。このため、UDP は「アプリケーションを作ったユーザーの言うがままのプロトコル」ということができます。

　UDP はコネクションレスなため、いつでもデータを送信することができます。UDP 自体の処理も簡単なため高速に動作します。このため、UDP は次のような用途に向いています。

▼インターネットには全体を制御する仕組みがないので、インターネットを介して大量のパケットを送信したい場合には、各ノードがほかのユーザーに迷惑をかけないことが求められる。そのため、ふくそうを回避する機能が必須になる（ふくそう制御は自分のために必要になるのではない）。ふくそう制御の機能を自分で実装したくない場合にはTCPを使う必要がある。

- 総パケット数が少ない通信（DNS、SNMP など）
- 動画や音声などのマルチメディア通信（即時性が必要な通信▼）
- LAN などの特定のネットワークに限定したアプリケーションの通信
- 同報性が必要な通信（ブロードキャスト、マルチキャスト）

▼特に電話やテレビ会議など、双方向でやり取りする場合。

> **▊ユーザーとプログラマー**
>
> 　ここで使われている「ユーザー」という言葉は、単に「ネットワークの利用者」を指すものではありません。かつて、コンピュータのユーザーといえば自分でプログラムを作る人たちのことでした。ですから、UDP（User Datagram Protocol）の「ユーザー（User）」は今でいうとプログラマーにあたります。つまり UDP は、プログラマーが思いどおりにプログラミングできるデータグラムプロトコルという意味になります▼。

▼これに対し、TCPにはさまざまな制御機構があるため、プログラマーの思いどおりの通信ができるとは限らない。

6.4 TCP (Transmission Control Protocol)

6.4.1 TCP の目的と特徴

UDP は複雑な制御は行わず、コネクションレスな通信サービスを提供するものでした。言い換えれば、アプリケーション側に制御を任せ、トランスポートプロトコルとしては最低限の役割だけを果たすプロトコルといえます。

これに対して TCP は、Transmission Control Protocol という名のとおり、「伝送、送信、通信」を「制御」する「プロトコル」と考えることができます。

TCP はインターネットを介して信頼性のある通信を実現するために誕生して、発展しました。インターネットは不特定多数の人が使うので、さまざまな問題が発生します。このため、TCP は UDP と大きく異なり、データを送信するときの制御機能が充実しています。ネットワークの途中でパケットが喪失した場合の再送制御や順序が入れ替わった場合の順序制御など、UDP では行われない制御を行います。また、TCP には、コネクション制御があり、通信相手がいるかどうか確認されている場合にのみデータが送信できるため、むだな通信を抑制できます▼。さらに、ネットワークが混雑してふくそう状態にならないように、パケットの送信量を調整します。

TCP のこのような機能により、IP というコネクションレス型のネットワーク上で、信頼性の高い通信を実現することができます。このため TCP は次のような通信に向いています。

* 信頼性が必要な通信（データの喪失があっては困る場合）
* インターネットを介して大量のデータを転送する場合（ファイル転送など）
* ビデオオンデマンドやライブ配信など、即時性がそれほど必要のない動画や音声（音楽）の再生（ストリーミング▼）
* 利用する回線を想定せず、どのような回線でもそれなりの性能を期待する場合（広帯域／狭帯域、高信頼／低信頼、MTU の違いなど）

▼UDP にはコネクション制御がないため、相手がはじめからいなくても、途中からいなくなってもパケットを送信できてしまう（ICMP エラーが返ってきた場合には送信できなくなる実装もある）。

▼ストリーミング
ストリーミングは動画や音声のデータをダウンロードしながら再生する仕組みであり、インターネットを介したライブ放送でよく使われる。TCP ではパケット喪失時に再送処理が必要になるため、データが届くまでに数秒～数十秒のタイムラグが発生する。これを見越して、再生するデータを数秒～数十秒分バッファに格納しながら再生を行うことで、パケット喪失時でも映像を止めることなく、動画や音声を再生できるようにする。これにより多少のパケットロスが起きてもスムーズに高品位な動画再生が可能になる。

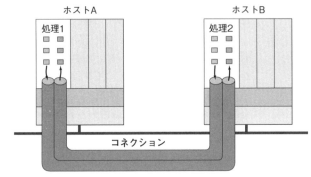

図 6.6
コネクション

6.4.2 シーケンス番号と確認応答で信頼性を提供

TCP では、送信したデータが受信ホストに到達したとき、受信ホストは送信ホストにデータが到達したことを知らせます。これを確認応答（ACK▼）といいます。

通常、2 人で会話をする場合には、話の区切りごとに相づちを打ちます。相手が何も返さない場合、話者はもう一度同じ話をして、相手にちゃんと話を伝えようとします。相手が話の内容を理解しているか、相手にちゃんと伝わっているかを、相手の反応で判断するのです。確認応答は会話の相づちに相当します。話が伝わった場合に「うん、うん」と肯定的に返事を返すことを肯定確認応答（ACK）といいます。「えっ？」と言って、分からなかったり聞こえなかったりしたことを相手に伝えることを否定確認応答（NACK▼）といいます。

▼ACK（Positive Acknowledgement）
単に「アック」といえば、肯定確認応答の意味になる。

▼NACK（Negative Acknowledgement）
「ナック」と発音する。

図 6.7
正常時のデータ送信

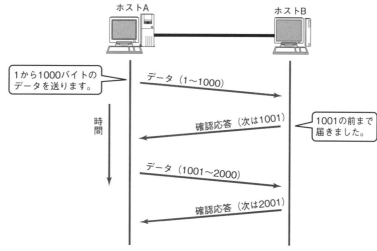

データがホストAからBへ送られると、それに対してホストBからAへ確認応答される。

　TCPは、肯定確認応答（ACK）でデータ到達の信頼性を実現します。データを送信したホストはデータの送信後にこの確認応答を待ちます。確認応答があれば、データは相手のホストに到達したことになります。もし確認応答が戻って来なければ、データが喪失した可能性があります。

　図6.8に示すように、ある一定時間内▼に確認応答が返ってこない場合にはデータが喪失したと判断してもう一度同じデータを送信します。このように、データが途中で失われても再送によりデータを届けることができ、信頼性のある通信が可能になります。

▼一定時間経過後に特定の処理をしたい場合にはOSの「タイマー」という機能が使われることが多い。そして一定時間が経過したことを「タイムアウト」という。TCPでは再送タイマーを設定し、それがタイムアウトすると再送する。詳しくは6.4.3項を参照。

図 6.8
データパケットが喪失した場合

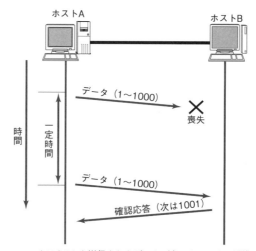

ホストAから送信されたデータがネットワークの混雑などで失われると、ホストBまで到達しない。
ホストAはホストBからの確認応答を待つが、一定時間待っても応答が来ない場合にはデータを再送する。

確認応答が来ないのはデータが喪失したときだけとは限りません。データは届いたが、それを伝える確認応答パケットが途中で失われた場合にも確認応答は戻って来ません。この場合にはデータは届いているのに、やはりデータを再送することになります（図6.9）。

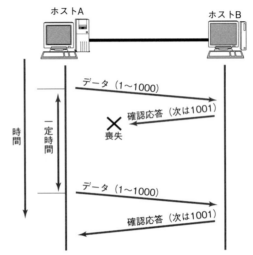

図 6.9
確認応答が喪失した場合

ホストBから送信された確認応答パケットがネットワークの混雑などで失われると、ホストAまで到達しない。
ホストAはホストBからの確認応答を待つが、一定時間待っても来ない場合にはデータを再送する。ホストBは2回目のデータに対しても確認応答を送信する。
なお、ホストBはすでにデータ（1〜1000）を受信済みなので、後から来たデータは破棄する。

　また、何らかの理由で確認応答パケットが到着するまでに遅延が生じ、データパケットの再送後に確認応答パケットが到着する場合もありえます。送信ホストは気にせずに次の転送を行えばよいのですが、受信側ではそうはいきません。同じデータを重複して受信することになるからです。上位層のアプリケーションに対してデータ通信の信頼性を提供するためには、重複して受信したデータを破棄しなくてはなりません。このため、受信済みのデータを識別し、必要かどうかを判断する仕組みが必要になります。
　これらの確認応答処理や再送制御、重複制御などは、すべてシーケンス番号を使って行われます。シーケンス番号は、送信するデータ1オクテットごとに付けられる連続した番号です▼。受信側では、受信したデータパケットのTCPヘッダに書き込まれているシーケンス番号とデータ長を調べ、次に自分が受信すべき番号を確認応答として返送します。このようにシーケンス番号と確認応答番号を使うことで、TCPでは信頼性のある通信を実現します。

▼シーケンス番号の初期値は0から始まるわけではなく、コネクションの確立時に乱数で決める。以降はオクテットごとに1を加算していく。

■シーケンス番号と確認応答についての本書の図の描き方

図 6.10 は TCP のシーケンス番号と確認応答番号についてより正確に表現した図です。「シーケンス番号 1 〜 1000」といった場合に、1000 が含まれているのか、含まれていないのかあいまいです。本書では 1000 が含まれることにしています。しかし、TCP の仕様では 1000 は含まれません。1000 を含みたければ、「シーケンス番号 1 〜 1001」と表現します。この場合 1001 のデータは含まれません。しかし、感覚的に分かりにくくなります。TCP はなぜそういう仕様なのでしょうか？ 理由は、シーケンス番号は数直線上の「点」を意味して、大きさがないからです。つまり 1001 と書いた場合、1000 番目のデータと 1001 番目のデータの境界を意味します。このため TCP の仕様ではデータを含まない確認応答パケットではシーケンス番号 1001 〜 1001 のような表現が使われます▼。この場合シーケンス 1001 のデータは含まれません。本書では分かりやすさを優先した結果、TCP の仕様とは少し異なる表現方法を使っています。

▼本書の表記法の場合、データを含まない確認応答パケットのシーケンス番号は 1001 〜 1000 のような表現になる。

図 6.10
送信するデータと、シーケンス番号・確認応答番号との関係

▼シーケンス番号（および確認応答番号）は、数直線上の点を意味する。つまり、オクテットとオクテットの区切りを指している。

・送信するデータ（厳密に言えばデータはビット単位なので、ビット単位でシーケンス番号を記述した図）

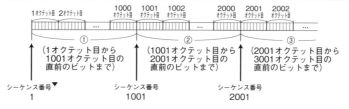

▼TCP のデータ長は TCP ヘッダには入っていない。実際に TCP のデータ長を求めるときには、IP ヘッダのパケット長から、IP ヘッダ長、TCP ヘッダ長（TCP データオフセット）を引いて求める。

・TCP/IP の仕様に近い表現方法　　　　　・本書の図の描き方

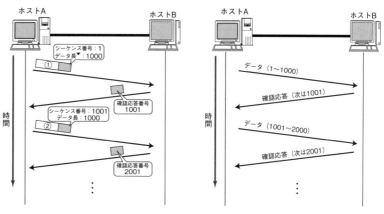

＊本書の1〜1000の表記は、1オクテット目のデータから1000オクテット目のデータまでが含まれていることを意味する。

＊この図をはじめ、本書の多くの図では、分かりやすくするためにシーケンス番号を1からはじめ、MSS▼を1000としている。

▼MSS については 6.4.5 項を参照。

6.4.3 再送タイムアウトの決定

再送せずに確認応答の到着を待つ時間を再送タイムアウト時間といいます。この時間を経過しても確認応答が到着しなかった場合にはデータを再送します。確認応答を待つ時間はどれぐらいの長さが適切でしょうか。

理想的なのは、「この時間が経過したら確認応答が返ってくることはない」といえる最小時間です。この時間はパケットが通るネットワーク環境によって変わってきます。構内の高速 LAN 環境ならば短い時間になり、長距離通信ならばLAN よりも長い時間になります。同じネットワークを利用していても、ネットワークの混雑度によって適正な時間は変化します。

TCP では、利用環境を問わずに高性能な通信を実現し、ネットワークの混雑の変化にも動的に対応できるようにするため、パケットを送信するたびにラウンドトリップ時間[▼]と、その揺らぎ[▼]を計測します。そして、計測したラウンドトリップ時間と揺らぎの時間を合計した値よりも少し大きな値を再送タイムアウト時間にします。

▼Round Trip Time のことで、RTT と呼ばれる。往復時間のこと。

▼ラウンドトリップ時間の揺らぎ、分散。ジッタとも呼ばれる。

ラウンドトリップ時間だけでなく、揺らぎまで考慮して再送タイムアウトを決定するのには理由があります。それは、ネットワークの環境によっては、図6.11のようにラウンドトリップ時間が大きく揺らぐことがあるからです。これは、到着するパケットが別々の経路を通って流れるときなどに発生します。TCP/IPでは、このような環境でもできるだけむだな再送が行われないように制御しています。

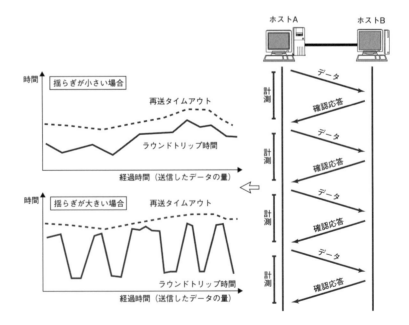

図 6.11
ラウンドトリップ時間の計測と再送タイムアウトの時間推移

BSD 系の UNIX や Windows などは、タイムアウトを 0.5 秒単位で制御しているため、タイムアウトの値は 0.5 秒の整数倍になります[▼]。ただし、最初のパケットはラウンドトリップ時間が分からないので、初期値は 6 秒程度に設定されます。

▼揺らぎの最小値も0.5秒になるため、最小再送時間は1秒になる。

再送しても確認応答されない場合には、もう一度送信します。ただし、確認応答を待つ時間を2倍、4倍と指数関数的に増やしていきます。

また、データの再送を無限に繰り返すことはしません。特定の回数再送を繰り返しても確認応答がない場合には、ネットワークや相手のホストに異常が発生していると判断し、強制的にコネクションを切断します。そして、アプリケーションに、通信が異常終了したことを通知します。

6.4.4 コネクション管理

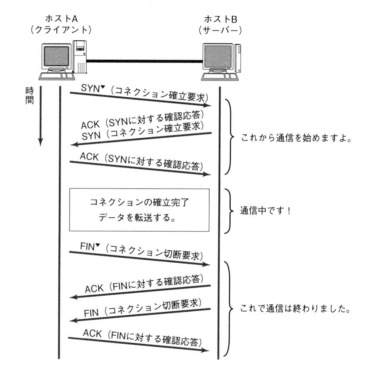

図 6.12
TCP のコネクションの確立と切断

▼SYNは英語のsynchronizeを略した書き方で「同期」を意味する。サーバーとクライアントでシーケンス番号と確認応答番号を一致させる働きがある。詳しくは265ページ参照。

▼FINは英語のFINと同じ意味で、終わりを意味する。詳しくは265ページ参照。

図6.12のようにTCPはコネクション型の通信を提供します。コネクション型では、データ通信に先立って、通信相手との間で通信を始める準備をしてから通信を行い、データ通信が終わったら、その合図をしてから終了します。

UDPはコネクションレスなので、相手に通信してよいかどうかの確認を求めることなく、いきなりUDPパケットでデータを送信します。これに対して、TCPはデータ通信前にTCPヘッダだけからなるコネクション確立要求のパケット（SYNパケット）を送信して確認応答を待ちます▼。相手から確認応答が送られてきた場合にはデータ通信が可能になりますが、確認応答が送られてこなければ、データ通信を開始することはできません。また、通信が終了したときにはコネクションの切断処理を行います（FINパケット）。

▼TCPでは、最初にコネクション確立要求パケットを送信する側をクライアント、受け取る側をサーバーと呼ぶ。

▼コントロールフラグと呼ばれる。6.7節を参照。

▼TCPではコネクションを確立するときに3つのパケットがやり取りされる。これを「スリーウェイハンドシェーク」と呼ぶ。

TCPではこのコネクションを管理するために、TCPヘッダの制御用のフィールド▼を利用します。また、コネクションの確立と切断には最低でも7つ以上のパケットがやり取りされることになります▼。

6.4.5 TCPはセグメント単位でデータを送信

TCPではコネクションの確立時に、1つのIPパケットで転送するTCPデータの最大長を決定します。これを最大セグメント長（MSS：Maximum Segment Size）と呼びます。理想的には、IPで分割処理されない最大のTCPデータ長になります。

TCPでは大量のデータを送信するときに、このMSS単位でデータが区切られて送信されます。また、再送処理も基本的にはMSS単位で行われます。

MSSは、スリーウェイハンドシェークのときに決められます。お互いのホストは、コネクション確立要求を送る際に、TCPヘッダにMSSオプションを付け、自分のNICで受信可能なMSSを通知します▼。通知を受け取ったホストは、通知されたMSSと、自分が送信可能なMSSを比較して、小さいほうの値をMSSとして利用します▼。

▼MSSオプションを付けるため、TCPヘッダは20オクテットではなく4オクテット長くなる。ほかにもオプションが付く場合にはその分TCPヘッダが長くなることになる。

▼コネクション確立要求時に、どちらかのMSSオプションが省略された場合は、IPパケット長が576オクテットを越えないサイズをMSSとして選択する（IPヘッダ20、TCPヘッダ20ならば、MSSは536）。

図6.13
MTUの異なるネットワークに接続されたホスト同士で通信する場合

▼MSSを相手に通知するのは確立要求時のみ。確立要求を伴わない確認応答にはMSSオプションは付かない。

▼経路MTU探索（4.5.3項参照）が有効な場合には、経路MTU探索で分かった経路MTUに合わせて、MSSを更新する。

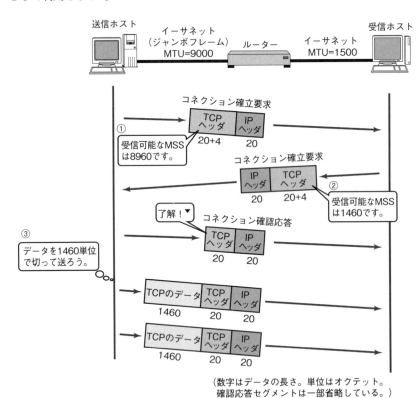

（数字はデータの長さ。単位はオクテット。確認応答セグメントは一部省略している。）

①② コネクション確立要求パケット（SYNパケット）で、NICのMTUから求めたMSSの値を通知する。
③ 相手が受信できるMSSと自分が送信できるMSSのうち、小さい方の値をセグメント単位にしてパケットが送信される▼。

6.4.6 ウィンドウ制御で速度向上

図6.14は、TCPの1セグメントごとに確認応答を行った場合の処理の例です。この通信には1つの大きな問題点があります。それは、パケットの往復時間（ラウンドトリップ時間）が長くなると通信性能が悪くなることです。

図 6.14
1パケットごとに確認応答をする

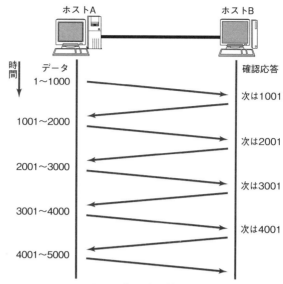

1つのパケットごとに確認応答をすることの欠点は、パケットの往復にかかる時間が長くなればなるほどスループットが悪くなること。

　そこで、TCP ではウィンドウという概念を取り入れて、パケットの往復時間が長くなっても性能が低下しないように制御しています。図 6.15 のように、1 セグメント単位ではなくもっと大きな単位で確認応答に対処すると、転送時間が大幅に短縮されることが分かると思います。これは、送信ホストが、送信したセグメントに対する確認応答を待たずに、複数のセグメントを送信することで実現しています。

図 6.15
スライディングウィンドウ方式で並列処理

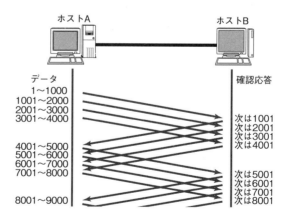

- ウィンドウが4000オクテットのとき
返ってきた確認応答の値よりも4000大きなシーケンスまで送信できる。1つの確認応答ごとにデータセグメントを送信するのと比べて、往復時間が長くなってもスループットを大きくできる。

確認応答を待たずに送信できるデータの大きさをウィンドウサイズといいます。図6.15の場合、ウィンドウサイズは4セグメント分の大きさになっています。この仕組みは、大きな送受信バッファ▼を用意し、複数のセグメントを並列に確認応答することで実現しています。

▼バッファ（Buffer）
この場合、送受信を行うパケットを一時的に格納する場所を意味する。コンピュータのメモリ上に用意される。

図6.16に示すように、送信するデータの一部分のみを見えるようにしている窓がウィンドウです。この窓から見えるデータ部分は確認応答を受信しなくても送信できます。また、この窓から見える部分はまだ確認応答されていないので、セグメントが喪失したときには再送しなければなりません。このため、送信ホストでは確認応答されるまで送信バッファからデータを削除してはいけません。

図6.16
スライディングウィンドウ方式

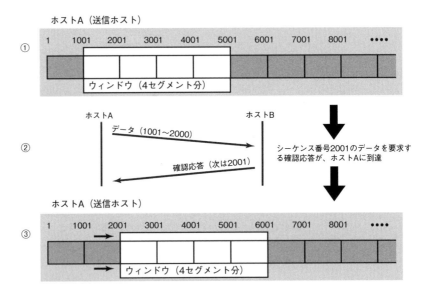

①の状態で2001を要求する確認応答が到着したら、2001以前のデータは再送する必要がなくなるため、その部分のデータを破棄してウィンドウをスライドさせ、③のようにする（1セグメントが1000オクテットでウィンドウが4セグメントの場合）。

ウィンドウの外の見えない部分は、まだ送信してはいけない部分やもうすでに相手に届いていることが確認済みの部分です。データ送信後に確認応答されると再送する必要がなくなるため、送信ホストの送信バッファからデータが削除されます。

確認応答を受信した場合には、確認応答を受けた番号までのデータを窓枠の外に追い出すように窓をずらします。このようにして、順次複数のセグメントを並列的に送信して通信性能を向上させる仕組みを、スライディングウィンドウ制御といいます。

6.4.7 ウィンドウ制御と再送制御

ウィンドウ制御をするときにセグメントが失われたらどうなるでしょう。

まずは確認応答が失われた場合を考えましょう。データは届いているので本来は再送する必要はありません。しかし、ウィンドウ制御をしない場合には再送しなければなりませんでした。

ウィンドウ制御をする場合には、図6.17のようになり、ある程度の確認応答が失われても再送する必要がなくなります。

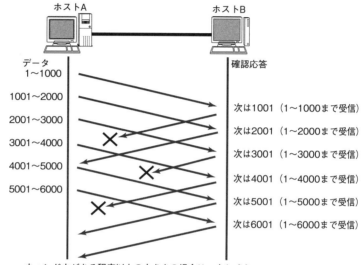

図6.17
確認応答は少なくてもよい

では、送信セグメントが失われた場合はどうでしょう。受信ホストでは、図6.18に示すように、次に受信すべきシーケンス番号以外のデータを受け取った場合には、今までに受信したデータに対する確認応答を返します▼。

▼ただし、受信ホストでは、番号が飛んでいても受信したデータを捨てずに保存する。

図6.18をよく見てください。送信データが失われた後は、1001番という同じ確認応答が続いています。この確認応答はまるで、

> 「私が受信したいデータは1001番からのデータで、ほかのデータではありません！」

と叫んでいるように感じられませんか？ このように、ウィンドウが大きいときにデータが失われると、同じ番号の確認応答が連続して返されることになります。送信ホストでは、一度受け取った確認応答と同じものをさらに3回連続して受け取った場合▼には、その確認応答が示しているデータを再送します。これは、タイムアウトによる再送制御に比べて高速に動作するため、高速再送制御と呼ばれます。

▼2回でないのは、セグメントの順番が2つ入れ替わっても再送しないため。

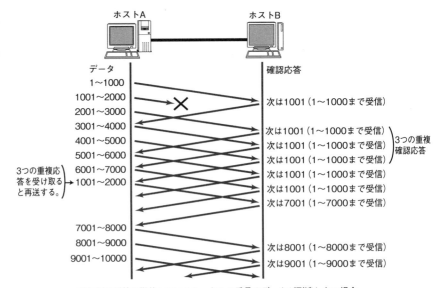

図6.18
高速再送制御
（Fast Retransmission）

受信側は到着を期待しているシーケンス番号のデータが到達しない場合、今まで受信したデータの確認応答をする。
送信側では、一度受け取った確認応答と同じ確認応答をさらに3回受信した場合には、セグメントが失われたと判断して再送処理を行う。タイムアウトによる再送よりも敏速な再送が可能。

6.4.8 フロー制御（流量制御）

　送信側は自分の都合でデータパケットを送信します。しかし、受信側の都合に関係なくデータパケットが送られてくると、ほかの処理に時間をとられている場合など、負荷が高いときにはデータを受信しきれなくなる可能性があります。もし、送信したデータを受信ホストが取りこぼすと、そのデータを再送しなければならず、むだが増えることになります。

　このようなことを防ぐために、TCPでは送信側は受信側の受信能力に合わせてパケット送信量を制御します。これがフロー制御です。具体的には、受信ホストが送信ホストに受信可能なデータサイズを通知するようになっていて、送信ホストはそのサイズを超えないようにデータを送ります。このサイズがウィンドウサイズです。6.4.6項で説明したウィンドウサイズの大きさは、受信ホストが決めることになります。

　TCPのヘッダには、ウィンドウサイズを通知するためのフィールドがあります。受信ホストは、受信可能なバッファの大きさをこのウィンドウサイズのフィールドに入れて送ります。このフィールドの値が大きければ高スループット（高い効率）での通信が可能になります。

　しかし、受信側のバッファがあふれそうになると、このウィンドウの値を小さく設定して送信ホストに伝えデータ送信量を抑制します。つまり、送信ホストは受信ホストの指示に合わせて送信量を制御することになります。このようにしてTCPではフロー制御（流量制御）をしています。

　図6.19にウィンドウによって送信量を制御する例を示します。

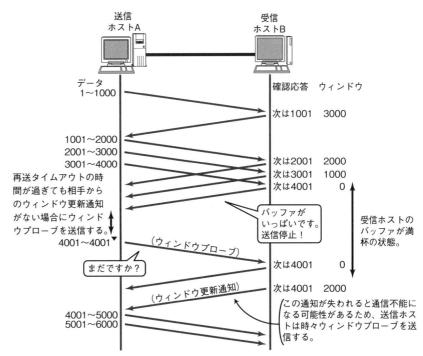

図 6.19
フロー制御

▼本書の表記法の場合、1オクテットのデータが含まれている。詳しくは243ページのコラムを参照。

受信ホストが受信可能なウィンドウを通知することにより、送信ホストの送信量を制御する。これにより、受信ホストが受信しきれないような大量のデータを送信ホストが一度に送信することを防ぐ。

図6.19では3001番から始まるセグメントを受信したときに受信側のバッファがいっぱいになり、いったんデータ転送が停止しています。その後、ウィンドウ更新通知のパケットが送信され通信が再開しています。このウィンドウ通知のパケットが途中で失われると通信が再開できない可能性があります。この問題を避けるため、送信ホストはウィンドウプローブと呼ばれる1オクテットのデータだけを含むセグメントを時々送信して、ウィンドウサイズの最新情報を得るようにします。

6.4.9 ふくそう制御（ネットワークの混雑解消）

TCPのウィンドウ制御により、1セグメントごとに確認応答されなくても大量のパケットを連続的に送信できることを見てきました。しかし、通信開始時にいきなり大量のパケットを送信するのは別の問題を発生させる可能性があります。

コンピュータネットワークは共有されているのが普通です。そうすると、別の通信によってネットワークがすでに混雑している可能性があります。混雑しているネットワークにいきなり大量のデータを送信すると、ネットワークがパンクして第三者に迷惑をかけてしまうかもしれません。ネットワークが混雑してパンク状態になることを「ふくそう（輻輳）」といいます。特にインターネットでは日常的にふくそうが発生しています。ふくそう状態がずっと続いてしまうと、まともな通信はできなくなります。

TCPではこれを防ぐため、通信開始時にスロースタートと呼ばれるアルゴリズムに従ってデータの送信量の制御が行われます。このためTCPでは通信開始時に図6.20のようにパケットが流れます。

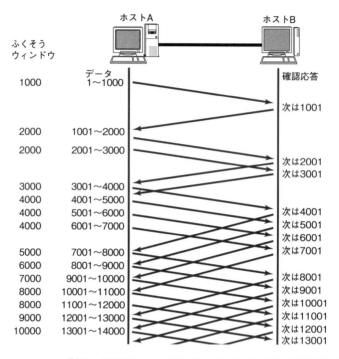

図 6.20
スロースタート

最初は、送信側のウィンドウ（ふくそうウィンドウ）を1に設定する。
確認応答パケットを1つ受信するたびに、ウィンドウを1セグメントずつ増加させる（図は遅延確認応答しない場合であり、実際とは異なる）。

まず、送信側でデータの送信量を調節するための「ふくそうウィンドウ」を定義します。そしてスロースタートをするときには、ふくそうウィンドウの大きさを1セグメント（1MSS）▼に設定してデータパケットを送信し、それに対して確認応答されるたびに1セグメント（1MSS）ずつふくそうウィンドウを大きくしていきます。データパケットを送信するときには、ふくそうウィンドウと、相手のホストから通知されたウィンドウを比較し、小さいほうの値以下になるようにデータパケットを送信します。

タイムアウトによる再送時には、ふくそうウィンドウを1にしてからスロースタートをやり直します。これらの仕組みにより通信開始時の連続的なパケット送信▼によるトラフィックを減らし、ふくそうの発生を防ぎます。

しかし、パケットが往復するたびにふくそうウィンドウが1、2、4と指数関数的に大きくなるため、トラフィックが急激に増加してネットワークがふくそう状態になる可能性があります。これを防ぐため、スロースタート閾値という値を使います。ふくそうウィンドウがその大きさを超えると、確認応答されるたびに次の大きさだけふくそうウィンドウを大きくするようにします。

$$\frac{1セグメントのオクテット数}{ふくそうウィンドウ（オクテット）} \times 1セグメントのオクテット数$$

▼コネクション確立直後にスロースタートを1MSSから始めると、衛星回線などを経由する通信でスループットが速くなるまでに時間がかかる問題がある。このためスロースタートの初期値を1MSSより大きい値から始めることが許されている。具体的にはMSSの値が1095オクテット以下のときは最大4MSS、2190オクテット以下のときは最大4380オクテット、2190オクテットを超えるときは最大2MSSから始めてよい。イーサネットの場合、標準的なMSSの大きさは1460オクテットになるため、スロースタートを4380オクテット（3MSS）から始めてよいことになる。

▼連続的にパケットを送信することをバースト（burst）という。スロースタートはバーストなトラフィックを減らす仕組み。

図 6.21
TCPのウィンドウの変化

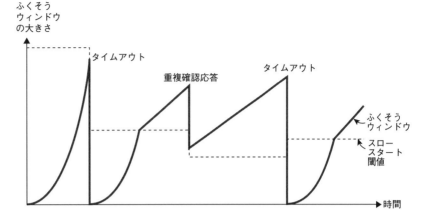

　ふくそうウィンドウが大きくなればなるほど確認応答の数が増えますが、その分、1つの確認応答によって拡大されるふくそうウィンドウの比率が小さくなります。この結果、ふくそうウィンドウの大きさは直線的に増えることになります。

　TCPの通信開始時にはスロースタート閾値は設定されていません▼。タイムアウトによる再送が発生したときに、そのときのふくそうウィンドウの半分の大きさに設定されます。

　重複確認応答による高速再送制御が行われた場合には、タイムアウトによる再送制御とは多少異なる処理が行われます。その理由は、少なくとも3つのセグメントが相手のホストに届いていることが明らかなので、タイムアウトが発生したときよりもネットワークの混雑度が低いと考えられるからです。

　重複確認応答による高速再送制御が行われた場合には、スロースタート閾値の大きさをそのときのウィンドウの半分の大きさにします▼。そしてウィンドウの大きさを、求めたスロースタート閾値に3セグメントを加えた大きさにします。

　このような制御により、TCPのふくそうウィンドウは図6.21のように変化します。ウィンドウの大きさはデータ転送時のスループットの大きさに直接影響を与えるので、一般にはウィンドウが大きければ大きいほどよりスループットの高い通信ができます。

　TCPでは通信開始後、徐々にスループットを向上させますが、ネットワークが混雑すると急激にスループットを低下させます。そしてまた徐々にスループットを向上させていきます。TCPのスループットの特性は、徐々にネットワークの帯域を奪うようなイメージになります。

▼ウィンドウの最大値と同じ大きさになっている。

▼厳密には「実際に送信済みだが確認応答されていないデータの量」の半分の大きさにする。

6.4.10　ネットワークの利用効率を高める仕組み

■ Nagle アルゴリズム

　TCP ではネットワークの利用効率を高める▼ために、Nagle アルゴリズムと呼ばれるアルゴリズムが使われます。これは、その瞬間に送信側に送信すべきデータがあったとしてもそのデータが少ない場合にはすぐに送信せずに、送信を遅らせるという処理です。待っている間に送るべきデータが溜まって、1つのパケットで多くのデータを送ることができれば、ネットワークの利用効率が向上します。

　具体的には、次の状態のどちらかに当てはまる場合にだけ TCP はデータセグメントを送信します。どちらにも当てはまらないときは、データを送信するのをしばらく待つことになります。

- すべての送信済みデータが確認応答されている場合
- 最大セグメント長（MSS）のデータを送信できる場合

　このアルゴリズムによってネットワークの利用効率が向上しますが、場合によってはある程度の遅延時間が生じることになります。そのため、リモートデスクトップ▼や機械制御などに TCP を使用する場合にはこの Nagle アルゴリズムを無効に設定します。ファイル転送のように送る前から送るデータが決まっている場合には、Nagle アルゴリズムを無効にしてはいけません。無効にするとネットワークの利用効率が低下し、通信性能が低下します。「ボタンを押した」「レバーを回した」など、イベントによって少量のパケットが発生するケースなど、データの発生に時間的な間がある場合に Nagle アルゴリズムを無効にできます。

■ 遅延確認応答

　データを受信したホストがすぐに確認応答をすると、小さなウィンドウを返す可能性があります。受信したばかりのデータで受信バッファがいっぱいになっているからです。

　小さなウィンドウを通知された送信ホストが、その大きさでデータを送ると、ネットワークの利用効率が悪くなります▼。そこで、データを受信してもすぐに確認応答をせずに遅延させる方法が考え出されました。

- 2×最大セグメント長のデータを受信するまで確認応答をしない（OS によっては、データサイズによらずに2パケット受信すると確認応答するものもある）
- そうでない場合は、確認応答を最大で 0.5 秒間遅延させる▼（0.2 秒程度▼の OS が一般的）

▼同じ100バイトのデータを送るとしても、データが1バイトのパケットを100回送るよりも、データが100バイトのパケットを1回送ったほうがネットワークの利用効率が高まる。1バイトしか送らないとしても、IPヘッダ20バイト、TCPヘッダ20バイトが最低必要になるため、ネットワークの利用効率を高める機能は重要である。

▼リモートデスクトップネットワークで接続された別のコンピュータの画面を自分のコンピュータの画面に表示させ、自分のコンピュータのマウスやキーボードを使って遠隔操作できるようにするアプリケーション。

▼これは、ウィンドウ制御特有の問題で、シリーウィンドウシンドローム（SWS: Silly Window Syndrome）と呼ばれる。

▼0.5秒よりも遅延時間を長くすると、送信ホストが再送処理をする可能性がある。

▼この時間を短くすればするほど、CPUの負荷が上がり性能が低下する。逆に長くすると、送信ホストによって再送処理されてしまう可能性が上がるとともに、ウィンドウが1セグメントしかない場合の性能が低下する。

データセグメント1つに対して確認応答が1つである必要はありません。TCPはスライディングウィンドウ制御方式なので、確認応答は少なくてもかまいません。TCPのファイル転送では、多くの実装で2セグメントごとに1つの確認応答が返されます。

図 6.22
遅延確認応答

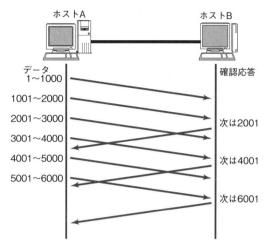

2セグメントのデータを受信するたびに1つ確認応答をする。ただし、0.2秒程度待っても次のデータが来ない場合には確認応答する。

■ ピギーバック

アプリケーションプロトコルによっては、送信したメッセージに対して相手が処理をして返事を返す場合があります。たとえば、電子メールプロトコルのSMTPやPOP、ファイル転送プロトコルのFTPの制御コネクションなどです。これらのアプリケーションプロトコルでは、図6.23のように、1つのTCPコネクションを使って交互にメッセージをやり取りします。Webで使われるHTTPもバージョン1.1からそうなりました。遠隔ログインで入力した文字列のエコーバック[▼]も送信したメッセージに対する返事ということができます。

このような通信の場合には、TCPでは確認応答と返事のデータパケットを1つのパケットで送ることができます。これを「ピギーバック[▼]」と呼びます。このピギーバックにより、送受信するパケットの数を減らすことができます。

なお、データパケットを受信して、すぐに確認応答が返送されるとピギーバックにはなりません。受信したデータをアプリケーションが処理し、返事となるデータを作成してから送信要求をするまで、確認応答の送信を待つ必要があります。つまり、遅延確認応答の処理が行われなければピギーバックされることはありません。遅延確認応答は、ネットワークの利用効率を向上させ、さらにコンピュータの処理の負荷も下げることが可能な優れた仕組みです。

▼エコーバック
遠隔ログインで、キーボードから入力された文字がいったんサーバーまで送られ、その後でその文字がサーバーからクライアントに返され画面に表示されること。

▼田舎の農家で、豚を売りに町へ行くときに、ついでに豚の背中に野菜を乗せて売りに行く、というような、ついでに運ばせるというニュアンスがある。

図 6.23

ピギーバック

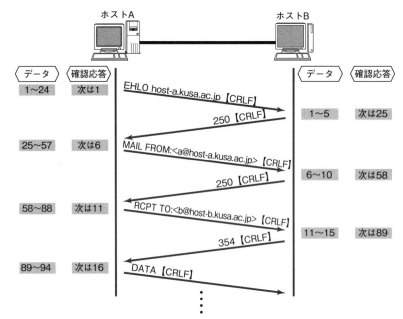

ピギーバックとはデータの送信と確認応答を1つのTCPパケットで行うこと。
これによりネットワークの利用効率が上がり、コンピュータの処理が軽くなる。
アプリケーションがデータを処理して返事となるデータを送信するまで、
確認応答が遅延されなければピギーバックは起きない。

6.4.11　TCPを利用するアプリケーション

　ここまで述べたように、TCPは実にさまざまな制御を行います。さらに、ここでは説明しきれなかった複雑な制御もしています▼。TCPはこれらの制御により、通信速度の高速化と信頼性を提供しています。

　ただし、時と場合によってはこのような制御が逆に不具合をもたらすことがあります。このためアプリケーションを作成するときには、TCPにすべてを任せてしまってよいのか、アプリケーションが細かい制御をしたほうがよいのかを考える必要があります。

　アプリケーションが細かい制御をしたほうがよい場合にはUDPを使うのがよいでしょう。データの転送量が多く、信頼性を必要としているが難しいことをできるだけ考えたくない場合には、TCPを使うのがよいでしょう▼。TCPやUDPには、それぞれ長所短所があるので、アプリケーションを作成するときにはシステムの設計者がきちんと考えてプロトコルを選定する必要があります。

▼たとえば、通信相手が存在するかどうかを確認するキープアライブ機能がある。これは、わざとシーケンス番号の値を1小さくしたデータ0オクテットのセグメントを送信して、相手からの確認応答を強要する。デフォルトでは無効になっているか2時間間隔で送られるが、制御システムでは1秒以下の短い間隔でキープアライブが使用されることもある。

▼インターネットを介して大容量のデータ転送を行う場合には、ふくそう制御が必須になる。TCPにはふくそう制御の機能が付いているため、アプリケーションはふくそう制御について考える必要がない。UDPを使う場合には、アプリケーションがふくそう制御について配慮する必要がある。

6.5 / その他のトランスポートプロトコル

インターネットでは、長い間、主に TCP と UDP の 2 つのトランスポートプロトコルが使われてきました。しかし、TCP と UDP 以外にもいくつかのトランスポートプロトコルが提案され、実験が行われてきました。最近、実験段階から実用段階に入ったトランスポートプロトコルが登場し始めています。

ここでは、最近提案され、今後利用が広がっていくと思われるトランスポートプロトコルを紹介します。

▎6.5.1　QUIC（Quick UDP Internet Connections）

QUIC は Google 社が提案し、IETF によって標準化が進められているトランスポートプロトコルです。Web の通信に利用することを目的にして開発が進められていますが、現在 TCP で行われているアプリケーションの通信が、将来は QUIC に置き換えられていく可能性もあります。

現在、Web の通信の多くは TCP 上で HTTP を使って行われています。TCP は、インターネットという複雑なネットワーク▼でよく機能していますが、QUIC は根本的にその機能を見直し、パワーアップさせる提案です。たとえば、TCP 自体には暗号化の機能はなく▼、暗号化が必要であれば上位層や下位層に任せますが、QUIC はそれ自体で暗号通信を可能にします。

QUIC は UDP を使用します。トランスポートプロトコルの UDP を使うのに「QUIC はトランスポートプロトコル」というと納得しにくいかもしれませんが「UDP+QUIC」で 1 つのトランスポートプロトコルの役割を果たすと考えてください。UDP はコネクションレスで信頼性がありませんが、ポート番号によるアプリケーションの識別やチェックサムによるデータの破損のチェックはできます。QUIC はこの UDP を使用して次の機能を提供します。

▼運用方針や機能や性能が異なる回線が接続されて構築されている。用途も Web に限定されず、メール、ゲーム、ビデオ会議などが混在する。目的や考え方が違う世界中の人が利用している。

▼TCP 自体に暗号化の機能を追加する提案はあるが、まだ標準化は進んでいない。

- 認証、暗号化
  QUIC 自体が認証と暗号化を提供します。これにより、TCP よりも堅牢になります。
- 低遅延のコネクション管理
  TCP 上で暗号化した HTTP を使う場合、TCP のコネクション管理（6.4.4 項参照）と TLS のハンドシェーク（6.4.2 項参照）が別々に必要でした。QUIC ではこれらを同時に行い、低遅延でコネクションを確立します。
- 多重化
  TCP で扱うのは 1 コネクション、1 つのストリームですが、QUIC では 1 コネクションで複数のストリームを同時に扱います。これにより、UDP のポート番号を有効に利用でき、NAT（5.6 節参照）の負担を減らします。
- 再送処理
  TCP よりもきめ細かくラウンドトリップ時間（6.4.3 項参照）を計測し、高精度な再送処理を行います。

258　第6章　TCPとUDP

- ストリームレベルの再送制御とコネクションレベルのフロー制御
  TCPは1つのコネクションで1つのストリームを扱うので、パケットの喪失が起きると通信が停止します。一方、QUICでは1つのコネクションで複数のストリームを制御します。1つのストリームでパケットの喪失が起きても他のストリームの通信は続きます。これら全体でフロー制御を行います。
- コネクションのマイグレーション
  IPアドレスが変わったときにもコネクションが維持されるようにします（携帯端末が別のNATセグメントに移ったときを含む）。

■ QUICはなぜUDPを使っている？

　QUICが新しいトランスポートプロトコルを目指すのであれば、UDPを使うのはおかしいとか、UDPを使う必要がないと考えられるかもしれません。この後に説明するSCTPやDCCPは、TCPもUDPも使わない独自のトランスポートプロトコルです。

　しかし、まったく新しいトランスポートプロトコルを作ることにはリスクがあります。運用ができなかったり、使ってくれる人が増えず、普及させることが困難になったりする可能性があるのです。

　QUICはインターネットのWebで使う前提のプロトコルです。特定の組織内だけで使うプロトコルではありません。インターネットは複雑な環境なので、実際にインターネットを使って運用し、実験しながら拡張していく必要があります。ところが現在のインターネットではNATやファイアウォールが使われているため、新しいトランスポートプロトコルを作ってもすぐには使えません▼。パケットを中継する機器がネットワーク層だけで動いているならば、新しいトランスポートプロトコルを自由に作ることができますが、NATやファイアウォールにはネットワーク層だけではなく、トランスポート層のヘッダも関係してくるのです。

　UDPを利用したトランスポートプロトコルであれば、NATやファイアウォールが対応しているので、インターネット上ですぐに実験しながら開発することが可能です。このため、QUICではUDPを用いて、Webで使用する理想的なトランスポートプロトコルを作ることを目指しています▼。

▼「NATが対応してくれないとみんなで使えない。みんなが使わないとNATが対応しない。」という「鶏が先か、卵が先か」という問題になる。

▼UDPを使えばNATやファイアウォールがあっても必ず動作する、というわけではない。UDPを使うメリットは、すぐにでも運用実験ができること。特に、現在はアプリケーションをインターネットからダウンロードして利用する時代になった。そのアプリケーションにUDP上で動く新しいトランスポートプロトコルを組み込んでおけば、知らず知らずのうちにたくさんの人が使うようになり、一気にユーザー数が増えることになる。ユーザーが増えると、NATやファイアウォールが原因で新しいトランスポートプロトコルの通信に不具合が発生したとき、各ベンダが対応しないと、その機器のユーザーが逃げてしまう可能性があるため、対応が早くなる可能性がある。

▼もともとは電話網で回線を接続するときに使われていたプロトコル（SS7）をTCP/IP上で利用しようとしたときに、TCPを使うのは不便だったので開発されたプロトコル。今後はさまざまな用途に使われる可能性がある。

▼6.5.2　SCTP（Stream Control Transmission Protocol）

SCTP▼は、TCPと同様にデータの到達性に関する信頼性を提供するトランスポートプロトコルです。主な特徴は次のとおりです。

- メッセージ単位の送受信
  TCPでは送信側のアプリケーションが決めたメッセージサイズが受信側のアプリケーションには伝わらないが、SCTPでは送信側のアプリケーションが決めたメッセージサイズが受信側のアプリケーションで分かる。

6.5　その他のトランスポートプロトコル　259

- マルチホーミングに対応
  複数の NIC が付いているホストで、使用できる NIC が変化しても通信を継続できる[▼]。
- 複数のストリームの通信
  TCP で、複数のコネクションを確立して通信を行うような効果を、1 つのコネクションで実現することができる[▼]。
- メッセージの生存時間を定義できる
  生存時間を過ぎたメッセージの再送は行わない。

▼TCP と比べて対障害性が向上する。

▼スループットが向上する。

　SCTP は、通信するアプリケーション間で小さなメッセージをたくさん送るときに向いています。SCTP では、アプリケーションのメッセージを「チャンク[▼]」と呼んでおり、複数のチャンクをまとめて 1 つのパケットを作ります。
　また、SCTP はマルチホーミングに対応していて、複数の IP アドレスを設定できるという特徴があります。マルチホーミングとは、1 つのホストが複数のネットワークインタフェースを備えていることです。イーサネットと無線 LAN の両方に同時に接続しているラップトップ型のコンピュータを考えれば分かりやすいでしょう。
　イーサネットと無線 LAN を同時に使うと、それぞれの NIC には違う IP アドレスが付けられます。TCP の場合には、イーサネットで通信を開始した後で、無線 LAN に切り替えると、コネクションが切れてしまいます。TCP の場合には SYN から FIN まで、同じ IP アドレスになっている必要があるからです。
　SCTP の場合には、複数の IP アドレスを管理しながら通信ができるため、無線 LAN とイーサネットを切り替えても通信を維持できます。このため SCTP では、複数の NIC が備えられているホストで通信の信頼性を高めることができます[▼]。

▼chunk。かたまりのこと。

▼ 複数の NIC を持つ業務用サーバー機などで、1 つの NIC が故障しても正常な NIC がある限り通信が維持できる。

▎6.5.3　DCCP
　　　（Datagram Congestion Control Protocol）

　DCCP は UDP を補うプロトコルとして登場しました。UDP にはふくそう制御がありません。このため、アプリケーションが UDP を使って大量のパケットをインターネットに送ると問題が発生します。インターネットを使った通信では、UDP を使う場合にもふくそう制御が必要になります。この機能をアプリケーション作成者が実装するのは困難であることから、DCCP が登場しました。
　DCCP には次のような特徴があります。

- UDP と同様に、データの到達性に関する信頼性はない。
- コネクション型で、コネクションの確立と切断処理がある。コネクションの確立と切断の処理には信頼性がある。
- ネットワークの混雑に合わせたふくそう制御を行うことができる。DCCP（RFC4340）を利用するアプリケーションの特性により、「TCP ライクな（TCP と似ている）ふくそう制御」と「TCP フレンドリーな（TCP と親和性のある）レート制御[▼]」（RFC4341）のどちらかの方法を選択できる。

▼レート制御
フロー制御の一種で、単位時間あたりに送信できるビット数（オクテット数）でフロー制御をする。TCP が使用しているウィンドウ制御と比べて、レート制御は音声やビデオなどのマルチメディア通信に向いているといわれる。

- ふくそう制御を行うため、パケットを受信した側は確認応答（ACK）を返す。この確認応答を使って再送をすることも可能。

6.5.4 UDP-Lite （Lightweight User Datagram Protocol）

UDP-Liteは、UDPの機能を拡張したトランスポートプロトコルです。UDPによる通信では、チェックサムエラーが発生すると、パケット全体が廃棄されます。しかし、世の中にはエラーがあるパケットだとしても、そのパケット全体を廃棄しないで処理したほうがよりよい動作をするアプリケーションがあります▼。

▼H.263+、H.264、MPEG-4などの映像や音声のデータフォーマットを使用したアプリケーション。

UDPでチェックサムを無効にすれば、データの一部にエラーが発生していてもパケットが廃棄されずにすみます。しかし、UDPヘッダ中のポート番号が壊れたパケットを受信してしまったり、IPヘッダ中のIPアドレスが壊れたパケット▼を受信したりする可能性があるため、UDPパケットのチェックサムを無効にすることは奨励されていません。これらの問題点を解決するために、UDPを修正したUDP-Liteが定義されました。

▼通信の識別にはIPアドレスも使うため、UDPのチェックサムはIPアドレスが正しいかどうかもチェックできる。詳しくは6.6節を参照。

UDP-Liteは、UDPとほぼ同じ機能を提供しますが、チェックサムを計算する範囲をアプリケーションが決めることができます。パケットと疑似ヘッダを含む全体のチェックサムを計算したり、ヘッダと疑似ヘッダのみのチェックサムを計算したり、ヘッダと疑似ヘッダとデータの先頭から途中までのチェックサムを計算することが可能です▼。これにより、エラーが発生してはいけない部分に関してのみチェックサムで検査し、そうでない部分にエラーが発生しても、そのエラーを無視してデータを廃棄せず、エラーが発生したままのデータをアプリケーションに渡します。

▼UDPヘッダの「パケット長」を表す部分に、ヘッダの先頭から何オクテット分のチェックサムを計算するかが入れられる。0にするとパケット全体、8にするとヘッダと疑似ヘッダのみのチェックサムを計算する。

6.6 UDPヘッダのフォーマット

図6.24にUDPヘッダのフォーマットを示します。データを除いた部分がUDPのヘッダです。ヘッダは、送信元ポート番号、宛先ポート番号、パケットの長さ、チェックサムから構成されます。

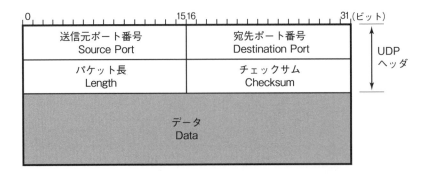

図 6.24
UDPデータグラムフォーマット

■ 送信元ポート番号（Source Port）

　16 ビット長のフィールドで、送信元のポート番号を示します。なお、送信元ポート番号はオプションで、指定しないことも可能です。指定しない場合には値を「0」にします。これは、返事を必要としない通信で利用することができます▼。

> ▼たとえば、あるホストやアプリケーション、またはそのグループに対して、一方的に更新情報を送りつけるだけで、その確認や応答を必要としない場合などに使用される。

■ 宛先ポート番号（Destination Port）

　16 ビット長のフィールドで、宛先のポート番号を示します。

■ パケット長（Length）

　UDP ヘッダの長さとデータの長さの和が格納されます▼。単位はオクテット長です。

> ▼UDP-Lite（6.5.4 項参照）では、このフィールドがChecksum Coverageになりチェックサムを計算する部分がどこまでかを示す。

■ チェックサム（Checksum）

　チェックサムは UDP のヘッダとデータの信頼性を提供するためのものです。チェックサムを計算するときには、図 6.25 に示す UDP 疑似ヘッダを UDP データグラムの前に付けます。そして全長が 16 ビットの倍数になるようにデータの最後に「0」を追加します。このとき UDP ヘッダのチェックサムフィールドを「0」にします。そして、16 ビット単位で 1 の補数▼の和を求め、求まった和の 1 の補数をチェックサムフィールドに入れます。

> ▼1 の補数
> 通常のコンピュータの整数演算では 2 の補数が利用される。チェックサムの計算に 1 の補数を利用すると、桁があふれても 1 の位に戻すため情報落ちがないことと、0 の表現が 2 つあるため 0 を 2 つの意味に使えるという 2 つの利点がある。

> ### 図 6.25
> チェックサムの計算に利用する UDP 疑似ヘッダ

> ▼送信元 IP アドレスと宛先 IP アドレスは、IPv4 アドレスの場合はそれぞれ 32 ビット、IPv6 の場合はそれぞれ 128 ビットの長さになる。

> ▼パディング
> 位置をそろえるために、常に 0 を入れる。

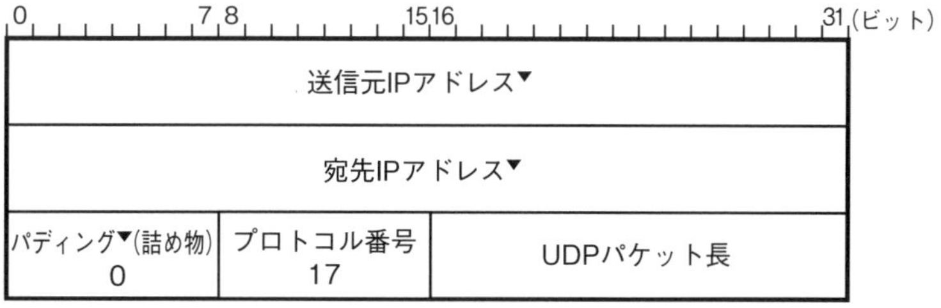

0	7	8	15	16	31（ビット）
送信元IPアドレス▼					
宛先IPアドレス▼					
パディング▼（詰め物） 0		プロトコル番号 17		UDPパケット長	

　受信ホストは、UDP データグラムを受信後、IP ヘッダから IP アドレスの情報を得て UDP 疑似ヘッダを作成し、チェックサムを再計算します。チェックサムのフィールドには、チェックサム以外の残りの部分の和の補数値が入っているため、チェックサムを含むすべてのデータを足した結果が「16 ビットすべてが 1▼」になると正しい値ということになります。

> ▼1 の補数値で 0（マイナスゼロ）、2 進数で 1111111111111111、16 進数で FFFF、10 進正数で 65535。

　なお、UDP ではチェックサムを使用しないことも可能です。この場合には、チェックサムのフィールドに 0 を入れます。こうすると、チェックサムの計算処理が行われなくなるため、プロトコル処理のオーバヘッド▼が小さくなり、データの転送速度が向上します。しかし、UDP ヘッダのポート番号や IP ヘッダの IP アドレスの値が壊れると、ほかの通信に悪影響を及ぼす可能性があります。このような理由から、現在のインターネットではチェックサムを利用することが奨励されています。

> ▼オーバヘッド
> 実データ以外の、通信を行うために必要な制御情報などを処理するために必要となる部分。

■チェックサムでUDP疑似ヘッダを計算する理由

なぜ、チェックサムの計算をするときに疑似ヘッダも含めるのでしょうか。これは、6.2節で説明したことにかかわってきます。TCP/IPでは通信を行うアプリケーションの識別に「送信元IPアドレス」、「宛先IPアドレス」、「送信元ポート番号」、「宛先ポート番号」、「プロトコル」の5つが必要です。しかし、UDPのヘッダにはこの5つのうちの「送信元ポート番号」、「宛先ポート番号」の2つしか含まれていません。残りの3つの情報はIPヘッダに含まれています。

仮にほかの3つの情報が壊れていたらどうなるでしょう。受け取るべきアプリケーションではなく、別のアプリケーションにデータが渡されてしまう可能性があります。

これを避けるには、通信に必要な5つの識別子が正しいことを確認しなければなりません。このため、チェックサムの計算をするときに疑似ヘッダが使われるのです。

なお、IPv6ではIPヘッダにはチェックサムがありません。TCPやUDPでは疑似ヘッダにより5つの識別子がチェックされるため、IPヘッダに信頼性がなくても信頼性のある通信が可能と考えられるからです。

6.7 TCPヘッダのフォーマット

図6.26にTCPヘッダのフォーマットを示します。TCPのヘッダは、UDPに比べてかなり複雑になっています。

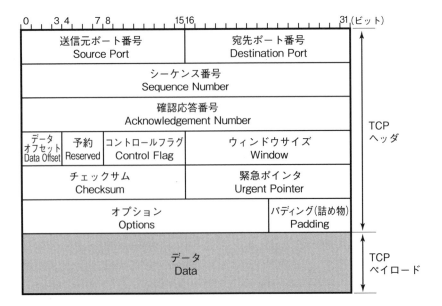

図6.26 TCPセグメントフォーマット

なお、TCP にはパケット長やデータ長を表すフィールドは存在しません。
TCP は IP 層から TCP のパケット長を教えてもらい、その長さからデータの長
さを知ることになっています。

■ 送信元ポート番号（Source Port）

16 ビット長のフィールドで、送信元のポート番号を示します。

■ 宛先ポート番号（Destination Port）

16 ビット長のフィールドで、宛先のポート番号を示します。

■ シーケンス番号（Sequence Number）

32 ビット長のフィールドで、シーケンス番号を示します。シーケンス番号は、
送信したデータの位置を意味します。データを送信するたびに、送信したデー
タのオクテット数だけ値が加算されます。

なお、シーケンス番号は 0 や 1 からは始まりません。コネクションを確立す
るときに初期値が乱数で決定され、SYN パケットで受信ホストに伝えられます。
そして、転送したバイト数を初期値に加算してデータの位置を示します。なお、
コネクションを確立するときの SYN パケットや切断するときの FIN パケット
は、データを含んでいなくても 1 オクテット分と数えて処理が行われます。

■ 確認応答番号（Acknowledgement Number）

32 ビット長のフィールドで確認応答番号を示します。確認応答番号は次に受
信すべきデータのシーケンス番号になっています。このため実際には、確認応
答番号から 1 を引いたシーケンス番号までデータを受信したことになります。
送信側では、返された確認応答番号より前のデータまでは正常に通信が行われ
たと判断します。

■ データオフセット（Data Offset）

TCP が運んでいるデータが TCP パケットの先頭のどこから始まるのかを意
味していますが、TCP ヘッダの長さを表していると考えてかまいません。この
フィールドは 4 ビット長で、単位は 4 オクテット（=32 ビット）長です。オプショ
ンを含まない場合、図 6.26 に示したように TCP ヘッダ長は 20 オクテット長な
ので「5」が入ります。逆にいうと、「5」の場合には 20 オクテットまでが TCP ヘッ
ダで、それ以降がデータということになります。

■ 予約（Reserved）

将来の拡張のために用意されているフィールドで 4 ビット長です。「0」にし
ておく必要がありますが、0 になっていないパケットを受信したとしても廃棄し
てはいけません。

■ コントロールフラグ（Control Flag）

このフィールドは8ビット長で、各ビットは左からCWR、ECE、URG、ACK、PSH、RST、SYN、FINと名付けられています。これらはコントロールフラグ（Control Flag）、または制御ビットと呼ばれます。それぞれのビットに1が指定された場合、次のような意味を持つことになります。

図 6.27

コントロールフラグ

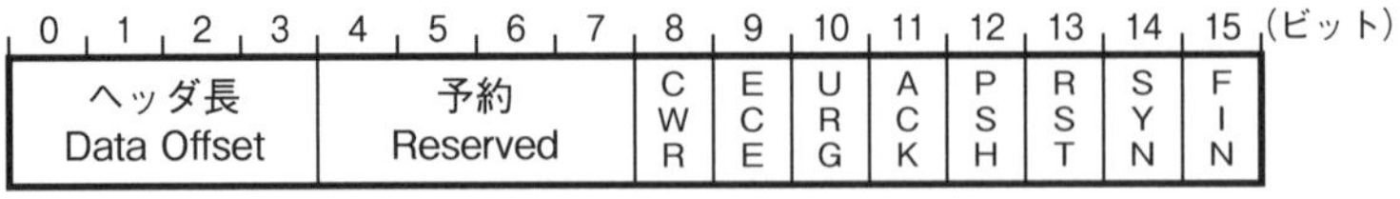

			0 1 2 3	4 5 6 7	8	9	10	11	12	13	14	15	(ビット)
			ヘッダ長 Data Offset	予約 Reserved	C W R	E C E	U R G	A C K	P S H	R S T	S Y N	F I N	

▼CWRフラグの設定については5.8.5項を参照。

- CWR（Congestion Window Reduced）
  CWRフラグ▼と次のECEフラグは、IPヘッダのECNフィールドとともに使われるフラグです。ECEフラグが1のパケットを受け取り、ふくそうウィンドウを小さくしたことを相手に伝えます。

▼ECEフラグの設定については5.8.5項を参照。

- ECE（ECN-Echo）
  ECEフラグ▼はECN-Echoを意味するフラグで、通信相手に、相手側からこちら側に向かうネットワークがふくそうしていることを伝えます。受け取ったパケットのIPヘッダ中のECNビットが1のときにTCPヘッダのECEフラグを1にします。

- URG（Urgent Flag）
  このビットが「1」の場合は、緊急に処理すべきデータが含まれていることを意味します。緊急を要するデータは、後述する緊急ポインタで示されます。

- ACK（Acknowledgement Flag）
  このビットが「1」の場合は、確認応答番号のフィールドが有効であることを意味します。コネクション確立時の最初のSYNセグメント以外は、必ず「1」になっていなければなりません。

- PSH（Push Flag）
  このビットが「1」の場合は、受信したデータをすぐに上位のアプリケーションに渡さなければなりません。「0」の場合には、受信したデータをすぐにアプリケーションに渡さずに、バッファリングすることが許されます。

- RST（Reset Flag）
  このビットが「1」の場合には、コネクションが強制的に切断されます。これは、何らかの異常を検出した場合に送信されます。たとえば、使われていないTCPポート番号に接続要求が来ても通信はできません。この場合には、RSTが「1」に設定されたパケットが返送されます。また、プログラムの暴走や電源断などによってコンピュータが再起動されるとTCPの通信は継続できなくなります。コネクションの情報がすべて初期化されてしまうからです。このような場合に通信相手からパケットが送られてくると、RSTが「1」に設定されたパケットを返送して通信を強制的に中断させます。

- SYN（Synchronize Flag）

コネクションの確立に使われます。ここに「1」が指定されている場合には、コネクションを確立したいという意志を表すとともに、シーケンス番号のフィールドに格納されている番号でシーケンス番号の初期化が行われます▼。

- FIN（Fin Flag）

ここに「1」が指定された場合は、今後送信するデータがないことを意味し、コネクションを切断したいという意志を示すことになります。通信が終了してコネクションを切断したい場合には、通信をしている互いのホスト間でFINが「1」に設定されたTCPセグメントが交換されます。そして、それぞれのFINに対して確認応答されると、コネクションは切断されます。なお、通信相手からFINが「1」に設定されたセグメントを受信しても、すぐにFINを返す必要はありません。送信すべきデータがすべてなくなってからFINを返せばよいのです。

▼Synchronizeには同期という意味がある。コネクションを確立する双方のシーケンス番号と確認応答番号を一致（同期）させるという意味がある。

■ ウィンドウサイズ（Window）

このフィールドは16ビット長で、同じTCPヘッダに含まれる確認応答番号で示した位置から、受信可能なデータサイズ（オクテット数）を通知するのに使われます。ここに示されているデータ量を超えて送信することは許されません。ただし、ウィンドウが0と通知された場合には、ウィンドウの最新情報を知るために「ウィンドウプローブ」を送信することが許されています。この場合には、データは1オクテットでなければなりません。

■ チェックサム（Checksum）

図 6.28
チェックサムの計算に利用するTCP疑似ヘッダ

▼送信元IPアドレスと宛先IPアドレスは、IPv4の場合は32ビット、IPv6の場合は128ビットになる。

▼パディング
位置をそろえるために、常に0を入れる。

0	7 8	15 16	31（ビット）
送信元IPアドレス▼			
宛先IPアドレス▼			
パディング▼（詰め物）0	プロトコル番号6	TCPパケット長	

TCPのチェックサムもUDPのチェックサムとほぼ同じです。ただし、TCPではチェックサムを無効にすることはできません。

TCPでもUDPと同様にチェックサムの計算時にTCP疑似ヘッダを使用します。この疑似ヘッダを図6.28に示します。全長が16ビットの倍数になるように、データの最後に「0」のパディング（穴埋め）をします。このときTCPヘッダのチェックサムフィールドを「0」にします。そして、16ビット単位で1の補数の和を求め、求まった和の1の補数をチェックサムフィールドに入れます。

受信側は、TCPセグメントを受信後、IPヘッダからIPアドレスの情報を得てTCP疑似ヘッダを作成し、チェックサムを計算します。チェックサムのフィールドには、チェックサム以外の残りの部分の和の補数値が入っているため、チェックサムを含むすべてのデータを足した結果が「16ビットすべてが1▼」になると正しい値ということになります。

▼1の補数値で0（マイナスゼロ）、2進数で1111111111111111、16進数でFFFF、10進正数で65535。

266　第 6 章　TCP と UDP

■ TCP や UDP のチェックサムは何のため？

　ノイズによる通信途中のビットのエラーはデータリンクの FCS で検出できます。では、なぜ TCP や UDP にチェックサムがあるのでしょう。

　これは、ノイズによるエラーの検出というよりは、途中のルーターのメモリの故障やプログラムのバグなどによってデータが破壊されていないことを保証するためだと考えられます。

　C 言語でプログラミングしたことのある人なら、ポインタの操作を誤ってデータを破壊した経験があると思います。ルーターのプログラムも、バグを含んでいたり暴走したりすることがあります。インターネットではルーターをいくつも経由しながらパケットが配送されるため、途中のルーターのどれか 1 つでも調子が悪くなるとそこを通るパケットやヘッダやデータが破壊される可能性があります。このようなときでも、TCP や UDP のチェックサムがあれば、ヘッダとデータが破壊されていないかどうかをチェックすることができます。

■ 緊急ポインタ（Urgent Pointer）

　このフィールドは 16 ビット長です。コントロールフラグの URG が「1」の場合に有効になります。ここに示される数値は、緊急を要するデータの格納場所を示すポインタとして扱われます。正確には、データ領域の先頭からこの緊急ポインタで示されている数値分のデータ（オクテット長）が緊急データになります。

　緊急データをどのように扱うかはアプリケーションが決定します。一般的には、通信を途中で中断したり、処理を中断したりする場合に使われます。たとえば、Web ブラウザで中止のボタンを入力した場合や、TELNET で CTRL+C を入力した場合などです。また、緊急ポインタをデータストリームの切れ目を表すマークとして利用することもできます。

■ オプション（Options）

　オプションは、TCP による通信の性能を向上させるために利用されます。データオフセットフィールド（ヘッダ長フィールド）による制限のため、オプションは最大で 40 オクテットまでです。

　なお、オプションフィールドは全体で 32 ビットの整数倍になるように調整されます。代表的な TCP オプションを表 6.3 に示します。その中から重要なものを説明します。

表6.3

代表的な TCP オプション

タイプ	長さ	意味	RFC
0	-	End of Option List	RFC793
1	-	No-Operation	RFC793
2	4	Maximum Segment Size	RFC793
3	3	WSOPT-Window Scale	RFC7323
4	2	SACK Permitted	RFC2018
5	N	SACK	RFC2018
8	10	TSOPT - Time Stamp Option	RFC7323
27	8	Quick-Start Response	RFC4782
28	4	User Timeout Option	RFC5482
29	-	TCP Authentication Option（TCP-AO）	RFC5925
30	N	Multipath TCP（MPTCP）	RFC6824
34	variable	TCP Fast Open Cookie	RFC7413
253	N	RFC3692-style Experiment 1	RFC4727
254	N	RFC3692-style Experiment 2	RFC4727

　タイプ2のMSSオプションは、コネクションの確立時に最大セグメント長を決定するのに利用されます。このオプションはほとんどのOSで使われています。

　タイプ3のウィンドウスケールオプションは、TCPのスループット▼を改善するためのオプションです。TCPのウィンドウは16ビット長しかありません。そのため、TCPではパケットが往復する間（RTT、ラウンドトリップ時間）に、64kオクテットのデータしか送信することができません▼。このオプションを利用するとウィンドウの最大値は1Gオクテットに拡張されます。これにより、往復時間が長いネットワークでも、高いスループットを達成できるようになります。

▼スループット
そのシステムで引き出せる最大の処理能力のことで、ネットワークの場合には、その機器やネットワークで達成できる最大の通信速度を意味する。単位はbps（bits per second）が使われることが多い。

▼たとえば、往復時間が0.1秒の場合には、データリンクの帯域がどんなに大きくても、最大で約5Mbpsのスループットしか達成できない。

　タイプ8のタイムスタンプオプションは、高速通信時のシーケンス番号の管理に利用されます。数Gオクテット以上のデータを高速ネットワークで転送すると、32ビットのシーケンス番号が数秒以内に巡回する可能性があります。経路が不安定な場合、ネットワークをさまよっていた古いシーケンス番号のデータを後から受信する可能性があります。新しいシーケンス番号と古いシーケンス番号のデータが混ざってしまうと、信頼性を提供できません。こういった事態を避けるためにこのオプションが利用されます。このオプションにより、古いシーケンス番号と新しいシーケンス番号を区別できるようになります。

　タイプ4と5は、選択確認応答（SACK：Selective ACKnowledgement）に利用されます。TCPの確認応答は1つの数字しかなく、セグメントが「歯抜け状態▼」で到達すると性能が著しく低下します。このオプションによって最大で4つの「歯抜け状態」の確認応答ができます。これにより、無用な再送処理を防ぎ、また再送処理をスピーディーに行えるため、スループットを向上させることができます。

▼途中のセグメントがところどころ喪失している状態。

■ウィンドウサイズとスループット

TCP を利用した通信の最大スループットは、ウィンドウの大きさとラウンドトリップ時間によって決まります。最大スループットを T_{max}、ウィンドウの大きさを W、ラウンドトリップ時間を RTT とすると、最大スループットは次の式で計算できます。

$$T_{max} = \frac{W}{RTT}$$

たとえば、ウィンドウが 65535 オクテットでラウンドトリップ時間が 0.1 秒のとき、最大スループット T_{max} は次のように計算できます。

$$T_{max} = \frac{65535 (オクテット)}{0.1 (秒)} = \frac{65535 \times 8 (ビット)}{0.1 (秒)}$$

$$= 5242800 \,(bps) \fallingdotseq 5.2 \,(Mbps)$$

これは TCP の 1 コネクションで転送できる最大スループットを表しています。2 つ以上のコネクションを同時に確立してデータ転送を行った場合、この式はそれぞれのコネクションの最大スループットを表すことになります。つまり、1 つの TCP コネクションでデータ転送するよりも、複数の TCP コネクションでデータを転送したほうが高いスループットが得られることになります。Web のブラウザなどは、4 つ程度の TCP コネクションを同時に確立して通信することで、スループットを高めています。

Chapter

7

第7章
ルーティングプロトコル
（経路制御プロトコル）

インターネットの世界は、LAN や広域回線が複雑に絡み合ってできています。しかし、どんなに複雑なネットワーク構成になったとしても、適切な経路を通って目的のホストまでパケットが届けられなければなりません。この経路を決定するのが、経路制御（ルーティング）です。この章では、経路制御と、それを実現するルーティングプロトコルについて学びます。

7 アプリケーション層	**＜アプリケーション層＞** TELNET、SSH、HTTP、SMTP、POP、 SSL/TLS、FTP、MIME、HTML、 SNMP、MIB、SIP、…
6 プレゼンテーション層	
5 セッション層	
4 トランスポート層	**＜トランスポート層＞** TCP、UDP、UDP-Lite、SCTP、DCCP
3 ネットワーク層	**＜ネットワーク層＞** ARP、IPv4、IPv6、ICMP、IPsec
2 データリンク層	イーサネット、無線LAN、PPP、… （ツイストペアケーブル、無線、光ファイバー、…）
1 物理層	

7.1 経路制御（ルーティング）とは

▼ 7.1.1　IPアドレスと経路制御

　インターネットは、ネットワークとネットワークがルーターで接続され構成されています。パケットを正しく宛先ホストへ届けるためには、ルーターが正しい方向へパケットを転送しなければなりません。この「正しい方向」へパケットを転送する処理を経路制御またはルーティングと呼びます。

　ルーターは経路制御表（ルーティングテーブル）を参照してパケットを転送します。受け取ったパケットの宛先IPアドレスと経路制御表を比較して、次に送信すべき相手先のルーターを決定するのです。したがって、経路制御表には正しい情報が入っていなければなりません。もし、間違っていた場合は、目的のホストにパケットが到達できなくなることがあります。

▼ 7.1.2　スタティックルーティングとダイナミックルーティング

　では、誰がどうやって経路制御表を作成したり管理したりするのでしょうか。これには、スタティックルーティング▼（静的経路制御）とダイナミックルーティング▼（動的経路制御）の2種類の方法があります。

▼ Static Routing

▼ Dynamic Routing

　スタティックルーティングは、ルーターやホストに固定的に経路情報を設定する方法です。これに対しダイナミックルーティングは、ルーティングプロトコルを動作させ、自動的に経路情報を設定します。両者には、それぞれ一長一短があります。

　スタティックルーティングの設定は通常、人間の手によって行われます。たとえば、100個のIPネットワークが存在したとすると、100近くの経路情報をそれぞれのルーターに入力しなければなりません。また、このネットワークに新たなネットワークが1つ追加される場合、この追加したネットワークの情報を、すべてのルーター上に設定する必要があります。このため、管理者に大きな負担がかかります。また、ネットワークに障害が発生したときに、基本的には自動的に障害地点を迂回するような制御はできません。異常が発生したときには、管理者が手作業で設定を変更することになります。

図 7.1

スタティックルーティングとダイナミックルーティング

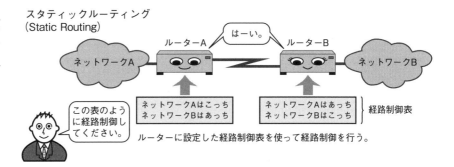

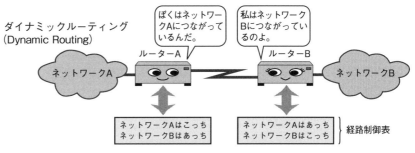

　ダイナミックルーティングを利用する場合、管理者は、ルーティング（経路制御）プロトコルの設定をしなければなりません。設定の複雑さは、ルーティングプロトコルの種類によって変わります。たとえば、RIP の場合にはほとんど何も設定する必要はありませんが、OSPF によってきめ細かい制御をしようとすると、設定作業を行う必要があります。

　通常、新たなネットワークを 1 つ追加した場合は、ネットワークを追加したルーターにダイナミックルーティングの設定をするだけですみます。スタティックルーティングのように、ほかのすべてのルーターの設定を変更する必要はありません。ルーターの数が多い場合には、ダイナミックルーティングのほうが、管理の手間が少なくなります。

　ネットワークに障害が発生した場合、迂回路があれば、パケットは自動的に迂回路を通るように設定が変更されます。このような経路制御に必要な情報を交換するために、ダイナミックルーティングでは、隣り合うルーター間で定期的にメッセージを交換します。このメッセージの交換により、ネットワークには常にある程度の負荷がかかることになります。

　なお、スタティックルーティングとダイナミックルーティングは、どちらか一方しか利用できないわけではなく、組み合わせて利用することも可能です。

7.1.3 ダイナミックルーティングの基礎

ダイナミックルーティングは、図7.2のように隣り合うルーター間で自分が知っているネットワークの接続情報を教え合うことによって行われます。情報がバケツリレー式に伝えられ、ネットワークの隅々まで伝わると経路制御表が完成し、IPパケットを正しく転送できるようになります▼。

▼図7.2の方法は「ループがない場合」のみうまくいく。たとえばルーターCとルーターDがつながっていると、正常に動作しない。

図 7.2
ルーティングプロトコルにより経路情報を交換する

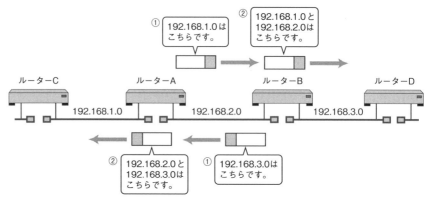

※矢印（→）は経路情報が流れる方向

7.2 経路を制御する範囲

IPネットワークの発展とともに、ネットワーク全体を一括して管理することは不可能になりました。このため、経路を制御する範囲によってIGP（Interior Gateway Protocol）とEGP（Exterior Gateway Protocol）▼という2つの種類のルーティングプロトコルが利用されるようになりました。

▼EGPという名の特定のルーティングプロトコルがあるが、それとは混同しないように注意が必要。

7.2.1 インターネットにはさまざまな組織が接続されている

インターネットには世界中の組織が接続されています。極端にいえば、言葉も違えば宗教も違う組織が接続されています。考え方や方針の違う組織が相互に接続し、通信できる世界がインターネットといえます。管理される側も管理する側もなく、互いの組織は対等な関係で接続されます。

7.2.2 自律システムとルーティングプロトコル

企業などの内部のネットワークの管理に関する方針は、その組織の内部で決められ施行されます。企業や組織によってネットワークの管理や運用に対する考え方は違います。企業や組織の売り上げや生産性を向上させるために、適した機器を導入し、適したネットワークを構築し、適した運用体制を作りたいと

考えているはずです。社外の人に内部のネットワークの構造を公開するように要求されても応じる必要はなく、細部の設定に関して指示されても従う必要はないでしょう。これは、日常生活でも同じことです。家庭内の決まりについては、他人に公開したり、他人の指示に従ったりする必要はないのです。

経路制御に関するルールを決めて、それをもとに運用する範囲を自律システム（AS：Autonomous System）や、経路制御ドメイン（Routing Domain）といいます。これは、同一の決まり、考え方（ポリシー）によって経路制御を管理する単位のことです。自律システムの具体例としては、地域ネットワークや大きなISP（インターネットサービスプロバイダ）などがあげられます。地域ネットワークやISPの内部では、ネットワークの構築、管理、運用をする管理者や運営者が、経路制御に関する方針を立て、その方針に従って経路制御の設定が行われます。

地域ネットワークやプロバイダに接続する組織は、その管理者の指示に従って経路制御の設定をしなければなりません。それを守らないと、ほかの組織へ迷惑をかけることになったり、どの組織とも通信ができなくなったりすることもあります。

図 7.3
EGP と IGP

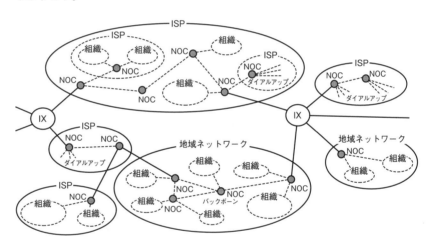

この自律システム（ルーティングドメイン）の内部でダイナミックルーティングに利用されるのが、ドメイン内ルーティングプロトコル、つまり、IGPです。そして、自律システム間の経路制御に利用されるのが、ドメイン間ルーティングプロトコル、つまり、EGPなのです。

7.2.3 EGP と IGP

前述のようにルーティングプロトコルは、大きく EGP（Exterior Gateway Protocol）と IGP（Interior Gateway Protocol）の 2 つに分類されます。

IP アドレスは、ネットワーク部とホスト部に分けられ、それぞれが異なった役割を持っています。EGP と IGP の関係は、IP アドレスのネットワーク部とホスト部の関係に近いものです。IP アドレスのネットワーク部によってネットワーク間の経路制御が行われ、ホスト部によってリンク内のホストが識別されますが、EGP によって地域ネットワークやプロバイダ間の経路制御が行われ、IGP によってその地域ネットワークやプロバイダ内部のどのホストなのかが識別されます。

このように、ルーティングプロトコルは大きく 2 つの階層に分かれて利用されています。EGP がなければ、世界中の組織と通信をすることはできません。IGP がなければ、組織内部の通信ができません。

IGP では、RIP（Routing Information Protocol）や RIP2、OSPF（Open Shortest Path First）などのプロトコルが利用されています。これに対して EGP では、BGP（Border Gateway Protocol）が利用されています。

7.3 経路制御アルゴリズム

経路制御のアルゴリズムにはさまざまな方法がありますが、代表的なものは 2 つです。1 つは距離ベクトル型（Distance-Vector）で、もう 1 つはリンク状態型（Link-State）です。

7.3.1 距離ベクトル型（Distance-Vector）

距離ベクトル型のアルゴリズムとは、距離（メトリック▼）と方向によって目的のネットワークやホストの位置を決定する方法です。

▼Metric
経路制御で使われる距離やコストなど転送の判断に使われる指標。距離ベクトル型では、通過するルーターの数がメトリックの値として使われる。

図 7.4
距離ベクトル型とは

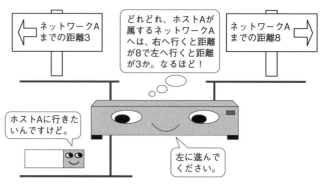

距離ベクトル（Distance-Vector）では、距離と方向でネットワークへの経路を決定する。

ルーター間では、ネットワークの向きと距離に関する情報が交換されます。この向きと距離の情報から経路制御表を作成します。これは、処理が比較的簡単な方法ですが、距離と向きの情報しかないため、ネットワークの構造が複雑になると、経路制御情報が安定するまでに時間がかかる▼、経路にループが生じやすくなる、といった問題があります。

▼経路の収束という。

7.3.2 リンク状態型（Link-State）

リンク状態型は、ルーターがネットワーク全体の接続状態を理解して経路制御表を作成する方法です。この方法の場合には、各ルーターの情報が同じになれば正しい経路制御が行われることになります。

距離ベクトル型の場合には、各ルーターの情報は必ず異なります。各ネットワークへの距離（メトリック）はルーターごとに異なるからです。このため、各ルーターの情報が正しいかどうかを確認することが困難であるという欠点があります。

リンク状態型の場合には、すべてのルーターが同じ情報を持つことになります。ネットワークの構造はどのルーターにとっても同じものだからです。このため、ほかのルーターと同じ経路制御情報を持っていれば、正しい情報を持っていることになります。そして各ルーターが経路制御情報をほかのルーターと素早く同期▼させることに専念すれば、経路制御を安定させることができます。このため、ネットワークが複雑になっても各ルーターは正しい経路制御情報を持つことができ、安定した経路制御を行うことができるといった利点があります。

▼同期
分散システムの用語で、すべてのシステム間で値を同じにするという意味。

その代償として、ネットワークトポロジーから経路制御表を求める計算はかなり複雑です。特にネットワークが巨大で複雑な構造を持つときには、トポロジー情報の管理や処理をするために高いCPU能力と多くのメモリ資源が必要になります▼。

▼このため、OSPFではネットワークをエリアに分割できるようになっており、経路制御情報を減らせるような工夫がされている。

図 7.5
リンク状態型とは

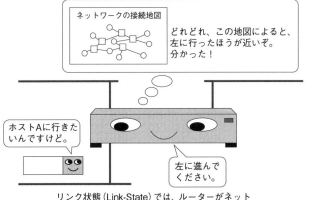

リンク状態（Link-State）では、ルーターがネットワークの接続状態を知っていて、その状態図からネットワークへの経路を決定する。

7.3.3 主なルーティングプロトコル

ルーティングプロトコルにはさまざまな種類があります。表7.1に主なルーティングプロトコルをあげます。

表7.1にあるEGP▼はCIDRに対応していないため、現在のインターネットの対外接続用のプロトコルとして使用されていません。以降の節では、RIP、RIP2、OSPF、BGPの基礎的な知識について説明します。

▼ ここでのEGPは、IGP、EGPの区別ではなく、EGPという名の特定のプロトコルのこと。

表7.1

各ルーティングプロトコルの特性

ルーティングプロトコル	下位プロトコル	方式	適応範囲	ループの検出
RIP	UDP	距離ベクトル	組織内	×
RIP2	UDP	距離ベクトル	組織内	×
OSPF	IP	リンク状態	組織内	○
EGP	IP	距離ベクトル	対外接続	×
BGP	TCP	経路ベクトル	対外接続	○

7.4 RIP (Routing Information Protocol)

RIPは距離ベクトル型のルーティングプロトコルで、LANで広く使用されていました。かつて、RIPを利用できるrouted▼がBSD UNIXに標準で提供されるようになったため、当時、急速に普及しました。

▼routed
UNIXマシンに実装されているRIPプロセスを動作させるためのデーモン。

その後、RIPを運用して得られたさまざまな経験をもとにして改良が行われたプロトコルであるRIP2ができました。現在、ルーティングプロトコルにRIPを使用する場合、RIP2が主に利用されます。RIP2については後述します。

7.4.1 経路制御情報をブロードキャストする

RIPは経路制御情報を定期的にネットワーク上にブロードキャストします。経路制御情報の送信間隔は30秒周期です。この経路制御情報が来なくなったら接続が切れたと判断します。ただし、パケットが失われた可能性もあるので、5回まではパケットを待ちます。6回（180秒）待っても来ない場合は、接続が切れたと判断します。

図 7.6
RIP の概要

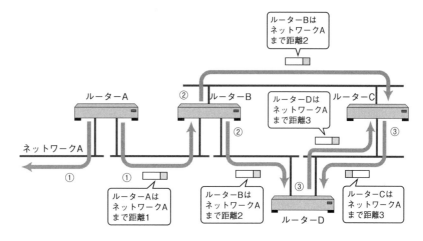

① 自分が知っている経路制御情報をブロードキャストする（30秒に1回）。
② 知った情報に距離を1足してからブロードキャストする。
③ このようにして少しずつ情報が伝わっていく。

7.4.2 距離ベクトルにより経路を決定

RIP は距離ベクトルにより経路を決定します。距離(メトリック)の単位は「ホップ数」です。ホップ数とは通過するルーターの数のことです。RIP ではできるだけ少ない数のルーターを通過して、目的の IP アドレスに到達するように制御されます。この例を図 7.7 に示します。距離ベクトルアルゴリズムにより距離ベクトルデータベースが作成されたら、距離が小さい経路を抜き出して経路制御表が作成されます。

図 7.7
距離ベクトルにより経路制御表を作成

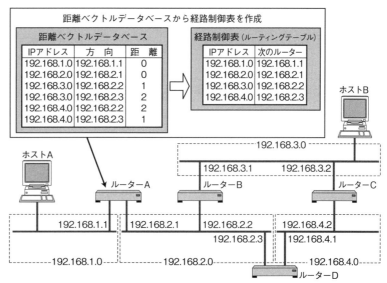

▼距離が同じ場合にはルーターの機種によって動作が異なる。適当にどちらか一方に決めたり、両方を残して交互にパケットを送ったりする。

距離ベクトル（Distance-Vector）型のプロトコルでは、ネットワークの距離と方向から経路表を作成する。
同じネットワークに対して2つのルートがある場合には、距離が小さいほうを選択する▼。

7.4.3　サブネットマスクを利用した場合の RIP の処理

　RIP ではサブネットマスクの情報を交換しませんが、サブネットマスクを使っているネットワークでも利用することができます。ただし、次のような注意が必要です。

- インタフェースに付けられている IP アドレスからクラスで判断したネットワークアドレスと、経路制御情報で流れてきたアドレスからクラスで判断したネットワークアドレスをそれぞれ求め、両者が同じネットワークアドレスになった場合には、インタフェースに付けられているネットワークアドレスの長さと同じとみなす。
- 異なる場合には、その IP アドレスをクラスで判断したネットワークアドレスとして扱う。

　たとえば、ルーターのインタフェースに 192.168.1.33/27 という IP アドレスが付けられていたとします。この場合にはクラス C なので、クラスで判断したときのネットワークアドレスは 192.168.1.0/24 になります。この 192.168.1.0/24 にマッチするアドレスの場合には、すべてネットワークアドレスの長さを 27 ビットと判断して処理します。これ以外のアドレスの場合には、すべてそれぞれの IP アドレスをクラスで判断したネットワークアドレス長として扱うことになります。

　このため、RIP で経路制御をする範囲内に、クラスで判断して異なるネットワークアドレスがある場合や、ネットワークアドレス長が異なるネットワークを作るときには注意が必要です▼。

▼クラスで表されるネットワーク部のビット長をサブネットマスクで延長した場合、延長された部分のビットがすべて 0 の場合を 0 サブネットといい、すべて 1 の場合を 1 サブネットと呼ぶ。0 サブネットや 1 サブネットは RIP では使用できないため、注意が必要（RIP2、OSPF、スタティックルーティングでは使用できる）。

図 7.8
RIP とサブネットマスク

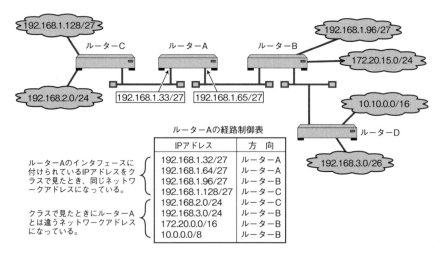

7.4.4 RIPで経路が変更されるときの処理

RIPの基本的な動作は次のようなものでした。

- 自分が知っている経路制御情報を定期的にブロードキャストする。
- ネットワークが切れたと判断した場合にはその情報が流れなくなり、ほかのルーターはネットワークが切れたことを知ることができる。

しかし、これだけではいくつかの問題が発生します。

図7.9の場合、ルーターAはルーターBにネットワークAへの接続情報を流し、ルーターBはルーターAとルーターCに自分が知った情報に1を加えて流します。このときにネットワークAとの接続が切れたとします。

図 7.9
無限カウントの問題

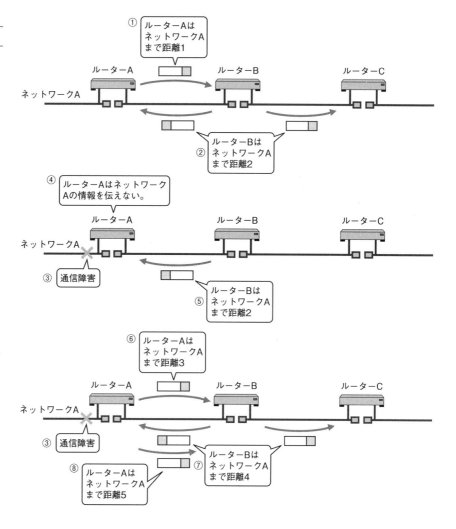

ルーターAはネットワークAとの接続が切れたことを理解し、ネットワークAの情報をルーターBに向けて流さなくなりますが、ルーターBは過去に知った情報を持っているためそれを流し続けます。そうすると、ルーターAはルーターBからの情報で、ルーターB経由でネットワークAに到着できると勘違いし、経路制御情報を更新してしまいます。

このようにして過去に伝えた情報を逆に教えられ、それをお互いに伝え合ってしまう問題を無限カウント（Counting to Infinity）と呼びます。この問題を解決するために次の2つの方法がとられます。

- 距離16を通信不能とする▼。これにより、無限カウントが発生してもその時間を短くすることができる。
- 経路情報を教えられたインタフェースには教えられた経路情報を流さない。これをスプリットホライズン（Split Horizon）と呼ぶ。

▼「距離16」の情報は120秒間保持され、その時間内は伝えられるが、これを過ぎると消去され、伝えられなくなる。この時間はガベージコレクションタイマーと呼ばれるタイマーで管理される。

図7.10

スプリットホライズン

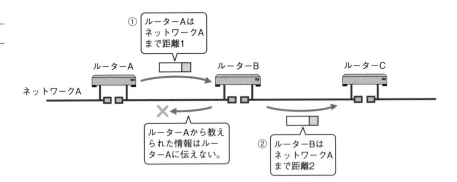

しかし、これでも解決できないネットワークがあります。たとえば、図7.12のようなループのあるネットワークの場合です。

ループがある場合には、逆向きの回線が迂回路になるため、経路の情報がぐるぐると巡回します。ループの内部で不通箇所が発生した場合には正しく迂回路を通る設定になりますが、図7.12のようにネットワークAとの通信障害が発生したときには正しく情報が伝わらなくなります。特にループが何重にもなっている場合には、正しい経路情報になるまでに時間がかかります。

これをできるだけ解決するために、ポイズンリバース（Poisoned Reverse）とトリガードアップデート（Triggered Update）という2つの方法が利用されます。

図 7.11
ループがあるネットワーク

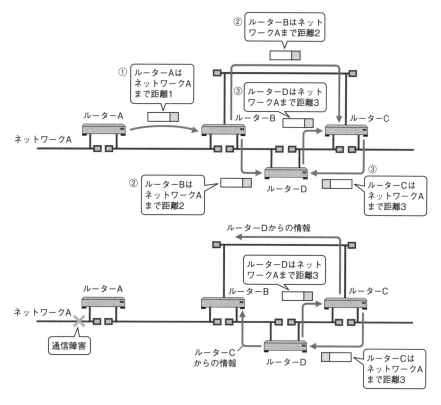

　ポイズンリバースは、経路が切れたとき、その情報を流さないのではなく、通信不能であることを表す距離16として流す方法です。トリガードアップデートは、情報が変化したとき、30秒待たずにすぐに伝える方法です。これらの方法により、経路が消えたときに情報が速やかに伝搬し、経路情報の収束を早めます。

図 7.12
ポイズンリバースとトリガードアップデート

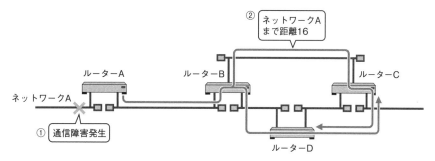

トリガードアップデートの働きにより30秒に1回の経路制御情報の伝搬よりも情報が速く伝わるため、間違った経路制御情報の伝搬を防ぐことができる。

　しかし、ここまでに説明した方法を利用しても、ループが何重にもなる複雑な構造のネットワークの場合には経路情報が安定するまでに時間がかかることがあります。これらの問題を解決するためにはネットワークの構造を把握し、どのリンクが切れたかという情報をもとに経路制御を行うOSPFなどを使用する必要があります。

▎7.4.5 RIP2

RIP2 は、RIP のバージョン 2 のことで、RIP を運用して得られたさまざまな経験をもとにして改良が行われたプロトコルです。基本的な考え方は RIP バージョン 1 と変わりませんが、改良により次の機能が付加されています▼。

▼IPv6 のためのルーティングプロトコルに RIPng がある（RFC2080）。

■ マルチキャスト使用

RIP では経路制御情報を交換する際にブロードキャストパケットを用いていましたが、RIP2 ではマルチキャストを用います。これにより、関係のないホストに与える不必要な負荷がなくなります。

■ サブネットマスク対応

RIP ではサブネットマスクの情報を伝達できないので注意が必要でしたが、RIP2 では経路制御情報の中にサブネットマスクの情報も組み込むことができるようになっています。これにより、可変長サブネットで構成されたネットワークの経路制御が可能です。

■ ルーティングドメイン

1 つのネットワーク上で論理的に独立した複数の RIP が使えるようになっています。

■ 外部ルートタグ

BGP などから得た経路制御情報を RIP を使って AS 内に通知するときに用います。

■ 認証キー

パスワードを用いて、自分が認識できるパスワードを持っているパケットのみ受容します。パスワードが異なる RIP パケットは無視します。

認証により、経路制御情報の偽装や改ざんを防ぐことができます。

7.5 OSPF (Open Shortest Path First)

▼OSPF のバージョン
現在、OSPFv2（RFC2328、STD54）と、IPv6 に対応した OSPFv3（RFC5340）がある。

▼Intermediate System to Intermediate System Intra-Domain routing information exchange protocol

OSPF▼は OSI の IS-IS▼プロトコルを参考にして作られたリンク状態型のルーティングプロトコルです。リンク状態型を採用したことにより、ループのあるネットワークでも安定した経路制御を行うことができます。

また、OSPF ではサブネットマスクをサポートしています。これにより RIP2 と同様に可変長サブネットで構成されたネットワークの経路制御が可能です。さらに、トラフィックを軽減させるために、ネットワークの論理的な領域を意味するエリアの概念が導入されています。ネットワークをエリアに分けることにより、不必要なルーティングプロトコルのやり取りを減少させます。

OSPFはIPヘッダのサービスタイプ（TOS）ごとに複数の経路制御表を作成できるようなプロトコルになっています。ただし、OSPFに対応しているルーターでも、この機能をサポートしていない場合があります。

7.5.1 OSPFはリンク状態型のルーティングプロトコル

OSPFはリンク状態型のプロトコルです。ルーター間で、ネットワークのリンク状態を交換し、ネットワークのトポロジーの情報を作成します。そして、そのトポロジー情報をもとにして経路制御表を作成します。

図7.13
リンク状態により経路を決定

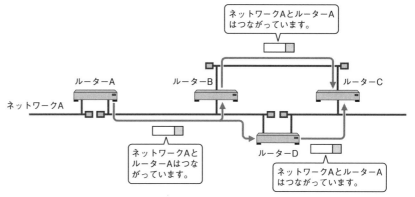

どのネットワークとどのルーターが接続されているかという情報がバケツリレー的に伝搬される。

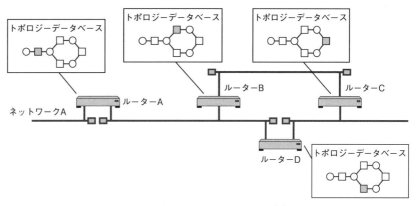

OSPFではネットワークのトポロジーを完全に把握している。
最短の経路をトポロジーから計算してルートを決定する。

RIPでは通過するルーターの数がもっとも少ない方向を経路に設定しますが、これに対してOSPFでは、各リンク▼に重みを付けることができ、この重みが小さくなるように経路が選択されます。OSPFではこの重みのことをコストと呼びます。つまり、OSPFではメトリックとしてこのコストが使われ、コストの合計値が小さくなるように経路制御されます。図7.14のようなネットワークでは、RIPの場合は通過するルーターの数が少ないほうをパケットが通りますが、OSPFではコストの合計値の小さいほうを通ります。

▼実際にはそのデータリンク（サブネットワーク）に接続されているインタフェースにコストを付けることができる。コストは送信側だけで考え、受信側では考えない。

図 7.14
ネットワークの重みと経路選択

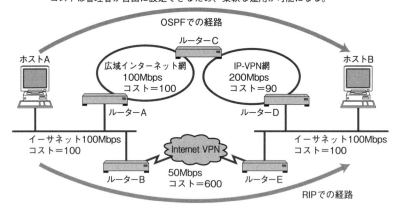

7.5.2 OSPF の基礎知識

OSPFでは、同一リンクに接続されているルーターを隣接ルーター（Neighboring Router）と呼びます。ルーターが1対1で接続されるネットワーク▼の場合には、隣接ルーター間で経路情報が交換されます。イーサネット上などに複数のルーターが同一リンクに接続されているときには、すべての隣接ルーター間で経路情報が交換されるわけではなく、指名ルーター（Designated Router）が決められ、そのルーターを中心に経路制御情報が交換されます▼。

▼専用回線など、ルーター同士をPPPを使って接続するネットワークなど。

▼隣接ルーターのうち、経路情報を交換する関係をアジャセンシーと呼ぶ。

RIPではパケットの種類が1つしかありませんでした。経路制御情報を利用して、ネットワークが接続されているかどうかを確認しながら、ほかのネットワークの情報も流していました。これには大きな欠点があります。ネットワークの数が多くなると、毎回交換する経路制御情報のパケットの数が多くなる点です。さらに、経路が安定していて変化がないときにも同じ経路情報を繰り返し定期的に流さなければならず、ネットワークの帯域のむだ使いになります。

OSPFでは、役割ごとに5種類のパケットを用意しています。

表 7.2
OSPF パケットの種類

タイプ	パケット名	機能
1	HELLO	隣接ルーターの確認、指名ルーターの決定
2	データベース記述	データベースの要約情報
3	リンク状態要求	データベースのダウンロード要求
4	リンク状態更新	データベースの更新情報
5	リンク状態確認応答	リンク状態更新の確認応答

接続確認は HELLO パケット（7.5.3 項参照）で行います。各ルーターの経路制御情報を一致（同期）させるため、データベース記述パケット（Database Description Packet）で経路制御情報の要約内容とバージョン番号をやり取りします。バージョンが古い場合には、リンク状態要求パケット（Link State Request Packet）で経路制御情報の要求を行い、リンク状態更新パケット（Link State Update Packet）で経路制御情報が送信され、リンク状態確認応答パケット（Link State ACK Packet）で経路制御情報を受信したことを通知します。

このような役割分担により、OSPF ではトラフィックを軽減させながらよりスピーディーに経路を更新できるようになっています。

▚ 7.5.3　OSPF の動作の概要

OSPF では、接続の確認をするプロトコルを HELLO プロトコルといいます。

LAN の場合には通常 10 秒に 1 回 HELLO パケットを送信します。この HELLO パケットが来なくなった場合には、接続が切れたと判断します。3 回までは待ちますが、4 回（40 秒）待っても返事が来ない場合には接続が切れたと判断します▼。そして、接続が切れたり、回復したりと、接続状態に変化があった場合には、リンク状態更新パケット（Link State Update Packet）を送信して、ほかのルーターにネットワークの状態の変化を伝えます。

リンク状態更新パケットで伝える情報には大きく 2 種類あります。ネットワーク LSA▼とルーター LSA▼です。

ネットワーク LSA は、ネットワークを中心にして作成した情報で、そのネットワークにはどのルーターが接続されているかを表しています。ルーター LSA は、ルーターを中心にして作成した情報で、そのルーターにはどのネットワークが接続されているかを表しています。

主にこの 2 種類の情報▼が OSPF によって送られてくると、それぞれのルーターはネットワークの構造を表すリンク状態データベース（Link State Database）を作成します。このデータベースをもとにして経路制御表を作成します。経路制御表の作成にはダイクストラ法▼と呼ばれる最短経路を求めるためのアルゴリズムが使われます。

このようにして決定された経路制御表は、距離ベクトルのようなあいまいさがないので、経路のループなどの問題が発生する可能性が小さくなります。ただし、ネットワークの規模が大きくなると、最短経路を求めるための計算処理が大きくなり、多くの CPU パワーとメモリが必要になります。

▼HELLO パケットの送信間隔や接続が切れたと判断する時間は、管理者が変更する（決める）ことができる。ただし同一リンクに接続されている機器間で同じ値にしなければならない。

▼Network Link State Advertisement

▼Router Link State Advertisement

▼これ以外にサマリー LSA や AS エクスターナル LSA がある。

▼ダイクストラ法
構造化プログラミングを提唱したことで有名な E.W. ダイクストラが考案した最短経路を求めるアルゴリズム。

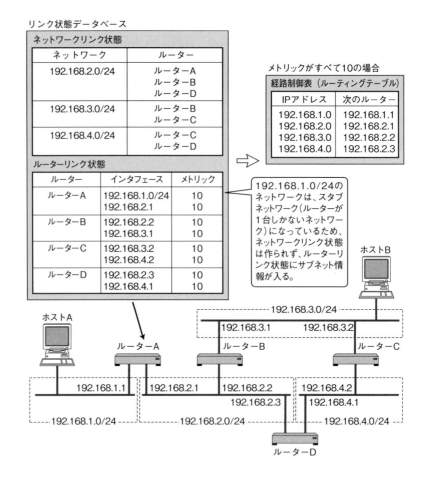

図 7.15
OSPFではリンク状態から経路制御表を作成する

7.5.4　階層化されたエリアに分けてきめ細かく管理

　リンク状態型のルーティングプロトコルは、ネットワークが大きくなるとリンク状態を表すトポロジーデータベースが大きくなり、経路制御情報の計算がたいへんになります。OSPFではこの計算の負荷を軽減するため、エリアという概念が取り入れられています。

　エリアとは、ネットワーク同士やホスト同士をまとめてグループ化したものです。各AS（自律システム）内には複数のエリアが存在できますが、必ず1つのバックボーンエリア▼がなければならず、また、各エリアは必ずバックボーンエリアに接続されていなければなりません▼。

　エリアとバックボーンエリアを結ぶルーターをエリア境界ルーターと呼びます。また、エリア内のルーターを内部ルーター、バックボーンエリアにのみ接続されているルーターをバックボーンルーター、外部と接続しているルーターをAS境界ルーターと呼びます。

▼バックボーンエリア
バックボーンエリアはエリアIDが0になる。論理的には1つだが、物理的には2つ以上に分かれていることもある。

▼ネットワークの物理構造がこの説明のようになっていない場合には、OSPFのバーチャルリンク機能を利用して、仮想的にバックボーンやエリアの設定をする必要がある。

図 7.16
AS とエリア

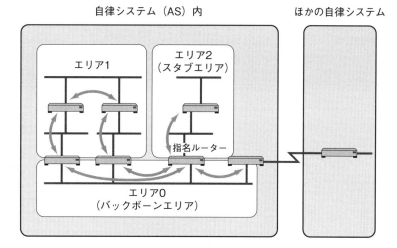

図 7.17
OSPF でのルーターの種類

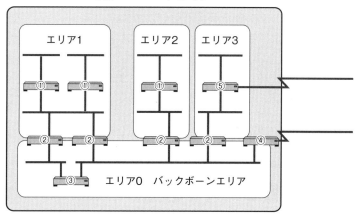

① 内部ルーター
② エリア境界ルーター
③ バックボーンルーター
④ AS境界ルーター兼バックボーンルーター
⑤ AS境界ルーター兼内部ルーター

　各エリア内のルーターは、そのエリア内のトポロジーのデータベースを持っています。しかし、エリア外の経路に関しては、エリア境界ルーターからの距離しか分かりません。エリア境界ルーターは、エリア内のリンク状態の情報をそのまま別のエリアに伝えるのではなく、距離情報のみを伝えるからです。これは、エリア内のルーターが持つトポロジーのデータベースを小さくする役割があります。

　つまり、ルーターはエリア内部のリンク状態だけを知っており、その情報だけから経路制御表を計算すればよいことになります。この仕組みにより、経路制御情報を減らし、処理の負荷を軽くすることができます。

図 7.18
エリア内の経路制御とエリア間の経路制御

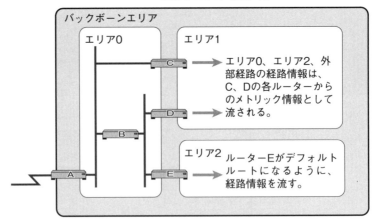

　なお、エリアからの出口となるエリア境界ルーターが1つしかない場合は、スタブエリアと呼ばれます（図7.18のエリア2）。スタブエリア内には、エリア外の経路情報を伝える必要はありません。エリア境界ルーター（この例ではルーターE）がデフォルトルートになるように経路情報を流せばよいためです。これにより、ほかのエリアの個々のネットワークに対する距離情報が不要になるので、さらに経路情報を減らすことができます。

　OSPFで安定したネットワークを構築するには、物理的なネットワークの設計もたいせつですが、エリアの設計も同様に重要になります。エリアの設計が悪いと、OSPFの利点が十分に生かされない場合があります。

7.6　BGP（Border Gateway Protocol）

▼RFC4271で定義されるBGP-4と、IPv6などマルチプロトコルに対応するために拡張されたMP-BGP（RFC4760）が使われている。

▼最近では、企業とパブリッククラウドとのプライベート接続時に経路情報の交換にBGPを利用する場合がある。
（例）Microsoft AzureやOffice 365とのプライベート接続（Express Route）、Amazon Web Servicesとのプライベート接続（Direct Connect）

　BGP▼は組織間を接続するときに利用されるプロトコルで、EGPに分類されます。BGPは、具体的には各ISP間の接続部分などに利用されています▼。このBGPと、RIPやOSPFが協調的に経路制御を行うことにより、インターネット全体の経路が制御されています。

7.6.1　BGPとAS番号

　RIPやOSPFでは、IPのネットワークアドレスを利用して経路制御を行っていました。BGPでは、インターネット全体をカバーするように経路制御しなければなりません。

　BGPでも最終的な経路制御表はネットワークアドレスと次に配送すべきルーターの組で表されます。ただしBGPでは通過するASの数をもとに経路制御を行います。

図 7.19
BGP は AS 番号でネットワーク情報を管理

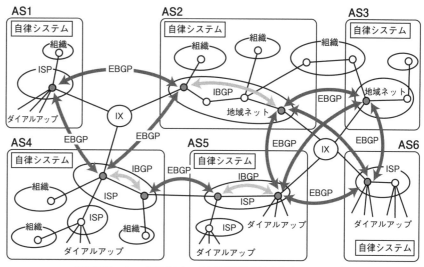

- ● BGPスピーカー（BGPによって経路制御情報を交換するルーター）
- ○ RIP、OSPF、静的経路制御を使用するルーター
- Ⓘ Internet Exchange（ISPや地域ネットを互いに対等に接続するポイント）

EBGP：External BGP（AS間でBGPによる経路制御情報を交換する）
IBGP： Internal BGP（AS内部でBGPによる経路制御情報を交換する）

ISPや地域ネットワークなど、組織を束ねるネットワーク集団を1つの自律システム（AS：Autonomous System）として取り扱います。そして、それぞれの自律システムに対して16ビットのAS番号が割り当てられます[▼]。BGPでは、このAS番号を使って経路制御が行われます。

▼国内ではJPNICがAS番号を管理している。

なお、JPNICが管理しているAS番号の一覧表は次のところから得ることができます。

https://www.nic.ad.jp/ja/ip/as-numbers.txt

AS番号を割り当てられた組織は、いわば独立国家のような立場になります。

ASの代表者は、AS内部のネットワークの運営、管理に関する決まりを決定することができます。ほかのASと接続するときには、まるで外交交渉であるかのような契約を結んで接続することになります[▼]。そのASがほかのASときちんと契約を結んでいなければ、インターネット全体とは通信できなくなる可能性もあります。

▼ピアリング (peering) という。

たとえば図7.19の場合、AS1とAS3の間で通信するためには、AS2か、またはAS4とAS5の両方が、AS1とAS3の間の通信パケットを中継[▼]してくれる必要があります。中継してくれるかどうかを決定するのは、回線を所有しているAS2やAS4、AS5です[▼]。中継してくれない場合にはAS1とAS3の間に専用回線を用意しなければなりません。

▼トランジット (transit) という。

▼中継すれば、それだけネットワークの負荷が上昇し、コストがかかることになる。このため、通常は金銭的な支払いが必要になる。

ここではAS1とAS3の両方とも転送してくれると考えてBGPのプロトコルの説明をします。

7.6.2 BGP は経路ベクトル

BGP により経路制御情報を交換するルーターを BGP スピーカーといいます。BGP スピーカーは AS 間で BGP の情報を交換するために、情報を交換するすべての AS と対等に BGP のコネクションを確立します。また、図 7.20 の AS2、AS4、AS5 のように同一 AS 内に複数の BGP スピーカーがある場合には、AS 内部でも BGP の情報を交換するために BGP コネクションを確立します▼。

▼ルートリフレクションという手法で、BGPコネクション（ピア）数を減らすことができる。同一AS内のBGPスピーカーが多くなるとピアが増え、ルーターの負荷が増大する。ルートリフレクタとなるBGPスピーカーは、入手したアドバタイズを他のBGPスピーカーへ転送する。それぞれのBGPスピーカーはルートリフレクタとだけピアを張ればよくなるため、ルートリフレクタを立てればAS内のピアの数を減らすことができる。

BGP では、目的とするネットワークアドレスにパケットを送った場合に、そこに到達するまでに通過する AS 番号のリストが作られます。これを AS 経路リスト（AS Path List）といいます。同じ宛先への経路が複数ある場合には、通常、AS 経路リストの短いほうのルートが選択されます。

経路の選択に使われるメトリックは、RIP ではルーターの数、OSPF ではサブネットごとに付けられたコストでした。BGP でメトリックが付けられる単位は AS です。RIP や OSPF ではホップ数やネットワークの帯域を考えた効率のよい転送を目指しますが、BGP では各 AS 間の接続契約に基づいたパケット配送を目指します。基本的には経由する AS の数が少ないルートを選択しますが、接続相手との契約内容などによって、細かい経路選択をすることもできます。

AS 経路リストは、向きと距離だけでなく、途中で通過する AS 番号がすべて分かるため、距離ベクトルではありません。また、ネットワークの構造を 1 次元的に表しただけなので、リンク状態でもありません。BGP のように、通過する経路のリストで経路制御を行うプロトコルを、経路ベクトル型（Path Vector）といいます。RIP のような距離ベクトル型のプロトコルは、経路のループを検出できないため、無限カウントが発生するという問題がありました▼。経路ベクトル型ならば経路のループが検出できるようになるため、無限カウントの問題が起きなくなり経路が安定しやすくなります。さらに、限定された形ではあるにしろ、ポリシーによる経路制御▼が可能になるという利点もあります。

▼経路が安定するまでに時間がかかる問題や、ホップ数の最大値が15と決められていて、大きなネットワークには対応できないなどの問題がある。

▼ポリシーによる経路制御
パケットを配送するときに、通過するASを選択したり、指定したりすること。ポリシールーティングと呼ばれる。

図 7.20
経路制御表の作成に AS 経路リストも使用する

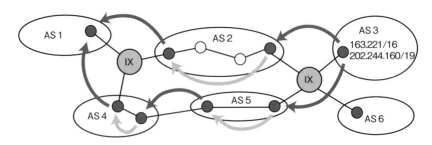

隣のASから伝えられたAS経路リストに、自分のAS番号を追加して隣のASに配送する。

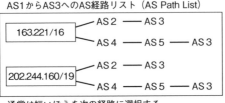

通常は短いほうを次の経路に選択する。

■経路制御はインターネット全体に広がる巨大な分散システム

分散システムとは、複数のシステムが協力（協調）して特定の処理を行うシステムのことです。

インターネットの経路制御は、インターネットのすべてのルーターが正しい情報を持っていることが基本になっています。そして、すべてのルーターの情報を正しくするためのプロトコルが、ルーティングプロトコルです。ルーティングプロトコルが協調して動作しなければ、インターネットの正しい経路制御は行われません。

つまり、ルーティングプロトコルは、インターネット全体に広がって、インターネットを動かすための巨大な分散システムといえます。

7.7 MPLS (Multi-Protocol Label Switching)

現在、IPパケットの転送には、ルーティングだけでなくラベルスイッチングという技術も利用されています。ルーティングではIPアドレスに基づいて最長一致によりパケットの転送をしますが、ラベルスイッチングでは、それぞれのIPパケットに「ラベル」という別の値を設定し、そのラベルに基づいて転送します。そのラベルスイッチングの代表がMPLSです。

図 7.21
MPLSネットワーク

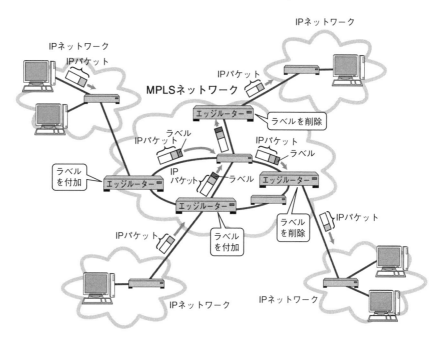

MPLS のラベルは、MAC アドレスのようにハードウェアと直接対応したものではありません。そのため MPLS は、イーサネットや ATM などのデータリンクプロトコルと同じ役割をするものではなく、そうした下位層と IP 層との間の階層で機能するプロトコルと考えることができます。

このようなラベルに基づいた転送は、通常のルーターでは処理できないため、MPLS はインターネット全体で利用できる技術ではありません。図 7.22 のように、IP ネットワークとは転送処理の方法も異なります。

図 7.22
IP と MPLS におけるフォワーディングの基本的な動作

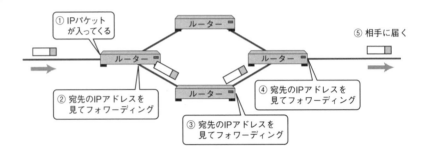

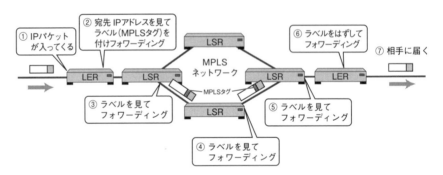

7.7.1 MPLS ネットワークの動作

MPLS ネットワークでは、MPLS 機能に対応したルーターを LSR（Label Switching Router）と呼びます。特に外部のネットワークとの接続部分にあたるエッジの LSR を LER（Label Edge Router）と呼びます。この LER で、MPLS タグをパケットに付与したり、逆にはがしたりします。

パケットにラベルを付ける方法は、非常にシンプルです。もともとラベルに相当するものを持っているデータリンクであれば、そこに直接ラベルをマッピングします。ラベルに相当するものを持っていないデータリンク（代表的なのはイーサネット）の場合は、新たにシムヘッダというものを追加し、このシムヘッダの中にラベルを含めます▼。

▼シムヘッダは IP ヘッダとデータリンクヘッダの間に「くさび（shim）」のように挿入される。

7.7 MPLS（Multi-Protocol Label Switching）

図7.23は、イーサネット上のIPネットワークからMPLSネットワークを経由し、ほかのIPネットワークに転送する処理の概要です。パケットは、MPLSネットワークに入るときIPヘッダの前に20ビットのラベル値を含む32ビットのシムヘッダを付加されます[▼]。MPLSネットワーク内では、そのシムヘッダ内のラベルに基づいて転送されていきます。シムヘッダはMPLSネットワークから出るときに取り除かれます。なお、ラベルを付けてフォワーディングする動作をPush、ラベルを付け替えてフォワーディングする動作をSwap、ラベルを外してフォワーディングする動作をPopと呼びます。

▼ 複数のシムヘッダが付加されることもある。

図7.23
PushとSwapとPopで転送

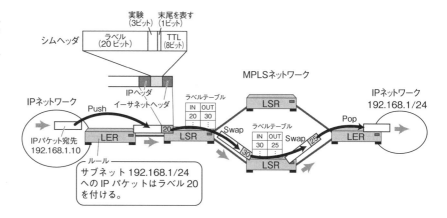

MPLSでは、宛先や扱いが同じパケット[▼]は、どれもラベルによって決まる同一の道筋を通ることになります。この道筋をLSP（Label Switch Path）と呼びます。LSPには、1対1の接続であるポイントツーポイントLSPと、同じ宛先のものを複数束ねたマージLSPの2種類があります。

▼ これをFEC（Forwarding Equivalence Class）と呼ぶ。

LSPを張るには、各LSRが隣接するLSRにMPLSラベル情報を配布するか、ルーティングプロトコルにラベル情報を載せてやり取りします。LSPは片方向のパスであり、両方向の通信に用いるには2つのLSPが必要です。

図7.24
MPLSラベル情報の配布によるLSP

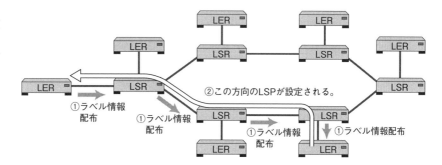

ラベル情報を隣接するLSR間でやり取りする方法には、LDP（ラベル配布プロトコル）を使う方法と、ルーティングプロトコルに乗せる方法（ピギーバック）がある。この図は、各LSRが独立にラベルテーブルを作り、それを上流になるLSRに配布する例。

7.7.2 MPLS の利点

MPLS の利点は、大きく分けて 2 つあります。1 つめの利点は、転送処理の高速化です。通常、ルーターが IP パケットを転送するときには、宛先 IP アドレスと経路制御表に載っている可変長のネットワークアドレスを比較し、最長で一致する経路を検索する必要があります。これに対し MPLS では固定長のラベルを使用するため、処理が単純になり転送処理のハードウェア化による高速化が可能です▼。また、インターネットのバックボーンルーターでは莫大な量の経路制御表を記憶して処理する必要があるのに対して、ラベルは必要な数だけ設定すればよく、処理するデータ量が少なくてすみます。さらに、IPv4 でも IPv6 でも、その他のプロトコルでも、変わりなく高速に転送処理が行えます。

2 つめの利点は、ラベルを利用して仮想的なパスを張り、その上で IP などのパケットを使った通信ができる点です。これにより、ベストエフォートサービス▼と呼ばれる IP ネットワークであっても MPLS を利用した通信品質の制御や帯域保証、VPN などが提供できるようになります。

▼通常のルーターもハードウェア化は進んでいる。

▼ベストエフォートサービス
最善努力型サービスのこと。146ページのコラムを参照。

Chapter
8

第8章

アプリケーション
プロトコル

ふだん私たちが特に意識せずパソコンやスマートフォンで利用しているネット
ワークアプリケーションは、実際にはどのような仕組みで動いているのでしょう
か? この章ではTCP/IPで利用される主なアプリケーションプロトコルについ
て説明します。これはOSI参照モデルの第5層以上のプロトコルにあたります。

7 アプリケーション層
6 プレゼンテーション層
5 セッション層
4 トランスポート層
3 ネットワーク層
2 データリンク層
1 物理層

<アプリケーション層>
TELNET、SSH、HTTP、SMTP、POP、
SSL/TLS、FTP、MIME、HTML、
SNMP、MIB、SIP、...

<トランスポート層>
TCP、UDP、UDP-Lite、SCTP、DCCP

<ネットワーク層>
ARP、IPv4、IPv6、ICMP、IPsec

イーサネット、無線LAN、PPP、...
(ツイストペアケーブル、無線、光ファイバー、...)

8.1 アプリケーションプロトコルの概要

ここまで説明してきた IP や TCP、UDP といったプロトコルは、通信を行う上での基礎となる部分で、OSI 参照モデルの下位層に相当します。

この章で扱うアプリケーションプロトコルは、OSI 参照モデルの第 5 層、第 6 層、第 7 層に相当する上位層のプロトコルです。

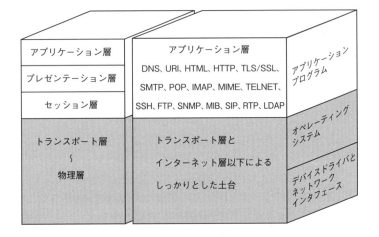

図 8.1
OSI 参照モデルと TCP/IP のアプリケーション

■ アプリケーションプロトコルとは

ネットワークを利用するアプリケーションには、Web ブラウザ、電子メール、遠隔ログイン、ファイル転送、ネットワーク管理などがあります。また、Facebook や Twitter、Instagram、LINE、YouTube などのサービスを利用するためにスマートフォンにインストールする専用アプリもネットワークを利用します。それぞれのアプリケーションではアプリケーション特有の通信処理が必要です。このアプリケーション特有の通信処理を行うのがアプリケーションプロトコルです。

TCP や IP などの下位層のプロトコルは、アプリケーションの種類によらず使えるように設計された汎用性の高いプロトコルです。これに対してアプリケーションプロトコルは、実用的なアプリケーションを実現するために作られたプロトコルです。

たとえば、遠隔ログインなどに使われる TELNET プロトコルでは、文字ベースのコマンドと応答が決められており、その上でさまざまなアプリケーションを実行できます。

■ アプリケーションプロトコルとプロトコルの階層化

ネットワークアプリケーションは、さまざまなユーザーやソフトウェアメーカーによって作られています。ネットワークアプリケーションの機能を実現するためには、アプリケーション間で通信するときの取り決め、すなわちアプリ

ケーションプロトコルが必要です▼。アプリケーションの設計者や開発者は、実現しなければならない機能や利用目的によって、一般的なアプリケーションプロトコルを利用したり、独自のアプリケーションプロトコルを定義したりすることになります。

アプリケーションは、トランスポート層以下の土台となる部分をそのまま利用できます。そのためアプリケーション開発者は、アプリケーションプロトコルの決定とプログラムの開発だけに専念できます。相手のコンピュータまでどのようにしてパケットを送ったらよいかということはまったく考えなくてすみます。このようなことができるのも、ネットワークプロトコルの階層化のおかげです。

▼アプリケーション間でやり取りされる情報のことをメッセージという。アプリケーションプロトコルは、メッセージの書式とそれを使って制御する手順を定めている。

■ OSI 参照モデルの第 5 層、第 6 層、第 7 層に相当するプロトコル

TCP/IP のアプリケーション層には、OSI 参照モデルの第 5 層、第 6 層、第 7 層のすべての機能が埋め込まれます。通信コネクションの管理などのセッション層の機能や、データフォーマットの変換というプレゼンテーション層の機能、相手ホストとのやり取りというアプリケーション層の機能は、すべてアプリケーションプログラムが担う役割です。

次節から、代表的なアプリケーションプロトコルについて説明します。

8.2 遠隔ログイン（TELNET と SSH）

図 8.2
遠隔ログイン

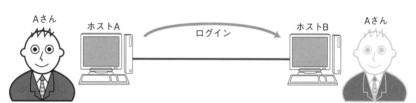

ホストAの前にいるAさんがネットワークを通じてホストBに遠隔ログインすると、あたかもホストBの前に座っているかのように、自由にホストBを利用することができる。

▼TSS（Time Sharing System）
第1章参照。

遠隔ログインは、第 1 章で説明した TSS▼のような環境を実現するアプリケーションで、メインフレームと端末の関係をコンピュータネットワークに応用したものといえます。TSS では中央に処理能力の高いコンピュータが存在し、そのコンピュータに、処理能力を持たない複数の端末が端末専用の通信回線で接続されていました。

このような関係を、自分の使用しているコンピュータとネットワークの先に接続されているコンピュータとの間で実現できるようにするのが遠隔ログインです。汎用コンピュータや UNIX ワークステーションなどのコンピュータにログインして、そのコンピュータのアプリケーションを利用したり、システムの環境設定をしたりといったことができます。遠隔ログインには、TELNET▼プロトコルや SSH▼プロトコルが使われます。

▼「テルネット」と発音する。

▼Secure SHell。「エスエスエイチ」と発音する。

8.2.1 TELNET

TELNETはTCPのコネクションを1つ利用します。この通信路を通して相手のコンピュータにコマンドが文字列として送信され、相手のコンピュータで実行されます。自分のキーボードとディスプレイが、相手のコンピュータの内部で動作しているシェル▼に接続しているイメージです。

TELNETのサービスは、2つの基本サービスに分けることができます。ネットワーク仮想端末の機能と、オプションのやり取りをする機能です。

▼シェル（Shell）
OSを貝殻のように包み、OSが提供する機能をユーザーが利用しやすくしてくれるユーザーインタフェースのこと。キーボードやマウスから入力されたユーザーのコマンドを解釈して、それをOSに実行させる。UNIXのsh、csh、bash、WindowsのExplorer、macOSのFinderなどは、シェルの一種といえる。

図8.3
TELNETによるコマンドの入力と実行、結果の表示

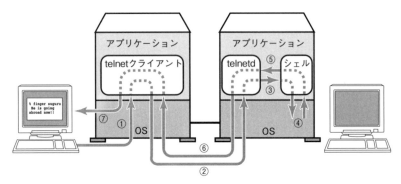

① キーボードから文字列が入力される。
② 行モード、透過モードなどのモード処理をしてtelnetdへ①の文字列を送信する。
③ シェルにコマンド文字列を送信する（厳密にはOSを経由する）。
④ シェルからのコマンドを解釈して、プログラムを実行し、結果を得る。
⑤ シェルからコマンドの出力を受け取る（厳密にはOSを経由する）。
⑥ 行モード、透過モードなどのモード処理をしてTELNETクライアントへ送信する。
⑦ NVTの設定に従い画面へ出力する。

TELNETは、ルーターや高機能スイッチなどのネットワーク機器にログインして、その機器の設定を行うときにもよく使われます▼。TELNETでコンピュータやルーターなどの機器にログインするためには、自分のログイン名とパスワードがその機器に登録されている必要があります。

▼ルーターやスイッチにはキーボードやディスプレイが付いていないため、設定を行う場合にはシリアルケーブルでコンピュータとつなぐか、TELNET、HTTP、SNMPなどの方法によりネットワーク経由で接続する必要がある。

■ オプション

TELNETでは、ユーザーが入力した文字以外にオプションをやり取りする機能が用意されています。たとえば、NVT（Network Virtual Terminal）を実現するための画面制御情報はこのオプションの機能を利用して送信されます。また、TELNETには、図8.4に示すように行モードと透過モードという2つのモードがあります。これらの設定は、TELNETクライアントとTELNETサーバーの間でオプション機能を利用して設定されます。

図 8.4
行モードと透過モード

改行キーが入力されるごとに1行分のデータをまとめて送る。

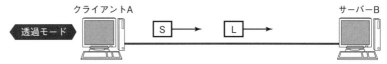

クライアントAで入力された1文字ごとにサーバーBに送信。

■ TELNET クライアント

TELNET プロトコルを利用して遠隔ログインをするときのクライアントプログラムを TELNET クライアントと呼びます。多くの場合には、`telnet` という名前のプログラムとして、コマンドラインから実行できます[▼]。

TELNET クライアントは、通常は接続先ホストの TCP ポート 23 番に接続し、そこで待っている telnetd とやり取りしますが、それ以外の番号の TCP ポートに接続して、そのポートで待っているアプリケーションを実行することもできます。一般的な telnet コマンド[▼]では、接続するポート番号を次のように指定できます[▼]。

```
telnet  ホスト名  TCP ポート番号
```

TCP ポート番号を 21 番にすれば FTP（8.3 節）、25 番にすれば SMTP（8.4.4 項）、80 番にすれば HTTP（8.5 節）、110 番にすれば POP3（8.4.5 項）のサーバーに接続することができます。これは、それぞれのサーバーが、その番号のポートを開けて待っているからです。

したがって、次の2つの入力は同等です。

```
ftp     ホスト名
telnet  ホスト名  21
```

FTP、SMTP、HTTP、POP3 といったプロトコルのコマンドや応答は文字列なので、TELNET クライアントで接続したら、キーボードから各プロトコルのコマンドを直接入力することができます。そのため TELNET クライアントは、TCP/IP のアプリケーションを開発するときのデバッグに利用されることもあります。

▼ 最近のOSでは、セキュリティの観点からデフォルトではtelnetコマンドが入っておらず、別途インストールする必要がある。

▼ Windowsのコマンドプロンプトから実行するtelnetコマンドでは、本文の手順だと接続後に入力する文字が表示されない。そのため、ホスト名もポートも指定せずに「telnet」と実行してから、「open ホスト名 ポート番号」のように入力してサーバーに接続するとよい。なおWindows Vista以降は、別途telnetクライアントのインストールが必要となる。コマンドプロンプトで利用するtelnetコマンドをインストールしてもよいし、Tera Termなどのtelnet/sshクライアントソフトウェアを利用してもよい。

▼ GUIタイプのクライアントの場合は設定メニューなどでポート番号を変更できる。

8.2.2 SSH

SSHは暗号化された遠隔ログインシステムです。TELNETでは、ログイン時のパスワードが暗号化されずに送信されるので、通信を盗聴されると不正侵入される危険性がありました。SSHを使用すると、通信内容が暗号化されるため、盗聴されたとしてもパスワードや入力したコマンド、コマンドの処理結果が分からなくなります。

さらに、SSHには便利な機能がたくさん含まれています。

- より強固な認証機能を利用することができる。
- ファイルの転送ができる▼。
- ポートフォワード機能が利用できる▼。

▼UNIXではscpやsftpというコマンドが使われる。

▼X Window Systemの画面を飛ばして表示させることもできる。

ポートフォワードとは、特定のポート番号に届けられたメッセージを、特定のIPアドレス、ポート番号に転送する仕組みです。SSHコネクションを経由する部分が暗号化されるため、セキュリティを確保した柔軟な通信が可能になります▼。

▼VPN（Virtual Private Network）を実現することができる。

図8.5
SSHのポートフォワード

ポートフォワードを使う場合、SSHクライアントプログラム、SSHサーバープログラムはともにゲートウェイとして働く。下の図はクライアントのTCPポート10000に接続すると、POP3サーバーのポート110に接続する設定にした場合。

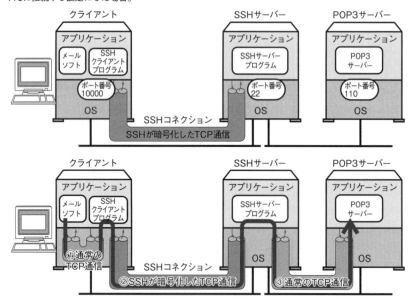

メールソフトは「①通常のTCP通信」を使ってsshクライアントプログラムに接続する。
SSHクライアントプログラムは「②SSHが暗号化したTCP通信」を通ってSSHサーバープログラムに転送される。
SSHサーバープログラムは「③通常のTCP通信」を使ってPOP3サーバープログラムに接続する。

このようにして確立された3つのTCPコネクションを利用して通信が行われる。

SSHにはバージョン1とバージョン2が存在しますが、バージョン1には脆弱性があるので、バージョン2の利用が推奨されます。

SSHの認証では、パスワード認証のほかに、公開鍵認証、ワンタイムパスワード認証が利用できます。公開鍵認証方式の場合は、事前に公開鍵と秘密鍵を生成し、接続先に公開鍵を渡しておくといった準備が必要ですが、パスワードをネットワーク上に流す必要がないため、パスワード認証方式よりも安全です。

8.3 ファイル転送（FTP）

図 8.6
FTP

ネットワークに接続されているコンピュータとの間で
ファイルの送受信ができる。

▼FTP
File Transfer Protocol

FTP▼は異なるコンピュータ間でファイルを転送するときに使われるプロトコルです。8.2節では相手先コンピュータに入ることを「ログイン」すると言いましたが、FTPでも相手先コンピュータにログインしてから操作を行います。

インターネット上には、誰でもログインできるFTPサーバーが用意されています。それがanonymous ftpサーバーです。これらのサーバーに接続するときにはanonymous▼かftpというログイン名を入力すれば接続することができます▼。

▼「アノニマス」と発音する。

▼慣習としてパスワードには電子メールのアドレスを入力することが多い。

■ FTPの仕組みの概要

FTPはどのような仕組みでファイル転送の機能を実現しているのでしょうか。FTPでは2つのTCPコネクションが利用されます。1つは制御用で、もう1つはデータ（ファイル）の転送用です。

制御用のTCPコネクションはFTPの制御に利用されます。ログインのためのユーザー名とパスワードの確認や、転送するファイル名や転送方法の指示に利用されます。このコネクションを使って、ASCII文字列により要求と応答をやり取りします（表8.1、表8.2）。この制御用のコネクションではデータの転送を行いません。データの転送にはデータ転送専用のTCPコネクションが利用されます。

FTPの制御用のコネクションではTCPポート番号21が利用されます。ポート番号21のTCPコネクション上で、ファイルのGET（RETR）やPUT（STOR）、ファイルの一覧表の取得（LIST）といったコマンドが実行されると、そのたびにデータ転送用のTCPコネクションが確立されます。このコネクションを利用してファイルや一覧表の転送が行われます。データ転送が終了すると、データ転送のコネクションは切断されます。そして、また制御用のコネクションを利用してコマンドや応答のやり取りが行われます。

通常、データ転送用のTCPコネクションは、制御用のTCPコネクションとは逆向きに確立されます。そのため、NATを介して外部のFTPサーバーを利用する場合などは、そのままではデータ転送用のTCPコネクションを確立することができません。そこで、PASVコマンドを投入して、データ転送用TCPコネクションの向きを変更します。

制御用のコネクションは、ユーザーから切断の指示があるまで接続されたままになります。ただし、多くのFTPサーバーは一定時間ユーザーからコマンドが送られてこないと、コネクションを強制的に切断します▼。

▼ファイル転送中に切断されることはない。ファイル転送の終了後、一定時間コマンドの入力がない場合にコネクションが切断される。

図8.7
FTPの通信では2つのTCPコネクションが利用される

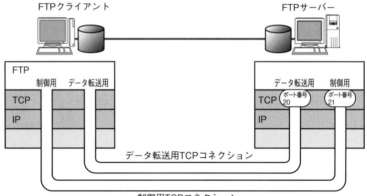

データ転送用のTCPコネクションでは、通常は20番のポート番号が利用されます。しかし、PORTコマンドを利用して別のポート番号を指定することもできます。最近ではセキュリティの向上のため、データ転送用のコネクションのポート番号を乱数的に割り当てるのが普通です。

■ ASCII文字列によるやり取り

▼ASCII
American Standard Code for Information Interchangeの略。「アスキー」と発音する。英字、数字、!、@などの記号を表示できる7ビットの文字コード。

FTPでは、要求コマンドに「RETR」などのASCII▼文字列が利用されます。それに対する応答は「200」など3文字の数字をASCII文字列で表したものが利用されます。TCP/IPのアプリケーションプロトコルには、このようなASCII文字列型のプロトコルが多数あります。

ASCII文字列型のプロトコルでは改行が重要な意味を持ちます。多くの場合、1つの行が1つのコマンドや応答を意味します。そして、空白でパラメータなどの情報が区切られて送信されます。つまり、コマンドや応答のメッセージは改行で区切られ、引数やパラメータは空白で区切られます。改行は「CR」(ASCIIコードは10進数で13)と「LF」(ASCIIコードは10進数で10)という2つの制御用コードで定義されています。

表8.1にFTPの主なコマンドを、表8.2にFTPの応答をまとめます。

8.3 ファイル転送（FTP） 303

表 8.1

FTP の主なコマンド

・アクセスを制御するた
めのコマンド

USER ユーザー名	ユーザー名の入力
PASS パスワード	パスワードの入力（PASSWORD）
CWD ディレクトリ名	作業ディレクトリの変更（CHANGE WORKING DIRECTORY）
QUIT	正常終了

・転送パラメータの設定
コマンド

PORT h1,h2,h3,h4,p1,p2	データコネクションに使用する IP アドレスとポート番号の指定
PASV	サーバーからクライアントにデータコネクションを確立するのではなく、クライアントからサーバーへデータコネクションを確立する（PASSIVE）
TYPE タイプ名	データの送信と格納時のデータタイプの設定
STRU	ファイル構造の指定（FILE STRUCTURE）

・FTP サービスのための
コマンド

RETR ファイル名	FTP サーバーからデータをダウンロードする（RETRIEVE）
STOR ファイル名	サーバーにデータを転送する（STORE）
STOU ファイル名	サーバーにデータを転送する。ただし、同じ名前のファイルがある場合には、ファイル名が重ならないように変更して保存する（STORE UNIQUE）
APPE ファイル名	サーバーにデータを転送する。ただし、同じ名前のファイルがある場合には、そのファイルに結合する（APPEND）
RNFR ファイル名	RNTO で名前を変更するファイルの指定（RENAME FROM）
RNTO ファイル名	RNFR で指定されたファイルのファイル名を変更（RENAME TO）
ABOR	処理の中断、異常終了（ABORT）
DELE ファイル名	サーバーのファイルの消去（DELETE）
RMD ディレクトリ名	ディレクトリの消去（REMOVE DIRECTORY）
MKD ディレクトリ名	ディレクトリの作成（MAKE DIRECTORY）
PWD	現在のディレクトリの位置の通知を要求（PRINT WORKING DIRECTORY）
LIST	ファイルの一覧表の要求（名前、サイズ、更新日などの情報を含む）
NLST	ファイル名の一覧表の要求（NAME LIST）
SITE 文字列	サーバーが提供している独自コマンドの実行
SYST	サーバーの OS の情報の取得（SYSTEM）
STAT	サーバーの FTP の状態の表示（STATUS）
HELP	コマンドの一覧表の取得（HELP）
NOOP	何も処理しない（NO OPERATION）

304　第8章　アプリケーションプロトコル

表8.2
FTPの主な応答メッセージ

・情報の提供

120	nnn 分後にサービス提供準備
125	データコネクション開設済み。転送を開始中
150	ファイルステータス正常。データ接続を開始しようとしている

・コネクション管理に関する応答

200	コマンドは問題ない
202	コマンドは実装されておらず、このサイトでは不要
211	システムステータス、またはヘルプ応答
212	ディレクトリのステータス
213	ファイルのステータス
214	ヘルプメッセージ
215	システムの種類の名前。名前は番号割り当て文書の一覧にある公式のシステム名
220	新規ユーザーへのサービス提供準備
221	サービスは制御接続を閉じる。該当すればログアウトされる
225	データ接続をオープンする。進行中のデータ転送はない
226	データ接続を閉じる。ファイル操作のリクエストは正常に完了した
227	パッシブモードに入る（h1, h2, h3, h4, p1, p2）
230	ログインしているユーザーを続行する
250	ファイル操作のリクエストは正常に完了した
257	"パス名"を作成する

・認証とアカウントに関する応答

331	ユーザー名は OK。パスワードが必要
332	ログインアカウントが必要
350	ファイル操作のリクエストにはさらに詳細な情報が必要

・不特定のエラー

421	サービスは利用できない。制御接続を閉じる
425	データ接続をオープンできない
426	接続は閉じられた。データ転送は中止された
450	ファイル操作のリクエストは実行されない。ファイルが使用できない
451	リクエストされた操作は中断された。ローカル処理エラー
452	リクエストされた操作は、実行されない。システムの記憶容量不足

・ファイルシステムに関する応答

500	構文エラー。コマンドが認識されない
501	パラメータまたは引数の構文エラー
502	コマンドは実装されていない
503	コマンドの順序が不正
504	コマンドのパラメータは実装されていない
530	ログインしていない
532	ファイルを保存するにはアカウントが必要
550	リクエストは実行されない。ファイルが使用できない
551	リクエストは中断された。ページの種類が不明
552	リクエストされた操作は中断された。ストレージの割り当て容量を超えている
553	リクエストは実行されない。ファイル名が許可されていない

8.4 電子メール（E-Mail）

図 8.8
電子メール（E-Mail）

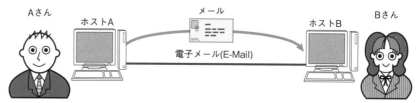

ネットワークでつながっていれば、遠く離れた人にも
すぐにメールを送ることができる。

　電子メールとはその名のとおりネットワーク上の郵便です。電子メールでは、コンピュータに入力した文章やデジタルカメラから取り込んだ画像データ、表計算ソフトで入力した数値データなど、コンピュータで扱えるさまざまな情報を送ることができます。

　電子メールは、隣の席や隣の部屋、別の階、日本国内、海外を問わず世界中のどこにでも送ることができます。また電子メールならば、出張先で受け取ることもできます。さらに電子メールでは、メーリングリストによる同報通信を行うことができます。1つの電子メールをメーリングリスト指定のアドレスに送ることによって、メーリングリストに参加している全員に一斉に配送することが簡単にできます。このメーリングリストは、社内や学校内の事務連絡をはじめ、共通の話題に関する情報交換や議論をするために国境を越えて利用されています。このような利点があるので、電子メールは多くの人が利用するサービスになりました。

▌8.4.1　電子メールの仕組み

　電子メールサービスを提供するためのプロトコルがSMTP（Simple Mail Transfer Protocol）です。SMTPではメールを効率よく確実に相手に届けるために、トランスポートプロトコルとしてTCPを利用しています。

　初期の電子メールでは、電子メールの送信者が利用しているコンピュータと宛先のコンピュータの間で、直接TCPコネクションが張られて電子メールが配送されていました。送信者がメールを作成すると、それが自分のコンピュータのハードディスクに記憶されます。そして、相手のコンピュータとTCPで通信を行い、相手のコンピュータのハードディスクに電子メールが転送されます。転送が正常に終了した後で、自分のコンピュータのハードディスクから電子メールを削除します。仮に相手のコンピュータの電源が入っていないなどの理由で通信できない場合には、しばらく時間を置いてから再度メールの配送を試みます。

図 8.9
初期の電子メール

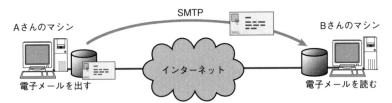

初期の電子メールでは、電子メールを送信するホストからメールを受信するホストに直接TCPのコネクションを確立して、メールを配送していた。
しかしこの方法では両方のホストの電源が入っていて、常にインターネットに接続されていなければメールを配信できない可能性がある。

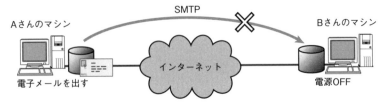

相手のホストと通信できないときにはしばらく待ってから再び送信を試みる。しかし、メールを送信するコンピュータの電源を落とした場合には電源が入るまでメールを送信することはできない。

電源が落ちているとメールを受信できない。ホストがインターネットに接続していないときにはメールを受信できない。

図 8.10
現在のインターネットの電子メール

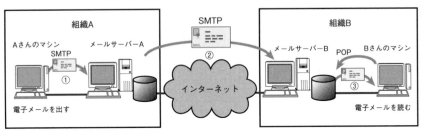

メールサーバーを経由してメールが配送される。組織によってはメールサーバーが何段にも用意されていることがある。

① メールソフトの設定に従い、メールサーバーAにメールが送信される。
② DNSのMXレコードを引き、メールサーバーBにメールを送信する。
③ メールソフトの設定に従い、メールサーバーBからメールを受信する。

　この方法は、電子メールの信頼性を高める上では非常によい方法だったのですが、インターネットの運用が複雑になってくるとうまくいかなくなりました。例として、利用者がコンピュータの電源を入れたり切ったりする場合を考えてみます。送信者のコンピュータと受信者のコンピュータの両方の電源が入っていなければ電子メールは到達しません。日本が昼のときには、米国は夜です。昼にだけコンピュータの電源を入れるのであれば、日本と米国で電子メールのやり取りができなくなります。インターネットでは世界中の人とコミュニケーションをする可能性があるので、この時差を無視することはできません。

　このため、電子メールの送信者のコンピュータと受信者のコンピュータの間で直接TCP接続をするのではなく、電源を切らないメールサーバー▼を経由するようになりました。そして、受信者がメールサーバーから電子メールを受け取るPOP (Post Office Protocol) というプロトコルが標準化されました。

▼トランスポート層以上の階層で通信を中継しているので、メールサーバーは1.9.7項で説明したゲートウェイにあたる。

8.4 電子メール（E-Mail） 307

電子メールの仕組みは、3つの要素から構成されます。メールアドレス、データ形式、転送プロトコルの3つです。

▛ 8.4.2 メールアドレス

電子メールを使用するときに用いられるアドレスが、メールアドレスです。このメールアドレスは、郵便でいえば住所と氏名に相当するものです。インターネットのメールアドレスは次のような構造をしています。

名前 @ 住所

たとえば、

master@tcpip.kusa.ac.jp

では、master が名前で tcpip.kusa.ac.jp が住所です。電子メールの住所はドメイン名と同じ構造になっています。この場合、kusa.ac.jp が組織名を表し、tcpip は master がメールを受信するコンピュータのホスト名か、メール配送用のサブドメイン名です。なお、メールアドレスは、個人宛の場合もメーリングリストの場合もまったく同じ構造をしています。このため、アドレスの構造を見ただけでは両者を区別できません。

現在、この電子メールの配送先の管理は DNS によって行われます。DNS には、メールアドレスと、そのメールアドレス宛のメールを送信すべきメールサーバーのドメイン名を登録することができます。これを MX▼ レコードと呼びます。たとえば、kusa.ac.jp の MX レコードに、mailserver.kusa.ac.jp を指定したとします。そうすると、kusa.ac.jp で終わるメールアドレス宛のメールはすべて mailserver.kusa.ac.jp に転送されます。このように、MX レコードでメールサーバーを正確に指定することにより、異なるメールアドレスを特定のメールサーバーで管理することが可能になりました。

▼Mail Exchange

▛ 8.4.3 MIME
（Multipurpose Internet Mail Extensions）

長い間、インターネットの電子メールはテキスト形式▼しか扱えませんでした。しかし現在は、電子メールで転送できるデータ形式を拡張する MIME▼ が一般的になり、静止画や動画、音声、プログラムファイルなど、さまざまな情報を送ることができます。この MIME はアプリケーションメッセージの書式を規定しているため、OSI 参照モデルに当てはめるなら、第6層のプレゼンテーション層に相当します。

MIME は、基本的にヘッダと本文（データ）の2つの部分から構成されます。ヘッダには空行があってはならず、空行があるとそこから後ろは本文（データ）になります。MIME ヘッダの「Content-Type」で「Multipart/Mixed」を指定し、「boundary = 」の後に書いた文字列で仕切ると▼、1つの MIME メッセージを

▼テキスト形式
文字だけからなる情報。以前の電子メールでは、日本語の場合、7ビットの JIS コードしか送ることができなかった。

▼MIME（Multipurpose Internet Mail Extensions）
「マイム」と呼ばれる。インターネットで幅広く使えるようにメールのデータ形式を拡張したもので、WWW や NetNews でも利用される。

▼ 「boundary = 」の後に書いた文字列の先頭に -- を付ける必要がある。また、仕切りの最後にも -- を書かなければならない。

複数のMIMEメッセージの集合として定義することができます。これをマルチパートと呼びます。それぞれのパートはやはり、MIMEヘッダと本文（データ）から構成されます。

「Content-Type」とは、ヘッダに続く情報がどのような種類のデータなのかを示しています。IPヘッダでいえばプロトコルフィールドにあたります。表8.3に代表的な「Content-Type」を示します。

表 8.3
MIME の代表的な Content-Type

Content-Type	内容
text/plain	通常のテキスト
message/rfc822	MIMEと本文
multipart/mixed	マルチパート
application/postscript	PostScript
application/octet-stream	バイナリファイル
image/gif	GIF
image/jpeg	JPEG
audio/basic	AU形式の音声ファイル
video/mpeg	MPEG
message/external-body	外部にメッセージがある

図 8.11
MIME の例

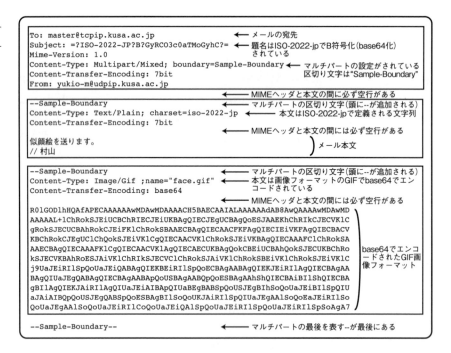

8.4.4 SMTP（Simple Mail Transfer Protocol）

SMTPは電子メールを配送するアプリケーションプロトコルです。TCPのポート番号は25番が利用されます。SMTPは1つのTCPコネクションを確立して、そのコネクション上で、制御や応答、データからなるメッセージの転送を行います。クライアントはテキストコマンドで要求を出し、サーバーは3桁の数字で表される文字列で応答を返します。

それぞれのコマンドや応答の最後には、必ず改行（CR、LF）が付加されます。

表8.4　SMTPの主なコマンド

HELO <domain>	通信開始
EHLO <domain>	通信開始（拡張版HELO）
MAIL FROM:<reverse-path>	送信者
RCPT TO:<forward-path>	受信者の指定（Receipt to）
DATA	電子メールの本文の送信
RSET	初期化
VRFY <string>	ユーザー名の確認
EXPN <string>	メーリングリスト名をユーザー名へ展開
NOOP	応答の要求（NO Operation）
QUIT	終了

図8.12　SMTP

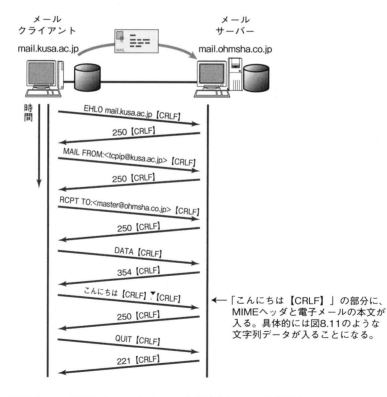

▼SMTPでは、メール本文の終わりをピリオド（.）だけの行で表す。ただし、本文中にピリオドだけの行があっても正しく識別して通信できるように処理する。具体的には、送信時にメール本文の行頭にピリオドがあった場合にはその直後にピリオドを1つ追加する。受信時には、行頭にピリオドが2つ連続している場合、そのピリオドを1つ削除する。

電子メールが普及するとともに、広告宣伝メールや危険なURLへのリンクを含むメールを無差別に送りつける、いわゆる迷惑メールが問題になるようになりました。もともとのSMTPには送信者を認証するための機能がないため、こ

310　第8章　アプリケーションプロトコル

うした迷惑メール（スパムメール）の送信に自分のメールサーバーを使われてしまうことを防げません。そこで現在では、さまざまな迷惑メール対策が取られるようになっています。

表8.5

SMTPの応答

・要求に対する肯定確認応答

211	システムの状態や、HELP の応答
214	HELP メッセージ
220 \<domain>	サービスを開始する
221 \<domain>	サービスを終了する
250	要求されたメールの処理が完了した
251	ユーザーはこのホストにはいないが、このホストが転送処理を行う

・データの入力

354	電子メールのデータの入力開始。ピリオド（.）だけの行で入力終了

・転送エラーメッセージ

421 \<domain>	サービスを提供できないため、コネクションを終了する
450	メールボックスが利用できないため、要求を受けることはできない
451	問題が発生したため、処理が中断された
452	ディスク容量が足りないため、要求を実行できない

・処理の継続が不可能なエラー

500	文法の誤り。コマンドを理解できない
501	文法の誤り。引数やパラメータを理解できない
502	そのコマンドは実装されていない
503	コマンドの順番が間違っている
504	そのコマンドのパラメータは実装されていない
550	メールボックスが利用できないため、要求を実行できない
551	ユーザーはこのホストにはいないため、要求を受けることはできない
552	ディスクの容量を超えたため、処理が中断された
553	許されていないメールボックス名のため、要求は実行できない
554	その他のエラー

▼telnetコマンドの使い方については299ページのコラムを参照。

■ SMTP のコマンドを試す

　SMTP サーバーと TELNET で接続できる場合には、次のように SMTP サーバーへログインしてから▼表8.4 の SMTP コマンドを手動で実行することができます。

```
telnet サーバー名またはアドレス 25
```

　自分が SMTP クライアントになったつもりで SMTP コマンドを実行し、表8.5の応答を確認してみてください。SMTP プロトコルの動作がよく分かることでしょう。

■迷惑メールへのさまざまな対策

電子メールを送信する仕組みである SMTP は、シンプルな仕様であるためインターネットメールとして広く普及しましたが、一方、認証の仕組みを持っておらず、メールの送信者になりすましたり、迷惑メールを送りつけたりといった悪用が比較的簡単にできてしまいます。そのため、以下のような迷惑メールへの対策が取られています。

• メールの送信元ユーザーを認証する仕組み

POP before SMTP … メール送信の前に POP によるユーザー認証を行い、認証が正しければ、一定期間クライアント IP アドレスからの SMTP 通信を受け入れる仕組み。

SMTP 認証（SMTP Authentication）… メール送信時に SMTP サーバーで、ユーザー認証を行うようにした SMTP の拡張仕様。

• 送信元ドメインを認証する仕組み

SPF（Sender Policy Framework）… 送信元メールサーバーの IP アドレスを DNS サーバーに登録しておき、受信側で受信したメールの IP アドレスと送信元メールサーバーの IP アドレスを比較しドメイン認証することで、受信したメールの送信元が詐称されているかどうかを確認する仕組み。

DKIM（DomainKeys Identified Mail）… 送信元メールサーバーで電子署名を付与し、受信側では、電子署名を認証することで、受信したメールの送信元が詐称されているかどうかを確認する仕組み。送信元メールサーバーで署名に使用する公開鍵を DNS サーバーに登録しておき、受信側が公開鍵を取得し署名を認証できるようにする。

DMARC（Domain-based Message Authentication, Reporting and Conformance）… SPF や DKIM など送信元ドメインを認証する仕組みにおいて、認証が失敗したときのメールの取り扱いのポリシーを送信者が DNS サーバーに登録して公開する仕組み。受信側は、認証に失敗した場合に送信者のポリシーによって取り扱いを決定したり、送信者へ認証に失敗したことを通知したりすることができる。

• そのほかの対策

OP25B（Outbound Port 25 Blocking）… インターネットサービスプロバイダなどで、迷惑メールやウイルスメールを直接送信できないように、TCP ポート 25 の SMTP 通信をブロックする対策。この対策が実施されている場合はメールを送信できなくなってしまうため、メールを送信するために、SMTP 認証などのユーザー認証とともにプロバイダが指定する送信専用のサブミッションポートを利用することが多い。

8.4.5 POP（Post Office Protocol）

図 8.13
POP

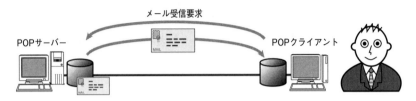

　前述の SMTP はメールを配送するプロトコルです。つまり、SMTP は送信したいメールを持っているコンピュータが、メールを受信するコンピュータへ向けてメールを送信するプロトコルです。UNIX ワークステーションを主体とする初期のインターネットではこれでまったく問題がありませんでしたが、パソコンをインターネットに接続しようとすると不便になってきました。

　パソコンは常時電源が入っているわけではありません。ユーザーは机に座るときにパソコンの電源を入れ、帰宅するときには電源を切って帰ります。コンピュータの電源を入れたらすぐに電子メールを受け取ってそれを読みたいと思うでしょう。しかし、SMTP ではそのような処理はできません。SMTP の不便な点は、メールを持っているホストに対してメールを受け取る側からは要求を出せないことです。

▼「ポップ」と発音する。現在、主に POP3（Post Office Protocol version 3.0）が使われている。

　この問題を解決するのが、POP▼（Post Office Protocol）です（図 8.14）。これは電子メールを受信するためのプロトコルです。

図 8.14
POP の仕組み

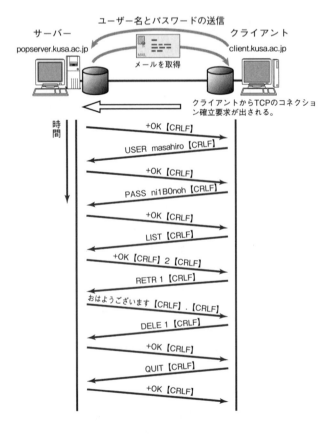

メールは送信者から SMTP によって常時電源が入っている POP サーバーまで到着します。クライアントは POP によって POP サーバーに保存された相手からのメールを取り出します。また、他人にメールを盗み取られることを防ぐために、ユーザーの認証も行います。

POP でも SMTP と同様に、サーバーとクライアントの間で 1 つの TCP コネクションを利用してやり取りが行われます。コマンドと応答メッセージを表 8.6 に示します。コマンドは短い ASCII 文字列で表されます。応答メッセージはシンプルで 2 種類しかありません。正常な場合には「+OK」、エラーが発生した場合には「-ERR」です。

表 8.6

POP の主なコマンド

・認証時に有効なコマンド

USER name	ユーザー名の送信
PASS string	パスワードの送信
QUIT	通信終了
APOP name digest	認証

・応答

+OK	正常時
-ERR	エラー発生時

・トランザクション状態のときのコマンド

STAT	状態の通知
LIST [msg]	指定した番号のメールの確認（一覧表の取得）
RETR msg	メールのメッセージの取得
DELE msg	サーバーに格納されているメールの消去（QUIT コマンド後に実行）
RSET	リセット（DELE コマンドの取り消し）
QUIT	DELE コマンドを実行し、通信終了
TOP msg n	メールの先頭 n 行だけを取得
UIDL [msg]	メールのユニーク ID 情報の取得

▓ POP のコマンドを試す

POP サーバーと TELNET で接続できる場合には、次のように POP サーバーへログインしてから▼表 8.6 の POP コマンドを手動で実行することができます。

▼telnet コマンドの使い方については 299 ページのコラムを参照。

`telnet サーバー名またはアドレス 110`

310ページのコラムで紹介した SMTP のときと同様に、自分が POP クライアントになったつもりで POP コマンドを実行し、表 8.6 の応答を確認してみましょう。

▼ 8.4.6 IMAP（Internet Message Access Protocol）

▼「アイマップ」と発音する。現在、主にIMAP4（Internet Message Access Protocol version 4）が使われている。

IMAP▼はPOPと同様に、電子メールなどのメッセージを受信（取得）するためのプロトコルです。POPの場合は電子メールの管理をクライアント側で行いますが、IMAPの場合はサーバー側で管理を行います。

　IMAPを使用すると、サーバー上の電子メールのすべてをダウンロードしなくても電子メールを読むことができます。IMAPではサーバー側でMIMEの情報を処理するので、10個の添付ファイルが含まれている1つのメールが届いているときに「7番目の添付ファイルのみダウンロードする」というような処理が

▼POPでは特定の添付ファイルのみをダウンロードすることはできないため、添付ファイルをダウンロードしたいときには添付ファイルが含まれているメール全体をダウンロードする必要がある。

可能になります▼。これは通信回線の帯域が小さいときに役立つ機能です。また、そのメールを読んだかどうかの情報（未読、既読情報）やメールを仕分けするときのメールボックスの管理をサーバーで行ってくれるため、複数のコンピュー

▼POPを使って複数のコンピュータにメールをダウンロードすることもできるが、未読情報やメールボックスは、メールソフトごとに管理されるため不便になる。

タでメールを読む環境で便利です▼。このようにIMAPを使うとサーバー上に保持、保管されているメールメッセージを、あたかも自分の使うクライアントの記憶媒体のように扱うことができます。

　IMAPを利用することにより、個人用のコンピュータ、会社のコンピュータ、持ち歩くノートPCやスマートフォンなどから、IMAPサーバー上にあるメッ

▼ノートPCやスマートフォンがIMAPサーバーと通信できる必要がある。

セージを読んだり書いたりすることができます。これにより、会社のコンピュータでダウンロードしたメールをノートPCやスマートフォンに転送する必要がなくなります▼。このように複数のコンピュータを利用する人に便利な環境を提供できます。

8.5　WWW（World Wide Web）

▼ 8.5.1　インターネットブームの火付け役

▼ハイパーテキスト（HyperText）
文章内の文字などを関連付けして、互いに参照できるようにしたもの。

WWWはインターネット上の情報をハイパーテキスト▼形式で参照できる情報提供システムです。文書中に別の文書へのリンクを記述しておくことで、インターネット上の文書を相互に参照することができます。文書間のつながりを世界中に蜘蛛の巣のように張り巡らすイメージから、World Wide Webと名付けられました。単にWeb（ウェブ）と呼ばれることもあります。WWWの情報を画面に表示するクライアントソフトウェアを、Webブラウザ▼と呼びます。

▼Webブラウザ
Web Browser。WWWブラウザ、もしくは単にブラウザとも呼ばれる。

Webブラウザには Microsoft 社の Microsoft Edge や Mozilla Foundation の Firefox、Google 社の Google Chrome、Opera Software 社の Opera、Apple 社の Safari などがあります。

　Webブラウザを利用すると、情報がどこのコンピュータに存在するかということをほとんど意識することなく、マウスでクリックするだけで関連するさまざまな情報に次々とアクセスすることができます。当初は文字しか扱えませんでしたが、その後、画像や映像を取り扱うことができるようになったこと、また、検索エンジンの出現により、広大なインターネット上の情報にアクセスできるようになったことから、インターネットブームへと急速に発展しました。

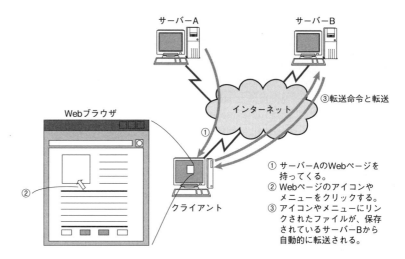

図 8.15
WWW

アクセスしたときに Web ブラウザの画面に表示されるイメージ全体は「Web ページ（WWW ページ）」と呼ばれています。会社や学校などの組織や個人の Web ページの見出しとなるページを「ホームページ」と呼ぶこともあります。多くの日本の企業では、

```
http://www.企業名.co.jp/
```

で、その企業のホームページにアクセスすることができます。そのページには、企業案内、製品情報、入社案内などの見出しがあり、その見出しの文字列やアイコンをマウスでクリックすると、その情報に対応したページにジャンプします。提供される情報は文字情報だけではなく、静止画、動画、音声、プログラムなど、さまざまな情報があります。また、情報を入手するだけでなく、Web ページを作れば誰でも世界に向けて情報を発信することができます。

8.5.2　WWW の基本概念

WWW では大きく 3 つの定義が行われています。情報へのアクセス手段と位置の定義、情報の表現フォーマットの定義、情報の転送などの操作の定義です。それぞれ、URI（Uniform Resource Identifier）、HTML（HyperText Markup Language）、HTTP（HyperText Transfer Protocol）です。

8.5.3　URI（Uniform Resource Identifier）

URI は Uniform Resource Identifier の頭文字をとったもので、資源を表す表記法（識別子）として利用されます。URI 自体は WWW 以外にも利用できる汎用性の高い識別子です。ホームページのアドレスや、電子メールのアドレス、電話番号など、さまざまな枠組みに対応しています。URI の例を次に示します。

```
http://www.rfc-editor.org/rfc/rfc4395.txt
http://www.ietf.org:80/index.html
http://localhost:631/
```

この例は、一般的には「ホームページのアドレス」、「URL（Uniform Resource Locator）」と呼ばれるものです。URLはしばしばインターネットの資源（ファイルなど）の場所を表す俗称として使われます。これに対してURIはインターネットの資源に限らずあらゆる資源を識別できるように考えられた識別子です。現在有効なRFC文書などではURLという名称は使われずURIが使われます▼。URLが狭い概念であるのに対して、URIはあらゆるものを定義できる広い概念で、WWW以外のアプリケーションプロトコルでも使うことができます。

▼似たような例にバイトとオクテットの関係がある。プロトコルの定義ではオクテットが使われるが、日常的にはバイトが使われる。

▼scheme。体系的な計画や枠組みを意味する英語。

URIが表す枠組みをスキーム▼といいます。WWWでは主にURIスキームのうちのhttpやhttpsを使ってWebページの位置を表したり、Webページへのアクセス方法を表したりします。URIスキームの一覧表は次のWebページにあります。

https://www.iana.org/assignments/uri-schemes.html

URIのhttpスキームは次のような書式で表現されます。

http:// ホスト名 / パス
http:// ホスト名 : ポート番号 / パス
http:// ホスト名 : ポート番号 / パス ? 問い合わせ内容 # 部分情報

ホスト名はドメイン名やIPアドレスを表し、ポート番号はトランスポート番号を表します。ポート番号についての詳細は、6.2節を参照してください。ポート番号を省略したときには、httpスキームでは通常80番が使われます。

▼CGIについては8.5.6項を参照。

パスはそのホスト上の情報の位置、問い合わせ内容はCGI▼などに伝える情報、部分情報は表示されるページ内での位置などを表します。

この表記法により、インターネット全体で特定のデータを一意に決定することができます。ただし、httpスキームで表現されるデータは随時変更される可能性があるため、気に入ったWebページを発見してそのURI（URL）を覚えていても、後日そのページがなくなっていたり、変わっていたりする可能性があります。

表8.7に主なURIスキームを示します。

表8.7　主なURIスキーム

スキーム名	内容
acap	Application Configuration Access Protocol
cid	Content Identifier
dav	WebDAV
fax	Fax
file	Host-specific File Names
ftp	File Transfer Protocol
gopher	The Gopher protocol
http	Hypertext Transfer Protocol
https	Hypertext Transfer Protocol Secure
im	Instant Messaging
imap	Internet Message Access Protocol
ipp	Internet Printing Protocol

表8.7

主な URI スキーム

スキーム名	内容
ldap	Lightweight Directory Access Protocol
mailto	Electronic Mail Address
mid	Message Identifier
news	USENET news
nfs	Network File System Protocol
nntp	USENET news using NNTP access
rtsp	Real Time Streaming Protocol
service	Service Location
sip	Session Initiation Protocol
sips	Secure Session Initiation Protocol
snmp	Simple Network Management Protocol
tel	Telephone
telnet	The Network Virtual Terminal Emulation Protocol
tftp	Trivial File Transfer Protocol
urn	Uniform Resource Names
z39.50r	Z39.50 Retrieval
z39.50s	Z39.50 Session

8.5.4 HTML（HyperText Markup Language）

　HTML（HyperText Markup Language）は Web ページを記述するための言語（データ形式）です。ブラウザの画面に表示する文字や、文字の大きさ、位置、色などを指定できます。また、画像や動画を画面に貼り付ける設定や音楽などの音を鳴らす設定も可能です。

　HTML にはハイパーテキストと呼ばれる機能があります。画面に表示する文字や絵にリンクを張り、そこがクリックされたときに別の情報を表示する機能であり、インターネット上のどの WWW サーバーの情報にもリンクを張ることができます。インターネット上の Web ページの多くには、関連する情報にリンクが張られています。これらをマウスでクリックして、次々にリンクをたどれば世界中の情報を見ることができます。

　HTML は、WWW の共通のデータ表現プロトコルということができます。アーキテクチャの異なるコンピュータでも、HTML に従ったデータを用意しておけばほぼ同じように表示されます。OSI の参照モデルに照らし合わせるならば HTML は WWW のプレゼンテーション層ということができるでしょう▼。ただし現在のコンピュータネットワークのプレゼンテーション層は完全には整備されていないため、OS や利用するソフトウェアが違うと表示の細かい部分が異なってしまう場合があります。

　図 8.16 に HTML で表現したデータのサンプルを示します。また、それをブラウザ（Firefox）に読み込んだときの画面イメージを図 8.17 に示します。

▼HTML は、WWW だけではなく、電子メールなどで利用されることもある。

図 8.16
HTML の例

```html
<!DOCTYPE html>
<html lang="ja">
<head>
  <meta http-equiv="Content-Type" content="text/html; charset=UTF-8">
  <title>Mastering TCP/IP</title>
</head>
<body>
<h1>「マスタリングTCP/IP」紹介ページ</h1>
<img src="cover.jpg" alt="マスタリングTCP/IPカバーイメージ">
<p>このページは書籍「マスタリングTCP/IP」の紹介ページです。</p>
<ul>
  <li><a href="feature.html">マスタリングTCP/IPの特徴</a></li>
  <li><a href="feature.html">対象とする読者層特徴</a></li>
  <li><a href="feature.html">サイズ／ページ数／価格</a></li>
  <li><a href="feature.html">著者の紹介</a></li>
</ul>
</body>
</html>
```

図 8.17
ブラウザで図 8.16 の HTML を読み込む

■ XML と Java

　WWW においてデータをファイルに保存したり、アプリケーション間でやり取りしたりする形式として XML（Extensible Markup Language）が利用されます。XML は SGML▼から派生した言語ともいえ、HTML と同じように項目の前後にタグを付けて意味を表します。＜タグ名＞から＜/タグ名＞までが 1 つのデータのかたまりとして扱われます。

　最近では、Java と XML を組み合わせたアプリケーションの開発が増えてきています。Oracle 社（旧 Sun Microsystems）が開発している Java は、プラットフォームに依存しないプログラミング言語・実行環境であり、XML はソフトウェアベンダに依存しないデータフォーマットです。

▼SGML
Standard Generalized Markup Language

Java も XML も OSI 参照モデルの第 6 層のプレゼンテーション層に相当すると考えることもできます。この 2 つを組み合わせれば、ネットワークに異なる種類のシステムが接続されていても同じように動作するアプリケーションを開発できます。

■ HTML5・CSS3

初期の Web ブラウザは、基本的な文字情報と画像の表示にのみ対応しており、音声や動画を再生するために、機能を拡張するプラグインを利用し、マルチメディアを実現していました。こうした独自のプラグインは、リッチインターネットアプリケーションを実現するプラットフォームとして広く利用されることとなった反面、セキュリティ対策の遅れなども指摘されるようになり、標準の HTML に Web アプリケーションのプラットフォームとしての機能実装が求められるようになりました。

こうした背景から、HTML5 と呼ばれる新しい規格では、標準で音声や動画を再生できるようになり、さまざまな API を組み込んだ Web アプリケーションを作りやすくなりました。また、HTML4 以前の複雑になっていた要素や属性を新たに見直し、より明確に文書構造を示すことができるようになっています。

CSS（Cascading Style Sheet）は HTML の要素をどのように表示するかを指定できる言語であり、主な Web ブラウザで利用することができます。CSS3 と呼ばれる新しい規格では、従来の Web ページでは画像データによりデザインしていたボタンの表現などを、画像データを使うことなく CSS3 の記述だけでデザインすることができるようになりました。

HTML5 と CSS3 の組み合わせにより、文書構造とデザインの分離が明確になり、パソコンやスマートフォンなど画面の大きさの違う端末に合わせたデザインを行いやすくなりました。従来は、パソコン用、スマートフォン用とそれぞれの表示に合わせたサイトを用意することが一般的でしたが、HTML5・CSS3 により表示に使う CSS を切り替えることができるようになりました。このようなデザイン手法をレスポンシブウェブデザインと呼びます。

▼ 8.5.5 HTTP（HyperText Transfer Protocol）

HTTP は、HTML 文書や画像、音声、動画などのコンテンツの送受信に用いられるプロトコルです。トランスポートプロトコルとして TCP を使用します。

HTTP では、クライアントが HTTP サーバー（Web サーバー）に情報を要求し、この要求に対して、HTTP サーバー（Web サーバー）がクライアントに情報を送信します。HTTP サーバーはクライアントの状態を保持しません（ステートレスと呼びます）。

具体的には、ユーザーがブラウザに Web ページの URI を入力すると HTTP の処理が開始されます。HTTP では、通常 80 番のポート番号が利用されます。まず、クライアントからサーバーへポート 80 番で TCP のコネクションの確立が行われます。その TCP の通信路を利用してコマンドや応答、データからなるメッセージの送受信が行われます。

図 8.18
HTTP の仕組み

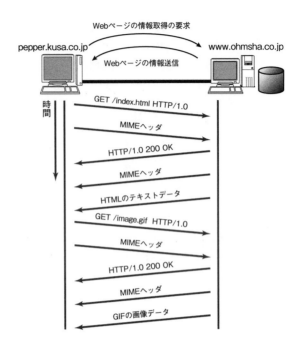

　HTTP では主に HTTP1.0 と HTTP1.1 という 2 つのバージョンが利用されています。HTTP1.0 までは 1 つの「コマンド」、「応答」をやり取りするたびに TCP コネクションを確立し、切断していました。HTTP1.1 からは 1 つの TCP コネクションで複数の「コマンド」、「応答」ができるようになりました[▼]。これにより、TCP のコネクションの確立や切断によるオーバヘッドを減らすことができ、効率が上がりました。

▼コネクションを張ったままにする方法をキープアライブ（keep-alive）と呼ぶ。

表 8.8
HTTP の主なコマンドと応答メッセージ

・HTTP の主なコマンド

OPTIONS	オプションの設定
GET	指定した URL のデータを取得
HEAD	メッセージヘッダだけを取得
POST	指定した URI にデータを登録
PUT	指定した URI にデータを保存
DELETE	指定した URI のデータを削除
TRACE	リクエストメッセージをクライアントに戻す

・情報の提供

100	Continue
101	Switching Protocols

・肯定的な応答

200	OK
201	Created
202	Accepted
203	Non-Authoritative Information
204	No Content
205	Reset Content
206	Partial Content

・転送要求（リダイレク
　ション）

300	Multiple Choices
301	Moved Permanently
302	Found
303	See Other
304	Not Modified
305	Use Proxy

・クライアントからの要
　求内容のエラー

400	Bad Request
401	Unauthorized
402	Payment Required
403	Forbidden
404	Not Found
405	Method Not Allowed
406	Not Acceptable
407	Proxy Authentication Required
408	Request Time-out
409	Conflict
410	Gone
411	Length Required
412	Precondition Failed
413	Request Entity Too Large
414	Request-URI Too Large
415	Unsupported Media Type

・サーバーのエラー

500	Internal Server Error
501	Not Implemented
502	Bad Gateway
503	Service Unavailable
504	Gateway Time-out
505	HTTP Version not supported

■ HTTP における認証

　HTTP で定義される認証方式には、Basic 認証と Digest 認証があります。HTTP サーバーはクライアントを認証し、認証に成功したクライアントにのみコンテンツを返すようにアクセスを制限できます。

　Basic 認証では、base64 でエンコードされますが、ユーザー ID とパスワードは平文でネットワークを流れるので安全ではなく、HTTPS の暗号化通信と組み合わせて利用することが推奨されます。

　Digest 認証は、Basic 認証の欠点である平文で流してしまうことを改善した認証方式で、ユーザー ID とパスワードを MD5 でハッシュ化して送信します。ハッシュ化されているので、盗聴されてもパスワード解析が困難と言われてきました。しかしながら、MD5 は近年解析が可能なハッシュアルゴリズムとして安全性に懸念があることが明らかになっています。

322　第 8 章　アプリケーションプロトコル

　また、Web サイトの認証としては、方式は違いますが Web サイトのログインページのように HTML で作られたフォーム画面の方式もあります。

　いずれにしても、パスワードが平文でネットワークに流れないように、HTTPS の暗号化通信を使用するのが一般的です。

■ より高速で快適な Web を目指して（HTTP/2 と HTTP/3）

　近年、Web ページの読み込みには、これまで以上に多くのリソースが必要となってきています。画像を多用した Web ページや動画コンテンツをスムーズに送信するには複数の接続が必要となりますが、それは一方でネットワークの混雑を引き起こす原因にもなります。

　そこで、2015 年 5 月に公開された HTTP のバージョン 2 である HTTP/2（RFC7540）では、1 つの接続での並列処理や、バイナリデータの使用による送受信のデータ量の削減、ヘッダ圧縮、サーバープッシュなどの技術の導入により、ネットワークリソースの効率化を実現しています。

　なお、Web サーバーと Web ブラウザが HTTP/2 に対応していれば自動的に HTTP/2 の通信を行うため、利用者側が HTTP/2 を意識する必要はありません。

　さらに、より多数のクライアント接続をサポートし、高速に Web ページを読み込めるように、TCP のスリーウェイハンドシェークのない UDP を使う HTTP-over-QUIC がインターネットドラフトとして 2016 年 11 月に提出されました。これはその後、2018 年 12 月に HTTP/3 と名称を新たにしました。

　今後 HTTP/3 の実装が進んでくると、ますます便利な Web が実現されていくでしょう。

▼telnet コマンドの使い方については 299ページのコラムを参照。

■ HTTP のコマンドを試す

　HTTP サーバーと TELNET で接続できる場合には、次のように HTTP サーバーへログインしてから▼表 8.8 の HTTP コマンドを手動で実行することができます。

```
telnet サーバー名またはアドレス 80
```

　自分が HTTP クライアントになったつもりで、ASCII 文字列の HTTP コマンドを投入し、表 8.8 の応答を確認してみましょう。

8.5.6 Web アプリケーション

WWWの初期は静的な画像やテキストの表示だけでしたが、後述するサーバー上でプログラムを実行し、その結果を表示できる CGI の仕組みや、Web ブラウザ上でプログラムを実行できる JavaScript によってさまざまなアプリケーションを利用できるようになりました。このような Web ブラウザで利用するアプリケーションのことを Web アプリケーションと呼びます。

■ JavaScript

Web の基本要素は URI、HTML、HTTP ですが、これだけでは条件に応じて動的に表示する内容を変更することはできません。そこで、Web ブラウザ側やサーバー側でプログラム処理を行うことで、多彩なサービス、たとえばネットショッピングや情報検索などを実現できるようになりました。

Web ブラウザで動くプログラムをクライアントサイドアプリケーションと呼び、サーバー側で動くプログラムをサーバーサイドアプリケーションと呼びます。

JavaScript は HTML に埋め込めるプログラミング言語で、クライアントサイドアプリケーションとして多くの種類の Web ブラウザ上で動作します。そのようなブラウザで JavaScript が埋め込まれた HTML を HTTP でダウンロードすると、JavaScript で記述されたプログラムがクライアント側で実行されます▼。これらのプログラムは、ユーザーが入力した数値が許容範囲を超えている場合や、入力や選択が必須の欄が未入力である場合のチェックの処理などに使われます▼。HTML や XML ドキュメントの論理的な構造（DOM：Document Object Model）を JavaScript で操作し、Web ページとして表示する情報やスタイルを動的に変更することもできます。近年では、サーバーから Web ページ全体を読み込むことなく JavaScript で DOM を操作し、より動的な Web サイトを作成することも可能になってきました。こうした手法は Ajax（Asynchronous JavaScript and XML）と呼ばれることもあります。

従来、Web ページは人間が読むことを想定した内容になっています。一方で、Web ページを動的に変化させるようになったことから、プログラムでデータをやり取りしやすくするための仕組みが広がりつつあります。この仕組みは、WebAPI と呼ばれます。各 Web サイトでは、データを活用してもらいやすくするために、WebAPI を通じてデータを提供しています。利用者は WebAPI を用いることで、必要なデータと連携してシステムを作成できるようになっています。

たとえば、オンラインショッピングサイトの人気商品の情報や、天気予報サイトの天気予報の情報などを、WebAPI を利用して入手することができます。

▼JavaScript はブラウザ上で動作するスクリプト言語として開発されたが、近年ではサーバー上で動作する仕組みも出てきている。これをサーバーサイドJavaScript と呼ぶ。

▼ユーザーの入力の正当性などをすべてサーバー側でチェックすると、サーバーの負荷が高くなるため、クライアント側だけでチェックできる項目はクライアント側でチェックしたほうが効率がよい。

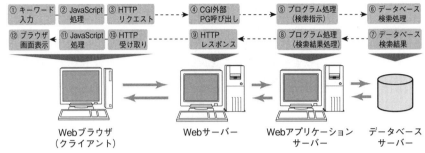

図 8.19
JavaScript、CGI での処理の流れ

① Webブラウザに検索キーワードを入力する
② JavaScriptによる処理が行われる（たとえば、入力候補の表示など）
③ HTTPによるリクエストメッセージがWebサーバーに送られる
④ HTTPリクエストを解析し必要に応じてCGIにより外部プログラムを呼び出す
⑤ Webアプリケーションサーバーでプログラムが処理を行う（データベース検索命令の実行）
⑥ データベースサーバーが検索処理を行う
⑦ データベースサーバーが検索結果をプログラムに応答する
⑧ プログラムが検索結果を元にHTML文書を作成する
⑨ WebサーバーがHTTPレスポンスをクライアントに送信する
⑩ クライアントは、HTMLを受信しブラウザにデータを渡す
⑪ JavaScriptによるブラウザ側の処理が行われる
⑫ ブラウザの画面に検索結果が表示される

■ CGI

▼Common Gateway Interface

CGI▼は、Web サーバーが外部プログラムを呼び出すサーバーサイドアプリケーションの仕組みです。

通常の Web の通信は、クライアントからの要求に応じて Web サーバーのハードディスクに格納されているデータが転送されるだけです。この場合にクライアントに転送されるのはいつも同じ情報（静的な情報）です。CGI を使うと、クライアントからの要求に応じて Web サーバー側で別の外部プログラムが起動され、そのプログラムにユーザーが入力した情報が伝えられます。その情報を外部プログラムが処理して作成した HTML やその他のデータがクライアント側に転送されます▼。

▼必ずしも外部プログラムがCGIを使って起動されるとは限らない。Webサーバーの内部にサーバープログラムが組み込まれていたり、インタプリタ型言語で書かれたプログラムを解釈・実行するインタプリタがWebサーバーに組み込まれていたりする場合がある。

CGI を使うとユーザーの操作に応じてさまざまに変化する情報（動的な情報）を転送することができます。掲示板やネットショッピングなどの中には CGI を使用して外部プログラムを呼び出したり、データベースにアクセスしたりしているものがあります。

■ クッキー（Cookie）

Web アプリケーションではユーザーの情報を識別するために、クッキーと呼ばれる仕組みが使われます。クッキーを使うと、Web サーバーがクライアント側に情報（「タグ名」と「タグ名に付ける値」）を格納することができます▼。ログインの情報やネットショッピングでの買い物カゴの情報などを Web ブラウザに記憶させるために利用されます。

▼クッキーに有効期間を付けることもできる。

Web サーバー側からクライアントのクッキーを確認することで、同じ相手からの通信かどうかを確認したり買い物カゴに格納した商品をサーバー側で記憶したりする必要がなくなります。

■ WebSocket

チャットアプリやゲームアプリなど、クライアントとサーバー間の双方向通信を HTTP 上で実現するプロトコルとして WebSocket が開発されました。もともと HTTP は片方向通信を想定して作られたプロトコルですが、さまざまなアプリケーションで双方向のリアルタイム通信が必要とされ始めたことが背景にあります。

WebSocket を利用したアプリケーション通信では、まずクライアントとサーバー間で HTTP 通信を行い、HTTP の upgrade リクエスト／レスポンスで WebSocket 用の通信路を確立し、双方向の通信が行えるようになっています。WebSocket プロトコルは、RFC6455 でインターネット標準となっています。

また、W3C が WebSocket を利用するための API をまとめたことで、WebSocket API に準拠した JavaScript のフレームワーク実装などが開発され、広く利用されるようになっています。

8.6　ネットワーク管理（SNMP）

8.6.1　SNMP（Simple Network Management Protocol）

図 8.20
ネットワーク管理

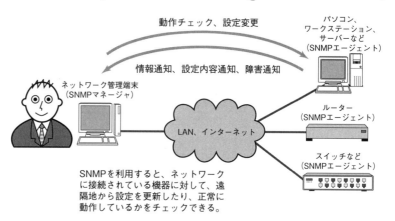

ネットワーク管理は、以前は管理者や導入担当者の記憶と勘で行える仕事でした。しかし、ネットワークの発展と拡大は人の記憶や勘では追いつけないレベルに進み、きちんとした知識を伴う管理が重要になりました。TCP/IP のネットワーク管理では、必要な情報の取得などを行うために SNMP（Simple Network Management Protocol）が利用されます。SNMP は、UDP/IP 上で動作するプロトコルです。

▼SNMPv3ではマネージャもエージェントも、エンティティと呼ぶ。

▼MIB（Management Information Base）
8.6.2項を参照。

SNMPでは、管理する側をマネージャ（ネットワーク監視端末）、管理される側をエージェント（ルーター、スイッチなど）と呼びます▼。マネージャとエージェントの間の通信のやり取りを定めたものがSNMPです。SNMPでは、MIB▼と呼ばれるエージェントが管理している管理情報のデータベースの値を見ることと、新しい値をセットすることができます。

初期のSNMPでは、セキュリティ機能が不十分でした。SNMPv2の標準化ではセキュリティ機能も提案されましたが意見がまとまらず、結局従来のコミュニティベースの認証だけをサポートする提案（SNMPv2c）が標準になりました。SNMPv2cではセキュリティの機能は採用されていません。

そこでSNMPv3では、SNMPが持つべきすべての機能を同一のバージョンのSNMPで実現するのではなく、個別の機能（コンポーネント）として定義し、さまざまなバージョンの組み合わせで通信できるようにしました。

図 8.21
SNMPの仕組み

SNMPv3では、「メッセージ処理」、「セキュリティ」、「アクセスコントロール」部分を分けて考え、それぞれに必要な仕組みを選択できるようにしています。

たとえば「メッセージ処理」については、SNMPv3で定義されている処理モデルのほかに、SNMPv1とSNMPv2の処理モデルが選べるようになっています。実際、SNMPv3ではSNMPv2のメッセージ処理を使って通信が行われることが多くなっています。

8.6 ネットワーク管理（SNMP）　327

メッセージ処理でSNMPv2が選択された場合は、参照要求（GetRequest-PDU）、前回要求した次の情報の参照要求（GetNextRequest-PDU）、応答（Response-PDU）、設定要求（SetRequest-PDU）、一括参照要求（GetBulkRequest-PDU）、ほかのマネージャへの情報通知要求（InformRequest-PDU）、イベント通知（SNMPv2-Trap-PDU▼）、管理システムで定義する命令（Report-PDU）とい
う8つの操作を行えます。

通常は、参照要求・応答によって定期的に機器の動作をチェックしたり、設定要求によって機器設定を変更したりします。SNMPでの処理は機器へのデータの書き込みと読み込みという2つに集約できます。この方法は、フェッチ／ストアパラダイムと呼ばれ、コンピュータの入出力などの基本的な動作と同じです▼。

Trapは、何らかの原因でネットワーク機器の状況が変化した際に状況の変化をSNMPマネージャに通知させる場合に利用します。Trapでは、マネージャからエージェントに問い合わせがなくても機器の状態が変化したときにエージェント側から通知されます。

▌8.6.2　MIB（Management Information Base）

SNMPでやり取りされる情報が、MIB▼（Management Information Base）です。MIBはツリー型の構造を持ったデータベースで、それぞれの項目に番号が付けられています。

SNMPがMIBにアクセスするときには数字の列が使われます。この数字には人間にとって分かりやすい名前が付けられています。MIBには標準MIB▼（MIB、MIB-II、FDDI-MIBなど）と各メーカーが独自に作成した拡張MIBがあります。どちらのMIBもISOのASN.1▼を利用したSMI（Structure of Management Information）で定義される構文で記述されます。

MIBはSNMPのプレゼンテーション層にあたります。つまり、ネットワーク透過な構造体です。SNMPでは、エージェントのMIBに値を代入したり値を取り出したりします。これによって、衝突の回数やトラフィックの量などの情報の収集、インタフェースのIPアドレスなどの情報の変更、ルーティングプロトコルの停止・起動、機器の再起動や電源OFFなどの処理を行うことができます。

▼わなのような仕掛けのことをTrapと呼ぶが、SNMPのTrapにも似たような意味がある。

▼コンピュータでは、メモリの特定のアドレスにデータを書き込んだり、メモリの特定のアドレスからデータを読み込むことによって、キーボードからの入力や、画面への表示、ディスクへの読み書きが行われる。これをメモリマップドI/Oと呼び、フェッチ／ストアパラダイムの代表にあげられる。SNMPは、これをネットワークに応用している。

▼「ミブ」と発音する。

▼プライベートMIBと呼ぶケースもある。

▼ASN.1（Abstract Syntax Notation 1）
「抽象構文記法1」と訳される。OSIプロトコルのプレゼンテーション層を記述するために開発された言語。ASN.1で記述されたデータは、ネットワーク内で透過的に利用することができる。

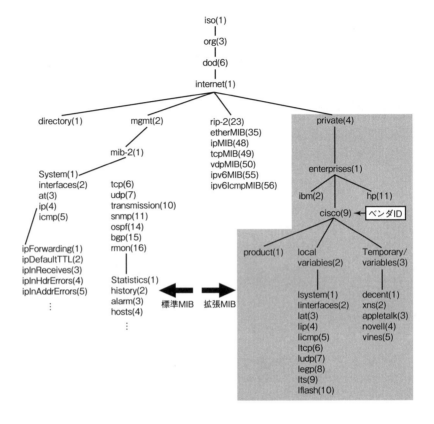

図 8.22
MIB ツリーの例（Cisco Systems 社関連）

8.6.3 RMON（Remote Monitoring MIB）

▼「アールモン」と発音する。

RMON[▼]は Remote Monitoring MIB の略称です。通常の MIB がネットワーク機器のインタフェース（点）を監視するパラメータ群から構成されているのに対し、RMON は接続されるネットワークの回線（線）を監視するパラメータ群から構成されています。

RMON により監視可能な部分が点の情報から線の情報にまで広がり、ネットワークを効果的に監視することが可能になります。監視可能な内容も、通信トラフィックの統計情報などユーザー側の立場から考えて有意義なものが多くなっています。

これにより、ある特定のホストがどこの誰と、どのようなプロトコル（アプリケーション）を使用して通信しているという統計情報を知ることができ、ネットワーク上にある負荷の中身を詳細に分析できます。

RMON により、現在の使用状況から通信の方向性までを、端末単位からプロトコル単位まで見ることができます。また、ネットワークの管理を行うだけでなく、今後のネットワークの拡張時、変更時にも非常に有意義な情報を取得することが可能になります。特に WAN 回線部分や、サーバーセグメント部分のトラフィック情報を見ることで、ネットワークの利用率や回線に負荷をかけているホストやプロトコルを特定するための情報を得ることができ、ネットワークの帯域が十分かどうかを判断する上で重要な資料となります。

8.6.4 SNMPを利用したアプリケーションの例

SNMPを利用しているアプリケーションを1つ紹介します。

MRTG（Multi Router Traffic GRAPHER）は、RMONを利用しネットワークに接続されているルーターのトラフィック量の情報を定期的に収集してグラフ化するツールです。このアプリケーションは次のところから入手できます。

　　https://oss.oetiker.ch/mrtg/

図 8.23
MRTGによるトラフィック量のグラフ化

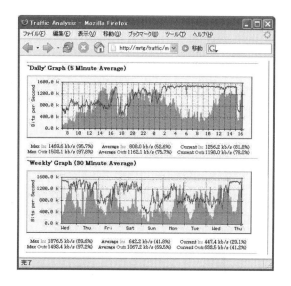

8.7 その他のアプリケーションプロトコル

インターネットはデータ通信用ネットワークとして発展してきました。しかし、近年リアルタイムで音声や映像などを送受信する利用が広がっています。インターネットを介した電話やテレビ会議、ライブ中継など即時性、双方向性のある分野での利用も広がってきています。

8.7.1 マルチメディア通信を実現する技術（H.323、SIP、RTP）

TCPによる通信では、フロー制御、ふくそう制御、再送制御のため、アプリケーションが送信したパケットが、速やかに宛先ホストのアプリケーションに届かない場合があります。インターネット電話で使われるVoIP▼やビデオ会議の場合、パケットが少々脱落する可能性はあっても、遅延が少ないことや即時性のほうが重要視されます。このため、リアルタイムのマルチメディア通信ではUDPが利用されます。

▼VoIP
Voice Over IPの略。「ブイオーアイピー」、「ボイプ」と発音する。

UDPを利用すれば、それだけでマルチメディア通信が可能になるわけではありません。インターネット電話やビデオ会議の相手を探し、電話機が行うような相手の呼び出しを行い、どのような形式でデータのやり取りをするかを取り決める仕組み「呼制御」が必要です。呼制御を行うプロトコルとしては、H.323、SIPがあります。マルチメディアデータ本体の特性に合った転送を行うのがRTPです。そして、音声、動画などの大きなマルチメディアデータをネットワークに乗せるための圧縮技術も必要になります。

このような技術が組み合わさって、リアルタイムなマルチメディア通信が実現されています。また、インターネット電話やビデオ会議では、今までのデータ通信以上にリアルタイム性が要求されます。このため、QoSや回線容量、回線品質にも十分配慮したネットワーク構築が必要になります。

■ H.323

H.323はITUにより策定された、IPネットワーク上で音声や映像をやり取りするためのプロトコル体系です。もともと、従来のISDN網とIPネットワーク上の電話網を接続するための規格として生まれました。

H.323は、利用端末であるターミナル、利用者のデータ圧縮手順の違いなどを吸収するゲートウェイ、電話帳の管理や呼制御を司るゲートキーパー、複数の端末からの同時使用を可能にするマルチコンポーネントユニットから構成されます。

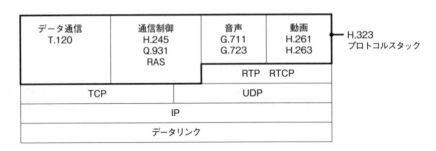

図 8.24
H.323の基本構成

■ SIP（Session Initiation Protocol）

H.323と比較されるTCP/IPのプロトコルがSIP▼です。SIPはH.323より後に開発され、H.323よりインターネットでの利用に合致するようになっています。H.323は多くの規格に対応し複雑になっていますが、SIPは比較的簡単な構成になっています。

▼「シップ」と発音する。

端末間でマルチメディア通信を行うには、事前に相手のアドレスを解決したり、相手を呼び出したり、やり取りするメディアの情報▼について交渉したりする機能が必要です。また、セッションを中断したり転送したりするための機能も必要になります。これらの機能（呼制御やシグナリングと呼ばれる）を実現するのがSIPの役割です。OSI参照モデルに当てはめるなら、セッション層に相当するといえます。

▼圧縮方法、サンプリングレート、チャネル数など。

SIPでは端末間でメッセージのやり取りにより呼制御を行い、マルチメディア通信に必要なお膳立てをします。ただし、SIP自体はデータのやり取りのお膳立てをするだけで、マルチメディアデータ自体の転送は行いません。SIPメッセージは端末間で直接やり取りするのが基本ですが、サーバーを介して転送することもできます。SIPはHTTPに似たシンプルな仕組み▼のため、VoIPだけでなくさまざまなアプリケーションに応用されています。

▼HTTPではWebページの取得／送信にASCII文字列による要求コマンドと数字3文字の応答メッセージを使うが、SIPでも同様のASCII文字列を使う。

主なSIPメッセージを表8.9に、応答メッセージを表8.10にまとめます。

図8.25
SIPの基本構成

図8.26
SIPの呼制御手順（SIPサーバーを介する場合）

▼RTPによる通信はSIPサーバーを経由せず、SIP端末間で直接行われる。

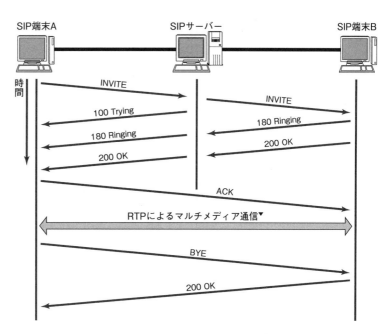

表8.9
主なSIPメッセージ

メッセージ	内容
INVITE	セッションを開始する呼びかけ
ACK	INVITEに対する応答の確認
BYE	セッションの終了
CANCEL	セッションのキャンセル
REGISTER	ユーザーのURIの登録

表8.10
SIPの主な応答メッセージ

100番台	暫定的な応答、情報
100	Trying
180	Ringing
200番台	要求が成功した
200	OK
300番台	リダイレクト
400番台	クライアント側のエラー
500番台	サーバー側のエラー
600番台	その他のエラー

■ RTP（Real-Time Transport Protocol）

　UDPは信頼性がないプロトコルです。パケットが喪失したり、順番が入れ替わったりする可能性があります。UDPでリアルタイムなマルチメディア通信を実現するためには、パケットの順番を表すシーケンス番号を付けたり、パケットの送信時刻を管理したりする必要があります。これを行うのがRTPです。RTPはQUICと同様に、UDPを使ったトランスポートプロトコルといえます。

　RTPはそれぞれのパケットにタイムスタンプとシーケンス番号を付加します。パケットを受け取ったアプリケーションは、このタイムスタンプの時刻をもとに再生するタイミングを調整できます。シーケンス番号はパケットを1つ送るごとに1つ増やされます。シーケンス番号を使って同じタイムスタンプを持つデータ▼の順番を並べ直したり、パケットの抜けを把握したりします。

　RTCP（RTP Control Protocol）は、RTPによる通信を補助します。パケット喪失率など通信回線の品質を管理することで、RTPのデータ転送レートを制御します。

▼動画の1フレームを構成するデータは、多くの場合1つのパケットに入り切らない。この場合、タイムスタンプは同じになるがシーケンス番号は異なる値になる。

図8.27
RTPによる通信

▼RTPは機能としてはトランスポートプロトコルだが、OSではなく、アプリケーションプログラムとして実装される。

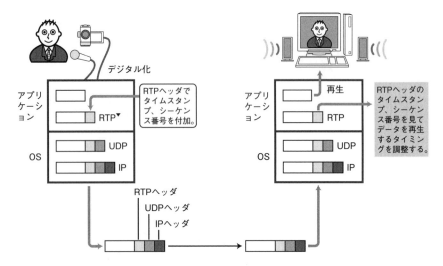

■ デジタル圧縮技術

効率よくデータを圧縮することにより、音声、映像データの総容量が減少します。限られたネットワーク資源でマルチメディアデータを送受信するためには、圧縮技術が必須です。

MPEG（Moving Picture Experts Group）は、デジタル圧縮の規格を決める ISO/IEC のワーキンググループです。ここで策定された規格が MPEG です。MPEG2 は DVD やデジタルテレビ放送に利用されています。音楽圧縮で利用される MP3▼ も MPEG の規格です。

一方、ITU-T では H.323 で規定される H.261、H.263 があります。また、ITU-T と MPEG が共同で作業を行った H.264、H.265/HEVC などがあります。これ以外にも、Microsoft 社独自の規格などが存在します。

これらのデジタル圧縮技術は、データの形式を規定しているため、OSI 参照モデルのプレゼンテーション層に相当するといえます。

▼正式名称を MPEG1 Audio Layer III という。

■ HTTP を利用したストリーミング配信

ここまでに説明した SIP や H.323、RTP は、映像や音声を活用したマルチメディアアプリケーションで利用されますが、インターネットを経由した通信の場合、NAT やファイアウォールなどの影響で通信がうまく成立しない場合があります。

そこで、HTTP を利用したストリーミング方式が考え出されました。最初に考えられたのは、映像コンテンツを HTTP によりダウンロードした後、クライアントで再生する方法でした。続いて、映像コンテンツすべてをダウンロードし終わる前に、ダウンロードした部分から再生することが可能となる、疑似ストリーミング方式が普及しました。

近年では、パソコン向け、スマートフォン向けなど、再生する環境やネットワーク状態に合わせて映像コンテンツを配信する、Adaptive Bitrate Streaming 方式が主流となっています。

HTTP を利用するストリーミング技術はベンダ独自実装から発展してきましたが、汎用性が高く、標準化技術として MPEG-DASH が策定されました。今後の普及が期待されています。

▊ 8.7.2　P2P（Peer To Peer）

インターネット上での電子メールなどの通信は、1 台のメールサーバーに対して複数のメールクライアントが接続するクライアント／サーバーモデルであり、1 対 N の通信形態です。

これとは異なり、ネットワーク上に展開する各端末やホストがサーバーなどを介さずに 1 対 1 で直接接続し通信を行う形態が P2P（Peer To Peer▼）です。これは、無線トランシーバを使った 1 対 1 での通話に近い形で通信を行う形態です。P2P では、各ホストがクライアントとサーバーの両方の機能を持ち、対等な関係でサービスを相互に提供し合います。

▼「ピアツーピア」と発音する。

IP電話の中には、P2Pを利用して通信を行うものがあります。P2P方式を採用することにより、音声データによるネットワークの負荷が分散され、効率のよい運用ができる場合があります。たとえばSkype▼というインターネット電話サービスは、P2Pの機能を利用しています。

▼「スカイプ」と発音する。

IP電話以外にも、インターネット上のファイル交換アプリケーションを実現するBitTorrent▼プロトコルや、一部のグループウェアアプリケーションなどで、P2Pが利用されています。また、近年特に注目を集めているブロックチェーンの分散データ管理にも、P2P技術が利用されています。

▼「ビットトレント」と発音する。

図 8.28
中央集中型と P2P 型

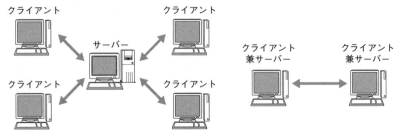

サーバー1台にクライアントN台がつながる中央集中型　　それぞれがクライアントとサーバーを兼ね1対1でつながるP2P型

ただし、P2Pがうまく利用できない環境もあります。サーバーとクライアントに分かれているタイプの通信では、サーバーはインターネットからアクセス可能な場所にある必要があるものの、クライアントはNATの内側でも問題ありません。P2Pの場合にはそうはいかず、インターネットからNATを越えて双方の端末にアクセスできる仕組みが必要になります。

▼8.7.3　LDAP（Lightweight Directory Access Protocol）

▼「エルダップ」と発音する。

LDAP▼は、ディレクトリサービスにアクセスするためのプロトコルです。

大規模な企業や教育機関では、管理対象となる利用者、機器やアプリケーションなどが膨大になります。たとえば、会社のパソコンで社内のポータルサイトへアクセスしたりメールをチェックするためには、ユーザー名とパスワードを使い、パソコンへの認証やOSへのログイン、ポータルサイトへのログイン、メールサーバーへのログインを行うと思います。

それらを管理しようとする場合、パソコンやポータルサイト、メールサーバーに、それぞれ使ってもよい人のユーザー名とパスワードをあらかじめ設定しておく必要があり、数が多くなるととても大変です。

ですが、各機器や各アプリケーションに対するユーザー名やパスワードといった認証に必要な情報が一元管理されていて、すぐに確認できると便利です。

このような管理対象の情報を一元管理（認証管理や資源管理）する仕組みとして、ディレクトリサービスがあります▼。

▼同様の機能を持った製品として、Microsoft社のActive Directory、旧Novell社のeDirectoryなどがある。オープンソースの実装として、OpenLDAPやApache Directoryなどもある。それぞれLDAPをサポートしているが、独自に機能拡張された部分があり、完全に同じではない。そのため、用途に合わせて製品を選んでいる企業が多い。

「ディレクトリサービス」とは、ネットワーク上に存在しているさまざまな資源に関してデータベース的な情報提供を行うサービスといえます。ディレクトリという言葉には、「アドレス帳」や「住所録」という意味もあります。ディレクトリサービスはネットワーク上の資源の管理サービスと考えてもよいでしょう。

LDAPはこのディレクトリサービスへのアクセスに使われます。ディレクトリサービスの標準化は、ISO（国際標準化機構）によって1988年にX.500▼として行われました。LDAPは、このX.500の機能の一部をTCP/IPに対応させたものです。

▼X.500
ISO（国際標準化機構）が、ディレクトリサービスの標準として1988年に規定したDirectory Access Protocol（DAP）。X.500はITU-Tの勧告番号。

DNSがネットワーク上の各ホストを簡単に管理することを目的として生まれたように、LDAPはネットワーク上に存在する資源を統一的かつ簡単に管理することを目的としています。

LDAPでは、ディレクトリツリーの構造とデータ型、命名規則、ディレクトリツリーへのアクセス手順、セキュリティを定めています。

LDAPでの設定情報は図8.29のような構造となります▼。図8.30は情報ツリーの単純な例です。

▼LDIF（LDAP Interchange Format：LDAPデータ交換形式）

図8.29
LDIFファイル

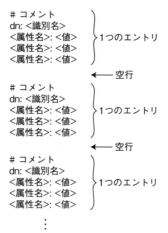

図8.30
LDAPディレクトリ情報ツリー（DIT）

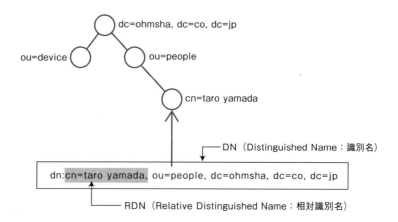

8.7.4　NTP（Network Time Protocol）

　NTPは、ネットワークに接続される機器の時刻を同期するためのアプリケーションプロトコルです。

　ネットワークに接続される機器の時刻が違う場合、たとえば、ルーターやサーバーなどのログに記録される時刻がバラバラになってしまいます。機器のログはトラブルの原因究明に役に立つ情報ですが、それぞれのログの時刻がバラバラだと、時系列でトラブル状況を確認する際に、いつ何が発生したのかという情報を正確に把握することが難しくなります。

　このように、ネットワークを運用するためには、タイムスタンプに一貫性を持たせることが重要となります。

　そのための仕組みとして、NTPがあります。NTPは、クライアントサーバー型のアプリケーションです。時刻情報を要求するクライアントと時刻情報を提供するサーバーで構成され、UDPポート123番を使って通信を行います。NTPクライアントは、NTPサーバーから時刻情報を取得すると、自分の時刻と取得した時刻のズレを調整します。

　NTPサーバーが正しい時刻情報を提供するためには、NTPサーバーが正しい時刻情報を持っていなければなりません。そこでNTPは、Stratumと呼ばれる階層構造を持っています。最上位のStratum0に位置するGPS衛星や原子時計の正確な時刻情報（reference clock）を下位のNTPサーバーへ配信する仕組みです。国内では、日本標準時を生成しているNICT（情報通信研究機構）がStratum1のNTPサーバーを運用しています（ntp.nict.jp）。

　NTPサーバーを設定する際、上位のNTPサーバーを指定する必要がありますが、IPアドレスではなくホスト名を指定するべきとされています。これは、NTPサーバーのIPアドレスが変わってしまう場合を考慮しています。

図 8.31

NTPサーバーと、Stratum階層

▼Stratumは階層が下がることに数字が増え、16までの階層がある。Stratum1のNTPサーバーを参照するNTPサーバーはStratum2となり、下位のNTPクライアントへ時刻情報を提供する。クライアントがどのNTPサーバーにアクセスするかは環境や設定によって変わる。たとえばセキュリティの問題から、外部のNTPサーバーに直接アクセスできないように設定されることがある。その場合、組織内にNTPサーバーを設置し、クライアントは組織内のそのNTPサーバーにアクセスするように設定する。このようなケースでは、この図のStratum2は所属組織が運用しているNTPサーバーになる。

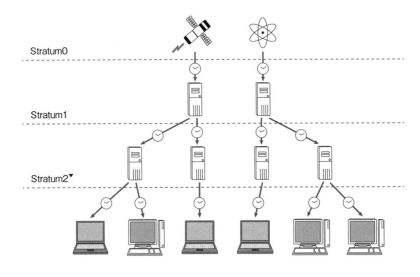

8.7.5 制御システムのプロトコル

▼Operational Technology

▼Industrial Control Systems

▼Proportional-Integral-Derivative controller

▼Human Machine Interface

▼Programmable Logic Controller

▼Distributed Control System

▼センサー
気温や物体までの距離など、物理量を測定して、結果を電気信号で表現する装置。

▼アクチュエータ
モータなど、電気信号を物理現象に変換する装置。

制御システムはOT▼やICS▼とも呼ばれ、機器や装置の監視や制御、および、それを自動的に行うPID制御▼などのプロセス制御で使用されます。具体的には発電所の発電量の監視や燃料注入量の制御、上下水道局の沈殿槽の水位監視やポンプ・弁の制御、工場のロボット・ベルトコンベアの監視や制御、鉄道の運行管理（列車の位置情報、信号制御、ポイント制御、踏切制御）、オフィスビルの空調・照明・ドア施錠・火災報知器の監視や制御などがあります。これらのシステムではシリアル通信や独自の通信方式が使われていましたが、現在ではイーサネットやTCP/IPが使われるケースが増えています。

図8.32は制御システムの概略図です。主な構成要素は人間が操作する端末であるオペレータステーションやHMI▼、機器を制御するPLC▼やDCS▼などのコントローラー、制御対象となるフィールド装置（センサー▼、アクチュエータ▼）です。これ以外にも、コントローラーのプログラムを作成するエンジニアリングワークステーション（EWS）や、制御の情報や履歴を記録するデータヒストリアンなどがあります。

図8.32
制御システムネットワークの例

▼かつては制御システムはセキュリティの問題から外部のシステムには接続されていなかった。しかし利便性や生産性の向上のためにインターネットに接続されるシステムも増えてきた。たとえばスマートフォンなどで手軽に見ることができる鉄道の列車の位置情報などは、鉄道運行管理システムが持っている情報がインターネット経由で配信されている。鉄道運行管理システムに接続されている機器がウイルスに感染すると安全に運行できなくなる可能性がある。人命に関わる可能性もあるため、制御システムのセキュリティ対策は重要な課題になっている。

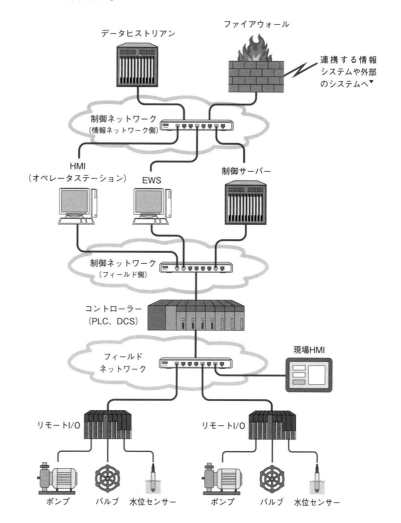

338　第8章　アプリケーションプロトコル

これらの構成要素がイーサネットなどのネットワークで接続されます。そして、HMIとコントローラーとフィールド装置の制御装置が、制御システムプロトコルを使って通信をします。制御システムのプロトコルとしては、ベンダ独自のプロトコルや、イーサネットを直接使ってIPを使わないプロトコルが用いられることもあります▼。この項ではIPを使っていて、制御システムの業界で広く使われているプロトコルについて紹介します▼。

> ▼IPを使わずイーサネットを直接使う制御プロトコルにEtherCATがある。またPROFINETでは、IPを使う通信とIPを使わずイーサネットを直接使う通信を併用する。

> ▼その他、各社が開発している独自のプロトコルがある。シーメンス社が開発したS7 Communicationが有名。

- ECHONET Lite
  省エネを目的とし、家庭で生産・使用されるエネルギーの表示や管理のために、日本の業界団体によって策定され、ISO/IECで国際規格になったプロトコル。エネルギーの生産・使用量を管理するHEMS▼が、スマートメーターや太陽光発電システム、給湯機、家電製品などと通信するために使われる。TCPまたはUDPの上で動作する。

> ▼Home Energy Management System

- DNP3.0（Distributed Network Protocol）
  電力会社や水道施設など、プロセス制御の分野でよく使われている。IEC標準。TCPまたはUDPの上で動作する。

- FL-net
  マルチベンダによるFA（Factory Automation）環境の構築を目指し、日本の業界団体によって策定され、一般社団法人日本電機工業会で標準化されたプロトコル。工場で製品を生産するロボット制御などに使われる。主にUDPが使われるが、TCPを使用することもできる。

- BACnet（Building Automation and Control networking protocol）
  ビル施設の制御に使われるプロトコル。空調や照明、入退室管理、火災報知器などを統合的に制御する際に使われる。ISOやANSIなどの国際標準プロトコル。UDPの上で動作する。

- LonTalk
  ビル施設や工場などのフィールドネットで使われるネットワークプラットフォームのLonWorks▼で使われるプロトコル。ISOやANSIの国際標準プロトコル。UDPの上で動作する。

> ▼Local Operating Network

- Modbus/TCP
  もともとはシリアル通信で使用するModbusがあり、それをTCP上で動作するようにしたもの。Modicon社が自社のPLCを制御するために作成したプロトコルであるが、仕様をオープンにしたことで広く使われるようになり、フィールドネットワークのデファクトスタンダートになっている。

制御システムでは、リアルタイム性（実時間性▼）や信頼性が重要視されます。このため、情報系ネットワークなどとの混在ができなかったり、冗長化や高信頼性のある機器・ケーブルで構築されたりします。

> ▼実時間性
> デッドラインと呼ばれる特定の時間までに処理を終えないと不具合が発生するシステム。

Chapter
9

第9章

セキュリティ

この章では、インターネットにおけるネットワークセキュリティの重要性と、それを実現する技術などについて紹介します。

7 アプリケーション層
6 プレゼンテーション層
5 セッション層
4 トランスポート層
3 ネットワーク層
2 データリンク層
1 物理層

＜アプリケーション層＞ TELNET、SSH、HTTP、SMTP、POP、 SSL/TLS、FTP、MIME、HTML、 SNMP、MIB、SIP、...
＜トランスポート層＞ TCP、UDP、UDP-Lite、SCTP、DCCP
＜ネットワーク層＞ ARP、IPv4、IPv6、ICMP、IPsec
イーサネット、無線LAN、PPP、... （ツイストペアケーブル、無線、光ファイバー、...）

9.1 セキュリティの重要性

9.1.1 TCP/IP とセキュリティ

TCP/IP は当初、閉じた範囲▼での情報交換や情報共有のツールとして利用されていました。その後、より多くの情報を制限なく遠隔地で利用できることを特徴として発展してきました。このため、以前はセキュリティが重要であるとはあまり考えられていませんでした。しかし、インターネットが普及した現在、想定外の利用や悪意を持った利用者などによって、企業や個人などの利益を損なう問題が多発し、セキュリティが重視されるようになりました。

インターネットの発展は、その利便性にあります。その便利なインターネットを安全に利用するためには、利便性の一部を犠牲にしてセキュリティを確保するしかありません。「利便性」と「安全性」という相反する事柄を両立させるために、多くの技術革新が進んでいます。インターネットを悪用する側の技術は日々巧妙になってきています。これに対抗するセキュリティ技術も進歩しています。今後はネットワーク技術に加え、セキュリティ関連技術を正しく理解して、適切なセキュリティポリシー▼を作成し、それに沿って管理、運用をすることが重要になります。

▼不特定多数ではなく、特定の範囲内のユーザー。

▼セキュリティポリシー
会社などの組織全体で、情報の取り扱いやセキュリティ対策についての基準や考え方などを統一し、明文化したもの。

9.1.2 サイバーセキュリティ

サイバーセキュリティとは、関係のない第三者への情報漏洩を防止し、情報システムおよび通信ネットワークの安全性、信頼性を確保するため、必要な措置がとられ、適切に維持管理されていることです▼。

このようなサイバーセキュリティの対策を適切に行っていないと、ネットワーク経由でコンピュータに侵入されて重要な機密情報を盗まれたり、サーバーやシステムを攻撃・停止されてサービスの提供が不能になったりすることがあります。また、ホームページの内容や重要なファイルの内容を改ざんされたり、他のシステムへの攻撃の踏み台にされたりということもあります。

このような行為のことをサイバー攻撃と呼びます。サイバー攻撃は日々進化し、巧妙化しています。たとえばランサムウェアと呼ばれるサイバー攻撃は、システムやファイルを暗号化して人質にとり、金銭を要求するといった手法の攻撃です。サイバー攻撃は、特定の組織や企業だけでなく、個人を標的にする場合もあれば、不特定多数を標的にする場合もあります。その目的は、金銭目的から愉快犯的なものまでさまざまです。つまり、誰が何のためにサイバー攻撃をするのか、予想がつかない状況になっています。

近年のサイバー攻撃は、個人による攻撃から組織的な攻撃へと進化しています。サイバー犯罪者は「ダークウェブ」と呼ばれるアンダーグラウンドで連絡を取り合ってマーケットを形成しており、そこでメンバーを募って複雑で巧妙なサイバー攻撃を行うようになっています。機密情報を盗む、サービス停止さ

▼サイバーセキュリティ基本法参照。

9.1 セキュリティの重要性　341

せるといった攻撃を依頼されたサイバー犯罪者が、金銭目的でサイバー攻撃をするといわれています。

　複雑で巧妙なサイバー攻撃の1つに、標的型攻撃と呼ばれる攻撃手法があります。これは不特定多数に攻撃が行われるわけではなく、特定の組織内の機密情報を狙うサイバー攻撃です。さらに標的型攻撃において、マルウェア▼が内部ネットワークに侵入した後、数カ月後に活動を開始して情報を盗み出すというように持続的に攻撃を行う手法をAPT攻撃▼と呼び、高度化しています。

　標的型攻撃には、サイバーキルチェーン▼と呼ばれるモデルがあります。このモデルでは、攻撃を7つの段階に分類しています。まず、ターゲットとする組織の内部情報を収集するため、社員のSNSの情報などを調査して人間関係を調べます。次に、マルウェアを添付した標的型メールを仕事関係のメールなどに見せかけて送りつけ、マルウェアに感染させます。このマルウェアはダウンローダーと呼ばれ、活動を開始するとさまざまなマルウェアをダウンロードして感染させていきます。それらのマルウェアは内部ネットワークを移動し、システムの脆弱性を突いて侵入を進め、よりアクセス権限の高いコンピュータを探していきます。ターゲットとする機密情報にマルウェアが到達すると、機密情報を外部へ送信し、自身の活動痕跡をログなどから消去します。

　標的型攻撃のそれぞれの段階で対応する対策をとり、全体での連携をはかっていくことが重要となります。

　このようにサイバーセキュリティは、企業や組織の事業においてビジネスリスクの1つと考えられます。そのためサイバーセキュリティ対策として、リスク管理体制を整え、SOC▼やCSIRT▼を設置する企業が増えています。セキュリティインシデントが発生しないように社員を啓蒙したり、セキュリティ対策に取り組んだり、また、万が一セキュリティインシデントが発生してしまった場合にも、被害を最小限に抑えるための連絡体制をとるといった対策が行われています。

　セキュリティインシデントへの対応は、早期の検知と迅速な調査が必要となります。セキュリティインシデントが発生した際、原因や被害を特定するためには、証拠となるデータを適切に収集しておくことが重要です（証拠保全）。ハードディスクやUSBメモリ、スマートフォンなどに残る証拠となる電子データを収集し、検査、分析、報告を行うことをデジタル・フォレンジックと呼び、原因や被害を特定し対応することで、セキュリティ対策の維持・向上に役立てます。

　個人においても、マルウェア感染▼により、IDの不正利用やSNS上でのなりすまし、個人情報の流出やプライバシーの侵害などのセキュリティ被害が出てきています。サイバーセキュリティは、企業や団体だけの話ではなく、インターネットを利用する我々全員が意識して取り組むべきことなのです。

▼マルウェア
悪意のあるソフトウェアの総称（malware = malicious【悪意がある】とsoftware【ソフトウェア】を組み合わせた造語）。ウイルスもマルウェアの一種。

▼APT攻撃
先進的で（Advanced）執拗な（Persistent）脅威（Threat）。

▼Cyber Kill Chain
Lockheed Martin社が提案したモデル。

▼Security Operation Center
ネットワークやパソコンなどの端末を監視し、企業に向けられたサイバー攻撃を検出して分析や対策を検討する部門や専門組織のこと。インシデントの検知に重点が置かれている。

▼Computer Security Incident Response Team
ネットワークやパソコンなどで何らかのセキュリティ上の問題が万が一発生した場合に、それらのインシデントに対応するチームのこと。SOCと比較すると、インシデント発生後の対応に重点が置かれる。

▼スパイウェア
感染ではなく、利用者の同意があってインストールされる、スパイウェアと呼ばれるものも存在している。これは、ユーザーやデバイス情報をスパイのように収集し、フリーソフトなどのインストール時に表示される使用許諾契約書を読み飛ばして同意してしまうことで、意図せずインストールされてしまう。

9.2 セキュリティの構成要素

インターネットの発展に伴ってネットワークへの依存度が高くなればなるほど、セキュリティの重要性も同時に高める必要があります。特に現在は、システムへの攻撃の手段も多様化しており、ある特定の技術だけですべての安全性を確保するのは不可能になっています。セキュリティの基本中の基本は、事前対策です。トラブルが発生してから対処するのではなく、起こりうる事柄を想定、予測し、システムに可能な限りの安全対策を促して日々の運用を行うことが重要です。

TCP/IPに関連するセキュリティは図9.1のような要素で構成されています▼。ここでは各構成要素について基礎を説明します。

▼この図に記載したもの以外にも、複数のセキュリティ機能を統合的に提供するUTM（Unified Threat Management）など、さまざまな機能や製品がある。

図9.1
セキュリティシステムを構成する要素

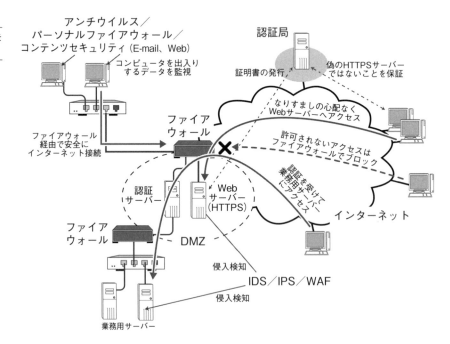

▍9.2.1 ファイアウォール

組織内のネットワークとインターネットを接続するときには、組織内部のネットワークを不正アクセスから守るためにファイアウォールを設置する必要があります▼。

▼NAT（NAPT）を使用した場合には、外部から参照できるアドレスが限定されるために、結果的にファイアウォールの役割を果たすといえる。

ファイアウォールにはいくつもの種類や形態があります。規定されたパケットのみを通過させる（もしくは通過させない）パケットフィルタリングタイプ、アプリケーションを介在させ不正な接続を遮断するアプリケーションゲートウェイタイプなどがありますが、基本的な考え方は同じです。それは「危険にさらすのは特定のホストやルーターのみに限定する」ということです。

ネットワークの内部に1000台のホストが接続されている場合、これらのすべてのホストに不正侵入への対策を施すのには、大きな手間がかかります。そこで、ファイアウォールによってアクセス制限をかけ、インターネットから直接アクセスできるホストを数台に限定します[▼]。安全なホストと危険にさらされるホストを区別して、危険なホストにのみ集中してセキュリティをかけます。

▼344ページのコラムを参照。

図9.2のネットワークはファイアウォールの一例です。ルーターには特定のIPアドレスやポート番号が付けられているパケットのみを転送するように設定しています。これがパケットフィルタリングです。

外部からは、Webサーバーに対してTCPポート80番で接続する通信と、メールサーバーに対してTCPポート25番で接続する通信のみを通過させます。これ以外の通信パケットはすべて廃棄します[▼]。

▼実際には、DNSなど、ほかにも通過させなければならないパケットは存在する。

また、コネクション確立要求をするTCPパケットは内部から外部へ出て行くもののみを通過させます。これは、ルーターがパケットを転送するときに、TCPヘッダのSYNフラグとACKフラグを監視することで可能になります。具体的には、SYNが1でACKが0のTCPパケットがインターネット側から流れてきたときには廃棄します。これにより内部から外部への接続は許可する一方、外部から内部には接続できないように設定できます。

アプリケーションゲートウェイタイプのファイアウォールでは、アプリケーション層でフィルタリングを行います。ファイアウォールが内部ネットワークのコンピュータに代わって外部のホストと通信し、その通信内容を内部へと送ります。内部ネットワークのコンピュータは直接外部と接触することはないので、外部の不正な攻撃から保護されます。パケットのデータ部分までチェックできることで、詳細にアクセス制御が可能な反面、処理速度が遅くなるという欠点もあります。

図9.2
ファイアウォールの例

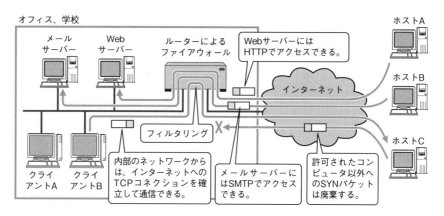

▼ 9.2.2 IDS/IPS（侵入検知システム / 侵入防止システム）

ファイアウォールは基本的にポリシーと合致した通信であれば通過させます。つまり、ポリシーにさえ準じていれば、それが悪意のある通信であっても判断することはできないため、通過させます。

344　第9章　セキュリティ

▼Intrusion Detection
System

このような通信や、いったん、内部などに侵入して不正アクセスを行う通信を見つけ、セキュリティの管理者などに通知をするのがIDS▼（侵入検知システム）といわれるものです。

IDSは、その用途により、さまざまな機能があります。設置形態の観点から見ても、ファイアウォールやDMZなど境界となるところに設置され、この境界を監視、検知するものもあれば、企業内のネットワークの内部に配置し、ネットワーク全体や、個別用途で使用しているサーバーなどの監視をすることもできます。

機能面でも、定期的にログを採取、監視し、異常を検知する機能もあれば、ネットワーク上の流れているパケットすべてを監視することもできます。多様化したシステムのセキュリティを確保するために、ファイアウォールなどで対応しきれない領域をカバーするのがIDSと考えてもよいでしょう。

▼Intrusion Prevention
System

IPS▼（侵入防止システム）には、IDSの持つネットワークの監視、異常検知機能に加え、不正侵入を防御する機能があります。具体的には、不正アクセスを検知した場合に、その不正アクセス通信を遮断することが可能です。ポリシー外の通信が発生した際に、通知だけでなく対策まで行えるので、管理者が異常通知を受けて対処するIDSに比べて、より迅速に対応することが可能となります。

■ DMZとは

インターネットに接続されたネットワークでは、インターネットから直接通信できる専用のサブネットを用意し、そこにサーバーを設置する場合があります。この、外部からも内部からも隔離された専用のサブネットのことをDMZ（DeMilitarized Zone：非武装地帯）と呼びます。

外部に公開するサーバーをDMZに設置することで、外部からの不正なアクセスを排除できます。万が一、公開サーバーに被害があった場合でも、内部ネットワークにまで影響が及ぶこともありません。

DMZに設置するホストには、ホスト自身に十分なセキュリティ対策を施す必要があります。

▼WAF（Web Application Firewall）
「ワフ」と呼ばれる。

■ WAF（ウェブアプリケーションファイアウォール）

　WAF▼は、ウェブアプリケーションの脆弱性を悪用する攻撃から守るためのセキュリティ対策です。ウェブアプリケーションが稼働する Web サーバーの前面に配置することで、ファイアウォールや IDS/IPS では検知することが難しい「SQL インジェクション」や「クロスサイトスクリプティング」「パラメータ改ざん」といったアプリケーションレベルでの攻撃を検知し防ぐことができるようになります。

9.2.3　アンチウイルス／パーソナルファイアウォール

　アンチウイルスとパーソナルファイアウォールは、IDS/IPS、ファイアウォールに次ぐセキュリティ対策となります。これらはユーザーが利用するコンピュータや、サーバーなどで動作するソフトウェアです。そのコンピュータを出入りするパケットやデータ、ファイルなどを監視して、不正な処理やウイルスの侵入などを防ぎます。

　企業ネットワーク内のすべてのクライアントコンピュータを保護することで、ファイアウォールを透過してきた攻撃を防御することが可能になります。

　最近のセキュリティ攻撃は非常に複雑化し、かなり手の込んだ方法で行われています。ウイルスやワームの電子メール経由での感染以外にも、OS が持つ脆弱性を直接攻撃するものもありますし、時間差や複数の感染経路などを使って、攻撃元が特定されないようにするなど、悪質なものも多く存在します。

　アンチウイルス／パーソナルファイアウォールは、これらの脅威から OS、つまりクライアントコンピュータを防御するためのものです。さらに、もしあるマシンがウイルスなどに感染してしまったとき、感染がそれ以上拡大して被害が大きくならないように食い止めたい場合にも効果的です。

　また、アンチウイルス／パーソナルファイアウォール製品の中には、スパム防止、広告ブロック、禁止サイトへの接続防止を行う URL フィルタリングなど、潜在的な脅威や生産性の低下の一因となるような要素を取り除く機能も取り込まれ始めています。さらに、クライアントコンピュータのプロセス監視を通じて、潜伏しているマルウェアによる攻撃の兆候や攻撃の進行状況を管理者が把握することができる機能も出てきています。このようなマルウェア防御を備え、アンチウイルスを含む包括的なセキュリティ対策を総称して、エンドポイントセキュリティと呼びます。

▼9.2.4　コンテンツセキュリティ（E-mail、Web）

標的型攻撃においてマルウェアを内部に送りつける際には、巧妙に細工したメールを受信させる方法や、不正な Web サイトへ誘導し、マルウェアを仕込んだ Web ページの表示やコンテンツのダウンロードを行わせる方法▼が利用されます。

▼水飲み場攻撃として知られる。

これらの攻撃を防ぐためには、メール送受信や Web ページの閲覧などのネットワーク通信経路上で攻撃を検出し、対策を講じることが必要となります。仕組みとしては、サーバーとクライアントの間にコンテンツセキュリティ対策の SMTP サーバーやプロキシサーバーを設置しセキュリティチェックを行います。

メール対策においては、SMTP サーバーとして、送信元 IP アドレスの評価や送信者認証によって悪意あるメールを遮断する、添付ファイルを診断して問題のあるメールを隔離する、メール本文に記載された怪しい URL を書き換える（無害化）、ポリシーに合致しているメール本文かどうかをチェックするといった対策を行います。

Web 通信の対策においては、プロキシサーバーとして、不審サイトへのアクセスのブロックや、業務と無関係なサイトへのアクセス制御（URL フィルタリング）、ダウンロードコンテンツのマルウェア検知、遮断を行います。

9.3 暗号化技術の基礎

インターネットが広く普及し、メッセージのやり取りや商品の購入、チケットの予約などできるようになり、便利になってきました。もともとインターネットの仕組みとしては、Web ページへのアクセスや電子メールなどのインターネット上を流れるデータは暗号化されていません。またインターネット上では、これらのデータがどの経路を通過しているか、利用者の知るところではありません。このため、やり取りしている情報が第三者に漏洩している可能性を完全には否定しきれません。

このような漏洩を防ぎ、機密性の高い情報（たとえばクレジットカード番号など）の送受信を実現するため、さまざまな暗号化技術が登場しています。暗号化技術も OSI 参照モデルの階層ごとに存在し、相互通信を保証しています。

表 9.1

暗号化技術の階層分類

▼ Privacy Enhanced Telnet

階層	暗号化技術
アプリケーション	SSH、SSL-Telnet、PET▼など遠隔ログイン、PGP、S/MIME など暗号化メール
セッション、トランスポート	SSL/TLS、SOCKS V5 の暗号化
ネットワーク	IPsec
データリンク	イーサネット、WAN の暗号化装置など、PPTP（PPP）

図 9.3
さまざまなレイヤでの暗号化の適用

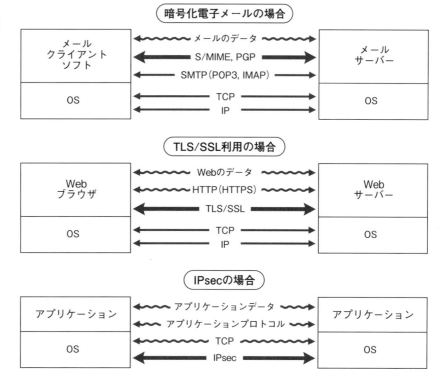

＊太い矢印が暗号化が行われる階層。
それより上位層が暗号化により盗聴から保護される。

9.3.1 共通鍵暗号方式と公開鍵暗号方式

暗号化では、ある値（鍵）を用意し、その値を使って元のデータ（平文）に対して一定のアルゴリズムによる変換を行い、暗号化データ（暗号文）を作ります。逆に暗号化されたデータを元のデータに戻すことを復号といいます。

図 9.4
暗号化と復号

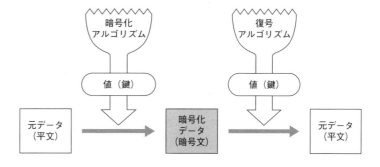

暗号化と復号に同じ鍵を使うのが共通鍵暗号方式です。これに対して、暗号化、復号に一対の別々の鍵（公開鍵と秘密鍵）を使うのが公開鍵暗号方式です。共通鍵暗号方式は、安全な鍵の受け渡し方法が課題になります。公開鍵暗号方式の場合、片方の鍵だけでは暗号化データの復号が行えません。秘密鍵を厳重に

▼PKIについては350ページのコラムを参照。

管理し、公開鍵はメールで送付したりWebで公開したりPKI▼を利用して配布したりすることで、ネットワーク上で安全に鍵のやり取りを行うことができます。しかし共通鍵暗号方式と比べて、暗号化と復号に長い計算時間がかかるため、長いメッセージを暗号化する場合には、秘密鍵暗号方式と共通鍵暗号方式を組み合わせて利用します▼。

▼9.4.2項を参照。

共通鍵暗号方式には、AES（Advanced Encryption Standard）、DES（Data Encryption Standard）、公開鍵暗号方式にはRSA、DH（Diffie-Hellman）、楕円曲線暗号などがあります。

図 9.5
共通鍵暗号方式と公開鍵暗号方式

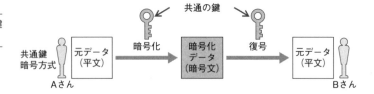

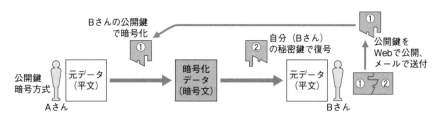

※逆に秘密鍵で暗号化したデータは、公開鍵で復号される。

9.3.2　認証技術

セキュリティ対策を実施するときには、利用者が正当な利用者かどうかを識別し、正当な利用者でない場合は排除する必要があります。ここで暗号化とともに利用されるのが認証技術です。

認証技術は、次のように分類できます。

- ある情報を持っていることによる認証
  パスワードや暗証番号（暗証コード）などを利用します。パスワードなどが漏洩したり、簡単に推測されたりしないように、運用上の工夫が必要です。一度しか利用することができないワンタイムパスワードの仕組みを利用することも、工夫の1つです。また、公開鍵暗号方式を使って行われるデジタル認証も、秘密鍵を持っていることによる認証になります。
- あるものを持っていることによる認証
  IDカード、鍵、電子証明書、電話番号などを利用する方法です。携帯電話で普及しているインターネットの情報配信などでは、携帯電話の電話番号や端末情報を利用して利用権限の認証を行っています。
- ある特徴を持っていることによる認証
  指紋や目の瞳孔といった個人ごとに異なる特徴を利用し認証を行います。

9.3 暗号化技術の基礎　349

一般には、必要とされる認証レベルと費用対効果の観点から、上の3つを組み合わせて利用することが多いようです。

また、各種の端末やサーバー、アプリケーションなどの認証、認可を総合的に管理することを目的としたアイデンティティ管理（Identity Management）という技術が注目されています。一度認証されるだけで複数の異なるアプリケーションやシステムへアクセスできるようになるシングルサインオンが可能となります。

クラウドサービスの利活用が進むとともに、認証連携（フェデレーション）▼としてアイデンティティ管理の重要性は増しています。たとえば、クラウドサービスと社内システムを認証連携させてシステムを提供すれば、利用者が別々のユーザー名とパスワードで認証するのではなく、社内システムに1回認証することで、クラウドサービスの利用が可能になります。

▼認証連携（フェデレーション）
認証連携の標準規格としては、OAuth、SAML、OpenID Connectなどがある。

■電子情報が改ざんされない仕組み

公開鍵暗号方式の応用として、作成された電子情報（Webサイトの内容、メールの内容、電子文書の内容）が改ざんされていないことを証明するための仕組みがあります。

- **フィンガープリント**

  やり取りする電子情報のデータについて、ハッシュ関数▼を使って作成したハッシュ値を計算しておきます。これをフィンガープリントと呼びます。万が一、データが改ざんされてしまった場合でも、ハッシュ値を計算して元のフィンガープリントの値と比較することで、違っていればそのデータは改ざんされていることが分かります。

- **デジタル署名**

  送信されてきた電子情報のデータが改ざんされておらず、本人のものであることを確認できる技術。データのフィンガープリントを公開鍵暗号方式でやり取りすることで実現します。送信する人は、データとそのフィンガープリントを秘密鍵で暗号化したものを送信します。受信した人は、公開鍵で暗号化されたフィンガープリントを復号し、送信されてきたデータのフィンガープリントと同じであるかどうか確認することで、改ざんされておらず本人のものであるかどうかが分かります。

- **タイムスタンプ**

  電子データが、ある日時に存在していたこと、およびその日時以降に改ざんされていないことを証明できる技術。公的な書類などデータを改変すべきでない場合（データを作成した本人であっても改変すべきではない場合）、作成したデータにタイムスタンプを付与しておくことで、データがその時点で存在していたこと、それ以降改ざんされていないことを証明できます。具体的には、利用者は証明したい電子データのフィンガープリントを時刻認証局へ送付します。時刻認証局はフィンガープリントを受け取り、フィンガープリントと時刻情報を

▼ハッシュ関数
入力するメッセージの長さにかかわらず、固定長の値を出力する関数のこと。入力するメッセージが同じであれば、同じ値を出力する（決定性）、出力されるハッシュ値から元の入力されたメッセージは生成できない（一方向性）という特徴がある。MD5やSHA-1、SHA-256などがある。
なお、異なる入力メッセージに対して出力したハッシュ値が同じ値となってしまうことを、ハッシュ値の衝突という。利用されているハッシュ関数では、衝突が起こりにくくなるようなアルゴリズムが用いられている。

合わせてタイムスタンプトークンを生成します。その後、秘密鍵で暗号化したタイムスタンプトークンを利用者へ送ります。電子データの完全性を証明するためには、暗号化されたタイムスタンプトークンを時刻認証局の公開鍵で復号し、フィンガープリントと時刻情報を取得することで、データがその時刻に存在していたこととデータの改ざんがないことを確認できます。

■ PKI（公開鍵基盤）

PKI（Public Key Infrastructure：公開鍵基盤）は、通信の相手が本物かどうかを、信頼できる第三者に証明してもらうための仕組みです。この信頼できる第三者のことを、PKIでは認証局（CA：Certificate Authority）と呼びます。利用者は、CAが発行する「証明書」により、通信相手が本物かどうかを確かめます。

証明書には、その証明書の持ち主についての情報とともに、持ち主だけが復号できる形でデータを暗号化するための鍵も含まれます▼。この鍵を使って通信内容を暗号化すれば、証明書の持ち主以外に読み取られてはならないデータ（クレジットカード情報など）も安全にやり取りできます。

PKIは、暗号化メールやHTTPS▼によるWebサーバーとの通信で利用されています。

▼この鍵を「公開鍵」という。証明書の持ち主だけが、この公開鍵で暗号化された内容を、自分が持っている「秘密鍵」で復号できる。「公開鍵」「秘密鍵」については図9.5を参照。

▼HTTPSについては9.4.2項を参照。

9.4 セキュリティのためのプロトコル

9.4.1 IPsecとVPN

以前は、情報の漏洩を防ぐため、機密情報を転送するときにはインターネットなどの公共網（Public Network）を利用せず、専用回線による私的なネットワーク（Private Network）を使用して、物理的に盗聴や改ざんができないようにしていました。しかし、専用回線は費用が高くなるという問題があります。

これを解決するために、インターネットを利用した仮想的な私的ネットワークが利用されるようになってきました。これがVPN（Virtual Private Network）です▼。インターネットではセキュリティを高めるために、「読み取られても解読できない」、「改ざんされたことを検出できる」という方法がとられています。これに利用されるのが「暗号化」や「認証」の技術です。VPNはこれらの技術を利用して構築されます。

▼VPNについては3.7.7項を参照。

図 9.6
インターネットを利用したVPN

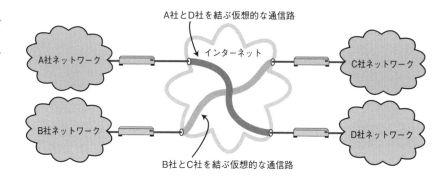

▼「アイピーセック」と発音する。

▼暗号ヘッダ
ESP（Encapsulating Security Payload）Header。

▼認証ヘッダ
AH（Authentication Header）。

VPNを構築するときにもっとも一般的に利用されているのがIPsec▼です。IPsecではIPヘッダの後ろに、「暗号ヘッダ▼」や「認証ヘッダ▼」を付けます。そして、そのヘッダ以降のデータを暗号化して、解読できないようにします。

パケットを送信するときには「暗号ヘッダ」や「認証ヘッダ」を付け、パケットを受信するときにはこれらのヘッダを解釈し、送信されたデータを復号して、通常のパケットに戻します。この処理により、暗号化されたデータは解読できなくなり、途中の経路でデータが改ざんされたときには、改ざんされたことを判別できるようになります。

これにより、VPNを利用しているユーザーは特に何も意識せずに、仮想的に作られた安全な回線を利用できるようになります。

図 9.7
IPsecによるIPパケットの暗号化

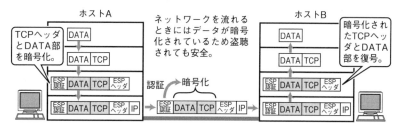

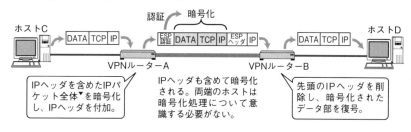

▼暗号方式の多くは、暗号化するデータの長さが特定のバイト長単位（64ビット単位など）になっていなければならない。このため実際には図9.7のパケットの「DATA」と「ESP認証」の間にはパケット長をそろえるための「ESPトレイラ」と呼ばれるパディング（詰め物）が挿入される。

■ IPsec

IPsecは、RFC4301「Security Architecture for Internet Protocol」で策定されているネットワーク層のプロトコルであり、IPパケット単位での暗号化／認証を提供します。ネットワーク層でセキュリティを実装しているので、上位

層のアプリケーションでは特に変更することなく、セキュリティ機能を利用できます。

　IPsec は、IP のためのセキュリティアーキテクチャとして、ESP（暗号ヘッダ）、AH（認証ヘッダ）、IKE（鍵交換）▼の 3 つで構成されています。

▼Internet Key Exchange

　ESP はパケットの暗号化に関するヘッダ拡張です（プロトコル番号 50）。AH は認証に関するヘッダ拡張であり、パケットが改ざんされていないことを保証します（プロトコル番号 51）。ESP と AH のためには、共通鍵が必要となり、その方法は IKE で規定されています。IKE は、UDP ポート 500 番を使用します。

　IPsec を使ってお互いに通信する機器は同等（ピア）の関係となり、IPsec ピア間で SA（Security Association、セキュリティアソシエーション）と呼ばれる単方向のコネクションを確立します。SA は、セキュリティプロトコル、通信モード、暗号化方式など IPsec 通信に必要なパラメータの集まりと理解するとよいでしょう。なお、双方向の IPsec 通信を行う場合は、2 つの SA を確立することになります。

　IPsec による暗号化通信の手順としては、IKE により共通鍵を生成するためのパラメータを相互に交換し▼、お互いで共通鍵を生成して ISAKMP SA（IKEv2 では IKE_SA）を確立し、ピアの認証を行います。その後、IPsec SA（IKEv2 では CHILD_SA）を確立するためのパラメータを ISAKMP SA（IKEv2 では IKE_SA）による暗号化通信でやり取りし、IPsec SA（IKEv2 では CHILD_SA）を確立した後、IPsec SA（IKEv2 では CHILD_SA）のセキュリティプロトコル、通信モード、暗号化方式などに従って暗号化通信を行います。受信後は復号して認証の検証を行い、上位レイヤにパケットを渡します。

▼共通鍵を生成するためのパラメータは、Diffie-Hellman（DH）アルゴリズムを使用し、盗聴されても安全を確保することが可能。

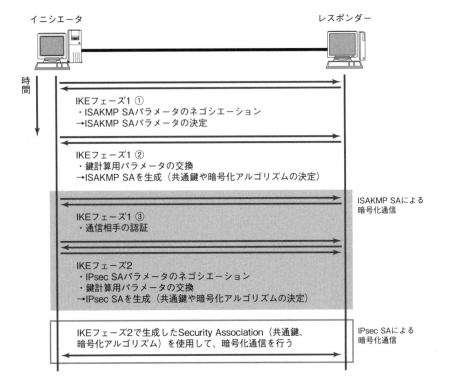

図 9.8　IKEv1 を利用した IPsec の通信手順

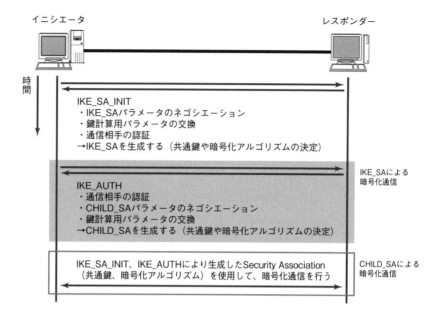

図 9.9
IKEv2 を利用した IPsec の通信手順

▼9.4.2　TLS/SSL と HTTPS

　インターネットを利用したネットショッピングや、新幹線や航空券、映画やコンサートのチケットの予約などが盛んに行われるようになりました。このような支払いにはクレジットカードを利用する例も多くなっています。また、ネットバンキングなどで口座番号や暗証番号を入力するような利用も多くなってきました。

　クレジットカードの番号や口座番号、暗証番号は、個人の持つ情報の中でも非常に重要度と機密性が高いものです。このため、これらの情報をネットワークを介して送るときには、他人に読み取られることがないように暗号化して送る必要があります。

　Web では、TLS/SSL▼という仕組みを使って HTTP 通信の暗号化が行われます。TLS/SSL を使った HTTP 通信のことを HTTPS と呼びます。HTTPS では、共通鍵暗号方式で暗号化処理が行われます。この共通鍵を送信するときには公開鍵暗号方式が利用されます▼。

▼Transport Layer Security/Secure Sockets Layer。Netscape 社が最初に提案したときの名称は SSL だったが、標準化に際して TLS という名称に変更された。両方を総称して SSL と呼ぶ場合もある。

▼共通鍵暗号方式は処理速度が速いが鍵の管理が困難、公開鍵暗号方式は鍵の管理はしやすいが処理速度が遅い、という特徴がある。TLS/SSL は両者の欠点を補い利点を生かすためにこのような方法をとっている。公開鍵は誰にでも渡すことができるため、鍵の管理が楽になる。

図9.10
HTTPS

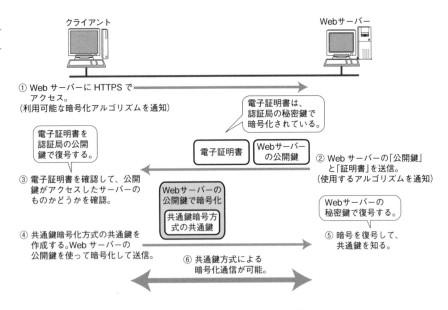

▼Certificate Authority

　公開鍵が正しいかどうかの確認には、認証局（CA▼）から発行された証明書を使います。主な認証局の情報はあらかじめWebブラウザに組み込まれています。Webブラウザに組み込まれていない認証局の証明の場合には画面に警告が表示されます。この場合には、認証局が正しいかどうかを利用者が判断することになります。

　HTTPSによる安全な通信を実現するためには、WebサイトがTLS/SSLの仕組みを実装する必要があります。TLS/SSLは、1994年にSSL2.0が実装されて以来、多くのサイトで利用されており、プロトコルや暗号方式の脆弱性に対応するためにバージョンアップが行われてきています▼。コンピュータ性能の向上に伴い、従来は安全とされていた暗号方式であっても解読手法が確立される状況となっていることから、より強度の高い暗号方式を利用できる最新バージョンの利用が推奨されています▼。今後、急速に普及すると見られているTLS1.3では、安全性とパフォーマンスの向上が実現されます。

▼2018年8月現在、実装としてはTLS1.2が最新バージョンで、TLS1.3がRFC 8446として策定された。

▼幅広いクライアントに対応する必要がある場合、互換性を考慮する必要がある。

　なお、TLS/SSLを利用したリモートアクセスVPNの仕組みがあり、SSL-VPNと呼ばれています。リモートアクセスVPNでは、外部の端末からインターネット経由で組織のVPN装置に接続し、暗号化通信によってVPN接続を可能にします。

　リモートアクセスVPNには、IPsecを利用するものと、TLS/SSLを利用するものがありますが、ネットワーク層で暗号化通信を可能とするIPsecと違い、SSL-VPNはセッション層での暗号化通信となるため、用途に合わせて考慮が必要です。

▼9.4.3　IEEE802.1X

　IEEE802.1Xは、認められた機器のみがネットワークにアクセスできるように認証する仕組みです。無線アクセスや構内LANでよく使われています。そもそもはデータリンク層での制御を提供する仕組みですが、TCP/IPにも密接に関

連しています。一般的には、クライアントの端末、アクセスポイントとしての無線基地局やレイヤ2スイッチ、および認証サーバー▼から構成されます。

▼認証サーバーは、企業ネットワークにおいてはRADIUSサーバーを用いることが多い。

IEEE802.1Xでは、未確認の端末からアクセスポイントへ接続要求があると（図9.11 ①）、最初はすべて無条件で接続確認用のVLANへ接続し、一時的なIPアドレスなどを付与します。この時点では、端末は認証サーバーとしか接続できない極めて限られたネットワークに接続されます（図9.11 ②）。

接続された後、利用者は、ユーザーIDやパスワードの入力を要求されます（図9.11 ③）。その情報が認証サーバーで確認され、利用者が利用可能なネットワーク情報がアクセスポイントと端末に通知されます（図9.11 ④）。

次にアクセスポイントが、その端末がネットワークに接続するために必要となるVLAN番号へ、接続の切り替えを行います（図9.11 ⑤）。端末側では、VLANの切り替え後にIPアドレスをリセットして再設定を行うことで（図9.11 ⑥）、そのネットワークの利用が可能になります（図9.11 ⑦）。

公衆無線LANなどでは、一般にユーザーIDとパスワードを暗号化して認証を行う方式を採用していますが、ICカードや証明書の利用、MACアドレスの確認などにより、より強固に第三者の利用を制限するといったことも可能です。

▼Extensible Authentication Protocol。拡張認証プロトコル。

IEEE802.1Xの認証には、EAP▼が使われています。EAPは、RFC3748およびRFC5247で規定されています。

図9.11
IEEE802.1X

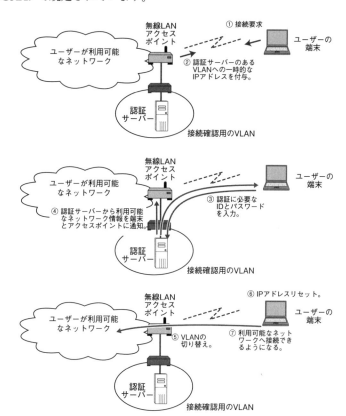

IEEE802.1X認証は、無線LANに限らず有線においても利用される技術です（3.4.8項参照）。

Appendix

付　　録

付録 1　インターネット上の便利な情報
付録 2　旧来の IP アドレス群（クラス A、B、C）について
　　　　の基礎知識
付録 3　物理層
付録 4　コンピュータを結ぶ通信媒体についての基礎知識
付録 5　現在あまり使われなくなったデータリンク

付.1 インターネット上の便利な情報

付.1.1 海外

■ IETF（The Internet Engineering Task Force）

- https://www.ietf.org/
  IETF（アイイーティーエフ、インターネット技術タスクフォース）のWebページです。TCP/IPプロトコルの標準化を行っているワーキンググループの紹介や、メーリングリストへの登録方法などの情報が掲載されています。RFCやInternet-Draftもここから入手することができます。IABやISOCなどへのリンクも張られています。

■ ISOC（Internet Society）

- https://www.internetsociety.org/
  ISOC（アイソック、インターネット協会）のWebページです。TCP/IPプロトコルの標準化活動をしているIETFの母体になっている組織です。

■ IANA（Internet Assigned Numbers Authority）

- https://www.iana.org/
  IANA（アイアナ）のWebページです。プロトコル番号やポート番号など、TCP/IPプロトコルで利用されるさまざまな番号を管理しています。ポート番号などの登録申請をするページもあります。

■ ICANN（Internet Corporation for Assigned Names and Numbers）

- https://www.icann.org/
  ICANN（アイキャン）のWebページです。IPアドレスや、ドメイン名などの割り当てに関する情報が得られます。

■ ITU（International Telecommunication Union）

- https://www.itu.int/
  ITU（アイティーユー、国際電気通信連合）のWebページです。ITUの標準書の配布サービス（有料）に関する情報があります。

■ ISO（International Organization for Standardization）

- https://www.iso.org/
  ISO（アイエスオー、アイソ、イソ、国際標準化機構）のWebページです。ISOの標準書の配布サービス（有料）に関する情報があります。

■ IEEE（Institute of Electrical and Electronics Engineers）

- https://www.ieee.org/
  IEEE（アイトリプルイー、米国電気電子学会）の Web ページです。IEEE の標準書の配布サービス（有料）に関する情報があります。

■ ANSI（American National Standards Institute）

- https://www.ansi.org/
  ANSI（アンシ、米国規格協会）の Web ページです。

付.1.2　国内

■ JPNIC

- https://www.nic.ad.jp/
  JPNIC（一般社団法人日本ネットワークインフォメーションセンター）の Web ページです。IP アドレスの申請方法などに関する情報があります。

■ JPRS

- https://jprs.jp/
  JPRS（株式会社日本レジストリサービス）の Web ページです。JP ドメインの登録方法に関する情報があります。

■ IAJAPAN

- https://www.iajapan.org/
  一般財団法人インターネット協会の Web ページです。

■ WIDE

- http://www.wide.ad.jp/
  WIDE プロジェクトの Web ページです。WIDE プロジェクトが行っている研究活動に関する情報があります。

■ IPv6 普及・高度化推進協議会

- https://www.v6pc.jp/
  IPv6 普及・高度化推進協議会の Web ページです。

付.2 旧来のIPアドレス群（クラスA、B、C）についての基礎知識

ここでは旧来の、クラスA、クラスB、クラスCの詳細について紹介します。

付.2.1 クラスA

クラスAの場合、IPネットワークアドレスに8ビット、IPホストアドレスに24ビットが割り当てられています。

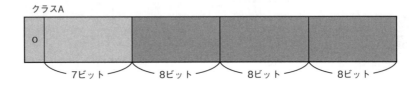

図付.1
クラスA

IPネットワークアドレスの先頭の1ビットが「0」となっているため、IPネットワークアドレスを示す先頭の8ビットがとりうる値は、次のとおりです。

| 00000000 (0) | → | 01111111 (127) |

0から127までの128個のネットワークアドレスのうち、0と127はReservedになっている（ほかの使用のために予約されている）ので、利用できるIPネットワークアドレスの数は、128から2を引いた126個となります。

```
00000000.00000000.00000000.00000000 (0.0.0.0)      Reserved
00000001.00000000.00000000.00000000 (1.0.0.0)      Available
↓
01111110.00000000.00000000.00000000 (126.0.0.0)    Available
01111111.00000000.00000000.00000000 (127.0.0.0)    Reserved
```

IPホストアドレスは、IPネットワークアドレスの後ろからになるので、9ビット目から32ビット目までの24ビットとなり、この24ビット部分がとりうる値としては、

| 00000000.00000000.00000000 | → | 11111111.11111111.11111111 |

よって、「$2^{24} = 16777216$」通り。このうちすべて「0」のものとすべて「1」のものの2つは、Reservedになっています。このため、IPホストアドレスとして割り当てられるのは、クラスAのIPネットワークアドレス1つあたり、16777214個となります。

付.2.2 クラス B

クラス B の場合、IP ネットワークアドレスに 16 ビット、IP ホストアドレスに 16 ビットが割り当てられています。

図付.2
クラス B

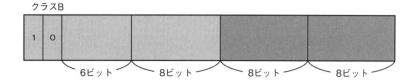

IP ネットワークアドレスの先頭の 2 ビットが「10」となっているので、IP ネットワークアドレスを示す先頭の 16 ビットがとりうる値としては、次のとおりです。

| 10000000.00000000（128.0） | → | 10111111.11111111（191.255） |

これは先頭 2 ビットが「10」に固定され、残りの 14 ビットでの組み合わせとなるため「$2^{14} = 16384$」となります。この 16384 のネットワークアドレスのうち、128.0 と 191.255 は Reserved なので、利用できる IP ネットワークアドレスの数は、16384 から 2 を引いた 16382 個となります。

10000000.00000000.00000000.00000000（128.0.0.0）	Reserved
10000000.00000001.00000000.00000000（128.1.0.0）	Available
↓	
10111111.11111110.00000000.00000000（191.254.0.0）	Available
10111111.11111111.00000000.00000000（191.255.0.0）	Reserved

IP ホストアドレスは、IP ネットワークアドレスの後ろからになるので、17 ビット目から 32 ビット目までの 16 ビットとなり、この 16 ビット部分がとりうる値としては、

| 00000000.00000000 | → | 11111111.11111111 |

よって、「$2^{16} = 65536$」通り。このうちすべて「0」のものとすべて「1」のものの 2 つは、Reserved になっているため、IP ホストアドレスとして割り当てられるのは、クラス B の IP ネットワークアドレス 1 つあたり、65534 個となります。

付.2.3　クラスC

クラスCの場合、IPネットワークアドレスに24ビット、IPホストアドレスに8ビットが割り当てられています。

図付.3
クラスC

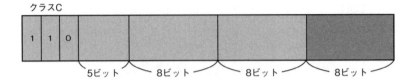

IPネットワークアドレスの先頭の3ビットが「110」となっているので、IPネットワークアドレスを示す先頭の24ビットがとりうる値としては、次のとおりです。

```
11000000.00000000.00000000 (192.0.0)
↓
11011111.11111111.11111111 (223.255.255)
```

先頭3ビットが「110」で固定され、残りの21ビットでの組み合わせとなるので「$2^{21}=2097152$」通り。この2097152のネットワークアドレスのうち、192.0.0と223.255.255はReservedのため、利用できるネットワークアドレスは、2097152から2を引いた2097150個となります。

```
11000000.00000000.00000000.00000000 (192.0.0.0)   Reserved
11000000.00000001.00000001.00000000 (192.0.1.0)   Available
↓
11011111.11111111.11111110.00000000 (223.255.254.0) Available
11011111.11111111.11111111.00000000 (223.255.255.0) Reserved
```

IPホストアドレスは、IPネットワークアドレスの後ろからになるので、25ビット目から32ビット目までの8ビットとなり、この8ビット部分がとりうる値としては、

| 00000000 | → | 11111111 |

よって、「$2^8=256$」通り。このうちすべて「0」のものとすべて「1」のものの2つは、Reservedになっています。このため、IPホストアドレスとして割り当てられるのは、クラスCのIPネットワークアドレス1つあたり、254個となります。

付.3 物理層　363

付.3 物理層

付.3.1 物理層についての基礎知識

通信は最終的には物理層を使って伝送されます。つまり、本書で説明してきたデータリンク層からアプリケーション層までのデータ（パケット）の伝送は、物理層にて伝送され宛先へ届きます。

▼0と1の数字の列。

物理層には、ビット列▼を電圧の高低や光の点滅などの物理信号に変換して、実際に情報を送る役割があります。受信側では、受け取った電圧の高低や光の点滅を元のビット列に戻します。物理層の規格では、ビットと信号の変換の規則、ケーブルの構造や品質、コネクタの形状などを規定しています。

企業内や家庭内のネットワークは、イーサネットや無線LANなどで構築します。構築したネットワークをインターネットに接続するときは、通信事業者やプロバイダなどが提供している公衆通信サービスを利用します。これには、アナログ電話回線や携帯電話・PHS、ADSL、FTTH、ケーブルテレビ、専用回線などがあります。

▼Analog。あるものの量を表すときに連続的に変化する量として表現する方法。長短針のアナログ式の腕時計では、針が連続的に文字盤上を移動して時刻を示している。

▼Digital。あるものの量を表すときに「1」「0」のような中間の値のない離散的な一連の数値で表現する方法。液晶表示のデジタル式の時計では、秒と秒の間を示す中間の表示はなく、数値で時刻を示している。

これらの回線は、その種類により、アナログ方式▼とデジタル方式▼に大別されます。アナログ方式の場合は伝送される信号が連続的な量の変化として処理されますが、デジタル方式の場合は「0」「1」のように中間の値のない離散的な量の変化として処理されます。コンピュータの内部では、「0」「1」からなる2進数で数値が表現されており、デジタル方式になっています。

▼従来の電話はアナログ方式になっている。音声という連続的な空気の振動を、連続的な電圧の変化として伝える。

コンピュータネットワークが広く使われる前は、アナログ方式の電話などが普及していました▼。アナログは、自然界に存在する現象をとらえるのには向いていますが、コンピュータで直接処理するのは困難です。アナログは連続的に変化するため、値にあいまいさがあります。長距離の伝送では、値が微妙に変化してしまうことがあるため、コンピュータ間の通信にはあまり向いていませんでした▼。

▼モデム（MODEM：MOdulator-DEModulator）を使うと、アナログ回線を使ってデジタル通信を実現することができる。モデムは、デジタル信号をアナログ回線で送信できる形式に変調（Modulation）したり、アナログ回線から受け取った信号をデジタル信号に復調（Demodulation）したりすることができる。

現在は、デジタル方式の通信が普及しています。デジタル通信にはあいまいさがないので、長距離の伝送でも値が変化しにくくなり▼、コンピュータとの親和性も高くなっています。TCP/IPによる通信はすべてデジタルで行われます。

▼距離には限度があるので、リピーターで延長する必要がある。また、ノイズにより値が壊れることがあるため、上位層のFCSやチェックサムでエラーを検出する必要がある。

現在では、通信に限らず、あらゆるもののデジタル化が進んでいます。CD、DVD、デジタルオーディオプレイヤー、デジタルカメラ、地上デジタル放送など、以前はアナログだった音や映像の多くがデジタル方式に変わってきています。これらの流れはTCP/IPネットワークの発展と利用に密接に結びついていくでしょう。

付.3.2 0と1の符号化

物理層のもっとも重要な役割は、コンピュータが処理する「0」と「1」を電圧の変化や光の点滅の信号に対応させることです。送信側では「0」と「1」のデータを電圧の変化や光の点滅に変換し、受信側では電圧の変化や光の点滅を「0」と「1」のデータに戻します。これには、図付.4に示すような方式があります。なお、MLT-3のような3段階のものは電気的な信号では可能ですが、光の点滅では実現できません。

100BASE-FXなどで利用されているNRZIは、0が連続するとビットとビットの切れ目が分からなくなります▼。これを避けるため、4B/5B変換という方法で変換してから送信します。これは、4ビットのデータを5ビットのシンボルと呼ばれるビット列に置き換えて送受信処理をするものです。このシンボルは5ビット中に必ず1が存在し、4ビット以上0が続くことを防いでいます。このような変換をしているため、100BASE-FXはデータリンクレベルでは100Mbpsの伝送速度ですが、物理層では125Mbpsの伝送速度があります。4B/5B変換以外にも、8B/6Tや5B6B、8B10Bなどの変換があります。

▼たとえば、0が999ビット続いているのか、1000ビット続いているのかを受信側で判断できなくなる。

図付.4 主な符号化方式

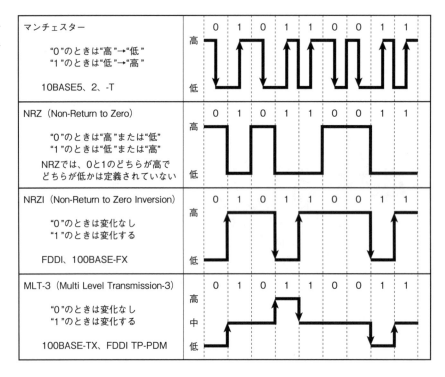

付.4 コンピュータを結ぶ通信媒体についての基礎知識

コンピュータをネットワークに接続するときには、物理的な媒体で接続する必要があります。この媒体には、同軸ケーブルやツイストペアケーブル、光ファイバーなどの有線による接続だけではなく、電波や赤外線といった無線による接続も含まれます。

付.4.1 同軸ケーブル

イーサネット、または IEEE802.3 と呼ばれているものの中には、同軸ケーブルを利用するものがあります。同軸ケーブルの両端には 50 Ω の終端抵抗（ターミネータ）を取り付けます。規格としては 10BASE5 と 10BASE2 があり、ともに 10Mbps▼ の伝送速度を持ちます。

両者の違いは、10BASE5▼ が太い Thick ケーブルを使用し、10BASE2▼ が細い Thin ケーブルを使用している点です。接続方法は、10BASE5 では同軸ケーブルに穴をあけトランシーバと呼ばれる機器を接続します。使用中の機器に影響を与えることなく新たな増設用のトランシーバを取り付けることができます。トランシーバとコンピュータの NIC はトランシーバケーブルで接続します。

▼Mbps
Mega Bits Per Secondの略。1秒あたり10の6乗のビットを伝送する単位となる。

▼10BASE5
以前は Thick Ethernet とも呼ばれていた。

▼10BASE2
以前は Thin Ethernet とも呼ばれていた。

図付.5
イーサネットケーブル
（10BASE5）

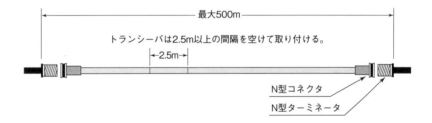

図付.6
10BASE5 と 10BASE2 のネットワーク構成

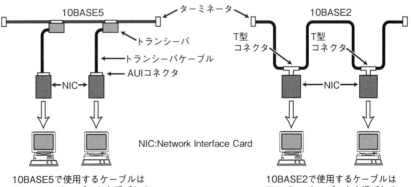

10BASE5で使用するケーブルは Thick Coaxケーブルとも呼ばれる。このケーブルに接続したトランシーバからトランシーバケーブル、NICを介して機器と接続する。

10BASE2で使用するケーブルは Thin Coaxケーブルとも呼ばれる。各機器の側まで配線され、T型のコネクタでNIC、機器に接続される。

これに対し、10BASE2 は BNC コネクタ（T 型コネクタ）によって接続され、増設の際には一時的に断線状態にする必要があります。

付.4.2　ツイストペアケーブル（より対線）

▼ツイストペアケーブル
（Twisted Pair Cable）
より対線、ツイストペア、ツイステッドペアケーブルとも呼ばれる。

ツイストペアケーブル▼（より対線）とは、導線を2本1組でより合わせた（ツイストした）ものです。通常の導線よりもノイズの影響を小さくし、ケーブル内を流れる信号の減衰を抑えたもので、いろいろな種類があります。イーサネット（10BASE-T、100BASE-TX、1000BASE-T）の媒体としてもっともよく使われています。

■ 信号の伝送方式

ツイストペアケーブルでの信号の伝送方法には2種類あります。1つは RS-232C を使用した通信に代表される方式で、グラウンド信号（0ボルト）に対し送信するビット列に対応した変化を1本の線に流して処理します。もう1つは RS-422 に代表される方式で、グラウンド信号を使用せず、伝送するビット列に対応する信号（プラス側信号）と、それと正反対の信号（マイナス側）を1対（1ペア）にして送信します。後者はプラス側とマイナス側の信号を1つのペアとしてツイストペアケーブルで伝送するため、お互いの信号の変化をお互いの信号が打ち消し合い、ほかの通信に影響を与える可能性が少なくなります。また、グラウンドを使用せず、受信側はプラス側とマイナス側の差から信号を判断するため、外部からの電気的影響（ノイズ）に対する耐性も高くなります。ツイストペアケーブルでのイーサネットは後者にあたります。

図付.7
ツイストペアケーブル（より対線）の構造

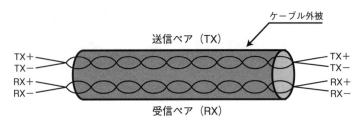

送信用ペア（Transmit Pair）と受信用ペア（Receive Pair）に分かれて通信を行う。
ここでTXとは送信を意味し、送信側プラス線の意味でTX＋、送信側マイナス線の意味でTX－と表記する。
同様にRXは受信を意味する。

図付.8
ツイストペアケーブルの信号伝達方式

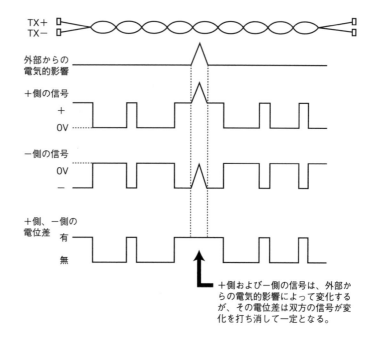

＋側および－側の信号は、外部からの電気的影響によって変化するが、その電位差は双方の信号が変化を打ち消して一定となる。

■ ツイストペアケーブルの種類

▼STP（Shielded Twisted Pair Cable）
シールド型ツイストペアケーブル。

▼UTP（Unshielded Twisted Pair Cable）
非シールド型ツイストペアケーブル。

▼制御システム（8.7.5項参照）ではUTPでは不具合が生じることもあり、この場合にはSTPや光ファイバー（付4.3参照）が使用される。

▼Category。TIA/EIA（Telecommunication Industries Association/Electronic Industries Alliance：米国通信工業会／米国電子工業会）が定めているツイストペアケーブルの規格。カテゴリが高いものほど、より高速な通信に対応した規格となっている。

ツイストペアケーブルには、STP▼とUTP▼の2種類があります。ケーブルの外被の中がツイストペアケーブルだけで構成されるものをUTPと呼びます。外被の下にシールドと呼ばれるアルミ箔や網のような導線で内部のツイストペアケーブルを保護しているケーブルをSTPと呼びます。このシールドは、ケーブルの片端もしくは両端でグラウンド（アース）に接続することによって、外部からの電気的影響を抑えることが可能になります▼。

STPはUTPに比べ外部からの電気的影響には強いのですが、敷設に手間がかかり、ケーブル価格が高いという欠点があります。

ネットワークの種類により、使用するツイストペアケーブルの種類は変わってきます。100BASE-TXやFDDI、ATMといった100Mbps程度の通信速度を目標にした通信に使用するカテゴリ▼5、1000BASE-Tで使われるエンハンスドカテゴリ5やカテゴリ6、10GBASE-Tで使われるカテゴリ6Aなどがあります。

表付.1
代表的なツイストペアケーブルの種類

ケーブルの種類	通信速度	利用されるデータリンク
カテゴリ3	～10Mbps	10BASE-T
カテゴリ4	～16Mbps	Token Ring
カテゴリ5	～100Mbps/150Mbps	100BASE-TX、ATM（OC-3）、FDDI
エンハンスドカテゴリ5	～1000Mbps	1000BASE-T
カテゴリ6	～1000Mbps	1000BASE-T
カテゴリ6A	～10Gbps	10GBASE-T

■ ツイストペアケーブルのペアの組み合わせ

通常ツイストペアケーブルは、2本の芯線(銅線)をよりながら1つのペアとし、4ペア（8芯線）を1組として外被に包み1本のケーブルにしています。そしてケーブルの両端のコネクタがスイッチやハブ、パッチパネルに挿入され、通信機器に接続されます。前述のとおり、ツイストペアケーブルを使用した通信は、信号のプラス側とマイナス側をペアにして通信を行うことによってその効力を発揮する仕組みになっています。このため、ケーブルをコネクタに接続するときにどのペアがどの接続点につながっているのかが重要になります。

このペアと接点の番号の関係にも複数の規格があります。イーサネットではEIA/TIA568B▼（AT&T-258A）で示される接続方法が利用されています。実際のペアと接点の関係を図付.9に示します。

▼EIA/TIA568Bはビル内配線の規格で、カテゴリnというのもこの規格で定義されたもの。

図付.9
ツイストペアケーブルのペアの組み合わせ

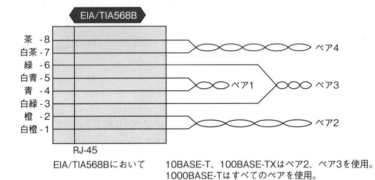

付.4.3　光ファイバーケーブル

光ファイバーケーブルは、同軸ケーブルやツイストペアケーブルによる接続ではサポートできない数km離れた遠隔地を接続する場合や、ノイズなどの電磁波障害からネットワークを保護する場合、そしてより高速に伝送する場合などに使用されます▼。

▼イーサネットなどをUTPで使用する場合、スイッチから機器までのケーブル長は通常100mまでとなる。また、UTPやSTPなどの導線ケーブルは落雷や誘電などの影響を受ける可能性があるが、光ファイバーにはその心配がない。

通常、100Mbps程度の通信を行う場合はマルチモードタイプのケーブルを使用しますが、より高速で長距離の通信を行う場合はシングルモードタイプのケーブルを使用します。前者は光ファイバー自体の太さが50 μm から百数十 μm 程度ですが、後者は数 μm 程度となり製造や施工が難しくなります。

光ファイバーは、ほかのメディアに比べると接続が難しく、専門の技術と機器が必要になります。価格も非常に高価です。このため、光ファイバーを使用したネットワークを構築する場合、将来の増設計画および拡張性などを十分考慮した上で、接続経路や使用する媒体、敷設回線数などを決める必要があります。

光ファイバーはATMやギガビットイーサネット、FTTHに利用されるだけではなく、WDM▼などの技術の登場により、未来のネットワークを支える通信媒体として脚光を浴びています。

▼WDM（Wavelength Division Multiplexing）波長分割多重。

WDMは1つの光ファイバーに異なる波長の光を同時に流して通信する方式です。この方式により、ギガbpsの通信速度を一気にテラbpsまで高速化できると期待されています。WDMネットワーク内部では電気信号に変換された信号を処理するルーターやスイッチではなく、光のまま信号を中継する光スイッチを利用します。

■**マルチモードとシングルモード**

マルチモードとはLEDなどの光源から出た光が、光ファイバーの中を屈折しながら伝搬していく方式です。シングルモードはレーザー光が細いケーブルを直線的に伝搬していく方式です。マルチモードはケーブル径を太くでき、取り扱いも楽なので製作と施工のコストを小さくできます。シングルモードは、より高速で長距離の通信を行うことができます。

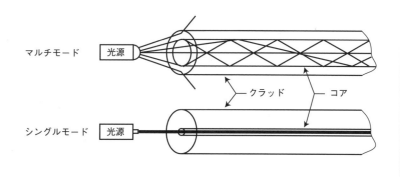

図付.10 マルチモードとシングルモード

付.4.4 無線

無線は空間中を飛び交う電磁波を利用します。携帯端末やテレビのリモコンと同様にケーブルを必要としません。

電磁波は波長によって性質が変わります。波長が短い順に、γ線、X線、紫外線、可視光線、赤外線、遠赤外線、マイクロ波、短波、中波、長波などと呼ばれ、それぞれ用途も変わります。マイクロ波以上の電磁波は総称して電波と呼ばれます。

ネットワークの無線通信でよく利用されるのは赤外線とマイクロ波です。赤外線はパソコン同士やスマートフォンとパソコンの間で通信を行うIrDAなどで利用されていますが、ごく近距離でなければ通信できません。

短波よりも波長が短いマイクロ波になると、指向性が強くなります。このため2点間を結ぶ通信回線や、静止衛星を利用した衛星回線などに利用されます。これらの無線通信はケーブルを引くのが難しい離島や山奥であっても、アンテナさえ設置できれば通信が可能になるため、近年よく利用されています。

無線 LAN などでは 2.4GHz 帯の極超短波と呼ばれる周波数帯を使用しています。電波が広がりを持って伝わるため周波数帯が近い場合には電波干渉が起こり、正しく通信できなくなります。このため、電波を利用した通信では周波数をきちんと管理することが必要になります。電波を無差別に発信すると混信して正しく通信できなくなるため、周波数帯によっては免許や届け出が必要になるものや、出力や使用環境が制限される場合があります▼。

▼無線LANで使用されている2.4GHz帯は免許が必要ない。

　免許が不要な長距離無線通信もあります。可視光線のレーザー光線を使ったものです。可視光のレーザー光線は安全性が高いため取り扱いが楽ですが、指向性が強いことから、機器が風などで揺れないようにする必要があります。

図付.11　無線接続

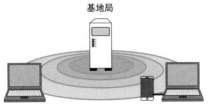

四方に広がる電波を利用する。
（無線LAN、携帯端末など）

通信衛星を駆使して通信を行う。
（ブロードキャスト向き）

マイクロ波を利用し、直接通信を行う。

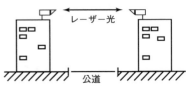

レーザー光には、可視光や赤外線が使われる。

付.5　現在あまり使われなくなったデータリンク

付.5.1　FDDI（Fiber Distributed Data Interface）

FDDI は、光ファイバーやツイストペアケーブルを用いて 100Mbps の伝送速度を実現できるので、ネットワークのバックボーンやコンピュータ間を高速に接続するために利用されていました。現在は、高速 LAN としてはギガビットイーサネットなどに押され、使われなくなってきています。

FDDI は、トークンパッシング方式（アペンドトークンパッシング方式）を採用しています。トークンパッシングには、ネットワークが混雑したときのふくそうに強いという特徴があります。

FDDI では、各ステーションは光ファイバーでリング型に接続されます。一般には、図付.12 に示すような構成になります。FDDI ではリングが切れたときに通信不能になるのを防ぐために、2 重リングを構成することになっています。2 重リングに属すステーションのことを DAS▼、1 重リングに属すステーションのことを SAS▼ と呼びます。

▼DAS（Dual Attachment Station）
「ダス」と呼ばれる。

▼SAS（Single Attachment Station）
「サス」と呼ばれる。

図付.12
FDDI ネットワーク

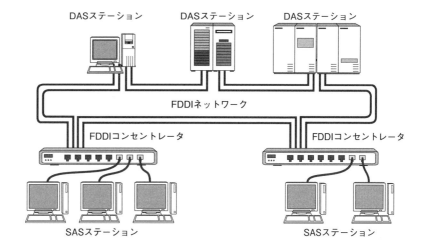

付.5.2　Token Ring

Token Ring は IBM によって開発されたトークンパッシング方式の LAN で、4Mbps または 16Mbps のデータ伝送速度を実現します。FDDI は、この Token Ring を発展させたものといえます。

Token Ring は機器の価格が下がらずサポートするベンダも少なかったため、IBM の環境以外にはあまり普及せず、イーサネットの普及とともに使われなくなっています。

付.5.3 100VG-AnyLAN

▼「ひゃく・ブイジーエニー
ラン」と発音する。

100VG-AnyLAN▼は IEEE802.12 で標準化されたプロトコルです。VG は Voice Grade の略です。音声グレード（電話用）のカテゴリ 3 と呼ばれる品質の UTP ケーブルで 100Mbps の速度を実現します。フレームのフォーマットとしてはイーサネットと Token Ring 両方に対応しています。通信方式は、トークンパッシング方式を拡張したデマンドプライオリティ▼方式が採用されています。この方式では、スイッチが送信権の制御を行います。100Mbps の LAN としてはイーサネット（100BASE-TX）が普及し、100VG-AnyLAN はほとんど使われていません。

▼デマンドプライオリ
ティ（Demand Priority）
フレームにプライオリティ
（優先度）を付けて優先して
送りたい相手先へ送信する
こと。

付.5.4 HIPPI

▼「ヒッピー」と発音する。

HIPPI▼は 800Mbps または 1.6Gbps のデータ伝送速度を実現し、スーパーコンピュータ同士を接続するために利用されます。最大ケーブル長は 25m です。ただし、光ファイバーへの変換装置を接続すれば数 km まで距離を伸ばすことができます。

■ 索 引 ■

記号・数字

＊（アスタリスク）	192
．（ピリオド）	147, 309
/32	165
／（スラッシュ）	156
：（コロン）	172
0.0.0.0/0	164
1000BASE-CX	108
1000BASE-LX	108
1000BASE-SX	108
1000BASE-T	108, 367
媒体	367
100BASE-FX	108
100BASE-T4	108
100BASE-TX	108, 367
媒体	367
100GBASE-ER4	108
100GBASE-LR4	108
100GBASE-SR10	108
100GBASE-SR4	108
100 ギガビットイーサネット	109
10BASE-F	108
10BASE-T	108, 367
媒体	367
10BASE2	108, 365
10BASE5	108, 365
10GBASE-ER	108
10GBASE-LR	108
10GBASE-SR	108
10GBASE-T	108, 367
媒体	367
10 ギガビットイーサネット	109
127.0.0.1	165
1 の補数	180, 261
2 進数	147
3GPP	57, 115, 131
4B/5B	364
5G	57
5 つの識別子	234, 262
6to4	216
7 階層	23
802	110
802.11	115
802.15	115
802.16	115
802.20	115
802.22	115

A

A	192
AAAA	192
AAL	127
ACK	240, 264
ADSL	131
AES	348
AH	351, 352
Ajax	323

anonymous

anonymous	301
anonymous ftp	71
ANSI	20
Web ページ	359
API	231
Apple	14
プロトコル	14
AppleTalk	14, 112
イーサネットにおけるタイプ	112
APT 攻撃	341
ARP	77, 86, 112, 193
イーサネットにおけるタイプ	112
ARPANET	63, 187
名前解決	187
ARP 応答パケット	194
ARP テーブル	194
ARP 要求パケット	194
AS	273, 289
ASCII	189, 302
ASN.1	327
AS エクスターナル LSA	285
AS 境界ルーター	286
AS 経路リスト	290
AS 番号	289
AT&T-258A	368
ATM	45, 125, 167, 367
IP パケットの配送	128
MTU	167
媒体	367

B

BACnet	338
BASIC	6
Basic 認証	321
BGP	274, 276, 288
BGP スピーカー	290
BitTorrent	334
BLE	120
blog	4
Bluetooth	120
BNC コネクタ	366
BPDU	104
bps	45
BSD UNIX	64

C

CA	350, 354
CCITT	20
ccTLD	188
CFI	113
CGI	324
CGN	212
CHAP	123
CIDR	157
CNAME	192
CoA	225
COBOL	6

CPE	50, 212
CPU	15
CR	302
CRC	48
CSFB	57
CSIRT	341
CSMA/CA	115, 117
CSMA/CD	98, 109
イーサネット	109
CSMA 方式	97
CSS	319
CSS3	319
CWR	223, 264

D

DAS	371
DCCP	259
DCS	337
DEC	14, 106
Ethernet	106
プロトコル	14
DECnet	14
default	164
DES	348
DH	348
DHCP	206, 207, 208
流れ	207
複数のセグメント	208
DHCPv6	203
DHCP リレーエージェント	208
DiffServ	222
Digest 認証	321
DIX Ethernet	106
DKIM	311
DMARC	311
DMZ	344
DNP3.0	338
DNS	186, 188, 191
問い合わせ処理の流れ	191
DNS ラウンドロビン	51
DOCSIS	129, 134
DoD	62
DOM	323
DOSPF	218
DSCP	177, 222
DSL	131
DVMRP	218

E

E-Mail	9, 80
EAP	355
ECE	223, 264
ECHONET Lite	338
ECN	177, 178, 223
EGP	272, 274, 276
EIA/TIA568B	368
ESP	351, 352
ESP トレイラ	351
EtherCAT	338
Ethernet	106, 167
MTU	167
Ethernet Working Group	110
EUI-64 識別子	174

F

FA	225
FCS	48, 86, 112, 113
FDDI	45, 167, 367, 371
MTU	167
媒体	367
FEC	293
FIN	265
FireWire	129
FL-net	338
FORTRAN	6
FTP	81, 108, 301
ポート	302
FTTB	132
FTTC	132
FTTH	132
FYI	67, 71
入手方法	71

G

GARP	197
GPOS	192
gTLD	188
G（ギガ）	109

H

H.261	333
H.263	333
H.264	333
H.265/HEVC	333
H.323	330
HA	225
HDLC	123
HDMI	129
HDSL	131
HELLO プロトコル	285
HINFO	192
HIPPI	167, 372
MTU	167
HMI	337
hosts	187
HTML	79, 317
HTML5	319
HTTP	79, 319
TELNET で試す	322
認証	321
ポート	319
HTTP-over-QUIC	322
HTTP/2	322
HTTP/3	322
httpd	229
HTTPS	353

I

I-D	69, 71
入手方法	71
i.Link	129
IaaS	60
IAJAPAN	
Web ページ	359
IANA	
Web ページ	358
IBM	19, 371

SNA	19	
Token Ring	371	
ICANN	160	
Web ページ	358	
ICMP	77, 198	
ICMPv6	203	
ICMP エコー応答メッセージ	202	
ICMP エコー要求メッセージ	202	
ICMP 拡張エコーメッセージ	203	
ICMP 時間超過メッセージ	201	
ICMP 始点抑制メッセージ	223	
ふくそう通知	223	
ICMP 到達不能メッセージ	200	
ICMP リダイレクトメッセージ	200	
ICMP ルーター広告メッセージ	203	
ICMP ルーター請願メッセージ	203	
ICS	337	
ICT	11	
IDS	344	
IEEE	110	
Web ページ	359	
IEEE1394	129	
IEEE802.11	115	
主な一覧	116	
比較	116	
IEEE802.11a	117	
IEEE802.11ac	118	
IEEE802.11ax	118	
IEEE802.11b	117	
IEEE802.11g	117	
IEEE802.11n	118	
IEEE802.12	372	
IEEE802.16	120	
IEEE802.1D	104	
IEEE802.1i	120	
IEEE802.1Q	105	
IEEE802.1W	104	
IEEE802.1X	354	
IEEE802.2	114	
IEEE802.3	94	
IEEE802 委員会	110	
IESG	69	
IETF	20, 66, 71	
Web ページ	358	
IGMP	154, 218	
IGMP スヌーピング	219	
IGP	272, 274	
IIoT	13	
IKE	352	
IMAP	314	
Industry 4.0	13	
inetd	229	
InfiniBand	129	
Internet Protocol	77	
IntServ	221	
IoT	13	
IP	77, 138, 167	
最小 MTU	167	
最大 MTU	167	
IP-VPN	134, 135	
IPCP	122	
IPoE	112	
IPS	344	

IPsec	135, 351	
IPv4	112, 215	
IPv6 をトンネリング	215	
イーサネットにおけるタイプ	112	
IPv4 ヘッダ	176	
DSCP	177	
ECN	177, 178	
FO	179	
ID	179	
TOS	178	
TTL	179	
宛先 IP アドレス	180	
オプション	181	
生存時間	179	
送信元 IP アドレス	180	
パケット長	178	
バージョン	176	
パディング	181	
フラグ	179	
フラグメントオフセット	179	
プロトコル番号	179	
ヘッダチェックサム	180	
ヘッダ長	177	
IPv5	177	
IPv6	112, 171	
イーサネットにおけるタイプ	112	
機能	171	
IPv6 IPoE	112, 124	
IPv6 アドレス	173	
自動設定	205	
IPv6 普及・高度化推進協議会		
Web ページ	359	
IPv6 ヘッダ	181	
宛先 IP アドレス	183	
拡張ヘッダ	184	
拡張ヘッダのプロトコル番号	184	
送信元 IP アドレス	183	
チェックサム	181	
次のヘッダ	183	
トラフィッククラス	182	
バージョン	182	
プロトコル番号	183	
フローラベル	183	
ペイロード長	183	
ホップリミット	183	
IPX	112	
イーサネットにおけるタイプ	112	
IPX/SPX	14	
IP アドレス	43, 77, 140, 147, 151, 172, 225	
IPv4 の個数	147	
IPv4 の表記	147	
IPv6 の個数	171	
IPv6 の表記	172	
Mobile IP	225	
管理	160	
役割	140	
割り当て時の注意	151	
IP エニーキャスト	190, 220	
ルートネームサーバー	190, 220	
IP トンネリング	215	
MTU	167	
IP マスカレード	209	
IP マルチキャスト	153, 154	

アドレス	154
受信ホストの管理	218
ルーティング	218
IrDA	369
IS-IS	282
iSCSI	128
ISDN	45, 136
ISO	20, 21, 327
ASN.1	327
OSI	21
Web ページ	358
ISOC	
Web ページ	358
ISP	65
IT	11
ITU	125, 330
H.323	330
Web ページ	358
ITU-T	20
IX	73

J	
Java	318
JavaScript	323
JIS	20
JPNIC	71, 160
Web ページ	359
JPRS	189
Web ページ	359
jp ドメイン	189

K	
KEY	192
K（キロ）	109

L	
L2TP	216
L2 スイッチ	49
LAN	3, 115
LCP	122
LDAP	334
LDIF	335
LER	292
LF	302
LLC	114
LLDP	104
localhost	165
LonTalk	338
LoRaWAN	121
LPWA	121
LSN	212
LSP	293
LSR	292
LTE	57

M	
MA-L	96
MAC	114
MAC アドレス	34, 43, 77, 94, 151, 193, 203
解決	193, 203
フォーマット	94
ブロードキャスト	151
MAC 層	115

MAN	3, 115
MCNS	129
MH	225
MIB	82, 326, 327
MIME	80, 307
MIMO	118, 131
MINFO	192
MLD	218
MLD スヌーピング	219
MMF	108
Mobile IP	224
Mobile IPv6	226
Modbus/TCP	338
MODEM	363
MP3	333
MPEG	333
MPEG-DASH	333
MPLS	112, 134, 135, 291
VPN	134
イーサネットにおけるタイプ	112
MRTG	329
MSS	170, 246
MTU	144, 167, 175
IPv6	175
大きく設定する理由	167
経路 MTU 探索	169
MU-MIMO	118
Multi NAT	209
MX	192, 307
M（メガ）	109

N	
NACK	240
Nagle アルゴリズム	254
NAPT	209
NAT	159, 209, 214, 342
NAT 越え	214
発音	209
ファイアウォール	342
問題点	214
NAT64/DNS64	211
NB-IoT	121
NCP	122
NetWare	14
NIC	46
NOC	73
NPL	62
NS	192
NSFnet	64
NTP	336
NTT NGN 網	124
NVT	298
NXT	192

O	
OAuth	349
OP25B	311
OpenID Connect	349
OS	15
OSI	20
OSI 参照モデル	23, 24
各層の役割	25
実際の通信との関係	27

普及していない理由	67	RSVP	221, 222
勉強する理由	24	RTCP	332
OSI プロトコル	14, 24	RTP	332
OSPF	274, 276, 282	RTT	244
OT	11, 337		
OTP	123		
OUI	96		

S

SA	352
SaaS	60

P

P2P	333
PaaS	60
PAN	115
PAP	123
Peer To Peer	333
PHS	131
PIM-DM	218
PIM-SM	218
ping	202
PKI	350
PLC	129, 337
PMTUD	169
POP	306, 312
TELNET で試す	313
応答メッセージ	313
Pop	293
POP before SMTP	311
POS	128
PPP	122, 123, 167
MTU	167
認証	123
フレームフォーマット	123
PPPoE	122, 124, 167
MTU	167
PROFINET	338
PSH	264
PTR	192
Push	293
PVC	125

SACK	267
SAE	120
SAML	349
SAN	128
SAS	371
scp	300
SCTP	258
SD-WAN サービス	135
SDH	128
SDN	60
SDSL	131
SFD	111
sftp	300
SGML	318
SIG	192
Sigfox	121
SIP	330
Skype	334
SMF	108
SMI	327
SMTP	80, 305, 309
TELNET で試す	310
SMTP 認証	311
SNMP	82, 325
SNS	4, 58, 89
SOA	192
SOC	341
SOHO	9
SONET	128
SPF	311
SRV	192
SS7	258
SSD	29
SSH	81, 297, 300
sshd	229
SSL	353
SSL-VPN	354
STD	67, 71
入手方法	71
STP	108, 367
Stratum	336
Sun Microsystems	64
SVC	125
Swap	293
SWS	254
SYN	265

Q

QAM	118
QoS	221
QUIC	257

R

RAN	115
RAND 研究所	62
RARP	112, 197
イーサネットにおけるタイプ	112
RDP	81
RFC	67, 71
代表的なものの一覧	68
入手方法	71
RIP	274, 276
RIP2	274, 276, 282
rlogin	81
RMON	328
routed	276
RS-232C	366
RS-422	366
RSA	348
RST	264
RSTP	104

T

TCP	78, 230, 239
最大スループット	268
適した用途	256
TCP/IP	13, 20, 65, 66
意味	66
実際の通信との関係	83
仕様書	67

標準化	20, 65	VLSM	159
歴史	64	VoIP	329
TCP ヘッダ	262	VPI	126
宛先ポート番号	263	VPN	134, 300, 350
ウィンドウサイズ	265	SSH	300
オプション	266	SSL-VPN	354
確認応答番号	263	セキュリティ	350
緊急ポインタ	266	VRRP	217

TCP ヘッダの続き部分:
- 宛先ポート番号 ... 263
- ウィンドウサイズ ... 265
- オプション ... 266
- 確認応答番号 ... 263
- 緊急ポインタ ... 266
- コントロールフラグ ... 264
- シーケンス番号 ... 263
- 送信元ポート番号 ... 263
- チェックサム ... 265
- データオフセット ... 263
- 予約 ... 263

TDM ... 126

TELNET ... 81, 297, 298, 299
- HTTP ... 322
- POP ... 313
- SMTP ... 310
- オプション ... 298
- ポート ... 299

telnet コマンド ... 299
- Windows でうまくいかない ... 299
- インストール ... 299

The Internet ... 64, 72
thin イーサネット ... 109
TIA/EIA ... 108, 367
TLD ... 188
TLS ... 353
Token Ring ... 103, 167, 367, 371
- MTU ... 167
- 媒体 ... 367
TOS ... 178, 222
traceroute ... 202
tracert ... 202
TSS ... 6, 297
TTL ... 201
TXT ... 192
T 型コネクタ ... 366

U

UDP ... 78, 230, 231, 238, 256
- 適した用途 ... 231, 238, 256
UDP-Lite ... 260
UDP ヘッダ ... 260
- 宛先ポート番号 ... 261
- 送信元ポート番号 ... 261
- チェックサム ... 261
- パケット長 ... 261
UNIX ... 64
UPnP ... 214
URG ... 264
URI ... 315
URL ... 51, 316
UTM ... 342
UTP ... 108, 109, 367

V

VCI ... 126
VDSL ... 131
VLAN ... 105, 112, 113, 135
- イーサネットにおけるタイプ ... 112
- イーサネットフレーム ... 113

W

WAF ... 345
WAN ... 3, 115
WAN アクセラレータ ... 51
WDM ... 368
Web ... 314
WebAPI ... 323
weblog ... 4
WebSocket ... 325
Web アプリケーション ... 323
Web サイト ... 51
Web ブラウザ ... 79, 314
WHOIS ... 162
Wi-Fi ... 119
Wi-Fi 6 ... 118
Wi-Fi Alliance ... 119
WIDE
- Web ページ ... 359
WiMAX ... 120
WKS ... 192
WPA2 ... 120
WPA3 ... 120
WWW ... 79, 314

X

X.25 ... 136, 167
- MTU ... 167
X.500 ... 335
xDSL ... 131
Xerox ... 14, 106
- Ethernet ... 106
- プロトコル ... 14
xinetd ... 229
XML ... 318
XNS ... 14
X プロトコル ... 81

Z

ZigBee ... 121

あ行

アイデンティティ管理 ... 349
アクセス ... 54
アクチュエータ ... 337
アグリゲーション ... 54, 165
アジャセンシー ... 284
アップストリーム ... 133
アドホックモード ... 117
アドレス ... 41, 307
- IP と MAC がある理由 ... 195
- 電子メール ... 307
アドレス解決 ... 193
アナログ ... 363
アプリケーションゲートウェイ ... 53, 343

アプリケーション層	26, 297
OSI	297
TCP/IP の	78
実際の通信との関係	28
アプリケーションプロトコル	296
アペンドトークン	371
アペンドトークン方式	99
アメリカ国防総省	62
アーリートークンリリース方式	99
暗号化	346, 347
暗号化技術	346
暗号ヘッダ	351
アンチウイルス	345
異機種間接続	9
イーサネット	45, 106, 108, 109, 111, 167
MTU	167
種類の一覧	108
タイプフィールド	112
フレームフォーマット	111
歴史	109
一時アドレス	174
IPv6 の	174
移動ホスト	225
インターネット	9, 63, 64, 65, 72
TCP/IP との関係	72
内と外	74
階層	73
起源	63
商用	65
本来の意味	72
名称の起源	64
インターネット VPN	135
インターネットサービスプロバイダ	65
インターネット層	76, 138
インターネットドラフト	69, 71
入手方法	71
インターネット標準	70
インターネットプロトコルスイート	66
インターネットワーキング	72
インタフェース	21
OSI 参照モデル	21
インタラクティブ	6
イントラネット	72
インフラストラクチャモード	117
ウィンドウ	247, 248, 267
オプションによる拡張	267
スライディングウィンドウ	247
スループットへの影響	268
ふくそう	252
ウィンドウサイズ	250
ウィンドウシステム	8
ウィンドウプローブ	251
ウェブ	314
ウェルノウンポート番号	234
英国立物理学研究所	62
エコーバック	255
エージェント	326
エッジ	54
エーテル	106
エニーキャスト	40, 41

エミュレート	124
エリア境界ルーター	286
遠隔ログイン	81, 297, 300
暗号化	300
エンティティ	326
エンドツーエンド	138
エンドポイントセキュリティ	345
エンハンスドカテゴリ 5	367
オクテット	111, 316
オーケストレーション	59
オーバヘッド	126, 261
オープン	66
オンプレミス	60

か行

改行	302
改ざん	349
回線交換	37
階層	42, 73, 75, 102, 188, 346
DNS	188
TCP/IP	75
アドレス	42, 102
暗号化	346
理由	146
外部エージェント	225
外部記録媒体	7
開放型システム間相互接続	20
拡張ヘッダ	184, 226
IPv6	184
Mobile IPv6	226
確認応答	240
可視光	370
数	
IPv4 アドレス	147
IPv6 アドレス	171
クラス A のホスト	360
クラス B のホスト	361
クラス C のホスト	362
リピーターの多段接続	47
仮想回線	240
仮想化技術	59
カットスルー方式	103
カテゴリ	108, 367, 368
可変長サブネットマスク	159
枯れた技術	46
ギガビットイーサネット	109
疑似ヘッダ	261, 265
TCP	265
UDP	261
気付けアドレス	225
キープアライブ	320
キャッシュ	170, 194
キャリアアグリゲーション技術	131
キュー	38, 221
共通鍵暗号方式	347
行モード	298
距離ベクトル型	274
近隣探索メッセージ	193, 205
クエリ	191
クッキー	324

国コードトップレベルドメイン	188	コンテナ	60
組込機器	197	コンテンション方式	97
IP アドレスの設定	197	コンテンツ	59
クライアント	79, 229, 245	コントロールフラグ	245
TCP	245	コンピュータネットワーク	8
クライアント／サーバーモデル	79		
クライアントサイドアプリケーション	323		

さ行

クラウド	59	再構築処理	168, 201
クラス	148, 150, 360	タイムアウト	201
クラス A	150, 360	最善努力型	146, 221
クラス B	150, 361	再送	241, 244, 245, 249, 252
クラス C	151, 362	ウィンドウ制御	249
クラス D	151	繰り返し	245
グローバル ID	175	高速再送制御	249
グローバル IP アドレス	159, 160, 209	タイムアウト	244, 252
NAT	209	再送制御	230
管理	160	再送タイムアウト時間	244
グローバルユニキャストアドレス	174	最大セグメント長	170, 246
		最大転送単位	144, 167
携帯端末	2	最長一致	163
経路 MTU 探索	169, 175	サイバーキルチェーン	341
IPv6	175	サイバー攻撃	340
経路制御	139, 141, 270	サイバーセキュリティ	340
ポリシーによる	290	サーバー	79, 229, 245
経路制御情報	163	TCP	245
経路制御ドメイン	273	サーバーサイド JavaScript	323
経路制御表	43, 144, 163, 165, 270	サーバーサイドアプリケーション	323
集約	165	サブドメイン	188
例	163	サブネットマスク	148, 156, 278
経路ベクトル型	290	RIP	278
ゲートウェイ	44, 52, 139	サブネットワークアドレス部	155
ルーター	139	サプライチェーンマネジメント	11
ゲートキーパー	330	サマリー LSA	285
ケーブル	45, 365		
ケーブルテレビ	129, 133	シェル	298
		識別	
コア	54	通信	233, 262
広域イーサネット	135	識別子	315
公開鍵	347, 350	WWW	315
公開鍵暗号方式	347, 353	シグナリング	125
交換機	37	シーケンス番号	242, 263, 267
公衆無線 LAN	57, 135	高速通信時	267
高速 PLC	129	自己学習	102
高速再送制御	249	実験プロトコル	70
国際電気通信連合	20, 125	実時間性	338
国際電信電話諮問委員会	20	実装	66, 71
国際標準化機構	20	対応する標準の範囲	71
コスト	283	ジッタ	244
呼制御	330	時分割多重	126
固定 IP アドレス	161	シムヘッダ	293
コネ	36	指名ルーター	284
コネクション	26, 30, 35, 125, 240, 245	ジャム信号	98
ATM	125	ジャンボフレーム	112, 167
TCP	245	終端抵抗	365
データリンクでの意味	35	終点ノード	138
コネクション型	35	集約	165
TCP	146	順序制御	230
プロトコルの例	35	障害の通知	198
コネクションレス型	35, 36, 145	IP	198
IP	145	冗長化	216
プロトコルの例	35	衝突	97
コリジョン	97	情報通信技術	11
コロン	172	証明書	350

シリアルケーブル	45
シリーウィンドウシンドローム	254
自律システム	273
シールド	367
シングルサインオン	349
シングルモード	369
信号	363, 366
伝送	366
侵入検知システム	344
侵入防止システム	344
信頼性	230
TCP	230
スイッチ	49, 100, 102, 103
転送方式	103
媒体非共有型	100
スイッチングハブ	49, 102, 141
IPアドレス	141
スキーム	316
スター型	6, 93, 102
スタティックルーティング	163, 270
スタブ	73
スタブエリア	288
スタンドアロン	2
ステーション	97
ストア＆フォワード	103
ストリーミング	239
ストリーム	230
スヌーピング	219
スパイウェア	341
スパニングツリー	104
スーパーネット	157
スパムメール	310
スプリッタ	131
スプリットホライズン	280
スライディングウィンドウ	248
スリーウェイハンドシェーク	245
スループット	45, 267
スロースタート	252
スロット	126
時分割多重	126
制御システム	337
制御ビット	264
生成多項式	113
生存時間	201
ICMP	201
IPv4	179
静的経路制御	163
赤外線	369
セキュリティ	340
セキュリティポリシー	340
セグメント	48, 83, 93, 139, 148, 246
IPアドレス	148
TCPの	83
データリンクの	93
セッション層	26
実際の通信との関係	30
セル	125
センサー	337
選択確認応答	267
全二重通信	101
専用回線	134

相互接続	46
ネットワーク機器	46
双方向トンネル	226
ソケット	231
ソースルーティング	103
ゾーン	190

た行

ダイアルアップ接続	123, 130
帯域	45
帯域制御	51
ダイクストラ法	285
ダイナミックルーティング	163, 270, 272
範囲	272
タイムアウト	241
タイムシェアリングシステム	6
タイムスタンプ	349
代理ARP	198
代理サーバー	53
ダイレクトブロードキャスト	152
対話的	6
ダウンサイジング	9
ダウンストリーム	133
ダウンローダー	341
楕円曲線暗号	348
タグ	134
タグVLAN	105
ダークウェブ	340
ダークファイバー	133
ターミネータ	365
端末	6
地域ネット	73
チェックサム	86, 180, 181, 261, 262, 265
IP	180
IPv6	181
TCP	265
UDP	261
疑似ヘッダ	262
理由	266
遅延確認応答	255
蓄積交換	38
チャンク	259
中央演算装置	15
重複確認応答	253
ツイストペアイーサネット	109
ツイストペアケーブル	45, 101, 108, 366
通信の識別	233, 262
通訳	16
提案標準	69
ディレクトリサービス	335
テキスト形式	80, 307
デジタル	363
デジタル署名	349
デジタル・フォレンジック	341
データ	27
データグラム	83
データセンター	58
データ長	243
データリンク	45, 92
種類	45

データリンク層 26, 92, 142	ネットワークインタフェース層 76
TCP/IP の 76, 92	ネットワークコミュニケーション層 76
実際の通信との関係 34	ネットワーク層 26
ネットワーク層との関係 139	TCP/IP の 76
範囲 142	実際の通信との関係 32
デバイスドライバ 76	データリンク層との関係 139
デファクトスタンダード 20	トランスポート層との関係 33
デフォルトルート 164	ネットワークの構成
デマンドプライオリティ 372	インターネット接続サービス 56
デーモン 229	携帯電話網 56
電子メール 9, 80, 305	ネットワーク部 43, 148
TCP/IP の発達との関係 80	省略表記 156
伝送速度 45	ネットワークプレフィックス 148
転送表 43, 102	ネームサーバー 190
電波 369	
電力線通信 129	ノード 27, 139
電話 363	

透過モード 298	**は行**
同期 275	媒体 365
統合サービスデジタル網 136	種類 45
同軸ケーブル 45, 365	媒体アクセス制御 34, 114
動的経路制御 163	媒体共有型 96
トークン 99	媒体非共有型 100
トークンパッシング方式 99, 371, 372	バイト 111, 316
100VG-AnyLAN 372	ハイパーテキスト 314, 317
FDDI 371	パケット 83
Token Ring 371	実際の通信における姿 87
ドット・デシマル・ノーテーション 147	受信時の流れ 88
トップレベルドメイン 188	送信時の流れ 84
トポロジー 93	パケット交換 18, 36, 37
ドメイン名 188	回線交換との関係 37
トラフィック 48	コネクションレス型 36
ドラフト標準 69	パケット通信の起源 62
トラブルシューティング 162, 198	パケットフィルタリング 343
トランジット 289	パス MTU 169
トランシーバ 365	バス型 93
トランスポート層 26, 77, 228	バースト 252
TCP/IP の 77	パソコン通信 65
実際の通信との関係 31	パーソナルファイアウォール 345
ネットワーク層との関係 33	バックオフ 117
郵便物の例 229	バックボーン 54, 73
トリガードアップデート 280	バックボーンエリア 286
トレイラ 87	バックボーンルーター 286
トンネリング 215	ハッシュ関数 349
	ハッシュ値の衝突 349
な行	バッチ処理 5
内部ルーター 286	バッファ 38, 221, 248
名前 186	ハードウェアアドレス 34
	歯抜け状態 267
日本レジストリサービス 189	ハブ 49
認証	パブリック IP アドレス 159
データリンク層 354	半二重通信 101
認証技術 348	汎用機 2
認証局 350, 354	
認証ヘッダ 351	ピアリング 289
認証連携 349	光ファイバー 368
	光ファイバーケーブル 45
ネットマスク 156	ピギーバック 255
ネットワーク LSA 285	ピコネット 120
ネットワークアーキテクチャ 14	ビッグエンディアン 29
ネットワークアドレス部 148	ビット 26, 111
ネットワークインタフェース 44, 46	ビット列 363
	否定確認応答 240

秘密鍵	347, 350
標準	69
標準化	20
TCP/IP	65
標的型攻撃	341
ピリオド	147, 188
IPv4 アドレス	147
ドメイン名	188
品質	221
ファイアウォール	342
ファイバーチャネル	128
ファイル転送	81
ファストイーサネット	109
フィルタリング	169
フィンガープリント	349
フェッチ／ストアパラダイム	327
フェデレーション	349
フォワーディングテーブル	43, 102
負荷分散	51
不揮発性メモリ	29
復号	347
ふくそう	125, 221, 231
通知	223
ふくそうウィンドウ	252
ふくそう制御	230, 251, 259
UDP	259
復調	363
符号化	30, 84, 364
物理アドレス	34
物理構成	55, 93
物理層	26, 363
TCP/IP の	75
実際の通信との関係	34
プライベート IP アドレス	159, 209
NAT	209
ブラウザ	79
プラグ＆プレイ	76, 171, 205, 206
DHCP	206
IPv6	171
IPv6 アドレス	205
周辺機器	76
フラグシーケンス	123
フラグメンテーション	145, 167
フラグメント	179
フラグメントオフセット	179
プリアンブル	111
ブリッジ	44, 48, 141
IP アドレス	141
プレゼンテーション	29
プレゼンテーション層	26, 307, 317, 319, 327
ASN.1	327
HTML	317
MIB	327
MIME	307
XML	319
実際の通信との関係	29
プレフィックス	148, 156
フレーム	26, 48, 83, 92
フレームリレー	45, 136
フロー	183, 221, 222
RSVP	221
プロキシ ARP	198

プロキシサーバー	53
ブログ	4
プログラミング言語	6
フロー制御	230, 250
ブロードキャスト	40, 196, 207
DHCP	207
ルーターによる転送	196
ブロードキャストアドレス	151
ブロードキャストドメイン	40, 105
プロトコル	14, 21, 179
OSI 参照モデル	21
イーサネットにおけるタイプ	112
階層化	21
会話で考える	16, 22
決め方	19
実装	33
代表的な RFC の一覧	68
モデル	21
ブロードバンドルーター	50, 208
DHCP サーバー	208
プロバイダ	65
分割処理	145, 167, 169, 175
IPv6	175
欠点	169
分散システム	291
分野別トップレベルドメイン	188
米国規格協会	20
米国電気電子技術者協会	110
ベストエフォート	146, 221
ベストエフォートサービス	294
ヘッダ	18, 27, 83, 84, 111, 176, 181, 260, 262
IPv4	176
IPv6	181
TCP	262
UDP	260
イーサネット	111
ヘッドエンド	133
ベンダ	9
ベンダ識別子	95, 96
変調	363
ポイズンリバース	280
ポイントツーポイント LSP	293
星型	6
ホスト	2, 27, 139
ホストコンピュータ	2
ホストアドレス部	148
ホスト部	43, 148, 151
割り当て時の注意	151
ホスト名	187
ホストルート	165
ホットスポット	135
ホップ	141
ホップ数	277
ホップバイホップルーティング	142
ホップリミット	
IPv6	183
ポート	102, 229, 232
インタフェース	102
トランスポート層の	232
ポート番号	77, 234, 235
ウェルノウン	234

動的な割り当て	235
ポートフォワード	300
ホームアドレス	225
ホームエージェント	225
ホームページ	315
ポリシールーティング	290

ま行

マイクロ波	369
マージ LSP	293
待ち行列	38
マックアドレス	34
マネージャ	326
マルウェア	341
マルチキャスト	40, 216
トンネリング	216
マルチキャスト MAC アドレス	104
マルチキャストアドレス	154
マルチタスク	15
マルチベンダ	9
マルチホーミング	259
マルチメディア	330
マルチモード	369
無限カウント	280
無線	45, 114, 115, 369
種類	115
無線 LAN	114, 115, 119, 370
暗号化	119
主な規格一覧	116
干渉	119
周波数帯	370
メインフレーム	2
メッシュ型	93
メッセージ	83, 297
メトリック	274
メーリングリスト	4, 305
メールアドレス	307
メールサーバー	306
メルトダウン	103
文字化け	30
モジュール化	21
モデム	130, 363
モバイルオペレータ	56
モバイル端末	2
モビリティーヘッダ	226

や行

唯一性	41
優先制御	222
ユーザー	238
プログラマーとしての	238
ユニキャスト	40
ユニーク	41, 148
ユニークローカルアドレス	175
揺らぎ	244
より対線	366

ら行

ラウティング	141
ラウンドトリップ時間	244
スループットへの影響	268
ラウンドロビン DNS	190
ラストワンマイル	120
ラーニングブリッジ	48
ラベル	134, 291
ラベルスイッチング	291
ランサムウェア	340
リゾルバ	191
リトルエンディアン	29
リピーター	44, 47
接続段数	47
リピーターハブ	47, 49
リモートデスクトップ	254
TCP を利用	254
流量制御	250
リンクアグリゲーション	104
リング型	93, 371
リンク状態型	275
リンク状態データベース	285
リンクローカルアドレス	165
リンクローカルユニキャストアドレス	174
隣接ルーター	284
ルーター	38, 44, 50, 139
パケット交換機としての	38
ルーター LSA	285
ルーチン	88
ルーティング	141, 270
ルーティングテーブル	43, 144, 163
ルーティングプロトコル	163, 218
マルチキャスト	218
ルート	141, 188
DNS	188
経路	141
ルートネームサーバー	190
ルートリフレクション	290
ループ	103
データリンク	103
ループバックアドレス	165
レイヤ	49
レイヤ 2 スイッチ	49
レイヤ 3 スイッチ	50
レイヤ 4-7 スイッチ	44, 51
レスポンシブウェブデザイン	319
レート制御	259
ローカルブロードキャスト	152
ログイン	297
ロードバランサー	51
論理構成	55, 93
論理リンク制御	114

わ行

ワンタイムパスワード	123
ワンホップ	141

〈著者略歴〉

井 上 直 也（いのうえ　なおや）
1974 年生まれ
ネットワンシステムズ株式会社

村 山 公 保（むらやま　ゆきお）
1967 年生まれ
倉敷芸術科学大学　危機管理学部
危機管理学科　教授

竹 下 隆 史（たけした　たかふみ）
1965 年生まれ
ネットワンシステムズ株式会社

荒 井　　透（あらい　とおる）
1958 年生まれ

苅 田 幸 雄（かりた　ゆきお）
1949 年生まれ

- 本書の内容に関する質問は、オーム社ホームページの「サポート」から、「お問合せ」
  の「書籍に関するお問合せ」をご参照いただくか、または書状にてオーム社編集局宛
  にお願いします。お受けできる質問は本書の内容に限らせていただきます。なお、電
  話での質問にはお答えできませんので、あらかじめご了承ください。
- 万一、落丁・乱丁の場合は、送料当社負担でお取替えいたします。当社販売課宛にお
  送りください。
- 本書の一部の複写複製を希望される場合は、本書扉裏を参照してください。
  JCOPY ＜出版者著作権管理機構 委託出版物＞

マスタリング TCP/IP 入門編　第 6 版

1994 年　6 月 24 日	第 1 版第 1 刷発行	
1998 年　5 月 25 日	第 2 版第 1 刷発行	
2002 年　2 月 25 日	第 3 版第 1 刷発行	
2007 年　2 月 25 日	第 4 版第 1 刷発行	
2012 年　2 月 25 日	第 5 版第 1 刷発行	
2019 年 11 月 30 日	第 6 版第 1 刷発行	
2025 年　1 月 20 日	第 6 版第 10 刷発行	

著　　者　井上直也・村山公保・竹下隆史・荒井 透・苅田幸雄
発 行 者　村上和夫
発 行 所　株式会社 オーム社
　　　　　郵便番号　101-8460
　　　　　東京都千代田区神田錦町 3-1
　　　　　電話　03(3233)0641(代表)
　　　　　URL　https://www.ohmsha.co.jp/

© 井上直也・村山公保・竹下隆史・荒井 透・苅田幸雄 2019

組版　トップスタジオ　印刷・製本　広済堂ネクスト
ISBN978-4-274-22447-8　Printed in Japan

■ IPアドレスの構造（本文 155〜157 ページ）

例）172.20.100.52 の上位 26 ビットがネットワークアドレスの場合

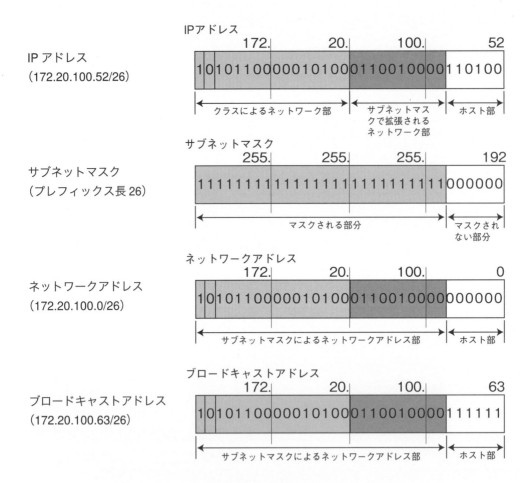

■ IPv6 アドレスの構造（本文 174 ページ）

未定義	0000 … 0000（128 ビット）	::/128
ループバックアドレス	0000 … 0001（128 ビット）	::1/128
ユニークローカルアドレス	1111 110	FC00::/7
リンクローカルユニキャストアドレス	1111 1110 10	FE80::/10
マルチキャストアドレス	1111 1111	FF00::/8
グローバルユニキャストアドレス	（その他全部）	